westermann

Herausgegeben von
Benno Burbat
Daniel Frohn
Andreas Gundlach

E

Einführungsphase

ELEMENTE der Mathematik

ELEMENTE der Mathematik

Herausgegeben von
Benno Burbat, Dr. Daniel Frohn, Dr. Andreas Gundlach

Bearbeitet von
Karin Benecke, Sibylle Brinkmann, Martin Brüning, Benno Burbat, Roman Deeken, Gabriele Denkhaus, Gabriele Dybowski, Thorsten Eßeling, Dr. Daniel Frohn, Dr. Andreas Gundlach, Stephan Hoffeld, Jakob Langenohl, Kyra Meirich, Dr. Holger Reeker, Sigrid Schwarz, Gudrun Sobotka, Klaas Wiggers

Zum Schülerband erscheinen:
Lösungen: Best.-Nr. 978-3-14-109452-7
Arbeitsheft mit Lösungen: Best.-Nr. 978-3-14-109453-4
Unterrichtsmaterialien: Best.-Nr. 978-3-14-109454-1

Druck A[1] / Jahr 2024
Alle Drucke der Serie A sind im Unterricht parallel verwendbar.

Redaktion: Manjing Bi
Illustrationen: Mario Valentinelli, Rostock
Umschlagentwurf: Lio Designagentur, Braunschweig
Innenlayout: Janssen Kahlert Design & Kommunikation GmbH, Hannover
Druck und Bindung: Westermann Druck GmbH, Georg-Westermann-Allee 66, 38104 Braunschweig

ISBN 978-3-14-**109451**-0

1 Funktionen

2 Differenzialrechnung

3 Funktionsuntersuchung

4 Vektoren und Geraden im Raum

Vorbereiten und Wiederholen

Ergänzende digitale Inhalte

Passende Lernvideos und weitere digitale Materialien stehen an Stellen mit **QR-Code** zur Verfügung.

Um auf diese Inhalte zuzugreifen, können Sie:

- den QR-Code scannen oder
- die Seite **https://www.westermann.de/webcode** aufrufen und anschließend den jeweiligen Webcode eingeben

WES-109451-201

Webcode

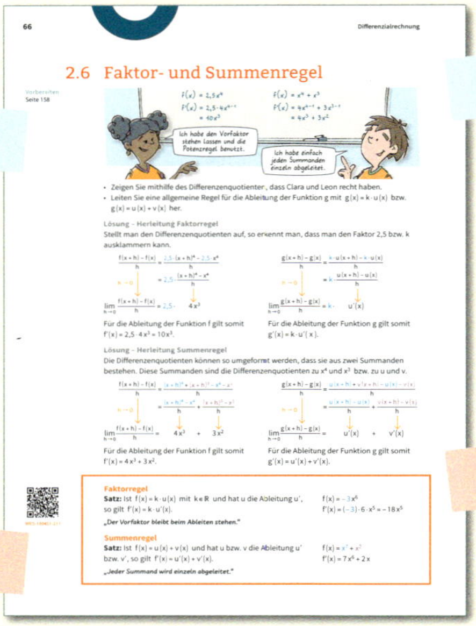
2.6 Faktor- und Summenregel

Vorbereiten

Grundlagen nachschlagen und üben

QR-Code

Link auf Videos und weitere Materialien

Einstieg

Neugierig werden, Neues kennenlernen

Information

Neues kurz erklärt und zusammengefasst

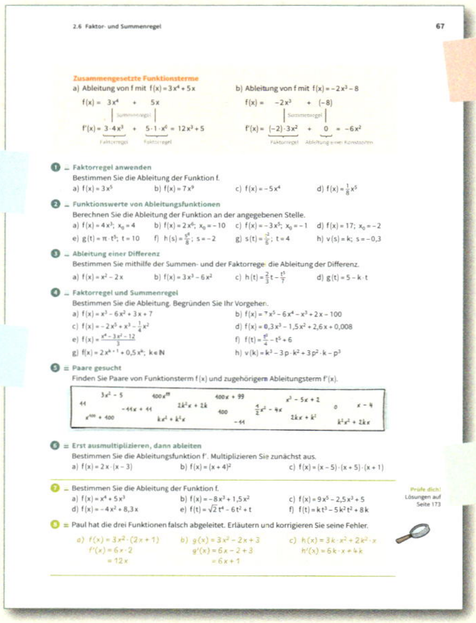
2.6 Faktor- und Summenregel

Beispiele

Neues Wissen konkret angewendet

Aufgaben

Trainieren, verstehen, vertiefen

Überschriften

Weisen auf den Inhalt der Aufgaben hin

Prüfe dich! Etappenziel

Erst rechnen, dann kontrollieren

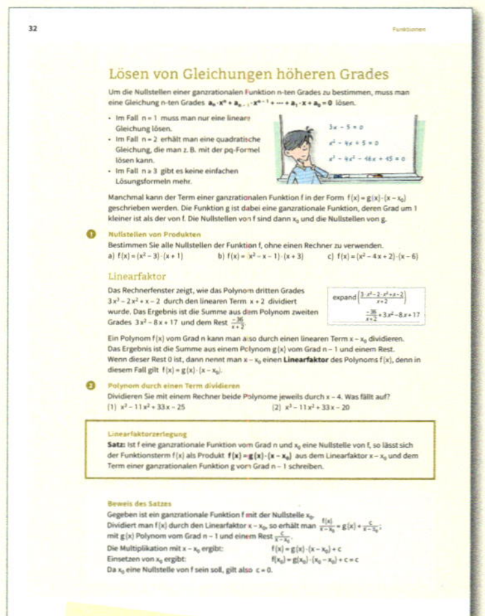
Lösen von Gleichungen höheren Grades

Ausgezeichnete Aufgaben

- Grundlegendes Niveau
- Mittleres Niveau
- Erhöhtes Niveau
- Zweierarbeit
- Gruppenarbeit

Aufgabe mit Lupe

Prüfen, forschen, Fehler finden

Bei einer Aufgabe mit Lupe werden typische Fehler angesprochen.

Sonderseite

Themen, Methoden, Ausblicke
Was gibt es zu entdecken?

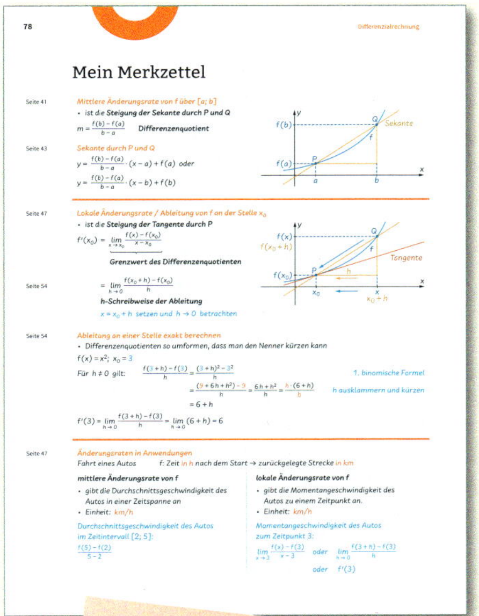

Mein Merkzettel

Fasst zusammen, was man für die Klausur braucht.

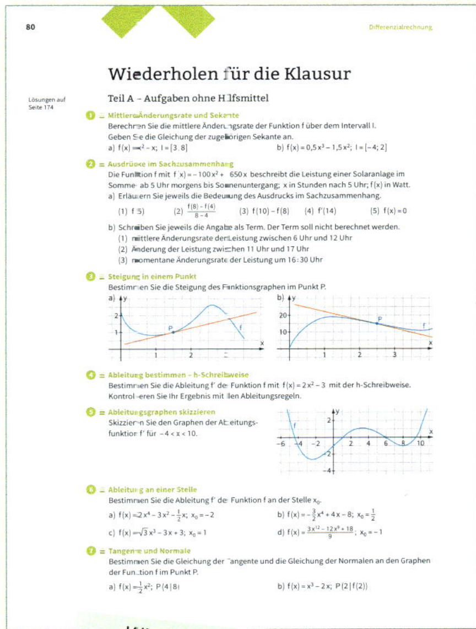

Wiederholen für die Klausur

Eine Sammlung von möglichen Klausuraufgaben, unterteilt in Aufgaben ohne und mit Hilfsmitteln

3-Minuten-Runden

Grundwissen immer wieder üben und wachhalten

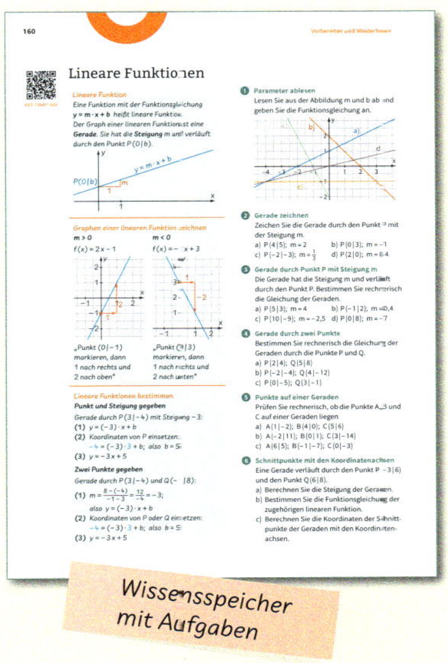

Wissensspeicher mit Aufgaben

Angebot zum Wiederholen und Vorbereiten auf ein neues Thema

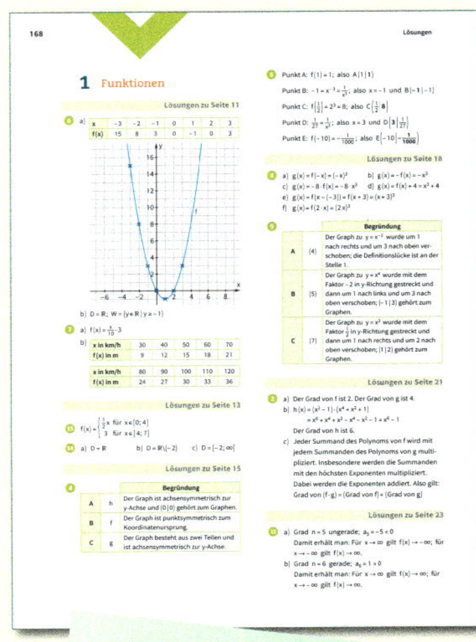

Lösungen

Prüfe dich!
Wiederholen für die Klausur

1 Funktionen

Die Masia Freixa war ursprünglich eine Textilfabrik in Terrassa in Spanien. Die auffällige Form mit vielen parabelförmigen Bögen wurde 1907 von dem Architekten Lluis Muncunill entworfen.

- Was sind Funktionen und wie stellt man sie dar?
- Wie ändert sich der Funktionsterm, wenn man den Graphen der Funktion verschiebt, streckt oder spiegelt?
- Was sind ganzrationale Funktionen und wie bestimmt man ihre Nullstellen?
- Wie kann man die Symmetrie eines Graphen am Funktionsterm erkennen?

1.1 Funktionen und ihre Darstellungen

Vorbereiten
Seite 160
Seite 162

Luise hat auf ihrem Rechner eine App, mit der sie Graphen zeichnen kann. Sie hat folgende Terme eingegeben:

(1) $y = 0{,}5x + 1$ | (2) $x = \sin(y)$ | (3) $y = (x - 1)^2$

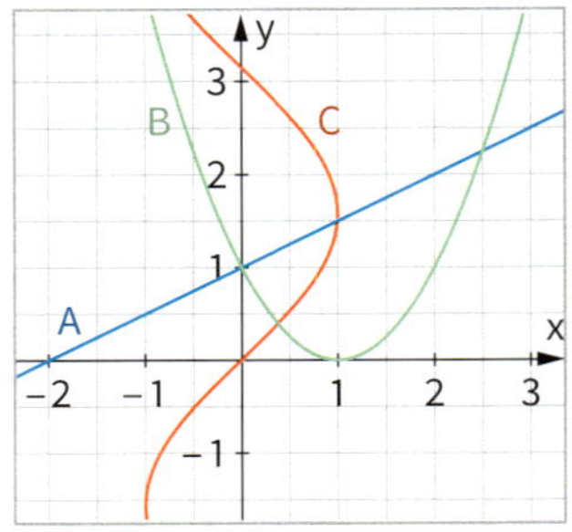

- Welcher Term gehört zu welchem Graphen? Begründen Sie Ihre Zuordnung.
- Geben Sie für die Funktionen jeweils den Definitionsbereich und den Wertebereich an. Warum ist Graph C kein Funktionsgraph?

Lösung – Zuordnung der Terme zu den Graphen

Der Term (1) $y = 0{,}5x + 1$ ist der Funktionsterm einer linearen Funktion, also gehört hierzu Graph A.
Der Graph zu (2) $x = \sin(y)$ muss durch den Koordinatenursprung verlaufen, da $\sin(0) = 0$ gilt. Also gehört Graph C zum Term (2).
Der Term (3) $y = (x - 1)^2$ beschreibt eine quadratische Funktion, also gehört hierzu Graph B.

Lösung – Definitionsbereich und Wertebereich

(1) Als x-Wert kann jede beliebige reelle Zahl eingesetzt werden, also $D = \mathbb{R}$.
Jede relle Zahl kann auch als y-Wert angenommen werden, also $W = \mathbb{R}$.
(2) Graph C kann nicht Graph einer Funktion sein, da es x-Werte gibt, denen mehrere y-Werte zugeordnet sind.
(3) Als x-Wert kann jede beliebige reelle Zahl eingesetzt werden, also $D = \mathbb{R}$.
Der Graph ist eine nach oben geöffnete Parabel mit dem Scheitelpunkt $S(1 \mid 0)$, also $W = \{y \in \mathbb{R} \mid y \geq 0\}$.

WES-109451-101

Funktion

Eine **Funktion** f ordnet jeder Zahl x, für die sie definiert ist, genau eine Zahl y zu. Für y schreibt man dann f(x) und bezeichnet dies als **Funktionswert** an der Stelle x.
Die Menge D aller Zahlen, für die eine Funktion f definiert ist, heißt **Definitionsbereich** von f. Alle Funktionswerte von f bilden den **Wertebereich** W von f.

$y = f(x) = 1{,}5x - 6$
$D = \mathbb{R}$; $W = \mathbb{R}$

$y = f(x) = \sqrt{x}$
$D = \{x \in \mathbb{R} \mid x \geq 0\}$;
$W = \{y \in \mathbb{R} \mid y \geq 0\}$

Bei Modellierungen können Definitionsbereich und Wertebereich durch die Sachsituation eingeschränkt werden, obwohl der Funktionsterm weitere Werte zulässt.

Darstellungen einer Funktion

Verbale Beschreibung
„Jeder rellen Zahl x wird ihr Quadrat vermindert um x zugeordnet."

Funktionsterm $x^2 - x$

Funktionsgleichung $f(x) = x^2 - x$

Wertetabelle

x	−2	−1	0	0,5	1
f(x)	6	2	0	−0,25	0

Funktionsgraph

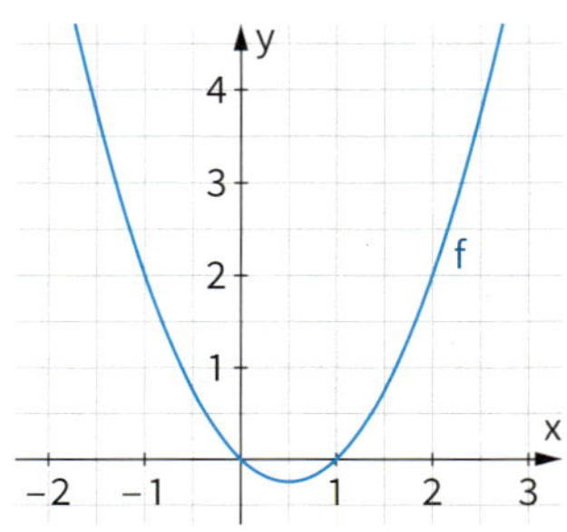

Durch Wertetabelle und Funktionsgraph lassen sich meist nur Teile der Funktion darstellen.

1 Lineare Funktion

Die Wertetabelle gehört zu einer linearen Funktion f. Vervollständigen Sie die Wertetabelle und geben Sie den Funktionsterm an. Zeichen Sie den Graphen in ein Koordinatensystem.

x	−2	−1			2	3
f(x)	−5		0	1		5

2 Stromtarife

ÖKO-Real	extraWATT
Jährlicher Grundpreis: 60 €	Jährlicher Grundpreis: 120 €
Preis pro kWh: 44,64 Cent	Preis pro kWh: 40,36 Cent

a) Vergleichen Sie die beiden Stromtarife miteinander. Stellen Sie dazu die jährlichen Kosten in Abhängigkeit vom Stromverbrauch in kWh grafisch dar.

b) Untersuchen Sie, bei welchem Jahresverbrauch welcher Tarif günstiger ist.

3 Mit linearer Funktion modellieren

Eine Regentonne der Höhe 82 cm wird gleichmäßig mit Wasser gefüllt. Jede halbe Minute steigt der Wasserstand um 45 cm. Zum Zeitpunkt $t = 2\,s$ stand das Wasser 8,5 cm hoch.

a) Beschreiben Sie den Füllvorgang durch eine Funktion.

b) Wie hoch steht das Wasser nach 15 s?

c) Bestimmen Sie den Zeitpunkt, zu dem das Gefäß voll ist.

4 Passenden Graphen finden

In ein Schwimmbecken wird gleichmäßig Wasser eingelassen. Welcher der Graphen (1) bis (3) passt zum Füllvorgang? Begründen Sie.

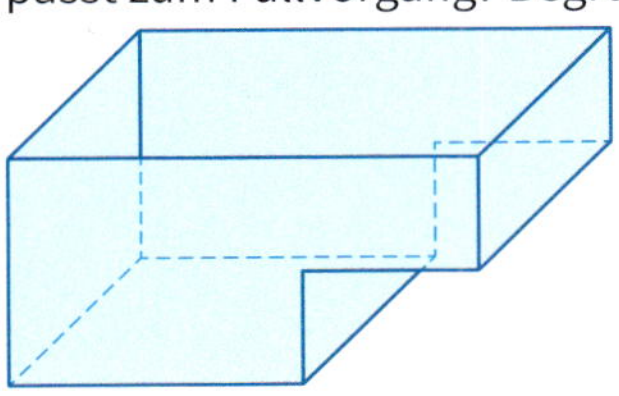

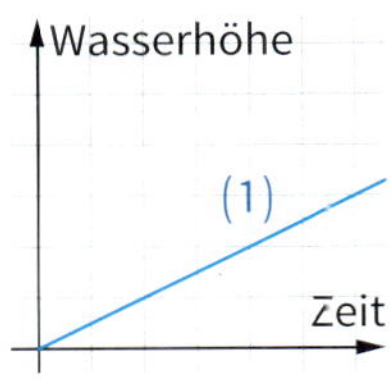

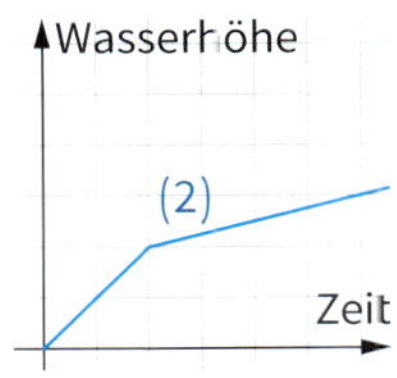

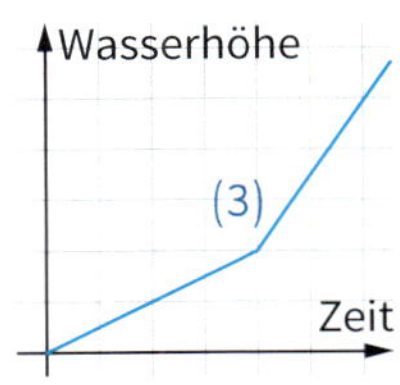

5 Quadratische Funktionen

Gegeben sind die Funktionen f und g mit $f(x) = (x-1)^2 + 3$ und $g(x) = 3 - (x-1)^2$.

a) Die zugehörigen Graphen sind beides Parabeln. Bestimmen Sie jeweils den Scheitelpunkt der Parabeln und zeichnen Sie beide Graphen in ein Koordinatensystem.

b) Geben Sie für beide Funktionen jeweils den Definitionsbereich und den Wertebereich an.

Prüfe dich!
Lösungen auf Seite 168

6 Gegeben ist die Funktion f mit $f(x) = x^2 - 2x$.

a) Erstellen Sie eine Wertetabelle für die x-Werte −3; −2; −1; 0; 1; 2; 3 und zeichnen Sie den Graphen in ein Koordinatensystem, ohne einen Rechner zu verwenden.

b) Geben Sie den Definitionsbereich und den Wertebereich von f an.

7 Als *Reaktionsweg* bezeichnet man in der Fahrschule den Weg, den ein Fahrzeug vom Erkennen eines Hindernisses bis zum Betätigen des Bremspedals zurücklegt. Es gilt folgende Faustregel für den Reaktionsweg in m und die Geschwindigkeit in km/h:

„Reaktionsweg ist gleich Geschwindigkeit durch 10 mal 3.“

a) Geben Sie für die Funktion, die jeder Geschwindigkeit einen Reaktionsweg zuordnet, einen Funktionsterm an.

b) Erstellen Sie für die Geschwindigkeiten 30 km/h, 40 km/h, 50 km/h, …, 120 km/h eine Wertetabelle für diese Funktion.

8 ≡ Abschnittsweise definierte Funktion

a) Eine Heizöl-Firma wirbt mit einem Vorteilspreis. Die Funktion f beschreibt die Kosten in € für das Heizöl in Abhängigkeit vom Tankvolumen in Liter.

Bis zu 2000 Liter 1,25 € pro Liter.
Ab 2000 Liter nur noch 1,05 € pro Liter.

$$f(x) = \begin{cases} 1{,}25x & \text{für } 0 \leq x \leq 2000 \\ 2500 + 1{,}05 \cdot (x - 2000) & \text{für } x > 2000 \end{cases}$$

Erläutern Sie, warum die Funktion aus zwei Termen besteht und man hier von einer *abschnittsweise definierten Funktion* spricht. Skizzieren Sie den Graphen.

b) Eine andere Heizöl-Firma macht folgendes Angebot:

Bis zu 1000 Liter 1,35 € pro Liter. Ab 1000 Liter nur noch 1,10 € pro Liter.

Geben Sie dafür eine abschnittsweise definierte Funktion an und vergleichen Sie die beiden Angebote.

Mengen in Intervallschreibweise

Zahlenmengen, die durch eine oder zwei reelle Zahlen begrenzt werden, schreibt man oft als Intervalle. Dabei werden eckige Klammern in unterschiedlichen Bedeutungen verwendet.

abgeschlossenes Intervall	linksoffenes Intervall	rechtsoffenes Intervall	offenes Intervall
$[a; b] = \{x \in \mathbb{R} \mid a \leq x \leq b\}$	$]a; b] = \{x \in \mathbb{R} \mid a < x \leq b\}$ $]-\infty; b] = \{x \in \mathbb{R} \mid x \leq b\}$	$[a; b[= \{x \in \mathbb{R} \mid a \leq x < b\}$ $[a; \infty[= \{x \in \mathbb{R} \mid a \leq x\}$	$]a; b[= \{x \in \mathbb{R} \mid a < x < b\}$ $]a; \infty[= \{x \in \mathbb{R} \mid a < x\}$ $]-\infty; b[= \{x \in \mathbb{R} \mid x < b\}$

9 ≡ Intervall- und Mengenschreibweise

a) Schreiben Sie das Intervall in der Mengenschreibweise.

(1) $[-3; 5]$ (2) $]8; 12]$ (3) $]-4; 4[$ (4) $]-\infty; 5[$

b) Schreiben Sie die Menge als Intervall.

(1) $\{x \in \mathbb{R} \mid -2 \leq x < 5\}$ (2) $\{x \in \mathbb{R} \mid x > 4\}$ (3) $\{x \in \mathbb{R} \mid 0 \leq x\}$ (4) $\mathbb{R}$

c) Der Definitionsbereich der Funktion f bei (1) ist $D = [a; b[$. Geben Sie jeweils den Definitionsbereich für (2), (3) und (4) an.

(1) (2) (3) (4)

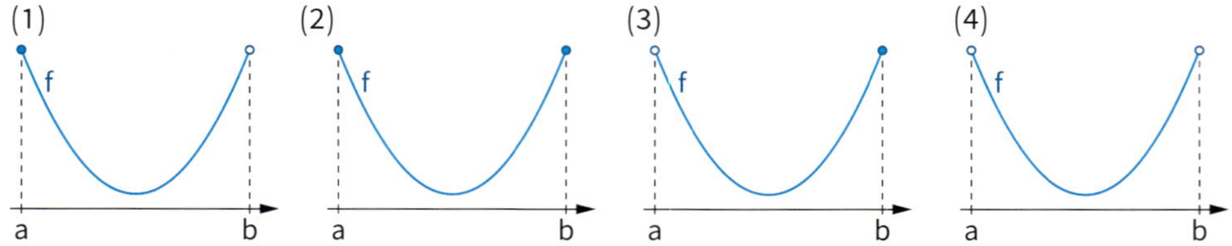

10 ≡ Briefporto

Henry muss einen Brief versenden und hat im Internet eine Kostenübersicht gefunden.

Format	Preis (2023)	Gewicht
Standardbrief	0,85 €	bis 20 g
Kompaktbrief	1,00 €	bis 50 g
Großbrief	1,60 €	bis 500 g

Henry überlegt, ob zu dieser Tabelle auch ein Funktionsterm und ein Graph gehören. Beschreiben Sie die Tabelle als eine abschnittsweise definierte Funktion mithilfe der Intervallschreibweise. Zeichnen Sie den Graphen dieser Funktion.

11 **Exponentialfunktionen**

Die Grafik zeigt die Graphen der Funktionen f und g mit $f(x) = 2^x$ und $g(x) = 2^x + 1$.

a) Orden Sie den Graphen die passenden Funktionsterme zu. Begründen Sie Ihre Entscheidung.

b) Geben Sie den Definitionsbereich und den Wertebereich von f und g an.

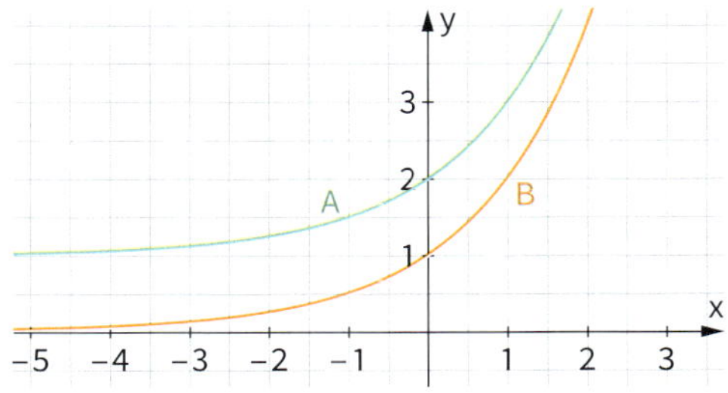

Funktionen mit eingeschränktem Definitionsbereich

Es gibt Funktionsterme, die nicht für alle x aus ℝ definiert sind.

$f(x) = \frac{5}{x+3}$

Für $x = -3$ wird der Nenner 0. Die Division durch 0 ist nicht definiert.

Definitionsbereich von f: $D = \mathbb{R} \setminus \{-3\}$

$g(x) = \sqrt{(x+1) \cdot (x-3)}$

Für alle Werte $-1 < x < 3$ wird der Term unter der Wurzel negativ. Die Quadratwurzel aus einer negativen Zahl ist nicht definiert.

Definitionsbereich von g: $D = \mathbb{R} \setminus]-1; 3[$

12 **Definitionsbereich bestimmen**

Untersuchen Sie, für welche Werte der Funktionsterm nicht definiert ist. Geben Sie jeweils den Definitionsbereich der Funktion an.

a) (1) $f(x) = \frac{1}{x}$ (2) $f(x) = \frac{1}{x-2}$ (3) $f(x) = \frac{1}{x^2-4}$ (4) $\frac{1}{x \cdot (x-1)}$

b) (1) $f(x) = \sqrt{x}$ (2) $f(x) = \sqrt{x-2}$ (3) $f(x) = \sqrt{x^2-4}$ (4) $\sqrt{x \cdot (x-1)}$

13 Beschreiben Sie die dargestellte Funktion mithilfe geeigneter Terme. Verwenden Sie dabei die Intervallschreibweise.

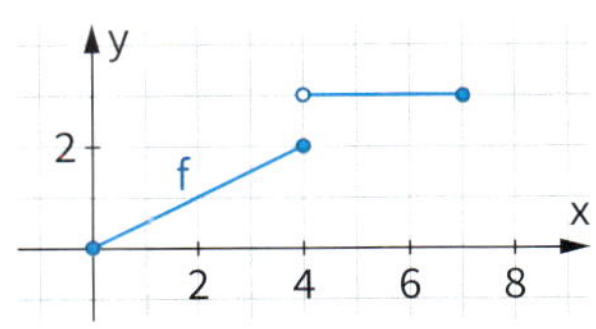

14 Geben Sie den Definitionsbereich der Funktion an.

a) $f(x) = x + 2$ b) $f(x) = \frac{1}{x+2}$ c) $f(x) = \sqrt{x+2}$

Prüfe dich!
Lösungen auf Seite 168

15 **Segelflugzeug**

Für ein bestimmtes Segelflugzeug kann die Sinkgeschwindigkeit w in m/s näherungsweise durch die Funktion $w(v) = -0{,}00041\,v^2 + 0{,}054\,v - 2{,}3$ beschrieben werden. Hierbei ist v die Fluggeschwindigkeit in km/h. Der Flugzeughersteller weist darauf hin, dass diese Näherung nur für Fluggeschwindigkeiten von mindestens 50 km/h bis höchstens 100 km/h gültig ist.

a) Geben Sie den Definitionsbereich und den Wertebereich der Funktion w an.

b) Untersuchen Sie, bei welcher Fluggeschwindigkeit die Sinkgeschwindigkeit den kleinsten Betrag hat.

16 **Berliner Bogen**

Der „Berliner Bogen" in Hamburg ist ein preisgekröntes Bürogebäude aus Glas und Stahl. Er hat 9 Stockwerke und ist 72 m breit und 36 m hoch.

a) Modellieren Sie den Bogen durch eine quadratische Funktion der Form $y = a\,x^2 + b$.

b) Stellen Sie den Graphen der Funktion mit einem Rechner dar. Untersuchen Sie anhand des Graphen, wie breit das Gebäude im 5. Geschoss bzw. im obersten Geschoss ungefähr ist.

1.2 Potenzfunktionen

Vorbereiten
Seite 157

Stellen Sie mit einem Rechner die Graphen der Potenzfunktionen zu $f(x) = x^n$ mit ganzzahligen Exponenten n dar.

Untersuchen Sie auf Gemeinsamkeiten und Unterschiede für verschiedene n.

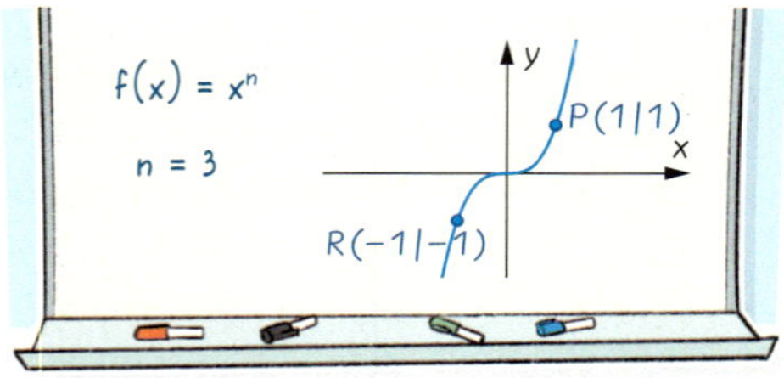

WES-109451-102

Potenzfunktionen

Eine Funktion f mit der Gleichung $f(x) = x^q$ für $x \in \mathbb{R}$ und $q \in \mathbb{Z}$ heißt **Potenzfunktion**.
Der Exponent q bestimmt das Aussehen das Graphen.

Natürlicher Exponent: $f(x) = x^n$; $n \in \mathbb{N}\setminus\{0\}$

n gerade	$D = \mathbb{R}$; $W = \mathbb{R}_+ = [0; \infty[$	**n ungerade**	$D = \mathbb{R}$; $W = \mathbb{R}$
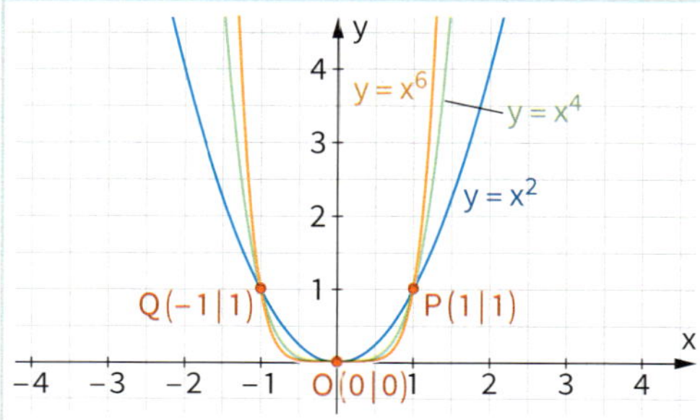		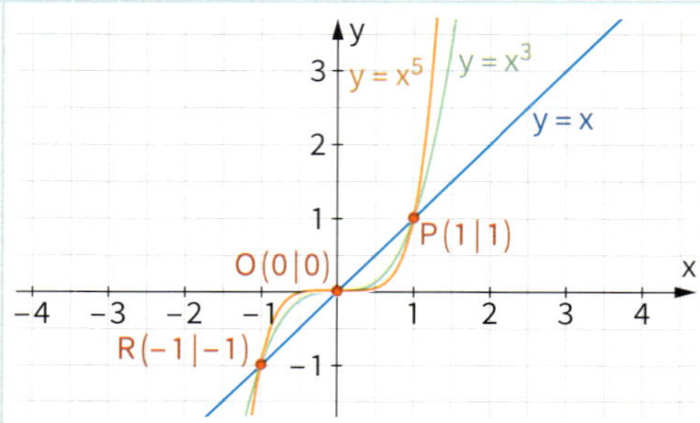	
Der Graph ist achsensymmetrisch zur y-Achse. Er fällt für $x \leq 0$ und steigt für $x \geq 0$ und verläuft durch die Punkte $(-1\,|\,1)$, $(0\,|\,0)$ und $(1\,|\,1)$.		Der Graph ist punktsymmetrisch zum Koordinatenursprung. Er steigt überall und verläuft durch die Punkte $(-1\,|\,-1)$, $(0\,|\,0)$ und $(1\,|\,1)$.	

Negativer ganzzahliger Exponent: $f(x) = x^{-n} = \frac{1}{x^n}$; $n \in \mathbb{N}\setminus\{0\}$

Die Funktion f hat an der Stelle $x = 0$ eine **Definitionslücke**: $D = \mathbb{R}\setminus\{0\} = \{x \in \mathbb{R} \mid x \neq 0\}$
Der Graph besteht aus zwei Teilen, die sich jeweils den Koordinatenachsen anschmiegen.

n gerade	$W = \mathbb{R}_+\setminus\{0\} =]0; \infty[$	**n ungerade**	$W = \mathbb{R}\setminus\{0\} = \{y \in \mathbb{R} \mid y \neq 0\}$
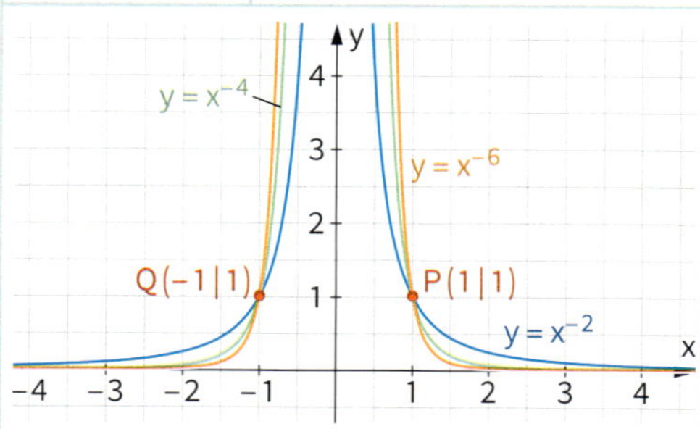		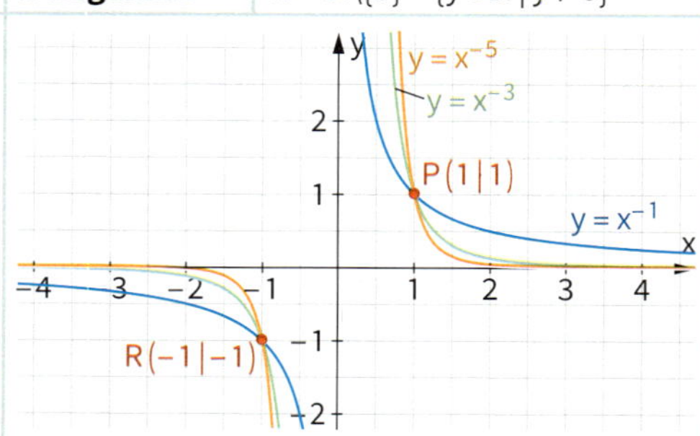	
Der Graph ist achsensymmetrisch zur y-Achse. Er steigt für $x < 0$ und fällt für $x > 0$ und verläuft durch die Punkte $(-1\,|\,1)$ und $(1\,|\,1)$.		Der Graph ist punktsymmetrisch zum Koordinatenursprung. Er fällt sowohl für $x < 0$ als auch für $x > 0$ und verläuft durch die Punkte $(-1\,|\,-1)$ und $(1\,|\,1)$.	

1 ☰ **Punkte auf dem Graphen**

Die Punkte liegen auf dem Graphen der Funktion f. Bestimmen Sie jeweils die fehlende Koordinate, ohne einen Rechner zu verwenden.

a) $f(x) = x^3$	$P_1(4 \mid ■)$	$P_2(■ \mid 27)$	$P_3(■ \mid -27)$	$P_4(■ \mid 0{,}125)$	$P_5(-0{,}5 \mid ■)$
b) $f(x) = x^4$	$P_1(-3 \mid ■)$	$P_2(■ \mid 16)$	$P_3(■ \mid 0)$	$P_4\left(■ \mid \frac{1}{625}\right)$	$P_5(■ \mid 8)$
c) $f(x) = x^{-2}$	$P_1\left(-\frac{1}{3} \mid ■\right)$	$P_2\left(■ \mid \frac{1}{625}\right)$	$P_3(■ \mid 16)$	$P_4(■ \mid 1)$	$P_5(■ \mid 5)$
d) $f(x) = \frac{1}{x^3}$	$P_1(2 \mid ■)$	$P_2(■ \mid 27)$	$P_3\left(■ \mid \frac{1}{64}\right)$	$P_4\left(-\frac{1}{8} \mid ■\right)$	$P_5(■ \mid -27)$
e) $f(x) = x^{-4}$	$P_1(-1 \mid ■)$	$P_2(-2 \mid ■)$	$P_3(■ \mid 0{,}0625)$	$P_4(■ \mid 0{,}0001)$	$P_5\left(■ \mid \frac{1}{81}\right)$

2 ☰ **Graphen zuordnen – natürliche Exponenten**

Jan hat mit seinem Rechner die Graphen zu den Potenzfunktionen $f(x) = x^4$, $f(x) = x^5$, $f(x) = x^6$ und $f(x) = x^7$ gezeichnet.

Ordnen Sie die Graphen den Funktionsgleichungen zu, ohne einen Rechner zu verwenden. Begründen Sie Ihre Entscheidung.

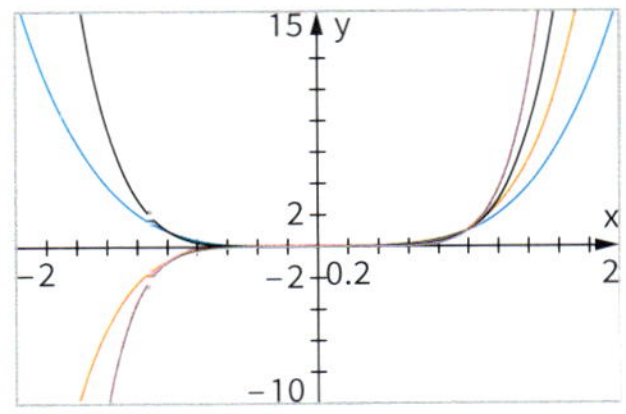

3 ☰ **Graphen zuordnen – negative ganzzahlige Exponenten**

Julia hat mit ihrem Rechner die Graphen zu den Potenzfunktionen $f(x) = \frac{1}{x^4}$, $f(x) = \frac{1}{x^5}$, $f(x) = \frac{1}{x^6}$ und $f(x) = \frac{1}{x^7}$ gezeichnet.

Entscheiden Sie ohne Rechner, welcher Graph zu welcher Funktion gehört. Begründen Sie Ihre Entscheidung.

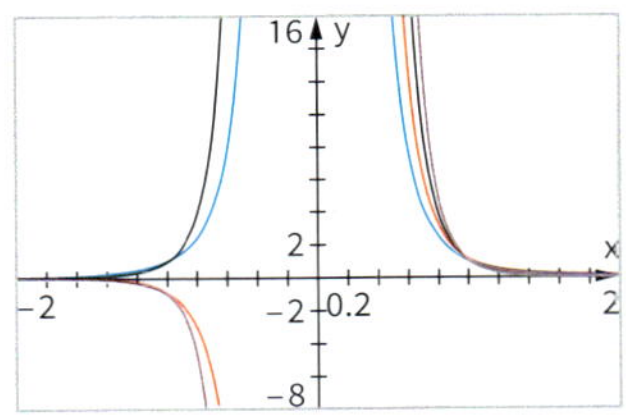

4 ☰ Ordnen Sie den dargestellten Graphen die passenden Funktionsgleichungen zu, ohne einen Rechner zu verwenden.

$f(x) = x^5$ $g(x) = x^{-4}$ $h(x) = -x^4$

Begründen Sie Ihre Zuordnung.

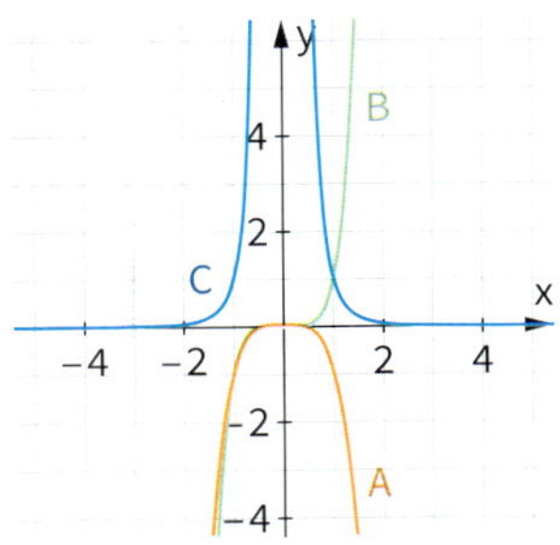

Prüfe dich!
Lösungen auf Seite 168

5 ☰ Bestimmen Sie die fehlenden Koordinaten der Punkte auf dem Graphen der Funktion f mit $f(x) = x^{-3}$.

$A(1 \mid ■)$ $B(■ \mid -1)$ $C\left(\frac{1}{2} \mid ■\right)$ $D\left(■ \mid \frac{1}{27}\right)$ $E(-10 \mid ■)$

6 ☰ **Welcher Graph „gewinnt"?**

Dominik hat die Graphen zu $y = 100x^2$ und $y = x^4$ mit einem Funktionenplotter gezeichnet.

Er behauptet: *„Der Graph zu $y = 100x^2$ verläuft immer oberhalb vom Graphen zu $y = x^4$."*

Nehmen Sie Stellung.

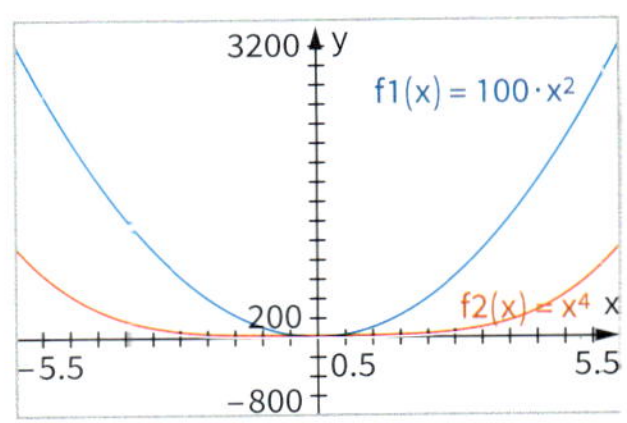

7 ☰ **Potenzielles Wachstum**

Die Kantenlänge eines Würfels wird verdoppelt bzw. verdreifacht. Untersuchen Sie, wie sich dabei das Volumen, der Oberflächeninhalt und die Gesamtkantenlänge des Würfels ändern.

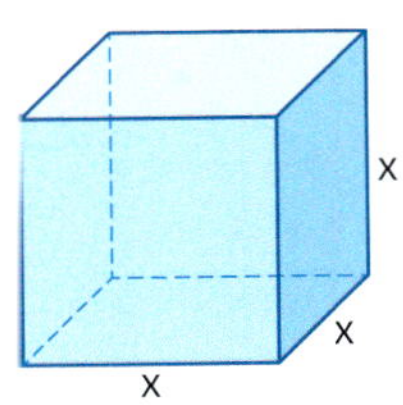

1.3 Funktionsgraphen verschieben und strecken

Wie geht der Graph der Funktion g aus dem Graphen einer Funktion f hervor?

(1) $g(x) = f(x) + d$ (2) $g(x) = k \cdot f(x)$
(3) $g(x) = f(x - c)$ (4) $g(x) = f(k \cdot x)$

Untersuchen Sie dies systematisch mit einem Rechner und verwenden Sie dafür verschiedene Funktionen f.
Präsentieren Sie Ihre Ergebnisse.

WES-109451-103

Funktionsgraphen verschieben und strecken

Ist eine Funktion f gegeben, so kann man ihren Graphen verschieben und strecken.
Dies erreicht man mit verschiedenen Parametern im Funktionsterm.

$g(x) = f(x) + d$

Der Graph von f wird um d Einheiten in Richtung der y-Achse verschoben.

$f(x) = x^2$ $g(x) = x^2 + 1$

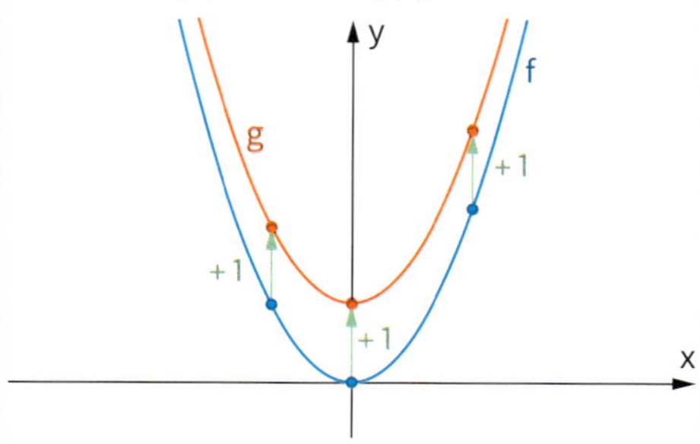

$g(x) = f(x - c)$

Der Graph von f wird um c Einheiten in Richtung der x-Achse verschoben.

$f(x) = x^2$ $g(x) = (x + 2)^2 = (x - (-2))^2$

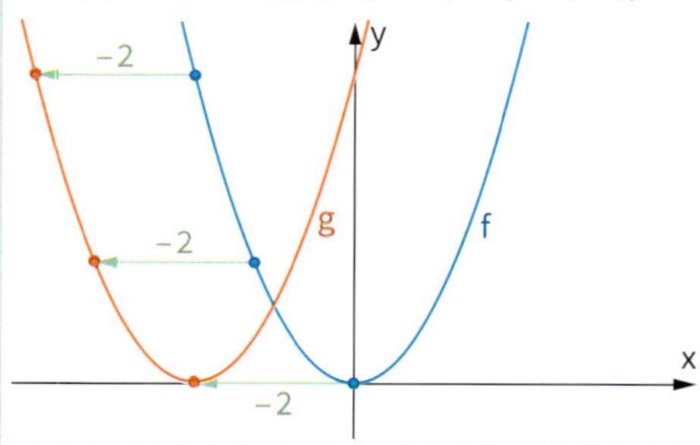

$g(x) = k \cdot f(x)$

Der Graph von f wird mit dem Faktor k in Richtung der y-Achse gestreckt.
Ist $k < 0$, so wird dabei an der x-Achse gespiegelt.

$f(x) = \sin(x)$ $g(x) = 2 \cdot \sin(x)$

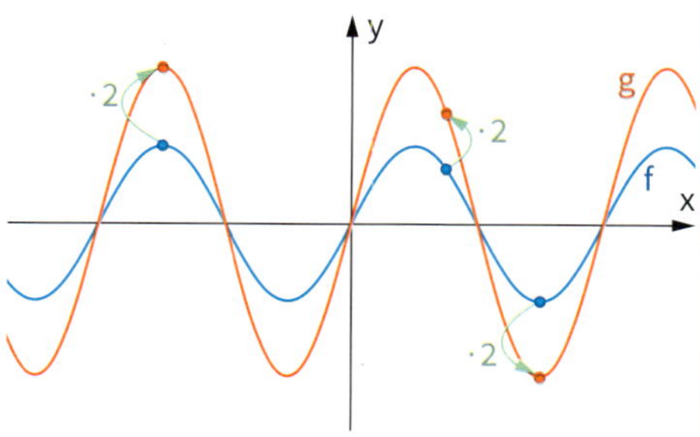

„y-Wert mit k multiplizieren"

$g(x) = f(k \cdot x)$

Der Graph von f wird mit dem Faktor $\frac{1}{k}$ in Richtung der x-Achse gestreckt.
Ist $k < 0$, so wird dabei an der y-Achse gespiegelt.

$f(x) = \sin(x)$ $g(x) = \sin(2x)$

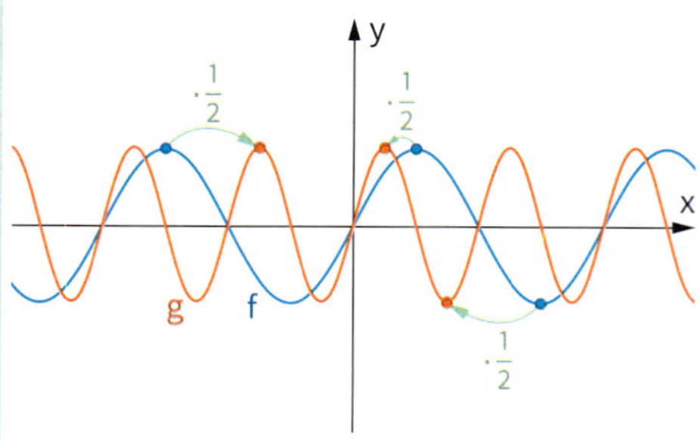

„x-Wert mit $\frac{1}{k}$ multiplizieren"

Funktionsterme angeben

Der Graph der Funktion f mit $f(x) = x^2 - 3x$ wird verschoben bzw. gestreckt.

Transformation	Funktionsgleichung für die neue Funktion g
um 2 Einheiten nach oben verschieben	$g(x) = x^2 - 3x + 2$
um 4 Einheiten nach links verschieben	$g(x) = (x - (-4))^2 - 3 \cdot (x - (-4)) = (x + 4)^2 - 3 \cdot (x + 4)$
mit dem Faktor 2 in y-Richtung strecken	$g(x) = 2 \cdot (x^2 - 3x)$
mit dem Faktor 5 in x-Richtung strecken	$g(x) = \left(\frac{1}{5} \cdot x\right)^2 - 3 \cdot \left(\frac{1}{5} \cdot x\right) = \left(\frac{x}{5}\right)^2 - 3 \cdot \left(\frac{x}{5}\right)$

1 **Funktionsterme bei Verschiebung**

Geben Sie den Funktionsterm der Funktion an, deren Graphen man durch die angegebene Verschiebung aus dem Graphen der Funktion f mit $f(x) = (x + 2)^2$ erhält.

a) um 3 nach unten b) um 1 nach rechts c) um 1 nach links d) um 9 nach oben

2 **Verschobene Graphen**

Welcher Graph gehört zur Funktion f mit $f(x) = x^{-3}$?

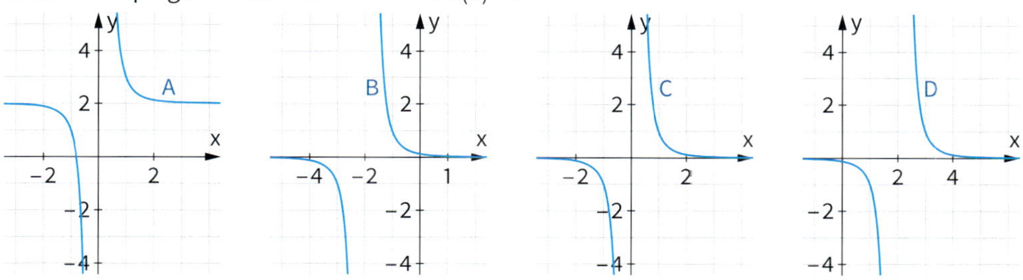

Die anderen Graphen sind durch eine Verschiebung aus dem Graphen von f entstanden. Geben Sie jeweils den zugehörigen Funktionsterm an.

3 **Funktionsterme bei Streckung**

Geben Sie den Funktionsterm der Funktion an, deren Graphen man durch die angegebene Streckung aus dem Graphen der Funktion f mit $f(x) = (x - 2)^2 + 1$ erhält.

a) mit dem Faktor −3 in Richtung der y-Achse b) mit dem Faktor $\frac{1}{4}$ in Richtung der x-Achse

4 **Gestreckte Graphen**

Geben Sie zum Graphen den Funktionsterm an.

a)

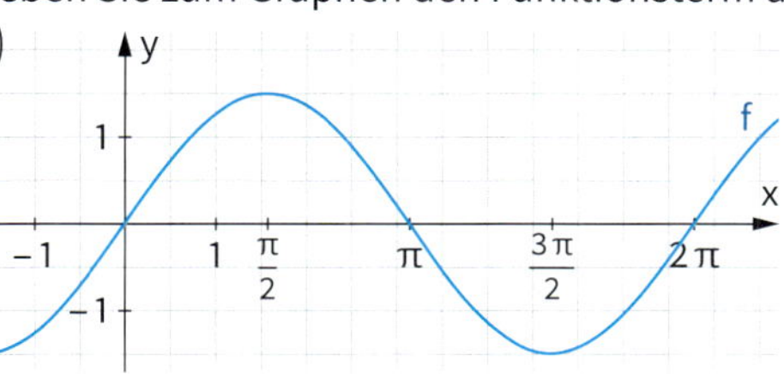

b)

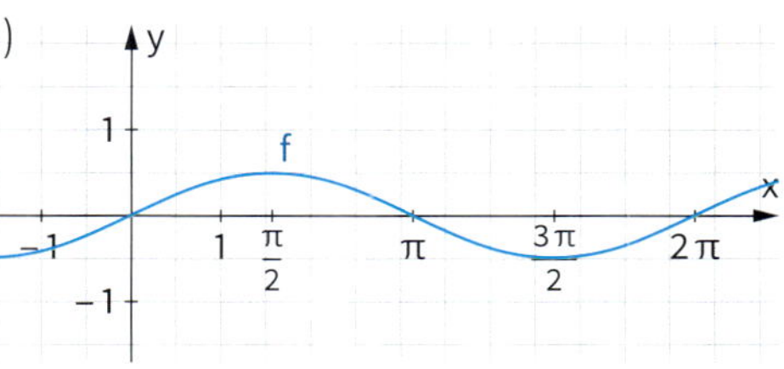

c)

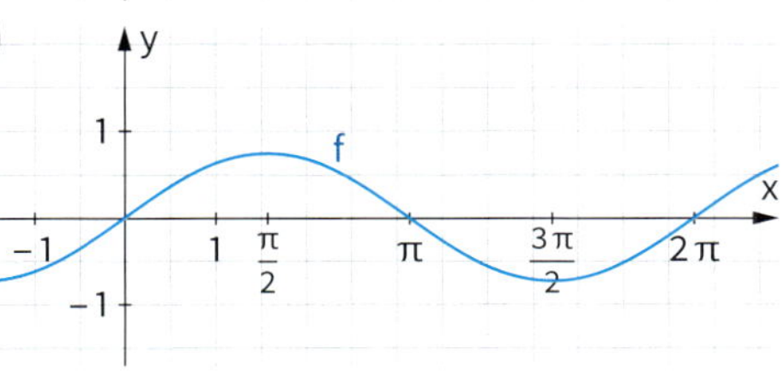

d)

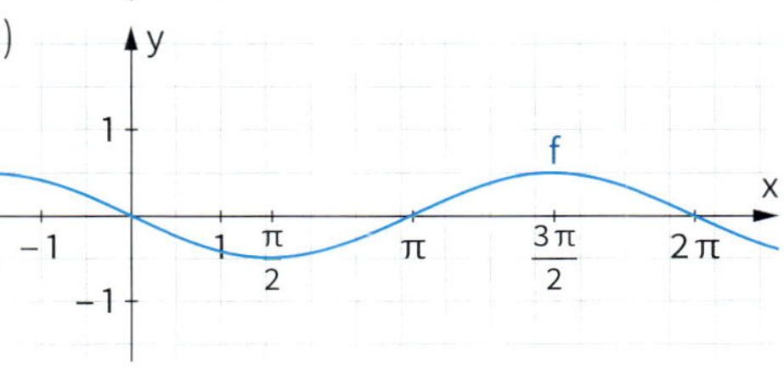

5 Funktionsterme bei zweifacher Verschiebung

Der Graph der Funktion f soll um c Einheiten in x-Richtung und um d Einheiten in y-Richtung verschoben werden. Geben Sie den Funktionsterm zum verschobenen Funktionsgraphen an.

a) $f(x) = x^2$; $c = 0$; $d = 2$
b) $f(x) = 2x$; $c = 2$; $d = 4$
c) $f(x) = x^{-2}$; $c = 1$; $d = 1$
d) $f(x) = \sin(x)$; $c = 3$; $d = 2$

6 Funktionsgleichung gesucht

Der rote Graph ist aus dem blauen Graphen entstanden.
Bestimmen Sie die Funktionsgleichung für den roten Graphen.

a)
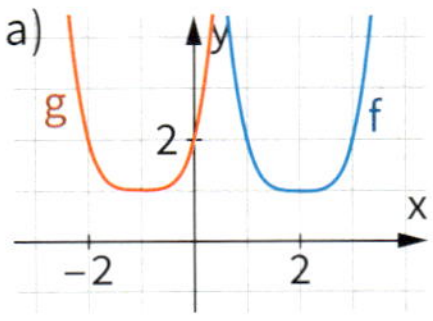

b)
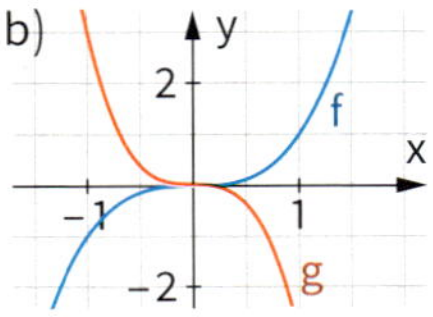

c)
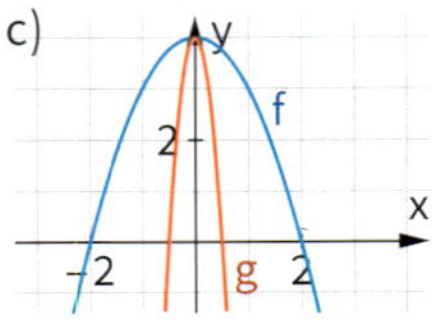

Beispiel
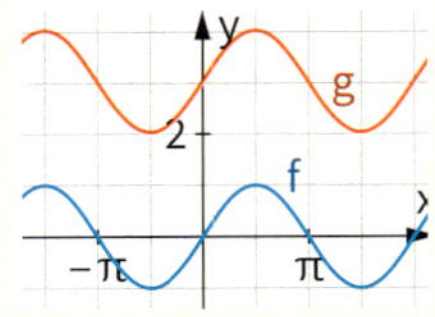

$g(x) = f(x) + 3$

7 Strecken der Sinuskurve in Richtung der x-Achse

Henry möchte den Graphen der Funktion f mit $f(x) = \sin(2x)$ zeichnen.
Er sagt: *„Das ist nicht schwer. Der Graph sieht aus wie die Sinuskurve, die mit dem Faktor 2 in x-Richtung gestreckt wurde."*
Mila meint: *„Das kann nicht sein. $\sin(\pi)$ ist 0, aber für f gilt $f\left(\frac{\pi}{2}\right) = \sin(\pi) = 0$. Also erhält man den Graphen von f, indem man die Sinuskurve mit dem Faktor $\frac{1}{2}$ in x-Richtung staucht."*
Was meinen Sie dazu? Überprüfen Sie die Behauptungen mit einem Rechner.

Prüfe dich!
Lösungen auf Seite 168

8 Bestimmen Sie die Funktionsgleichung für den Graphen, der wie folgt aus dem Graphen der Funktion f mit $f(x) = x^3$ entsteht:

a) Spiegeln an der y-Achse
b) Spiegeln an der x-Achse
c) Strecken mit dem Faktor –8 in y-Richtung
d) Verschieben um 4 Einheiten nach oben
e) Verschieben um 3 Einheiten nach links
f) Strecken mit dem Faktor 0,5 in x-Richtung

9 Ordnen Sie den Graphen die passende Funktionsgleichung begründet zu.

(1) $f(x) = -2 \cdot (x-1)^4 + 3$
(2) $f(x) = -2 \cdot (x+1)^2 + 3$
(3) $f(x) = \frac{1}{2} \cdot (x+2)^3 - 1$
(4) $f(x) = (x-1)^{-2} + 3$
(5) $f(x) = -2 \cdot (x+1)^4 + 3$
(6) $f(x) = (x+1)^{-2} + 3$
(7) $f(x) = \frac{1}{2} \cdot (x-1)^3 + 2$

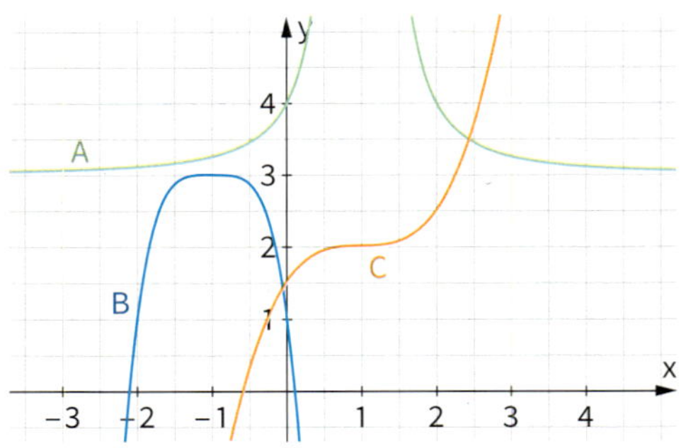

---

10 Reihenfolge beim Verschieben und Strecken

Verschiebt man den Graphen zu $y = x^2$ um 1 nach rechts, so erhält man den Graphen zu $y = (x-1)^2$. Streckt man diesen neuen Graphen mit dem Faktor 2 in Richtung der x-Achse, so erhält man den Graphen zu $y = (0{,}5x - 1)^2$.
Nun wird die Reihenfolge geändert: Der Graph zu $y = x^2$ wird zuerst mit dem Faktor 2 in Richtung der x-Achse gestreckt. Der neue Graph wird dann um 1 nach rechts verschoben.
Geben Sie jeweils die zugehörigen Terme zu den Graphen an und vergleichen Sie die beiden letzten Graphen miteinander.

11 Geradengleichung aufstellen

Die Gleichung einer Geraden mit der Steigung 3 durch den Punkt P(5 | 8) soll bestimmt werden. Clara und Joris gehen dabei unterschiedlich vor.

Clara:
Ansatz: $y = 3x + b$
Koordinaten von P(5 | 8) einsetzen:
$8 = 3 \cdot 5 + b$; *also* $b = 8 - 15 = -7$
Geradengleichung: $y = 3x - 7$

Joris:
Gleichung der Geraden g mit Steigung 3 durch den Ursprung: $y = 3x$
Verschieben von g in P(5 | 8) ergibt:
$y = 3 \cdot (x - 5) + 8$

Erläutern Sie, wie Clara und Joris die Gleichung bestimmt haben, und zeigen Sie, dass beide Gleichungen zur selben Gerade gehören.

Alternative Form der Geradengleichung

Satz: Die Gerade mit der Steigung m durch den Punkt $P(x_0 | y_0)$ hat die Gleichung
$\mathbf{y = m \cdot (x - x_0) + y_0}$.

WES-109451-104

12 Geradengleichungen bestimmen

Bestimmen Sie mithilfe des Satzes die Gleichung der Geraden mit der Steigung m durch den Punkt P. Schreiben Sie dann die Gleichung in der Form $y = mx + b$.

a) $m = 2$; P(4 | 1) b) $m = -4$; P(3 | −7) c) $m = 0{,}5$; P(−6 | 10) d) $m = -0{,}2$; P(8 | −6)

13 Satz begründen

Begründen Sie den Satz zur alternativen Form der Geradengleichung.

14 Parameter bestimmen

Eine Funktion hat die Gleichung der Form $y = (x + d)^3 + e$. Bestimmen Sie d und e so, dass der Graph der Funktion punktsymmetrisch zum Punkt P ist.

a) P(3 | 4) b) P(−5 | −3) c) P(2,5 | 1,6) d) $P\left(2\frac{1}{3} \middle| -3\frac{2}{3}\right)$

15 Funktionsgleichungen für Exponentialfunktionen

Bestimmen Sie die Funktionsgleichung für den Graphen, der wie folgt aus dem Graphen der Funktion f mit $f(x) = 2^x$ entsteht:

a) Spiegeln an der y-Achse
b) Verschieben um 3 Einheiten nach rechts
c) Verschieben um eine Einheit nach unten
d) Spiegeln an der x-Achse, dann Verschieben um eine Einheit nach links
e) Spiegeln an der y-Achse, dann Verschieben um eine Einheit nach links und um drei Einheiten nach oben

16 Graphen von Exponentialfunktionen

Ayfer hat den Graphen der Funktion g mit $g(x) = 0{,}5^x$ gezeichnet und dann den Graphen verschoben. Für die verschobenen Graphen findet sie folgende Vorschriften:

Funktion f mit $f(x) = 0{,}5^{x+2}$
Funktion h mit $h(x) = 0{,}5^{x-2}$
Funktion k mit $k(x) = -0{,}5^x$

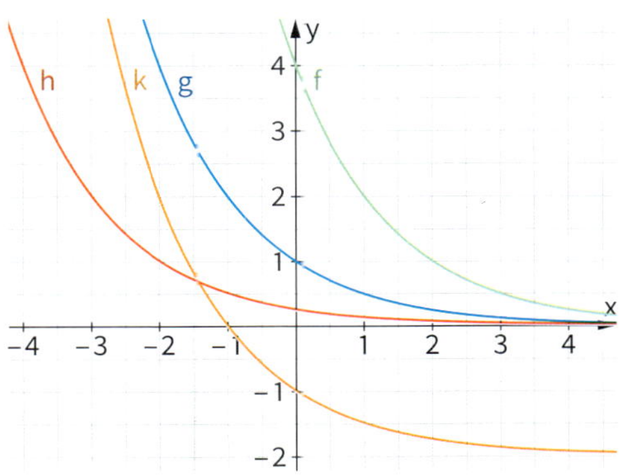

Überprüfen Sie Ayfers Zuordnungen und korrigieren Sie ihre Fehler.

1.4 Ganzrationale Funktionen

In einer Autowerkstatt wird zum Auffangen und Aufbewahren von Altöl eine Wanne in Form eines Pyramidenstumpfs verwendet. Das Volumen V des eingefüllten Altöls in m^3 hängt von der Einfüllhöhe x in m ab und lässt sich mit folgender Formel bestimmen: $V(x) = 3x^3 + 1{,}5x^2 + 0{,}25x$

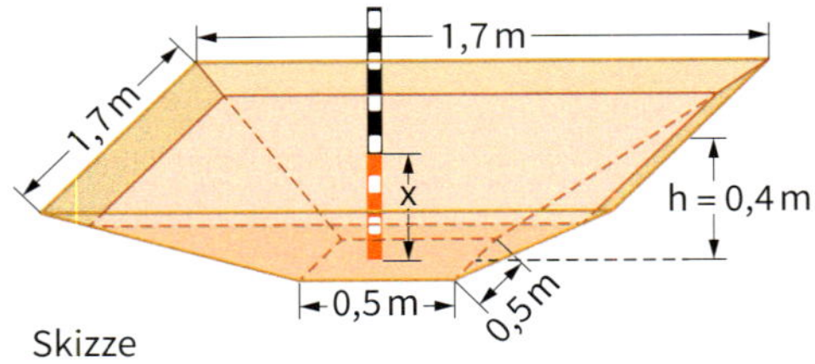

Skizze

Bei einer Einfüllhöhe von z. B. 0,2 m ergibt sich $V(0{,}2) = 3 \cdot 0{,}2^3 + 1{,}5 \cdot 0{,}2^2 + 0{,}25 \cdot 0{,}2 = 0{,}134$, also ein Volumen von $0{,}134\,m^3$.

Der Term $3x^3 + 1{,}5x^2 + 0{,}25x$ ist ein Beispiel für ein *Polynom*. Solche Terme werden in vielen Bereichen der Technik und Wirtschaft zur Berechnung von Größen verwendet.

WES-109451-105

Ganzrationale Funktion

Eine Funktion, deren Term sich in der Form

$$a_n x^n + a_{n-1} x^{n-1} + \ldots + a_2 x^2 + a_1 x + a_0 \quad \text{mit } n \in \mathbb{N};\ a_0, a_1, a_2, \ldots, a_n \in \mathbb{R} \text{ und } a_n \neq 0$$

schreiben lässt, heißt **ganzrationale Funktion n-ten Grades** oder **vom Grad n**. Ein solcher Term wird **Polynom** genannt. Die Zahlen $a_0, a_1, a_2, \ldots, a_n$ nennt man **Koeffizienten**.

$$f(x) = -\frac{1}{2}x^5 + 3x^4 - x^2 + \sqrt{2}\,x + 4$$
$$= \underbrace{-\frac{1}{2}}_{a_5}x^5 + \underbrace{3}_{a_4}x^4 + \underbrace{0}_{a_3} \cdot x^3 + \underbrace{(-1)}_{a_2} \cdot x^2 + \underbrace{\sqrt{2}}_{a_1}\,x + \underbrace{4}_{a_0}$$

ganzrationale Funktion 5. Grades

$$g(x) = 2x^3 + \frac{1}{x} = 2 \cdot x^3 + 1 \cdot x^{-1}$$
$$h(x) = \sin(x) + x$$
$$k(x) = x^2 + 2^x$$

keine ganzrationalen Funktionen

Ganzrationale Funktionen sind stets für alle reellen Zahlen definiert.

1 Ganzrationale Funktionen erkennen

a) Entscheiden Sie, welche der Funktionen ganzrationale Funktionen sind. Bestimmen Sie gegebenenfalls den Grad der Funktion und geben Sie die Koeffizienten an.

$f_1(x) = 5x - 3$	$f_2(x) = -2{,}5$	$f_3(x) = x^4 - 4x^2 + 1$	$f_4(x) = -2x + \frac{1}{4}x^2 - 5$
$f_5(x) = -3x^2 - \sqrt{x} + 12$	$f_6(x) = 2^x - 5$	$f_7(x) = \frac{x^2 + 2x + 2}{2}$	$f_8(x) = \frac{2}{x^2 + 2x + 2}$

b) Geben Sie selbst Beispiele und Gegenbeispiele zu ganzrationalen Funktionen an und lassen Sie die andere Person darüber wie in Teilaufgabe a) entscheiden.

2 Grad bestimmen

Bestimmen Sie den Grad der ganzrationalen Funktion f.

a) $f(x) = (x-2) \cdot (x+3)$
b) $f(x) = (5-3x) \cdot (x+2)$
c) $f(x) = (2x^2+1) \cdot (-x+3x^3)$
d) $f(x) = x \cdot (3-x^2) \cdot (3-x)$
e) $f(x) = (x-4) \cdot (x+2) \cdot (x-1)$
f) $f(x) = (2-x^3+x^2) \cdot (x^3+1)$

Grad bei Produkten von Polynomen

$$f(x) = (\mathbf{x} - 4) \cdot (\mathbf{x^2} - 2x + 3)$$

- x und x^2 sind die Summanden mit dem höchsten Exponenten.
- $x \cdot x^2 = x^3$, also ist f eine ganzrationale Funktion 3. Grades.

3 a) Bestimmen Sie den Grad der ganzrationalen Funktionen f und g mit $f(x) = x^2 - 1$ und $g(x) = x^4 + x^2 + 1$.
b) Bestimmen Sie die Gleichung der ganzrationalen Funktion h mit $h(x) = f(x) \cdot g(x)$ und geben Sie den Grad von h an.
c) Begründen Sie: Werden zwei ganzrationale Funktionen f und g multipliziert, so ist der Grad von $f(x) \cdot g(x)$ gleich der Summe aus dem Grad von f und dem Grad von g.

Prüfe dich!
Lösungen auf
Seite 168

4 **Verschobener Graph der Kubikfunktion**
a) Erläutern Sie, wie der Graph der Funktion g mit $g(x) = (x-1)^3 + 2$ aus dem Graphen der Kubikfunktion f mit $f(x) = x^3$ hervorgeht.
b) Lösen Sie im Funktionsterm von g die Klammern auf und schreiben Sie g(x) als Polynom. Geben Sie alle Koeffizienten des Polynoms an.

5 **Graph einer Summenfunktion**
Die Abbildung zeigt die Graphen der Funktionen f, g und h mit $g(x) = \frac{1}{4}x^3$ und $h(x) = 4 - x^2$.
a) Beschreiben Sie anhand der Abbildung, wie der Graph von f aus den Graphen von g und h hervorgeht.
b) Zeigen Sie dies an einer Wertetabelle.
c) Skizzieren Sie die Graphen der Funktionen f, g und h mit $g(x) = \frac{1}{4}x^2$, $h(x) = -x + 1$ und $f(x) = g(x) + h(x)$.

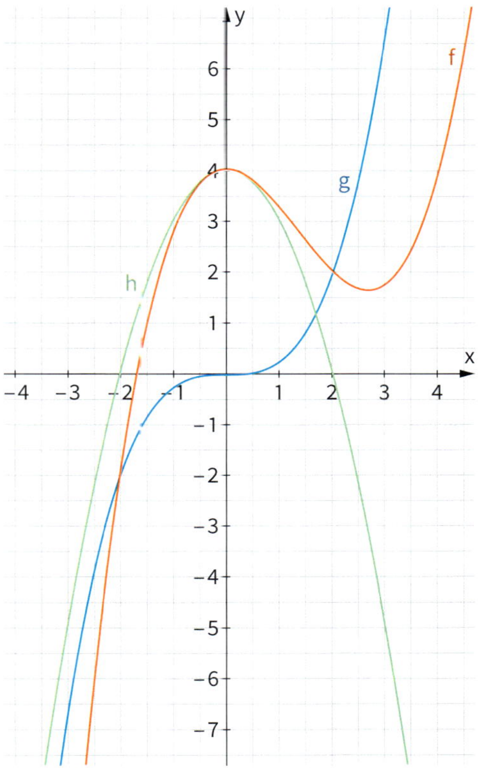

6 **Polynom und Produkt**
a) Schreiben Sie den Funktionsterm als Polynom. Überprüfen Sie Ihr Ergebnis mit einem Rechner.
(1) $f(x) = (x-1) \cdot (x-2)$
(2) $g(x) = (x-3) \cdot x \cdot (x+3)$
(3) $h(x) = (x^2 - x + 1) \cdot (x^2 + x + 1)$
b) Schreiben Sie mithilfe eines Rechners den Funktionsterm als Produkt.
(1) $f(x) = x^2 - 3x + 2$
(2) $g(x) = x^3 + x^2 - 6x$
(3) $h(x) = x^4 - 8x^2 + 16$

7 **Funktionsdiktat**
Wählen Sie eine der Funktionen und zeichnen Sie den Graphen mit einem Rechner, ohne dass Ihr Gegenüber das Display sehen kann. Beschreiben Sie dann den Verlauf des Graphen in Worten, sodass Ihr Gegenüber ihn skizzieren kann.
Vergleichen Sie Zeichnung und Rechner-Display und tauschen Sie dann die Rollen. Notieren Sie Gemeinsamkeiten und Unterschiede der vier Terme und ihrer Graphen.

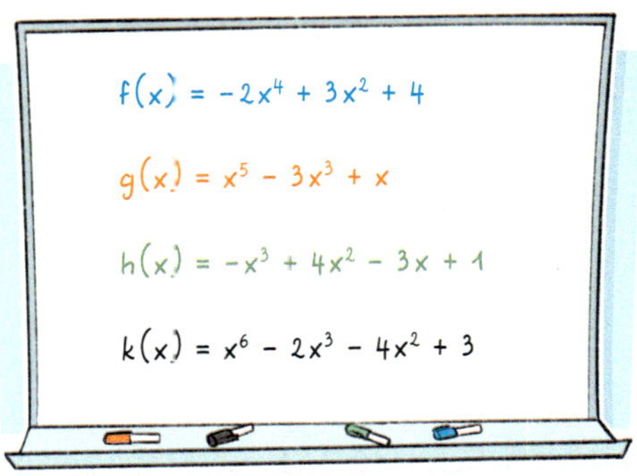

Einstieg

Globalverlauf ganzrationaler Funktionen

Mila, Joris und Luise haben die Graphen der Funktionen f und g mit $f(x) = 2x^3 - 4x^2 + x - 5$ und $g(x) = 2x^3$ mit ihren Rechnern gezeichnet.

Mila

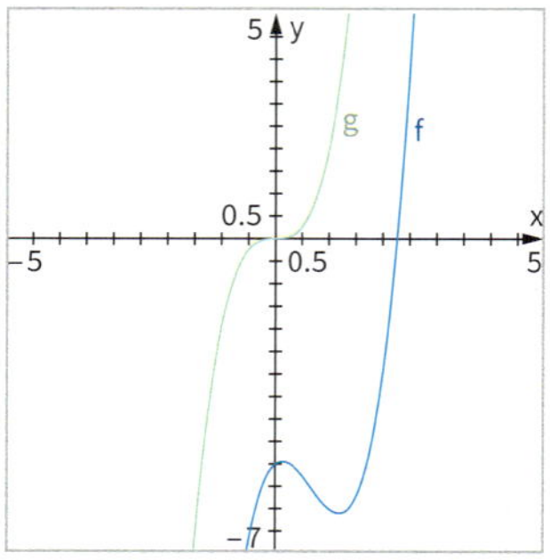

Joris

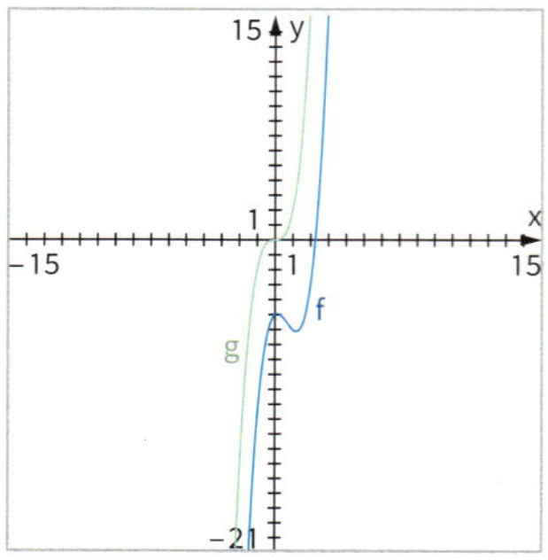

Luise

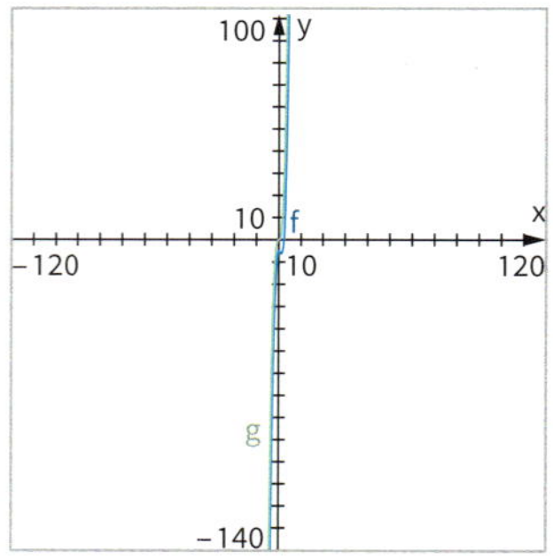

Joris sagt: *„Bei Mila kann man die Graphen deutlich voneinander unterscheiden, bei mir noch gerade so, aber bei Luise sehen die Graphen fast gleich aus."*
Luise sagt: *„Je größer man den Zeichenbereich wählt, desto weniger unterscheiden sich die Graphen in ihrem Verlauf."*

Begründung

Für $x \neq 0$ kann man die höchste Potenz ausklammern: $f(x) = x^3 \cdot \left(2 - \frac{4}{x} + \frac{1}{x^2} - \frac{5}{x^3}\right)$
Die Terme $\frac{4}{x}$, $\frac{1}{x^2}$ und $\frac{5}{x^3}$ nähern sich für betragsmäßig größer werdende x-Werte immer mehr dem Wert 0 an. Der Term in der Klammer kommt damit dem Wert 2 beliebig nahe. Deshalb verhalten sich die Funktionswerte von f bei betragsmäßig großen x-Werten wie die Funktionswerte von g mit $g(x) = 2x^3$.

WES-109451-106

a_n ***positiv:*** *vgl. den Verlauf der Potenzfunktionen*
a_n ***negativ:*** *„Graph wird gespiegelt"*

Globalverlauf einer Funktion

Das Verhalten der Funktionswerte f(x) für betragsmäßig große x-Werte bezeichnet man als **Globalverlauf** der Funktion f.

Satz: Bei einer ganzrationalen Funktion f mit $f(x) = a_n x^n + a_{n-1} x^{n-1} + \ldots + a_2 x^2 + a_1 x + a_0$, $n \neq 0$ und $a_n \neq 0$ bestimmt der Summand $a_n x^n$ den Globalverlauf von f.

$a_n > 0$ und $n \neq 0$		$a_n < 0$ und $n \neq 0$	
n gerade	**n ungerade**	**n gerade**	**n ungerade**
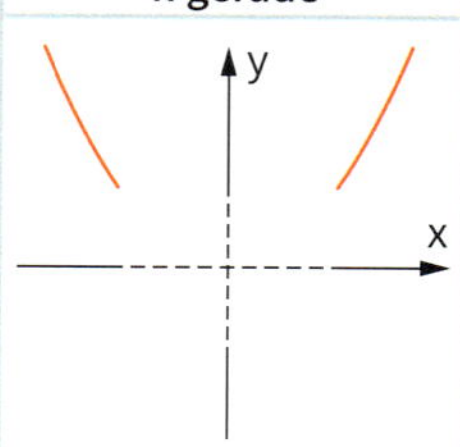	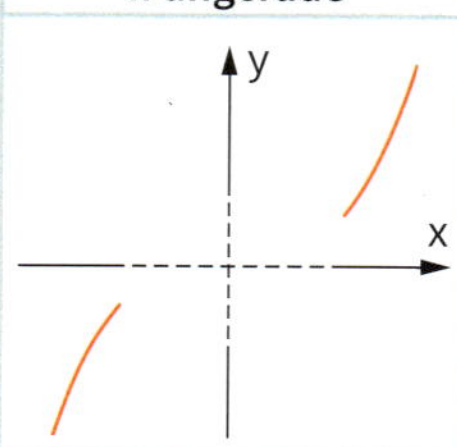	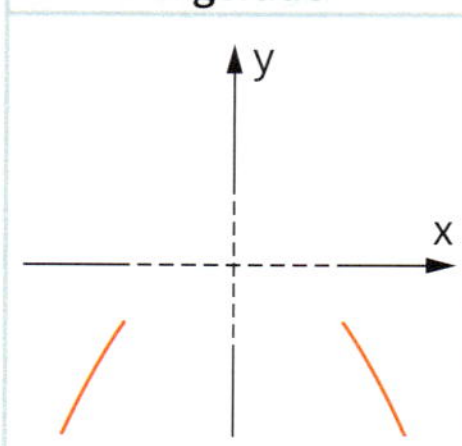	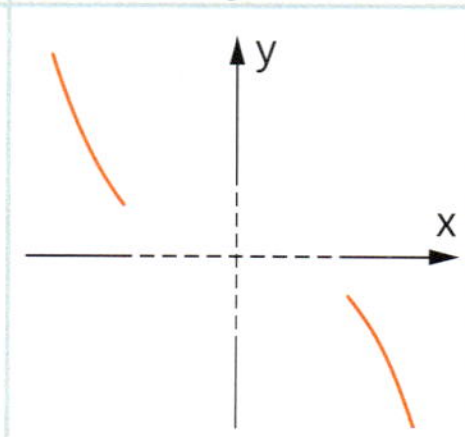
Für $x \to \infty$ gilt $f(x) \to \infty$. Für $x \to -\infty$ gilt $f(x) \to \infty$.	Für $x \to \infty$ gilt $f(x) \to \infty$. Für $x \to -\infty$ gilt $f(x) \to -\infty$.	Für $x \to \infty$ gilt $f(x) \to -\infty$. Für $x \to -\infty$ gilt $f(x) \to -\infty$.	Für $x \to \infty$ gilt $f(x) \to -\infty$. Für $x \to -\infty$ gilt $f(x) \to \infty$.

Sprechweise: *„Für x gegen (minus) unendlich gilt f von x gegen (minus) unendlich."*

Globalverlauf einer ganzrationalen Funktion erkennen

Untersuchen Sie den Globalverlauf der Funktion f mit $f(x) = -0{,}5x^5 + 3x^4 - x^2 + \sqrt{2}\,x + 4$.

Lösung

Der Grad von f ist 5. Also bestimmt der Summand $-0{,}5x^5$ den Globalverlauf von f.

$n = 5$ ungerade; $a_5 = -0{,}5 < 0$

Damit erhält man: Für $x \to \infty$ gilt $f(x) \to -\infty$; für $x \to -\infty$ gilt $f(x) \to \infty$.

8 Die vier Typen des Globalverlaufs

a) Ordnen Sie die ganzrationalen Funktionen jeweils den einzelnen Typen begründet zu.

$f(x) = -3x^5 + 12x^3 - 8$ $\quad h(x) = 4x^3 + 2x^2 - 7x + 12$

$g(x) = \frac{1}{2}x^4 - 28x^3 + 6x^2 - 34$ $\quad i(x) = -2x^4 + x^3 + 21x^2 + 45x + 205$

b) Geben Sie zu jedem Typ des Globalverlaufs zwei weitere ganzrationale Funktionen an.

9 Globalverlauf bestimmen

Bestimmen Sie ohne Hilfsmittel den Globalverlauf von f.

a) $f(x) = x^3 + 2x^2 + 5$ b) $f(x) = 3x^4 - 2x^2 + 1$ c) $f(x) = 2^6x^2 - 2^2x^6$

d) $f(x) = 7 - x^5 + 0{,}01x^3$ e) $f(x) = 200x^2 - 4x^4 + \frac{1}{10}x^{10}$ f) $f(x) = (x^3 + 1)^2$

10 Graphen zuordnen

Ordnen Sie den Graphen die Funktionsgleichungen zu, ohne einen Rechner zu verwenden. Begründen Sie Ihre Entscheidung.

$f(x) = -\frac{1}{4}x^4 + 2x^2 + 1$ $\quad g(x) = \frac{1}{4}x^3 - 2x$ $\quad h(x) = \frac{1}{9}x^4 - \frac{1}{4}x^3 + 1$ $\quad k(x) = -\frac{1}{6}x^3 + 3x$

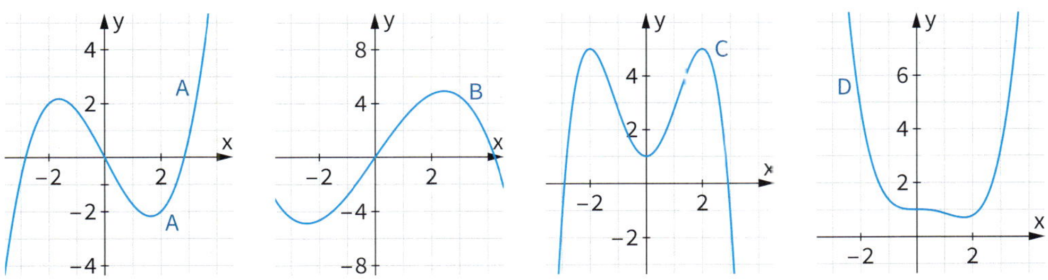

11 Geben Sie den Grad der ganzrationalen Funktion f und den Globalverlauf von f an.

a) $f(x) = -5x^5 + x^3 + 10x^2$ b) $f(x) = x^6 - 5x^5 - 100$

Prüfe dich!
Lösungen auf Seite 168

12 Ordnen Sie den Graphen die Funktionsgleichungen zu, ohne einen Rechner zu verwenden. Begründen Sie Ihre Entscheidung.

$f(x) = x^3 - 4x^2 + 3x$ $\quad g(x) = (x^3 - 1)^2$ $\quad h(x) = 4x^2 - x^4$ $\quad i(x) = x^4 - 0{,}5x^5$

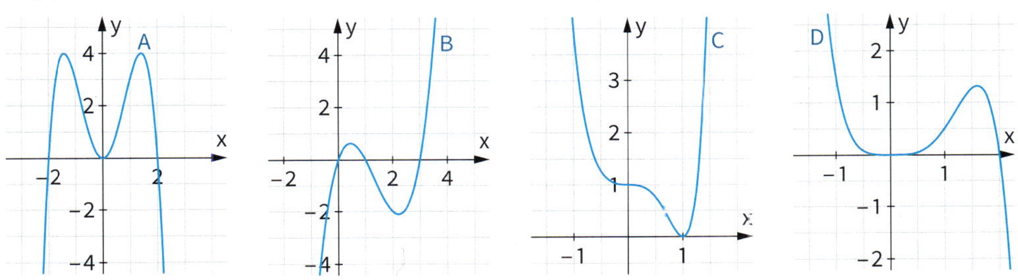

1.5 Symmetrien von Funktionsgraphen

Noah hat mit seinem Rechner die Graphen der Funktionen f_1, f_2 und f_3 gezeichnet und jeweils eine dazugehörige Wertetabelle erstellt.

$f_1(x) = \frac{1}{2}x^4 - 2x^2 - 1$

$f_2(x) = x^5 + 2x^3 - 4x$

$f_3(x) = -\frac{4}{3}x^4 + x^3 + 2x^2$

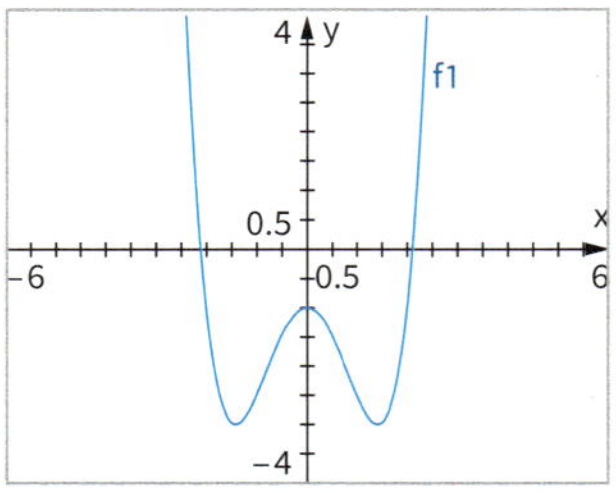

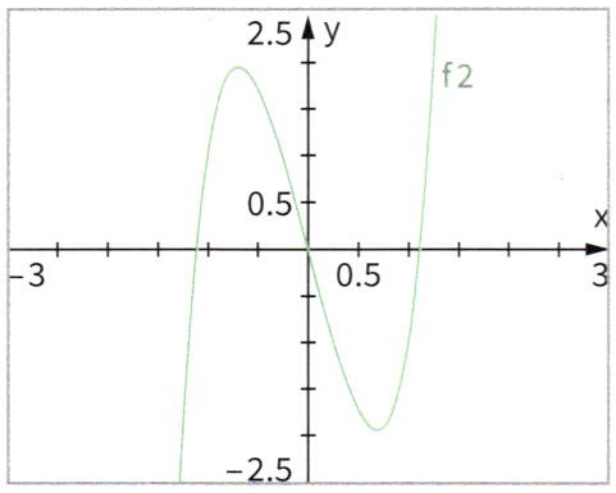

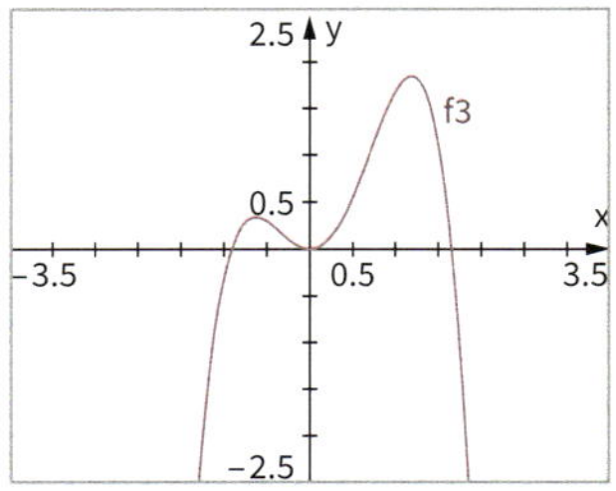

x	f1(x):= 1/2*x^4−2*x^2−1
-2.	-1.
-1.	-2.5
0.	-1.
1.	-2.5
2.	-1.

x	f2(x):= x^5+2*x^3−4*x
-2.	-40.
-1.	1.
0.	0.
1.	-1.
2.	40.

x	f3(x):= −4/3*x^4+x^3+2*x^2
-2.	-21.3333
-1.	-0.333333
0.	0.
1.	1.66667
2.	-5.33333

- Welche Symmetrieeigenschaften lassen sich erkennen?
- Wie kann man diese Eigenschaften anhand des Funktionsterms begründen?

Lösung

Der Graph von f_1 scheint achsensymmetrisch zur y-Achse zu sein.
Die Wertetabelle bestätigt dies: An allen Stellen, die symmetrisch zur y-Achse liegen, sind die Funktionswerte gleich. Zum Beispiel ist $f_1(-2) = -1 = f_1(2)$.

Allgemein erhält man:
$$f_1(-x) = \frac{1}{2}\cdot(-x)^4 - 2\cdot(-x)^2 - 1$$
$$= \frac{1}{2}\cdot x^4 - 2\cdot x^2 - 1 = f_1(x)$$

Die Funktionswerte stimmen überein, da der Funktionsterm $f_1(x)$ nur Potenzen von x mit geraden Exponenten enthält. Der Graph von f_1 ist somit achsensymmetrisch zur y-Achse.

Der Graph von f_2 scheint punktsymmetrisch zum Koordinatenursprung zu sein.
Die Wertetabelle bestätigt dies: An allen Stellen, die symmetrisch zur y-Achse liegen, haben die Funktionswerte den gleichen Betrag, aber ein entgegengesetztes Vorzeichen.
Zum Beispiel ist $f_2(-2) = -40$ und $f_2(2) = 40$ und damit $f_2(-2) = -f_2(2)$.

Allgemein erhält man:
$$f_2(-x) = (-x)^5 + 2\cdot(-x)^3 - 4\cdot(-x)$$
$$= -x^5 + 2\cdot(-x^3) - 4\cdot(-x)$$
$$= -(x^5 + 2\cdot x^3 - 4\cdot x) = -f_2(x)$$

Die Funktionswerte $f_2(-x)$ und $f_2(x)$ unterscheiden sich nur durch ihr Vorzeichen, da der Funktionsterm $f_2(x)$ nur Potenzen von x mit ungeraden Exponenten enthält. Der Graph von f_2 ist somit punktsymmetrisch zum Koordinatenursprung.

Der Graph von f_3 ist weder achsensymmetrisch zur y-Achse noch punktsymmetrisch zum Koordinatenursprung. Zum Beispiel ist $f_3(-1) \neq f_3(1)$ und auch $f_3(-1) \neq -f_3(1)$.
Der Funktionsterm $f_3(x)$ enthält sowohl Potenzen von x mit geraden als auch Potenzen von x mit ungeraden Exponenten.

Achsensymmetrie zur y-Achse

Der Graph einer Funktion f ist **achsensymmetrisch zur y-Achse**, falls $f(-x) = f(x)$ für alle x gilt, sonst nicht.

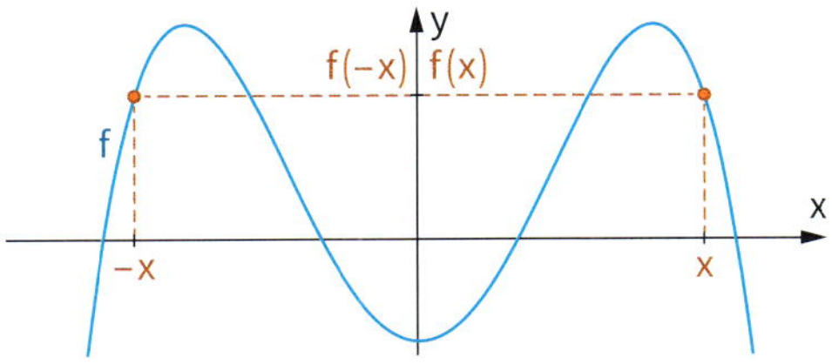

Ist f eine ganzrationale Funktion, so gilt $f(-x) = f(x)$, falls das Polynom nur Potenzen von x mit geraden Exponenten enthält, sonst nicht.

Punktsymmetrie zum Ursprung

Der Graph einer Funktion f ist **punktsymmetrisch zum Koordinatenursprung**, falls $f(-x) = -f(x)$ für alle x gilt, sonst nicht.

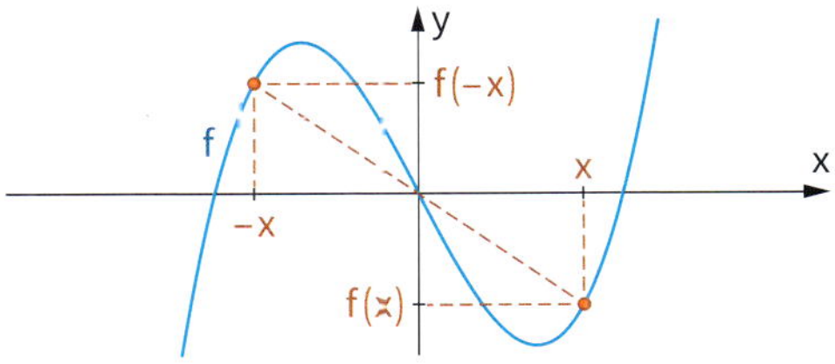

Ist f eine ganzrationale Funktion, so gilt $f(-x) = -f(x)$, falls das Polynom nur Potenzen von x mit ungeraden Exponenten enthält, sonst nicht.

WES-109451-107

Funktionswerte ergänzen

Vervollständigen Sie die Wertetabelle so, dass der Graph der Funktion f
a) achsensymmetrisch zur y-Achse ist;
b) punktsymmetrisch zum Ursprung ist.

x	−3	−2	−1	0	1	2	3
f(x)	−7		0	0		4	

Lösung

a) Es muss gelten: $f(-x) = f(x)$

x	−3	−2	−1	0	1	2	3
f(x)	−7	4	0	0	0	4	−7

b) Es muss gelten: $f(-x) = -f(x)$

x	−3	−2	−1	0	1	2	3
f(x)	−7	−4	0	0	0	4	7

Graphen auf Symmetrie untersuchen

- $g(x) = -0{,}5\,x^3 + 2\,x$

Definition anwenden:

$$g(-x) = -0{,}5\,(-x)^3 + 2\cdot(-x)$$
$$= -0{,}5\,(-x^3) + 2\cdot(-x)$$
$$= -(-0{,}5\,x^3 + 2\,x) = -g(x)$$

Der Graph von g ist punktsymmetrisch zum Koordinatenursprung.

- $h(x) = 0{,}5\,x^4 - 4{,}5\,x^2 + 8$

Mit den Exponenten begründen:

$0{,}5\,x^4 - 4{,}5\,x^2 + 8 = 0{,}5\,x^4 - 4{,}5\,x^2 + 8\,x^0$

Der Funktionsterm von h enthält nur gerade Exponenten von x.

Der Graph von h ist achsensymmetrisch zur y-Achse.

$x^0 = 1$
0 ist gerade.

1 **Wertetabelle vervollständigen**

Vervollständigen Sie die Wertetabelle so, dass der Graph der Funktion f
a) punktsymmetrisch zum Koordinatenursprung ist;
b) achsensymmetrisch zur y-Achse ist.

x	−4	−3	−2	−1	0	1	2	3	4
f(x)	10		2	0	0			2	

2 **Funktionswert an der Stelle 0**

a) Begründen Sie: Ist der Graph einer ganzrationalen Funktion f punktsymmetrisch zum Koordinatenursprung, so gilt immer $f(0) = 0$.

b) Untersuchen Sie, ob dies auch für eine ganzrationale Funktion gilt, deren Graph achsensymmetrisch zur y-Achse ist.

3 Symmetrie am Term erkennen

Ist der Graph der Funktion f achsensymmetrisch zur y-Achse oder punktsymmetrisch zum Koordinatenursprung? Begründen Sie.

a) $f(x) = \frac{1}{2}x^2 + 5$ b) $f(x) = -x^5 + \frac{3}{4}x^3 - 2x$ c) $f(x) = x^3 - 3x + 1$

d) $f(x) = -2x^4 - x^2 + 4$ e) $f(x) = x^2 + 2x$ f) $f(x) = x^5 - x$

g) $f(x) = x^3 - 3x^2 + 3x$ i) $f(x) = (x^4 - 2) \cdot (x^2 - 4)$ j) $f(x) = (x - 3) \cdot (x + 3)$

4 Symmetrie durch Termumformung erkennen

Untersuchen Sie durch Termumformung, ob $f(-x) = -f(x)$ bzw. $f(-x) = -f(x)$ für alle x gilt, und folgern Sie daraus die entsprechende Symmetrieeigenschaft des Graphen.

a) $f(x) = \frac{1}{2}x^4 - 3x^2 + 1$ b) $f(x) = x^5 - 7x^3$ c) $f(x) = x^6 - 2x^2$

d) $f(x) = x \cdot (x^3 - x)$ e) $f(x) = \frac{x^3}{x^2 + 1}$ f) $f(x) = \frac{x^2 - 5}{x^2 + 5}$

5 Graphen zuordnen

Ordnen Sie die Graphen den Funktionsgleichungen zu, ohne einen Rechner zu verwenden. Begründen Sie die Symmetrieeigenschaften des Graphen am Funktionsterm.

$f(x) = \frac{1}{4}x^3 - 3x$ $g(x) = \frac{1}{4}x^4 - \frac{1}{3}x^3 - x^2$ $h(x) = \frac{1}{32}x^5 - \frac{1}{2}x^2 + 1$ $i(x) = \frac{1}{81}x^4 - \frac{1}{9}x^2$

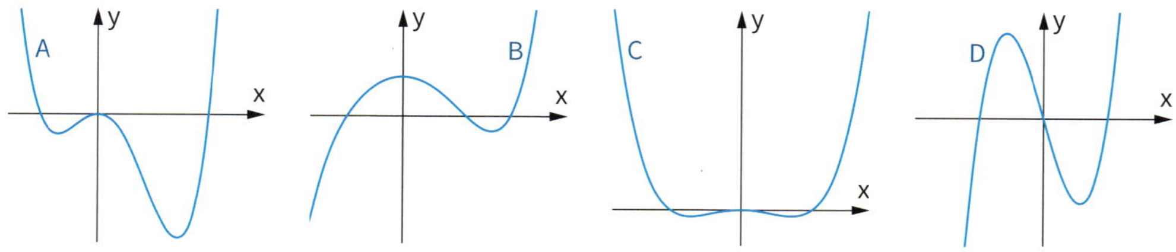

6 Fehler finden

Mila hat Graphen auf Symmetrien untersucht. Erläutern Sie, welche Fehler Mila gemacht hat.

(1) $f(x) = 2x^3 + 2x + 1$

Der Term von f enthält nur Potenzen von x mit ungeraden Exponenten. Also ist der Graph von f punktsymmetrisch zum Ursprung.

(2) $g(x) = (x^3 + x) \cdot (x^3 - x)$

Der Term von g enthält nur Potenzen von x mit ungeraden Exponenten. Also ist der Graph von g punktsymmetrisch zum Ursprung.

Prüfe dich!
Lösungen auf Seite 169

7 Untersuchen Sie, ob der Graph der Funktion f achsensymmetrisch zur y-Achse oder punktsymmetrisch zum Koordinatenursprung ist.

a) $f(x) = -x^3 + 2x^2$ b) $f(x) = x^6 + 2x^2 - 5$ c) $f(x) = 2x^3 + 5x + 2$ d) $f(x) = x^7 - x$

8 Zeigen Sie durch Termumformung, dass

a) der Graph der Funktion f mit $f(x) = 2x^4 - x^2$ achsensymmetrisch zur y-Achse ist;

b) der Graph der Funktion g mit $g(x) = -3x^3 + 2x$ punktsymmetrisch zum Ursprung ist.

9 Parameter bestimmen

Geben Sie alle möglichen Werte für den Parameter a an, sodass der Graph der Funktion f entweder achsensymmetrisch zur y-Achse oder punktsymmetrisch zum Koordinatenursprung ist. Nennen Sie die Art der Symmetrie.

a) $f(x) = \frac{1}{4}x^3 + a$ b) $f(x) = (x - a)^2$ c) $f(x) = a + x^4$ d) $f(x) = x^2 \cdot (x^3 - ax)$

e) $f(x) = (x - 9) \cdot (x + a)$ f) $f(x) = x^2 + ax$ g) $f(x) = ax^2 + ax - x$ h) $f(x) = x^a + x$

10 ≡ **Symmetrie beim Graphen einer Produktfunktion**

Das Produkt $h = f \cdot g$ zweier Funktionen f und g definiert man als das Produkt ihrer Funktionsterme: $h(x) = f(x) \cdot g(x)$

a) Zeigen Sie, dass der Graph von h achsensymmetrisch zur y-Achse ist, wenn die Graphen von f und g beide punktsymmetrisch zum Ursprung sind.

b) Untersuchen Sie, ob der Graph von h eine Symmetrie aufweist, wenn die Graphen von f und g beide achsensymmetrisch zur y-Achse sind.

c) Untersuchen Sie, ob der Graph von h eine Symmetrie aufweist, wenn der Graph von f achsensymmetrisch zur y-Achse und der Graph von g punktsymmetrisch zum Ursprung ist.

11 ≡ **Achsensymmetrie zu einer Parallelen zur y-Achse**

Der Graph der Funktion g geht durch Verschieben aus dem Graphen der Funktion f mit $f(x) = -0{,}125\,x^4 + x^3 - 2\,x^2 + 3$ hervor.

a) Bestimmen Sie den Funktionsterm von g mit einem Rechner.

b) Zeigen Sie, dass der Graph von g achsensymmetrisch zur y-Achse ist. Was bedeutet dies für das Symmetrieverhalten des Graphen von f?

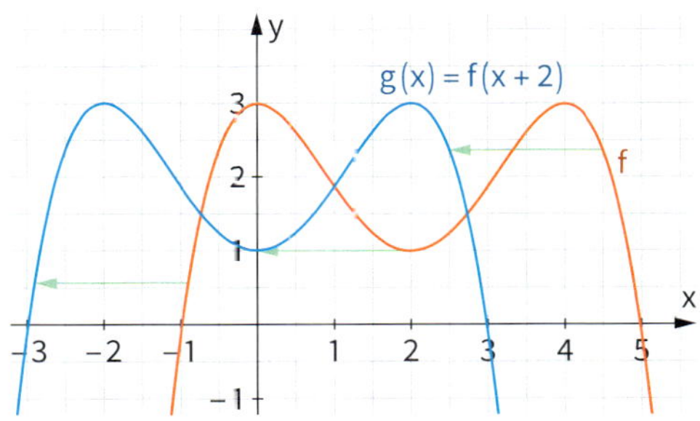

12 ≡ **Punktsymmetrie zu einem beliebigen Punkt**

Der Graph der Funktion h geht durch zweimaliges Verschieben aus dem Graphen der Funktion f mit $f(x) = x^3 - 3\,x^2$ hervor.

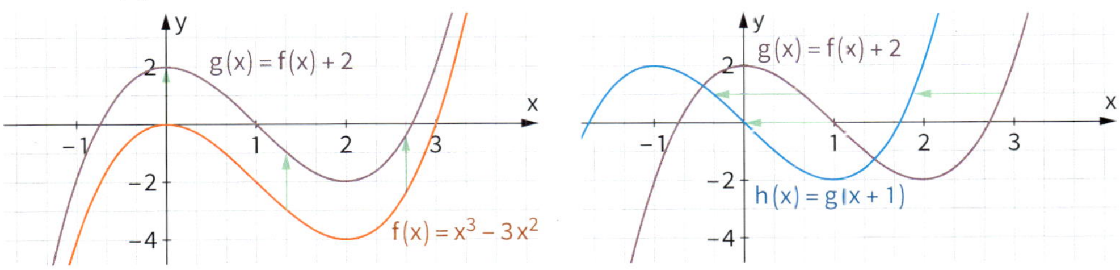

a) Bestimmen Sie den Funktionsterm von h mit einem Rechner.

b) Zeigen Sie, dass der Graph von h punktsymmetrisch zum Koordinatenursprung ist. Welche Schlussfolgerungen ergeben sich daraus für das Symmetrieverhalten der Graphen von g und f?

c) Zeigen Sie, dass sich der Term der Funktion k mit $k(x) = x^3 - 6\,x^2 + 12\,x - 11$ in der Form $k(x) = (x-2)^3 - 3$ schreiben lässt. Treffen Sie eine Aussage zum Symmetrieverhalten des Graphen von k und skizzieren Sie den Graphen.

13 ≡ **Symmetrie zu einem Punkt nachweisen**

Zeigen Sie, dass der Graph der Funktion f mit $f(x) = x^3 - 6\,x^2 + 8\,x + 1$ punktsymmetrisch zum Punkt $P(2\,|\,1)$ ist.

14 ≡ **Symmetrie zu einer Parallelen zur y-Achse nachweisen**

Zeigen Sie, dass der Graph der Funktion f mit $f(x) = -x^4 - 4\,x^3 - 2\,x^2 + 4\,x + 5$ achsensymmetrisch zur Geraden zu $x = -1$ ist.

15 ≡ **Funktionsterm bestimmen**

Geben Sie den Funktionsterm einer ganzrationalen Funktion f an, deren Graph

a) achsensymmetrisch zur Geraden zu $x = 1$ ist;

b) punktsymmetrisch zum Punkt $P(1\,|\,-3)$ ist.

1.6 Nullstellen

Vorbereiten
Seite 163

- Warum ist es einfach, die Nullstellen der Funktion f zu berechnen?
- Wie kann man die Nullstellen der Funktion g ohne Rechner berechnen?
- Welche Möglichkeiten bietet ein Rechner, um die Nullstellen der Funktion h zu bestimmen?

WES-109451-108

Nullstelle einer Funktion

Eine Stelle x_0 heißt **Nullstelle** einer Funktion f, falls $\mathbf{f(x_0) = 0}$ gilt.

Nullstellen ganzrationaler Funktionen bestimmen

Bei ganzrationalen Funktionen höheren Grades können die Nullstellen nur in speziellen Fällen exakt berechnet werden.

- **mithilfe von Faktoren**

Ist der Funktionsterm ein Produkt, so setzt man jeden Faktor einzeln gleich 0.

$$f(x) = \underbrace{(x^2 - 1)}_{=0} \cdot \underbrace{(x - 3)}_{=0}$$

Aus $x^2 - 1 = 0$ folgt $x = -1$ oder $x = 1$;
aus $x - 3 = 0$ folgt $x = 3$.
Die Nullstellen von f sind −1, 1 und 3.

Ein Faktor der Form $(x - x_1)$ heißt Linearfaktor. Die Zahl x_1 ist dann eine Nullstelle von f.

- **durch Ausklammern**

Wenn möglich, klammert man eine Potenz von x aus und untersucht die einzelnen Faktoren.

$$g(x) = x^4 - 24x^3 - 25x^2 = \underbrace{x^2}_{=0} \cdot \underbrace{(x^2 - 24x - 25)}_{=0}$$

Aus $x^2 = 0$ folgt $x = 0$;
aus $x^2 - 24x - 25 = 0$ ergibt sich
$x = 12 + \sqrt{144 + 25} = 25$ oder $x = 12 - \sqrt{144 + 25} = -1$.
Die Nullstellen von g sind −1, 0 und 25.

Trifft keiner der Fälle zu, ermittelt man die Nullstellen näherungsweise **mit einem Rechner**.

$h(x) = x^3 - x^2 - 3x + 3$

```
solve(x³−x²−3·x+3=0,x)
                x=−1.732 or x=1. or x=1.732
```

Die Nullstellen von h sind ≈ −1,732; 1 und ≈ 1,732.

Satz: Eine ganzrationale Funktion vom Grad n kann höchstens n Nullstellen haben.

Beweis siehe Seite 33

1 **Nullstellen mithilfe von Faktoren berechnen**

Geben Sie alle Nullstellen der Funktion f an und begründen Sie Ihr Vorgehen.

a) $f(x) = (x - 4) \cdot (x + 2) \cdot (x + 1)$ b) $f(x) = (x^2 - 9) \cdot (x^2 + 9)$ c) $f(x) = (x - 3)^2 \cdot \left(x + \frac{1}{2}\right) \cdot x$

2 **Nullstellen durch Ausklammern berechnen**

Berechnen Sie die Nullstellen der Funktion f, ohne einen Rechner zu verwenden.

a) $f(x) = 2x^3 - 6x^2$ b) $f(x) = -x^3 - 6x^2 + 3x$ c) $f(x) = x^4 - 20x^3 + 64x^2$

d) $f(x) = \frac{1}{2}x^4 - \frac{7}{2}x^2$ e) $f(x) = \frac{1}{3}x^5 + 2x^3$ f) $f(x) = -\frac{1}{3}x^5 + 2x^4 - 3x^3$

3 Vermischte Aufgaben

Berechnen Sie die Nullstellen der Funktion f und prüfen Sie Ihr Ergebnis mit einem Rechner.

a) $f(x) = 2x^3 - 2x^2 - 4x$
b) $f(x) = 3x^4 - 6x^3$
c) $f(x) = (x^2 + 5) \cdot (x^3 - 8x)$
d) $f(x) = -\frac{1}{2}x^5 + 2x^4 - 2x^3$
e) $f(x) = x^4 - 5x^3 + 4x^2$
f) $f(x) = (x^4 - 16) \cdot (x^2 - 3x + 2)$
g) $f(x) = -5x^4 + 15x^2$
h) $f(x) = (x^2 - 16) \cdot (x^2 + x - 6)$
i) $f(x) = 3x^3 - 24x^2 - 27x$

4

Berechnen Sie die Nullstellen der Funktion f.

a) $f(x) = (2x - 4) \cdot (x + 5)$
b) $f(x) = x^3 - 7x^2 + 12x$
c) $f(x) = x^3 - x$
d) $f(x) = \frac{1}{2}x^4 - 3x^3 + 4x^2$
e) $f(x) = (x^2 - 4) \cdot (x + 4)^2$
f) $f(x) = (x^2 - 16) \cdot (x^2 + x - 6)$

Prüfe dich!
Lösungen auf Seite 169

5 Ballonfahrt

Die Höhe eines Heißluftballons über dem Startpunkt wird durch die Funktion h mit $h(t) = 0{,}1\,t^4 - 4t^3 + 40t^2$ beschrieben, mit t in Minuten und h(t) in Metern.
Berechnen Sie die Dauer der Ballonfahrt unter der Annahme, dass der Ballon ebenes Gelände überfliegt.

6 Fischfarm

Um das Becken einer Fischfarm mit frischem Wasser zu versorgen, wird regelmäßig für 9 Stunden altes Wasser abgelassen und an einer anderen Stelle frisches Wasser zugeführt. Zufluss- und Abflussgeschwindigkeit werden dabei so reguliert, dass ihre Summe in m^3/h durch die Funktion f mit $f(t) = 0{,}1\,t^3 - 1{,}3\,t^2 + 3{,}6\,t$; t in h; beschrieben wird.

a) Berechnen Sie die Nullstellen von f.
b) Skizzieren Sie den Graphen von f und deuten Sie seinen Verlauf für diesen Sachzusammenhang. Gehen Sie dabei auch auf die Bedeutung der Nullstellen ein.

7 Mindestens eine Nullstelle?

a) Beurteilen Sie mithilfe des Globalverlaufs, ob die Funktion f mindestens eine Nullstelle haben muss.
(1) $f(x) = -x^5 - x^2 - 3$ (2) $f(x) = 2x^5 - 7x$ (3) $f(x) = -2x^2 + 3$ (4) $f(x) = x^4 - 2x^2 - 2$

b) Begründen Sie die folgende Aussage:

Eine ganzrationale Funktion f vom Grad n hat mindestens eine Nullstelle, wenn n eine ungerade Zahl ist.

c) Beurteilen Sie, ob die Aussage wahr oder falsch ist.
„Eine ganzrationale Funktion f vom Grad n hat mindestens eine Nullstelle, wenn n eine gerade Zahl ist.“

8 Wahr oder falsch?

Beurteilen Sie jeweils, ob die Aussage wahr oder falsch ist.

(1) Jede ganzrationale Funktion 5. Grades hat mindestens eine Nullstelle.
(2) Es gibt ganzrationale Funktionen 2. Grades, die nur eine Nullstelle haben.
(3) Jede ganzrationale Funktion 3. Grades hat drei Nullstellen.
(4) Es gibt ganzrationale Funktionen 3. Grades, die drei Nullstellen haben.
(5) Jede ganzrationale Funktion 4. Grades hat mindestens eine Nullstelle.
(6) Es gibt ganzrationale Funktionen 4. Grades, die genau drei Nullstellen haben.

Einstieg

Verhalten des Graphen in der Nähe von Nullstellen

- Wie verhalten sich die Graphen der Funktionen jeweils in der Nähe der Nullstellen? Vergleichen Sie Ihre Ergebnisse miteinander.

WES-109451-109

Mehrfache Nullstellen

Bei einer ganzrationalen Funktion können Linearfaktoren mit beliebigen natürlichen Exponenten im Funktionsterm vorkommen.

$f(x) = 0{,}01 \cdot (x - 1) \cdot (x - 4)^2 \cdot (x + 2)^3$

- **einfache Nullstelle** an der Stelle $x = 1$
- **doppelte Nullstelle** an der Stelle $x = 4$
- **dreifache Nullstelle** an der Stelle $x = -2$

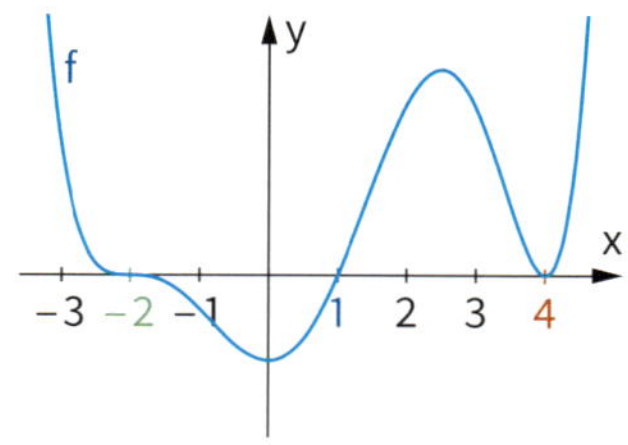

Verhalten des Funktionsgraphen in der Nähe von Nullstellen

- An einfachen, dreifachen, fünffachen … Nullstellen hat f(x) einen Vorzeichenwechsel. Der Funktionsgraph schneidet die x-Achse.
- An zweifachen, vierfachen, sechsfachen … Nullstellen hat f(x) keinen Vorzeichenwechsel. Der Funktionsgraph berührt die x-Achse.

einfache Nullstelle	doppelte Nullstelle	dreifache Nullstelle
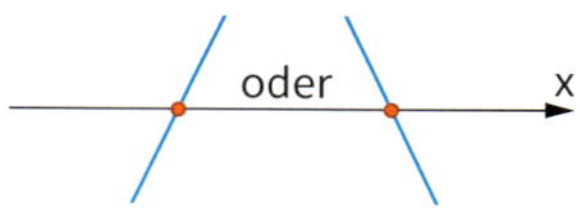	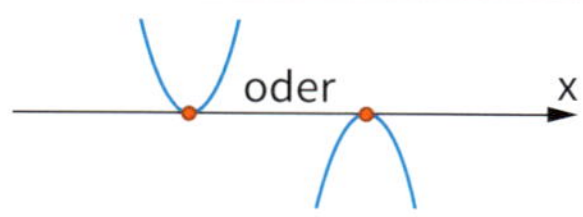	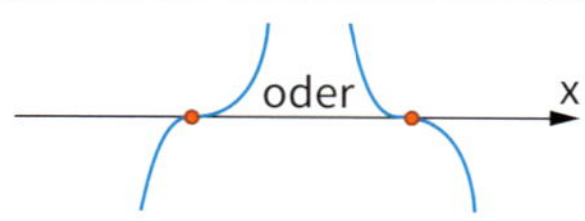

9 ≡ **Mehrfache Nullstellen am Term erkennen**

Geben Sie alle Nullstellen der ganzrationalen Funktion f an und notieren Sie jeweils, ob es sich um eine einfache, doppelte oder dreifache Nullstelle handelt. Geben Sie auch jeweils an, ob an der Nullstelle ein Vorzeichenwechsel der Funktionswerte auftritt.

a) $f(x) = (x - 4) \cdot (x + 3)^2$
b) $f(x) = x^3 \cdot (x - 0{,}6) \cdot (x + 1)^2$
c) $f(x) = \left(x - \frac{2}{3}\right)^2 \cdot \left(x + \sqrt{2}\right)$
d) $f(x) = (x^2 - 6x + 9) \cdot (x + 3)$
e) $f(x) = x^4 - x^3$
f) $f(x) = 4x^4 - 4x^2$

10 ≡ **Mehrfache Nullstellen am Graphen erkennen**

Lesen Sie die Nullstellen der Funktion f am Graphen ab und entscheiden Sie, ob es sich um eine einfache, doppelte oder dreifache Nullstelle handelt.

a)
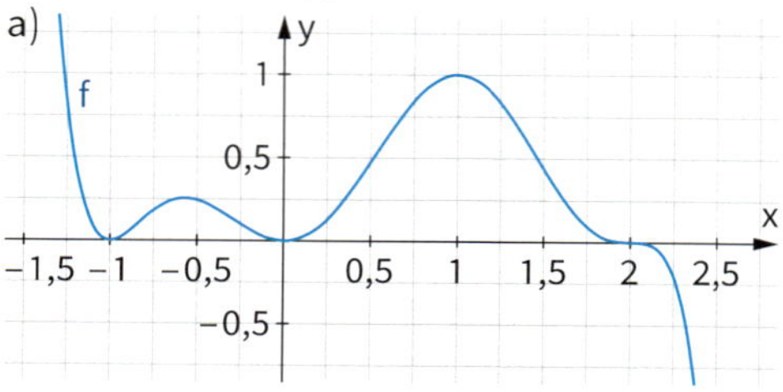

b)
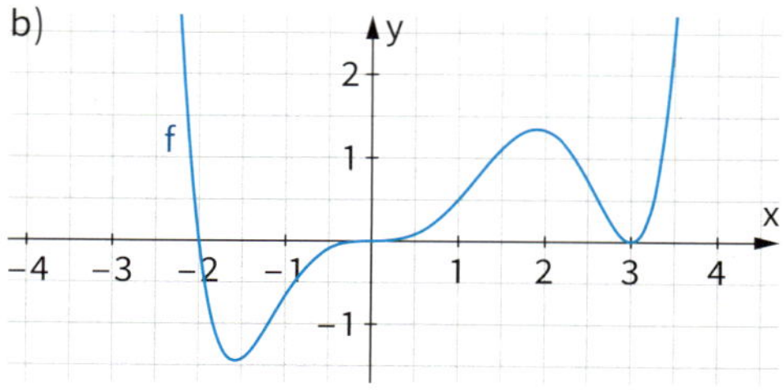

11 Graphen skizzieren

Skizzieren Sie den Graphen der Funktion f nur mithilfe von Globalverlauf und Nullstellen. Stellen Sie dann den Graphen mit einem Rechner dar und vergleichen Sie.

a) $f(x) = -2 \cdot (x-2)^2 \cdot (x+3)$ b) $f(x) = x^3 \cdot (x-1{,}5) \cdot (x+2)$ c) $f(x) = (x^2-4) \cdot (x^2+1)$

12 Graphen zuordnen

Ordnen Sie den Graphen die passenden Funktionen zu. Begründen Sie Ihre Entscheidung.

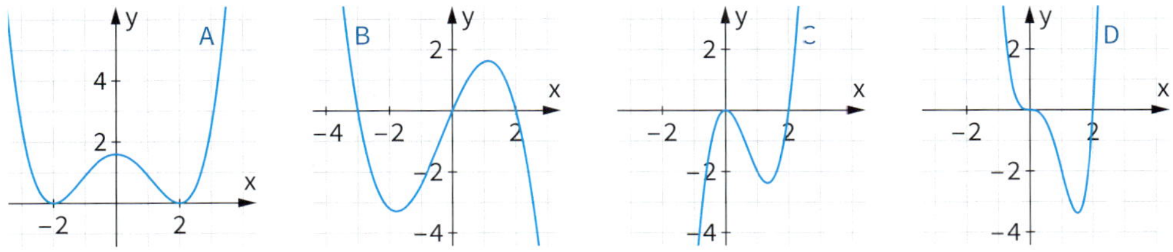

$f_1(x) = \frac{2}{5} \cdot (x+3) \cdot x \cdot (x-2)$ $f_2(x) = -\frac{2}{5} \cdot (x-3) \cdot x \cdot (x-2)$

$f_3(x) = 2x^2 \cdot (x-2)$ $f_4(x) = -2x^2 \cdot (x-2)$ $f_5(x) = 2x^3 \cdot (x-2)$ $f_6(x) = -2x^3 \cdot (x-2)$

$f_7(x) = \frac{1}{10} \cdot (x+2)^2 \cdot (x-2)^2$ $f_8(x) = -\frac{1}{10} \cdot (x+2)^2 \cdot (x-2)^2$

13 Funktionsterme angeben

Der Graph der Funktion f mit $f(x) = (x+2)^2 \cdot x^3 \cdot (x-2)$ ist unten links abgebildet.
Geben Sie einen möglichen Funktionsterm für die Funktion f_1, f_2 bzw. f_3 an. Erläutern Sie, wie der Graph von f_1, f_2 bzw. f_3 aus dem Graphen von f hervorgeht.

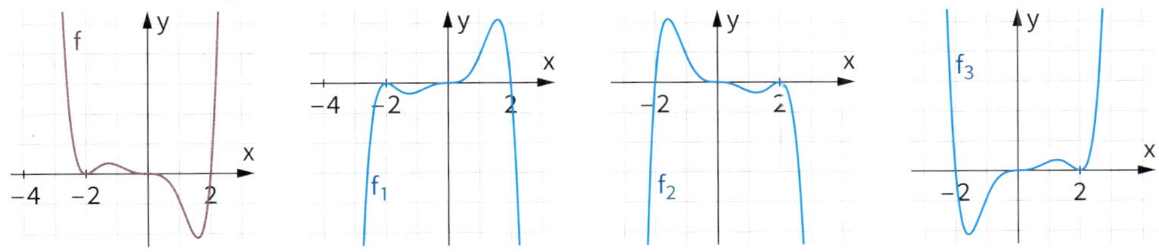

14 Lesen Sie die Nullstellen der Funktion f am Graphen ab und entscheiden Sie, ob es sich um eine einfache, doppelte oder dreifache Nullstelle handelt.

15 Skizzieren Sie den Graphen der Funktion f nur mithilfe von Globalverlauf und Nullstellen.

a) $f(x) = (x+5)^2 \cdot x \cdot (x+2)^2$

b) $f(x) = (x-2)^3 \cdot (x+1)$

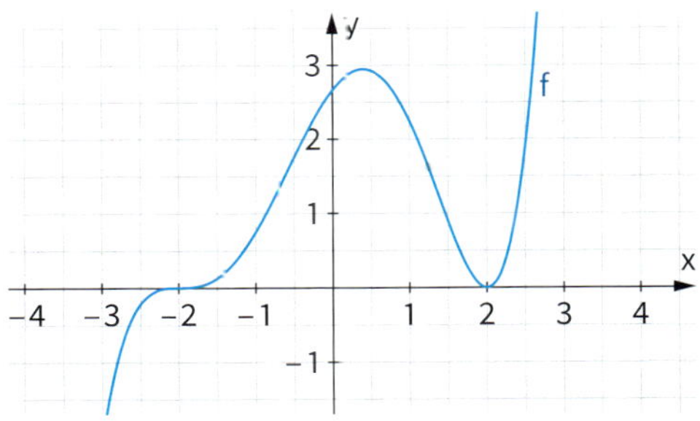

Prüfe dich!
Lösungen auf Seite 169

16 Funktionen mit vorgegebener Nullstellenanzahl

Geben Sie jeweils eine ganzrationale Funktion dritten, vierten und fünften Grades an, die genau die Nullstellen 1, 2 und 3 hat. Zeichnen Sie die Graphen mit einem Rechner.

17 Mehrfache Nullstellen mit einem Rechner bestimmen

Bestimmen Sie die Nullstellen der Funktion f mit einem Rechner. Geben Sie außerdem an, ob die Nullstellen einfach bzw. mehrfach sind.

(1) $f(x) = x^3 - 6x^2 + 4x + 2$ (2) $f(x) = x^4 - 4x^3 + 5x^2 - 4x + 4$

(3) $f(x) = x^4 - 2x^2 + 1$ (4) $f(x) = x^6 - 8x^5 + 25x^4$

Lösen von Gleichungen höheren Grades

Um die Nullstellen einer ganzrationalen Funktion n-ten Grades zu bestimmen, muss man eine Gleichung n-ten Grades $\mathbf{a_n \cdot x^n + a_{n-1} \cdot x^{n-1} + \cdots + a_1 \cdot x + a_0 = 0}$ lösen.

- Im Fall $n = 1$ muss man nur eine lineare Gleichung lösen.
- Im Fall $n = 2$ erhält man eine quadratische Gleichung, die man z. B. mit der pq-Formel lösen kann.
- Im Fall $n \geq 3$ gibt es keine einfachen Lösungsformeln mehr.

Manchmal kann der Term einer ganzrationalen Funktion f in der Form $f(x) = g(x) \cdot (x - x_0)$ geschrieben werden. Die Funktion g ist dabei eine ganzrationale Funktion, deren Grad um 1 kleiner ist als der von f. Die Nullstellen von f sind dann x_0 und die Nullstellen von g.

1 **Nullstellen von Produkten**
Bestimmen Sie alle Nullstellen der Funktion f, ohne einen Rechner zu verwenden.
a) $f(x) = (x^2 - 3) \cdot (x + 1)$ b) $f(x) = (x^2 - x - 1) \cdot (x + 3)$ c) $f(x) = (x^2 - 4x + 2) \cdot (x - 6)$

Linearfaktor

Das Rechnerfenster zeigt, wie das Polynom dritten Grades $3x^3 - 2x^2 + x - 2$ durch den linearen Term $x + 2$ dividiert wurde. Das Ergebnis ist die Summe aus dem Polynom zweiten Grades $3x^2 - 8x + 17$ und dem Rest $\frac{-36}{x+2}$.

expand$\left(\frac{3 \cdot x^3 - 2 \cdot x^2 + x - 2}{x+2}\right)$
$\frac{-36}{x+2} + 3x^2 - 8x + 17$

Ein Polynom f(x) vom Grad n kann man also durch einen linearen Term $x - x_0$ dividieren. Das Ergebnis ist die Summe aus einem Polynom g(x) vom Grad $n - 1$ und einem Rest. Wenn dieser Rest 0 ist, dann nennt man $x - x_0$ einen **Linearfaktor** des Polynoms f(x), denn in diesem Fall gilt $f(x) = g(x) \cdot (x - x_0)$.

2 **Polynom durch einen Term dividieren**
Dividieren Sie mit einem Rechner beide Polynome jeweils durch $x - 4$. Was fällt auf?
(1) $x^3 - 11x^2 + 33x - 25$ (2) $x^3 - 11x^2 + 33x - 20$

Linearfaktorzerlegung
Satz: Ist f eine ganzrationale Funktion vom Grad n und x_0 eine Nullstelle von f, so lässt sich der Funktionsterm f(x) als Produkt $\mathbf{f(x) = g(x) \cdot (x - x_0)}$ aus dem Linearfaktor $x - x_0$ und dem Term einer ganzrationalen Funktion g vom Grad $n - 1$ schreiben.

Beweis des Satzes
Gegeben ist ein ganzrationale Funktion f mit der Nullstelle x_0.
Dividiert man f(x) durch den Linearfaktor $x - x_0$, so erhält man $\frac{f(x)}{x - x_0} = g(x) + \frac{c}{x - x_0}$;
mit g(x) Polynom vom Grad $n - 1$ und einem Rest $\frac{c}{x - x_0}$.
Die Multiplikation mit $x - x_0$ ergibt: $f(x) = g(x) \cdot (x - x_0) + c$
Einsetzen von x_0 ergibt: $f(x_0) = g(x_0) \cdot (x_0 - x_0) + c = c$
Da x_0 eine Nullstelle von f sein soll, gilt also $c = 0$.

3 **Eine Gleichung höheren Grades lösen**
Gegeben ist die Funktion f mit $f(x) = x^3 - 4x^2 - 16x + 15$.
Zeigen Sie zunächst, dass -3 eine Nullstelle von f ist. Dividieren Sie dann mit einem Rechner das Polynom $f(x)$ durch den Linearfaktor $x + 3$ und bestimmen Sie alle Nullstellen von f.

Anzahl von Nullstellen bei ganzrationalen Funktionen n-ten Grades
Satz: Eine ganzrationale Funktion f vom Grad n hat höchstens n Nullstellen.

Beweis des Satzes
Angenommen, f hat mindestens $n + 1$ Nullstellen $x_1, x_2, \ldots, x_{n+1}$.
- Da x_1 eine Nullstelle von f ist, gilt $f(x) = f_1(x) \cdot (x - x_1)$.
- Da x_2 eine weitere Nullstelle von f ist, muss x_2 auch eine Nullstelle von f_1 sein und es gilt $f_1(x) = f_2(x) \cdot (x - x_2)$ und damit $f(x) = f_2(x) \cdot (x - x_1) \cdot (x - x_2)$.
- Setzt man dies fort bis hin zu mindestens $n + 1$ Linearfaktoren, so erhält man $f(x) = f_{n+1}(x) \cdot (x - x_1) \cdot (x - x_2) \cdot \ldots \cdot (x - x_{n+1})$.

Ausmultiplizieren liefert die Potenz x^{n+1} oder sogar eine höhere Potenz. Damit hätte $f(x)$ aber einen höheren Grad als n. Dies steht im Widerspruch dazu, dass f vom Grad n ist.

Historisches

Mit dem Problem des Lösens von Gleichungen höheren Grades haben sich viele Mathematiker befasst. Der italienische Mathematiker, Arzt und Naturwissenschaftler Geronimo Cardano (1501 – 1576) veröffentlichte als Erster Lösungsformeln für Gleichungen dritten und vierten Grades. Diese Formel werden deshalb auch als *Cardanische Formeln* bezeichnet. Da sie sehr kompliziert sind, werden sie in der Schule nicht behandelt.

Heute weiß man, dass diese Formeln vom italienischen Rechenmeister Nicolo Tartaglia (1500 – 1557) und vom italienischen Mathematiker Ludovico Ferrari (1522 – 1565) stammen. Ferrari war ein Schüler von Cardano.

Drei Jahrhunderte später konnte der norwegische Mathematiker Nils Henrik Abel (1802 – 1829) beweisen, dass es für Gleichungen fünften Grades und höher im allgemeinen Fall keine Lösungsformeln geben kann. Das war eine große mathematische Entdeckung.

Andererseits gibt es durchaus Gleichungen höheren Grades wie $x^6 + p \cdot x^3 + q = 0$, deren Lösung durch eine Formel angegeben werden kann. Also versuchte man herauszufinden, unter welchen Bedingungen Gleichungen höheren Grades durch Formeln lösbar sind oder nicht. Dazu schrieb der zwanzigjährige Franzose Evariste Galois (1811 – 1832) in der Nacht vor einem Duell eine Theorie nieder. Galois wurde bei dem Duell tödlich verletzt. Seine Theorie heißt heute *Galois-Theorie* und wird in mathematischen Vorlesungen gelehrt.

Geronimo Cardano

Nicolo Tartaglia

Nils Henrik Abel

Evariste Galois

Mein Merkzettel

Seite 14

Potenzfunktionen – Verlauf der Graphen

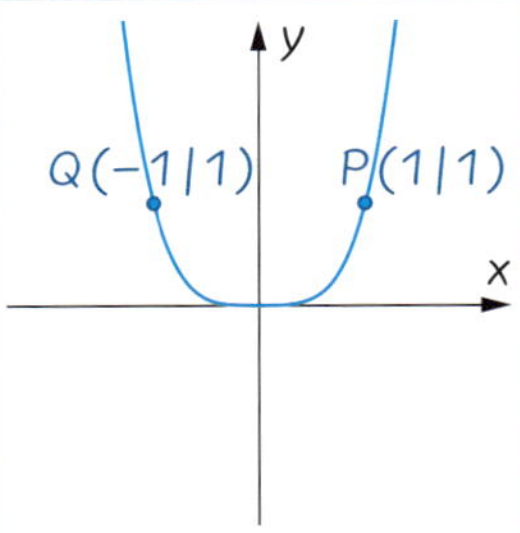

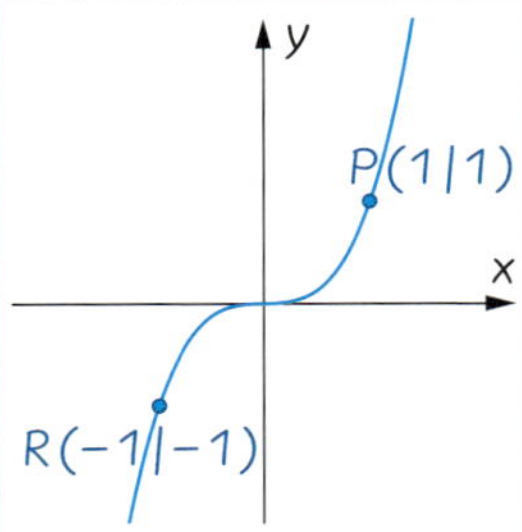

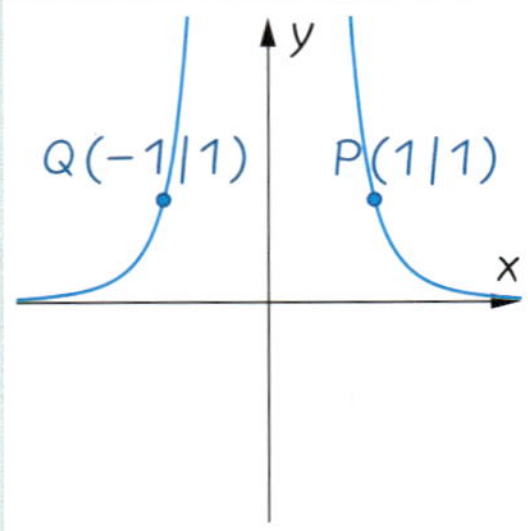

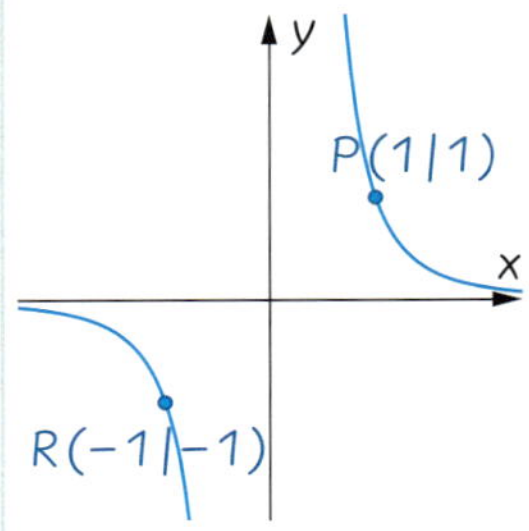

$f(x) = x^n$; $n \in \mathbb{N}$		$f(x) = x^{-n}$; $n \in \mathbb{N}$	
n gerade	*n ungerade*	*n gerade*	*n ungerade*
$x \in \mathbb{R}$; $f(x) \geq 0$ Graph ist achsensymmetrisch zur y-Achse	*$x \in \mathbb{R}$; $f(x) \in \mathbb{R}$ Graph ist punktsymmetrisch zum Ursprung*	*$x \in \mathbb{R}\setminus\{0\}$; $f(x) > 0$ Graph ist achsensymmetrisch zur y-Achse*	*$x \in \mathbb{R}\setminus\{0\}$; $f(x) \in \mathbb{R}\setminus\{0\}$ Graph ist punktsymmetrisch zum Ursprung*

Seite 16

Funktionsgraphen verschieben und strecken

$f(x) + d$	*Verschieben in y-Richtung um d Einheiten*	
$f(x - c)$	*Verschieben in x-Richtung um c Einheiten*	
$k \cdot f(x)$	*Strecken in y-Richtung mit dem Faktor k*	*$k < 0$: dabei an x-Achse spiegeln*
$f(k \cdot x)$	*Strecken in x-Richtung mit dem Faktor $\frac{1}{k}$*	*$k < 0$: dabei an y-Achse spiegeln*

$f(x) = x^3 - x^2$

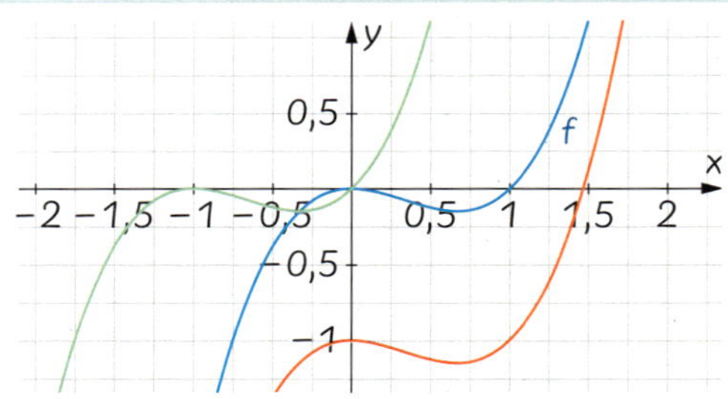

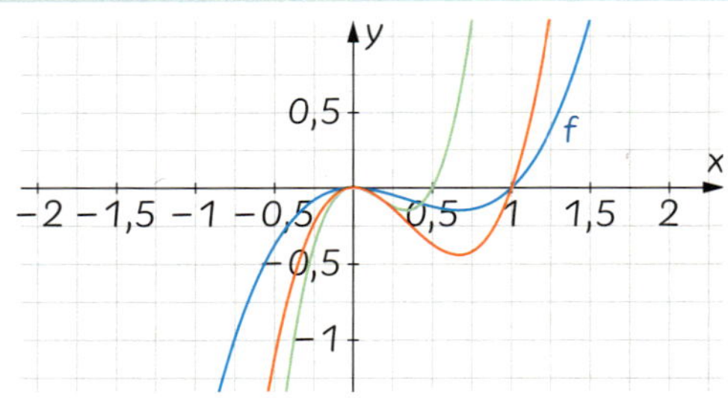

$f(x) - 1 = x^3 - x^2 - 1$	$d = -1$	$3 \cdot f(x) = 3 \cdot (x^3 - x^2)$	$k = 3$
$f(x + 1) = (x + 1)^3 - (x + 1)^2$	$c = -1$	$f(2x) = (2x)^3 - (2x)^2$	$k = 2$

Seite 20

Ganzrationale Funktionen

- *als* **Polynom**:

  $f(x) = a_n x^n + a_{n-1} x^{n-1} + \ldots + a_1 x + a_0$ $\quad a_n \neq 0$

  Koeffizienten

  $f(x) = \underbrace{-2}_{a_4}x^4 \underbrace{+3}_{a_2}x^2 \underbrace{-0{,}5}_{a_1}x \underbrace{+1{,}3}_{a_0}$

- **Grad** *von f: größter Exponent von x*

  Der Grad von f ist 4.

- *als Produkte von Polynomen:*

  $g(x) = (x^3 + 3) \cdot (2x^2 - 4x + 1)$

- *Der Grad bei einem Produkt ist die Summe der größten Exponenten von x der einzelnen Faktoren.*

  Der Grad von g ist 5.

Globalverlauf

Seite 22

- ist das Verhalten der Funktionswerte f(x) für betragsmäßig große x-Werte

$f(x) = \underbrace{a_n x^n} + a_{n-1}x^{n-1} + \ldots + a_1 x + a_0 \qquad a_n \neq 0$

bestimmt den Globalverlauf von f

$a_n > 0$ und $n \neq 0$				$a_n < 0$ und $n \neq 0$			
n gerade		**n ungerade**		**n gerade**		**n ungerade**	
$f(x) \to \infty$ für $x \to -\infty$	$f(x) \to \infty$ für $x \to \infty$	$f(x) \to -\infty$ für $x \to -\infty$	$f(x) \to \infty$ für $x \to \infty$	$f(x) \to -\infty$ für $x \to -\infty$	$f(x) \to -\infty$ für $x \to \infty$	$f(x) \to \infty$ für $x \to -\infty$	$f(x) \to -\infty$ für $x \to \infty$

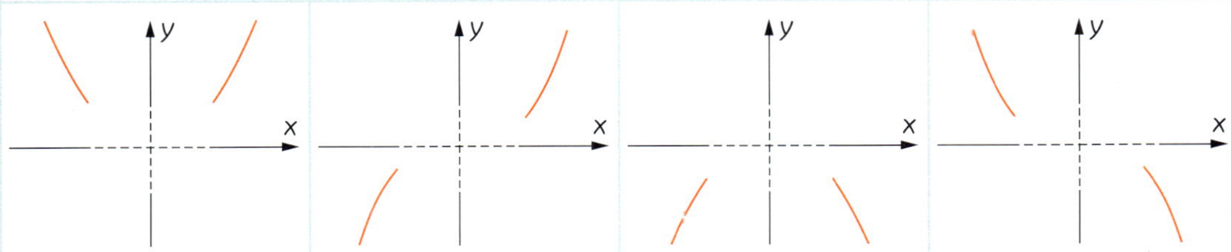

Symmetrien bei Graphen

Seite 25

Achsensymmetrie zur y-Achse: $\mathbf{f(-x) = f(x)}$

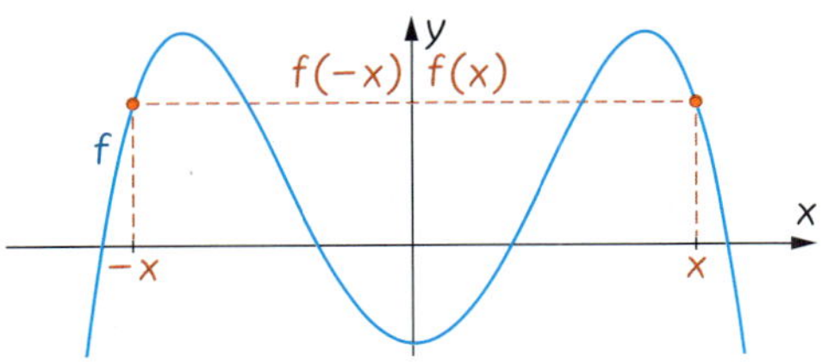

- im Polynom von f nur **gerade Exponenten** von x

Punktsymmetrie zum Ursprung: $\mathbf{f(-x) = -f(x)}$

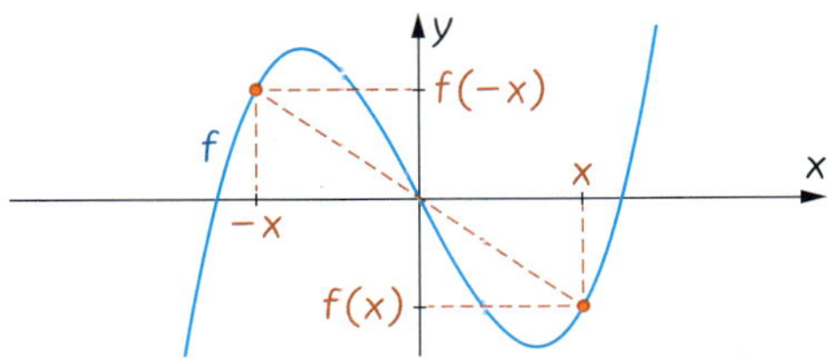

- im Polynom von f nur **ungerade Exponenten** von x

Achtung bei Exponenten:
- Ist der Funktionsterm ein Produkt, muss man zunächst ausmultiplizieren!
- 0 ist gerade und $x^0 = 1 \qquad 3 = 3 \cdot x^0$

Nullstellen bestimmen

Seite 28

- mithilfe von Faktoren
  $f(x) = x \cdot (x-2)$
  Die Nullstellen von f sind 0 und 2.
- durch Ausklammern
  $f(x) = 2x^3 - 6x^2 = 2x^2 \cdot (x-3)$
  Die Nullstellen von f sind 0 und 3.
- sonst Rechner verwenden

Mehrfache Nullstellen

$f(x) = -x \cdot (x-2)^2$

- $x = 0$ ist eine einfache Nullstelle.
  f(x) hat dort einen Vorzeichenwechsel.
- $x = 2$ ist eine doppelte Nullstelle.
  f(x) hat dort keinen Vorzeichenwechsel.

Graphen mithilfe der Nullstellen skizzieren

Seite 30

Auf Vielfachheit der Nullstellen und Globalverlauf achten!

$f(x) = (x-2) \cdot (x+1)^2$

- Nullstellen: −1 (doppelt); 2
- Globalverlauf wie x^3

Ungefährer Verlauf des Graphen:

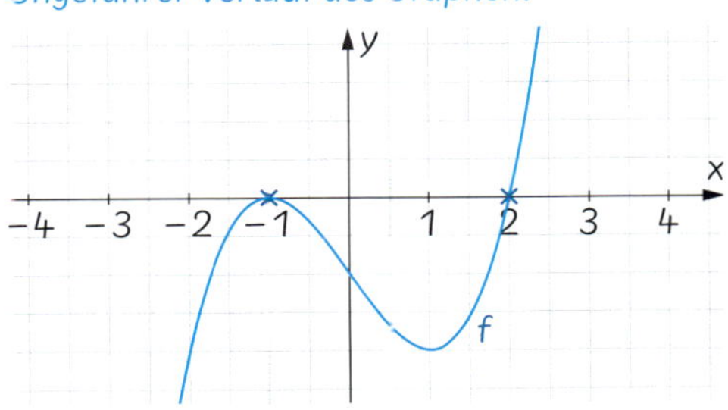

Wiederholen für die Klausur

Lösungen auf Seite 169

Teil A – Aufgaben ohne Hilfsmittel

1 Geradengleichungen

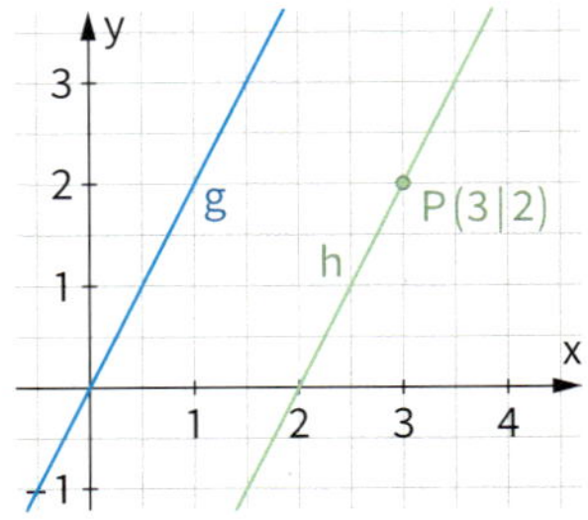

a) Bestimmen Sie die Gleichung der Geraden g.

b) Beschreiben Sie, wie die Gerade h aus der Geraden g hervorgeht, und bestimmen Sie die Gleichung der Geraden h.

c) Bestimmen Sie die Gleichung der Geraden durch den Punkt P mit der Steigung m.

(1) $m = -4$; $P(3|-5)$ (2) $m = 0{,}3$; $P(-2|6)$

2 Graphen verschieben und strecken

Zeichnen Sie den Graphen der Funktion und beschreiben Sie, wie er aus dem Graphen der Potenzfunktion mit $y = x^4$ hervorgeht.

a) $y = x^4 - 3$ b) $y = -\frac{1}{2}x^4$ c) $y = (x+3)^4$ d) $y = (x-1)^4 + 2$

3 Funktionsterm bestimmen

Bestimmen Sie den Funktionsterm für den Graphen, der wie folgt aus dem Graphen der Potenzfunktion mit $y = x^3$ entsteht:

a) Verschieben um 4 Einheiten nach oben
b) Spiegeln an der y-Achse
c) Verschieben um 2 Einheiten nach links
d) Strecken mit dem Faktor 5 in y-Richtung
e) Strecken mit dem Faktor $\frac{1}{3}$ in x-Richtung
f) Strecken mit dem Faktor 2 in y-Richtung, dann Verschieben um eine Einheit nach rechts

4 Wertetabelle vervollständigen

a) Der Graph von f ist achsensymmetrisch zur y-Achse. Ergänzen Sie die Wertetabelle.

x	−4	−3	−2	−1	1	2	3	4
f(x)	▪	6	▪	10	▪	7	▪	9

b) Der Graph von f ist punktsymmetrisch zum Ursprung. Ergänzen Sie die Wertetabelle.

x	−40	−11	−8	−4	4	8	11	40
f(x)	32	▪	▪	15	▪	−10	−17	▪

5 Funktionsgraphen auf Symmetrie untersuchen

Untersuchen Sie, ob der Graph der Funktion f achsensymmetrisch zur y-Achse oder punktsymmetrisch zum Koordinatenursprung ist. Begründen Sie Ihre Entscheidung.

a) $f(x) = -2x^5 + x^3 - 6x$ b) $f(x) = x^4 - 8x^2 + 9$ c) $f(x) = -x^3 + 7x + 5$

6 Graphen zuordnen

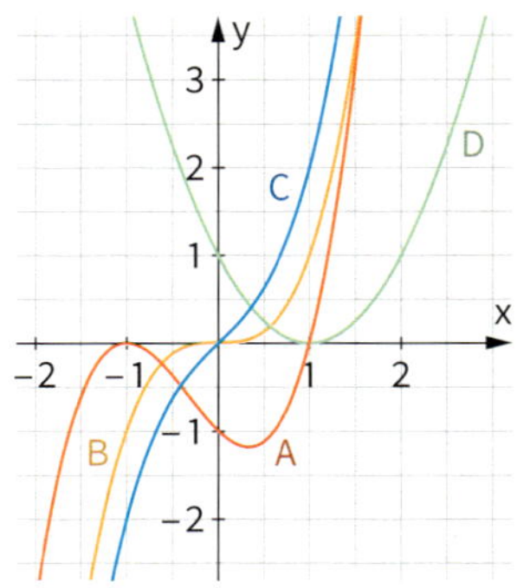

Ordnen Sie den Funktionsgraphen die passenden Terme begründet zu.

(1) $y = x^3$ (2) $y = (x-1)^2 \cdot (x+1)$
(3) $y = (x-1)^2$ (4) $y = x^2 \cdot (x+1)$
(5) $y = (x-1) \cdot (x+1)^2$ (6) $y = (x^2+1) \cdot x$

7 Graphen skizzieren

Skizzieren Sie den Graphen der Funktion f mit $f(x) = (x-2) \cdot (x+1)^2$ nur mithilfe von Globalverlauf und Vielfachheit der Nullstellen.

8 Nullstellen berechnen

Lösungen auf Seite 170

Ermitteln Sie die Nullstellen der Funktion f.

a) $f(x) = (x+3) \cdot (x-4)^2 \cdot x$ b) $f(x) = (x+3) \cdot \left(x^2 + \frac{2}{3}x - \frac{1}{3}\right)$ c) $f(x) = x^3 + 5x^2 + 6x$

Teil B – Aufgaben mit Hilfsmitteln

9 Volumen einer Schachtel

Aus einem rechteckigen Karton mit den Seitenlängen 30 cm und 40 cm soll eine oben offene Schachtel hergestellt werden. Dazu werden aus allen vier Ecken gleich große Quadrate ausgeschnitten. Die vier verbleibenden Randstücke werden dann nach oben gebogen und zusammengeklebt.

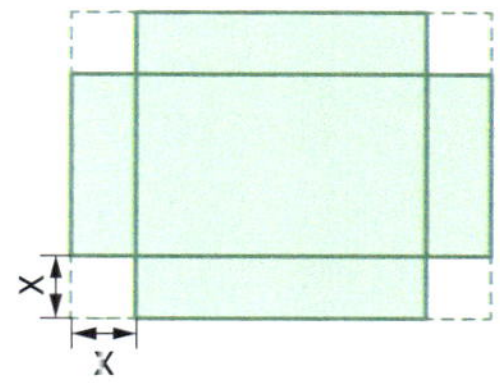

a) Bestimmen Sie eine Formel für das Volumen V der Schachtel in Abhängigkeit von x.
b) Begründen Sie, dass V eine ganzrationale Funktion ist. Schreiben Sie den Funktionsterm als Polynom und geben Sie den Grad dieser Funktion an.
c) Bestimmen Sie für diesen Sachverhalt den Definitionsbereich von V.
d) Zeichnen Sie den Graphen von V und beschreiben Sie seinen Verlauf im Sachkontext.

10 Volumen eines Kegels

Ein stahlverarbeitender Betrieb fertigt für die Industrie kegelförmige Bleche. Die Mantellinie eines solchen Kegels hat die Länge 1,5 m.

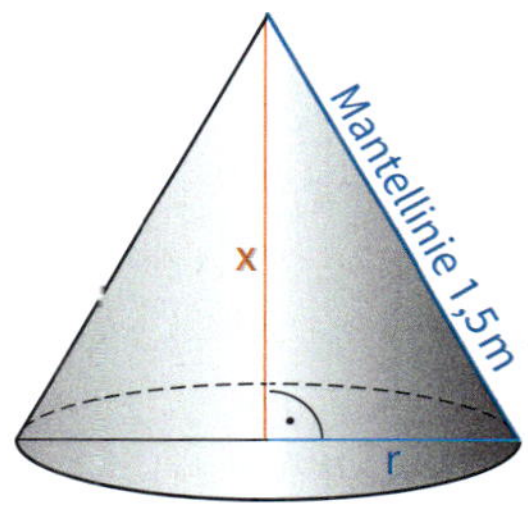

a) Bestimmen Sie das Volumen V des Kegels in m^3 in Abhängigkeit von der Höhe x des Kegels in m.
b) Begründen Sie, dass V eine ganzrationale Funktion ist, und geben Sie den Grad dieser Funktion an.
c) Bestimmen Sie für diesen Sachverhalt den Definitionsbereich von V.
d) Zeichnen Sie den Graphen von V und beschreiben Sie seinen Verlauf im Sachkontext.
e) Bestimmen Sie, wie hoch der Kegels mindestens sein muss, damit er 500 Liter Wasser beinhalten kann.

11 Müngstener Brücke

Die Müngstener Brücke über die Wupper ist die höchste Eisenbahnbrücke Deutschlands. Sie wurde im Jahr 1897 fertiggestellt und verband erstmals die Städte Solingen und Remscheid. Der untere Brückenbogen hat die Spannweite $w = 160$ m und die Höhe $h = 69$ m.

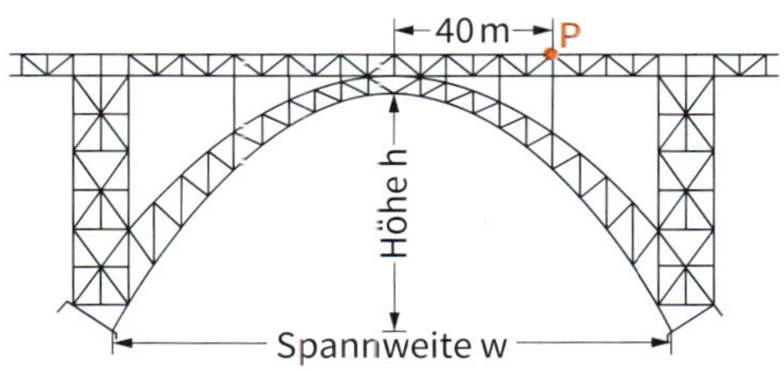

a) Modellieren Sie diesen Brückenbogen mithilfe einer Funktion. Geben Sie den Definitionsbereich und den Wertebereich dieser Funktion an.
b) Die Schienen verlaufen 10 m über dem höchsten Punkt des unteren Brückenbogens. Für Sanierungsarbeiten am unteren Brückenbogen wird eine Arbeitsbühne vom Punkt P aus an einem Seil herabgelassen.
Bestimmen Sie die Höhe über dem Erdboden, in der die Sanierungsarbeiten durchgeführt werden. Berechnen Sie, wie weit die Arbeitsbühne abgeseilt werden muss.
c) Ermitteln Sie die Breite des Brückenbogens in 35 m Höhe.

2 Differenzial-rechnung

Gabelböcke leben im westlichen Teil Nordamerikas und bevorzugen Gebiete mit gutem Sichtfeld. Entfernungen von 10 km können Gabelböcke mit einer Durchschnittsgeschwindigkeit von 65 km/h bewältigen. Dabei können sie eine Höchstgeschwindigkeit von 86 km/h erreichen.

- **Wie kann man Geschwindigkeiten berechnen?**
- **Was sind Änderungsraten?**
- **Welche Steigung hat ein gekrümmter Graph in einem Punkt?**
- **Welche Regeln gelten beim Ableiten?**

2.1 Mittlere Änderungsrate

Vorbereiten
Seite 160

Clara stellt Daten für ihren Vortrag „Mobilfunkanschlüsse in Deutschland“ zusammen.

Jahr	1995	2000	2010	2015	2019	2021
Anschlüsse in Mio.	3,8	48,3	108,9	113,8	140,7	161,3

- Wie kann Clara den Anstieg in den jeweiligen Zeiträumen vergleichen? In welchem Zeitraum ist die Anzahl am stärksten, in welchem am geringsten gewachsen?
- Clara möchte eine Prognose für das Jahr 2030 erstellen. Sie kann hierfür verschiedene Zeiträume verwenden. Stellen Sie zwei Möglichkeiten grafisch dar.

Lösung – mittlere Zunahme

Die Zeiträume sind unterschiedlich lang. Daher sollte Clara für jeden Zeitraum die *durchschnittliche* oder *mittlere Zunahme pro Jahr* betrachten. Hierzu berechnet man zunächst, um wie viel die Anzahl in einem Zeitraum gestiegen ist. Diese *absolute Zunahme* dividiert man dann durch die Länge des Zeitraums.

Zeitraum	absolute Zunahme in Mio.	Länge des Zeitraums in Jahren	mittlere Zunahme in Mio. pro Jahr
1995 bis 2000	$48{,}3 - 3{,}8 = 44{,}5$	$2000 - 1995 = 5$	$\frac{44{,}5}{5} = 8{,}9$
2000 bis 2010	$108{,}9 - 48{,}3 = 60{,}6$	$2010 - 2000 = 10$	$\frac{60{,}6}{10} = 6{,}06$
2010 bis 2015	$113{,}8 - 108{,}9 = 4{,}9$	$2015 - 2010 = 5$	$\frac{4{,}9}{5} = 0{,}98$
2015 bis 2019	$140{,}7 - 113{,}8 = 26{,}9$	$2019 - 2015 = 4$	$\frac{26{,}9}{4} = 6{,}725$
2019 bis 2021	$161{,}3 - 140{,}7 = 20{,}6$	$2021 - 2019 = 2$	$\frac{20{,}6}{2} = 10{,}3$

Die Anzahl der Mobilfunkanschlüsse ist im Mittel von 2019 bis 2021 mit 10,3 Mio. pro Jahr am stärksten und von 2010 bis 2015 mit 0,98 Mio. pro Jahr am geringsten gewachsen.

Lösung – geometrische Darstellung

- Prognose, wenn Clara die mittlere Zunahme von 2019 bis 2021 verwendet:

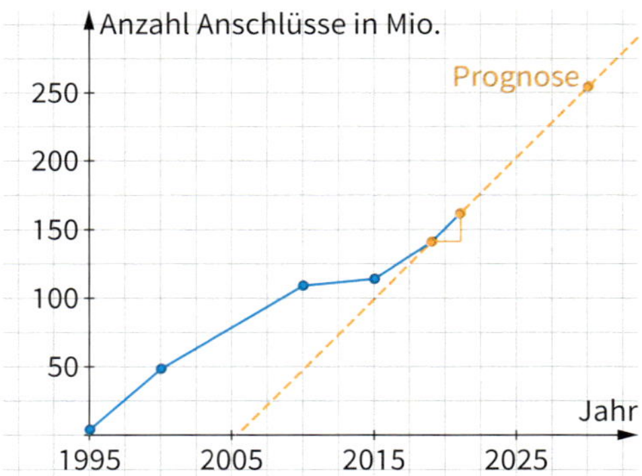

Zunahme pro Jahr: 10,3

Anzahl Anschlüsse in Mio.:
$161{,}3 + (2030 - 2021) \cdot 10{,}3 = 254{,}0$

- Prognose, wenn Clara die mittlere Zunahme von 2010 bis 2021 verwendet:

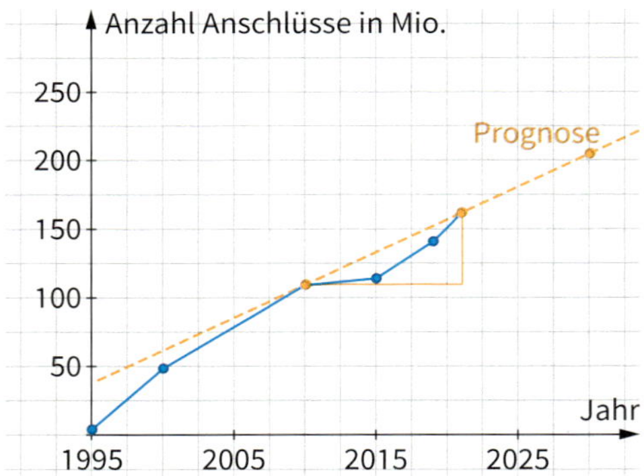

Zunahme pro Jahr: $\frac{161{,}3 - 108{,}9}{2021 - 2010} = \frac{52{,}4}{11} \approx 4{,}76$

Anzahl Anschlüsse in Mio.:
$161{,}3 + (2030 - 2021) \cdot 4{,}76 = 204{,}14$

Mittlere Änderungsrate

Die **mittlere Änderungsrate** einer Funktion f über einem Intervall [a; b] berechnet man mit dem Term $\frac{f(b) - f(a)}{b - a}$. Dieser Bruch heißt **Differenzenquotient**, da Zähler und Nenner Differenzen sind.

Geometrische Deutung als Sekantensteigung

Der Differenzenquotient gibt die Steigung der Geraden durch die Punkte P (a | f (a)) und Q (b | f (b)) an. Diese Gerade heißt **Sekante** durch P und Q.

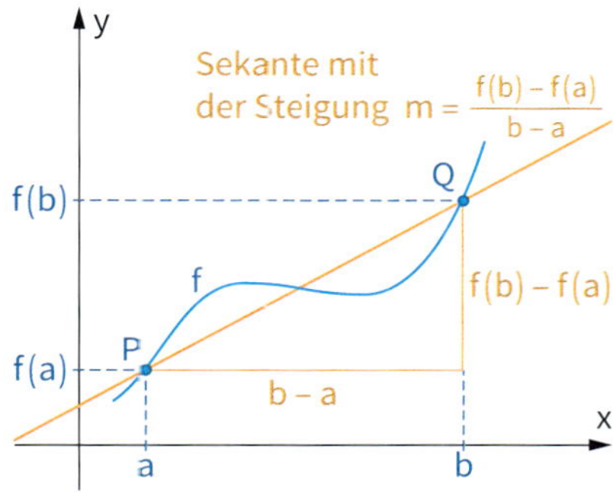

WES-109451-201

Auch: durchschnittliche Änderungsrate

Durchschnittsgeschwindigkeit berechnen

Flug eines Segelflugzeugs:

Flugzeit in min	10	30	60	90
Flughöhe in m	50	300	600	150

Durchschnittliche Steiggeschwindigkeit im Zeitintervall [60; 90] berechnen:

Gesucht — mittlere Änderungsrate von f: *Flugzeit* → *Flughöhe* über [60; 90]

Angaben zuordnen — a = 60; f (a) = 600 b = 90; f (b) = 150

Einsetzen und berechnen — $\frac{f(b) - f(a)}{b - a} = \frac{150 - 600}{90 - 60} = \frac{-450}{30} = -15$

Die durchschnittliche Steiggeschwindigkeit im Zeitintervall [60; 90] beträgt – 15 Meter pro Minute. Das heißt, dass das Segelflugzeug mit durchschnittlich 15 Metern pro Minute sinkt.

1 Mittlere Änderungsraten aus einer Wertetabelle bestimmen

Lennart misst an verschiedenen Tagen bei einer Sonnenblume, wie groß sie ist.

Zeit in Tagen	0	20	24	30	39	50	75
Höhe in cm	2	20	39	64	105	156	192

a) Bestimmen Sie die mittleren Änderungsraten in cm pro Tag für die jeweiligen Zeitintervalle. In welchem dieser Intervalle ist die Sonnenblume am stärksten gewachsen?

b) Nehmen Sie Stellung zu Lennarts Notiz.

> Die Sonnenblume ist zwischen Tag 39 und Tag 50 mit 51 cm Zunahme am stärksten gewachsen.

c) Verdeutlichen Sie Ihre Ergebnisse aus Teilaufgabe a), indem Sie den Graphen der Funktion *Zeit* → *Höhe* zeichnen.

2 Negative mittlere Änderungsraten

Die Tabelle gibt die Bevölkerungsentwicklung der Stadt Bochum an.

Jahr	1987	1995	2001	2011	2017
Einwohnerzahl	386 271	400 395	390 087	362 286	365 529

a) Geben Sie ohne Rechnung die Zeitintervalle an, in denen die mittleren Änderungsraten negativ sind. Welche Bedeutung hat eine negative mittlere Änderungsrate in diesem Sachzusammenhang?

b) Bestimmen Sie die mittleren Änderungsraten in Einwohnerzahl pro Jahr für die jeweiligen Zeitintervalle. In welchem dieser Intervalle erfolgte die stärkste Änderung pro Jahr?

3 Änderungsverhalten quadratischer Funktionen

Berechnen Sie die mittlere Änderungsrate der Funktion f über dem Intervall.

a) $f(x) = x^2$; Intervall [1; 5]

b) $f(x) = x^2 + 3$; Intervall [0; 3]

c) $f(x) = (x - 2)^2 - 4$; Intervall [−1; 2]

d) $f(x) = x^2 + 5x - 3$; Intervall [−4; 2]

Funktionsterm gegeben

$f(x) = (x - 1)^2$; Intervall [2; 4]

Als mittlere Änderungsrate ergibt sich:

$$\frac{f(4) - f(2)}{4 - 2} = \frac{(4 - 1)^2 - (2 - 1)^2}{4 - 2} = \frac{9 - 1}{2} = \frac{8}{2} = 4$$

4 Änderungsverhalten weiterer Funktionen

Berechnen Sie die mittlere Änderungsrate der Funktion f über dem Intervall.

a) $f(x) = x + 2$; [−3; 1]
b) $f(x) = 3x - 5$; [−5; 0]
c) $f(x) = x^3$; [−2; 2]
d) $f(x) = x^4 - 2$; [2; 4]
e) $f(x) = 2^x$; [0; 1]
f) $f(x) = \sin(x)$; [0; π]
g) $f(x) = \cos(x)$; [0; π]
h) $f(x) = 4$; [−4; 3]

5 Mittlere Änderungsraten aus einem Diagramm bestimmen

In einer Zeitung ist die (geplante) Neuverschuldung der Bundesrepublik Deutschland von 2008 bis 2025 dargestellt.

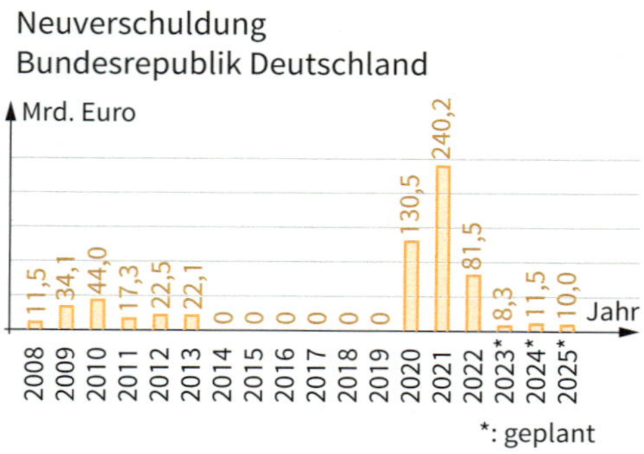

a) Bestimmen Sie die mittlere Änderungsrate der Neuverschuldung in Mrd. Euro pro Jahr im Zeitraum
(1) 2008 bis 2010; (2) 2010 bis 2013;
(3) 2010 bis 2019; (4) 2014 bis 2022.
Erläutern Sie den Unterschied zum arithmetischen Mittel der Neuverschuldung in diesen Zeiträumen.

b) Recherchieren Sie Gründe für die Aufnahme von Schulden in den Zeiträumen 2008 bis 2013 und 2020 bis 2025.

6 Mittlere Änderungsraten aus einem Graphen bestimmen

Die Grafik zeigt das Körpergewicht einer heranwachsenden Person in Abhängigkeit von der Körpergröße.

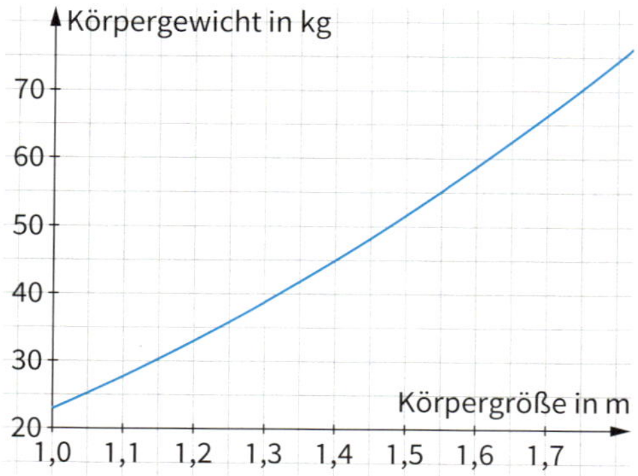

a) Berechnen Sie die mittlere Änderungsrate des Körpergewichts für eine Körpergröße
(1) zwischen 1,00 m und 1,30 m;
(2) zwischen 1,30 m und 1,60 m;
(3) zwischen 1,60 m und 1,80 m.

b) Überlegen Sie, aus welchen Gründen die mittleren Änderungsraten mit zunehmender Körpergröße anwachsen.

7 Mittlere Änderungsraten bei Geschwindigkeiten deuten

Das liebt der Biker: Gasgeben ohne Runterschalten!
Durchzug: Beschleunigung im letzten Gang, von 60 bis maximal 180 km/h

- von 60 km/h auf 100 km/h in 5,3 s
- von 100 km/h auf 140 km/h in 6,3 s
- von 140 km/h auf 180 km/h in 7,6 s

Bestimmen Sie jeweils die mittlere Änderungsrate für die angegebenen Zeitspannen. Erläutern Sie, welche Bedeutung sie in diesem Kontext hat.

8 Bei einer Überschwemmung wurden folgende Wasserstände eines Flusses gemessen:

Prüfe dich! Lösungen auf Seite 171

Uhrzeit	6:00	8:00	9:00	12:00	16:00	20:00
Wasserstand in m	2,0	2,2	2,4	3,3	4,1	3,8

a) Bestimmen Sie die mittleren Änderungsraten für die jeweiligen Zeitintervalle. Begründen Sie damit, in welchem dieser Intervalle der Wasserstand am stärksten gestiegen ist.

b) Geben Sie ein Zeitintervall an, in dem die mittlere Änderungsrate negativ ist. Erläutern Sie, welche Bedeutung eine negative Änderungsrate in diesem Sachzusammenhang hat.

c) In den Nachrichten um 17 Uhr wurde gesagt:
„Das Schlimmste ist wohl überstanden. Der Wasserstand steigt nicht mehr so schnell."
Erläutern Sie diese Aussage an einem Graphen.

9 Die Grafik zeigt den zurückgelegten Weg eines Radfahrers in Abhängigkeit von der Zeit für ca. 60 Sekunden.

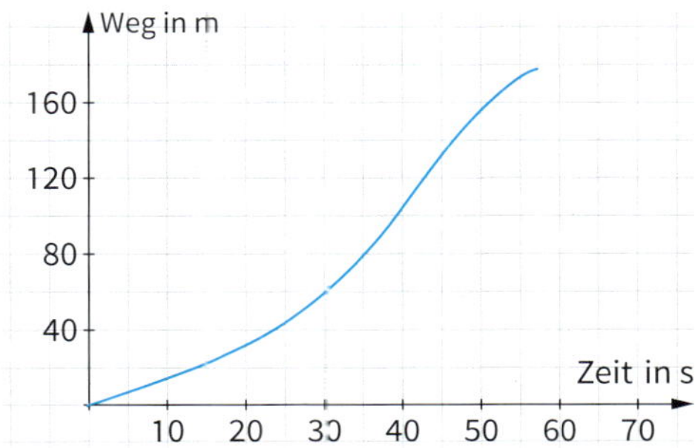

a) Bestimmen Sie die Durchschnittsgeschwindigkeit des Radfahrers im Zeitintervall [20; 50].

b) Bestimmen Sie, in welchem der Zeitintervalle [20; 30], [30; 40] und [40; 50] der Radfahrer die höchste Durchschnittsgeschwindigkeit gefahren ist.

c) Die Funktion g mit $g(t) = 0{,}05\,t^2$ beschreibt den zurückgelegten Weg eines anderen Radfahrers in Abhängigkeit von der Zeit. Berechnen Sie die mittlere Änderungsrate im Zeitintervall [20; 50] und vergleichen Sie das Ergebnis mit dem von Teilaufgabe a).

Gleichung einer Sekante

Gegeben ist die Funktion f mit $f(x) = x^2 - 1$.
Bestimmen Sie die Gleichung der Sekante durch die Punkte $P(-2\,|\,f(-2))$ und $Q(1\,|\,f(1))$.

Lösung

Nachschlagen Seite 18

Gleichung der Geraden mit Steigung m durch den Punkt $(x_0\,|\,y_0)$: $y = m \cdot (x - x_0) + y_0$

y-Koordinaten von P und Q berechnen: $f(-2) = (-2)^2 - 1 = 3$; also $P(-2\,|\,3)$
$f(1) = 1^2 - 1 = 0$; also $Q(1\,|\,0)$

Steigung der Sekante: $m = \frac{f(1) - f(-2)}{1 - (-2)} = \frac{0 - 3}{1 - (-2)} = \frac{-3}{3} = -1$

Koordinaten von P oder Q einsetzen: $Q(1\,|\,0)$; damit $y = (-1) \cdot (x - 1) + 0 = -x + 1$

10 **Sekantengleichung bestimmen**

Bestimmen Sie die Gleichung der Sekante durch die Punkte P und Q.

a) $f(x) = x^2 - 2$; $P(0\,|\,f(0))$; $Q(1\,|\,f(1))$

b) $f(x) = -0{,}5\,x^2 + 2$; $P(3\,|\,f(3))$; $Q(5\,|\,f(5))$

c) $f(x) = x^3$; $P(-1\,|\,f(-1))$; $Q(2\,|\,f(2))$

d) $f(x) = \frac{1}{x}$; $P(10\,|\,f(10))$; $Q(80\,|\,f(80))$

11 **Flächeninhalt eines Dreiecks**

Gegeben ist die Funktion f mit $f(x) = -x^2 + 5$. Die Sekante durch die Punkte $P(1\,|\,f(1))$ und $Q(2\,|\,f(2))$ schließt mit den Koordinatenachsen ein Dreieck ein. Bestimmen Sie den Flächeninhalt dieses Dreiecks.

12 ≡ **Reihenfolge egal?**

a) Luise und Joris bestimmen die Steigung der Sekante durch die Punkte P(4|1) und Q(2|3). Vergleichen Sie die Rechnungen der beiden. Was fällt auf?

Luise: $m = \frac{3-1}{2-4} = \frac{2}{-2} = -1$ *Joris:* $m = \frac{1-3}{4-2} = \frac{-2}{2} = -1$

b) Zeigen Sie allgemein, dass die nebenstehende Aussage richtig ist, also dass bei der Berechnung des Differenzenquotienten die Reihenfolge der Intervallgrenzen a und b keine Rolle spielt.

Für zwei Punkte P(a|f(a)) und Q(b|f(b)) auf dem Graphen einer Funktion f gilt:

$$\frac{f(a)-f(b)}{a-b} = \frac{f(b)-f(a)}{b-a}$$

Prüfe dich! Lösungen auf Seite 172

13 ≡ Gegeben ist die Funktion f mit $f(x) = -(x-2)^2 + 3$.

a) Durch den Scheitelpunkt S der Parabel und den Punkt P(0|−1) verläuft eine Sekante. Eine zweite Sekante verläuft durch S und den Punkt Q(4|−1). Bestimmen Sie die Gleichungen der Sekanten.

b) Beide Sekanten schließen mit der x-Achse ein Dreieck ein. Bestimmen Sie den Flächeninhalt dieses Dreiecks.

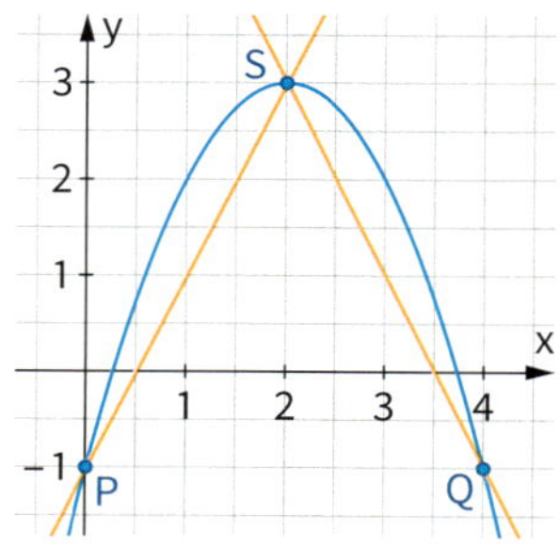

14 ≡ **Rotbauchunken**

Rotbauchunken, oft auch Feuerkröten genannt, leben bevorzugt in kleinen nassen Absenkungen im Gelände. Die Männchen sind bekannt für ihre melancholisch klingenden Paarungsrufe.
Rotbauchunken sind in Deutschland stark gefährdet.

In einem Naturschutzgebiet ermittelte man im Jahr 2007 etwa 130 Rotbauchunken, im Jahr 2012 etwa 200, im Jahr 2016 etwa 240 und im Jahr 2019 etwa 260.
Eine Lokalzeitung berichtet:

> *Die Anzahl der Rotbauchunken ist im Mittel um fast 11 Tiere pro Jahr gestiegen. Man kann deshalb in vier Jahren mit über 300 Rotbauchunken rechnen.*

Untersuchen Sie diese Behauptung mithilfe der Daten.

15 ≡ **Space-Shuttle**

Die Tabelle enthält Daten eines startenden Space-Shuttles der NASA.

Zeit in s	0	5	10	20	40	60	120
Höhe in m	0	92,5	370	1480	5920	13 320	53 280

a) Stellen Sie die Tabellendaten in einem Koordinatensystem dar und beschreiben Sie den Startverlauf.

b) Berechnen Sie die Durchschnittsgeschwindigkeit in km/h über den Zeiträumen [0; 5], [5; 10], …, [60; 120].

c) Nehmen Sie Stellung zu der Behauptung:
„Man kann die Durchschnittsgeschwindigkeit des Shuttles über den gesamten Zeitraum als arithmetisches Mittel der einzelnen Durchschnittsgeschwindigkeiten berechnen."

16 Änderungsverhalten linearer Funktionen

a) Wählen Sie zwei verschiedene Punkte P und Q auf dem Graphen von f mit $f(x) = 2x + 3$ und berechnen Sie damit die mittlere Änderungsrate.
Begründen Sie, dass dieser Wert unabhängig von den gewählten Punkten ist.

b) Eine lineare Funktion f hat die allgemeine Gleichung $f(x) = m \cdot x + b$.
Zeigen Sie durch eine Termumformung, dass der Differenzenquotient $\frac{f(x_2) - f(x_1)}{x_2 - x_1}$ für zwei Punkte $P(x_1 \mid f(x_1))$ und $Q(x_2 \mid f(x_2))$ immer den Wert m hat.

17 Schlagzeilen richtig deuten

In einer Vereinszeitung wird über verschiedene Entwicklungen in den letzten Jahren berichtet. Zur Veranschaulichung sind auch grafische Darstellungen angefertigt worden.

a) Ordnen Sie die Schlagzeilen den Diagrammen zu. Begründen Sie Ihre Zuordnung.

(A) Beitragserhöhungen werden geringer

(B) Schuldenberg schmilzt mit steigendem Tempo

(C) Mitgliederanzahlen wachsen schneller

(D) Durchschnittsalter sinkt immer langsamer

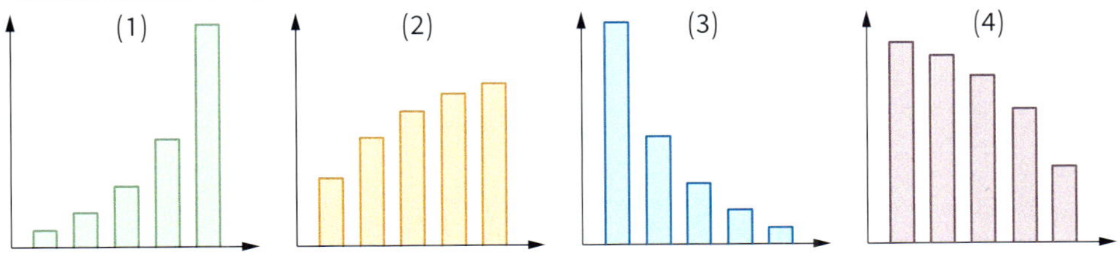

b) Erstellen Sie selbst geeignete grafische Darstellungen wie in Teilaufgabe a).
Tauschen Sie Ihre Darstellungen untereinander aus und lassen Sie Ihrer Partnerin bzw. Ihren Partner die passenden Schlagzeilen finden.

18 Schiefe Ebene

Lässt man eine Kugel auf einer schiefen Ebene rollen, so kann der zurückgelegte Weg in cm nach t Sekunden durch eine Funktion s der Form $s(t) = a \cdot t^2$ angenähert werden. Der Parameter a hängt dabei von der Neigung und von anderen Eigenschaften ab.

a) Bestimmen Sie für $a = 0{,}1$ die Durchschnittsgeschwindigkeit der Kugel in der ersten, zweiten, dritten ... Sekunde.

b) Formulieren Sie eine Gesetzmäßigkeit für ein beliebiges a.

19 Sekantensteigungen der Quadratfunktion

Sekantensteigungen der Quadratfunktion weisen besondere Regelmäßigkeiten auf.

a) Berechnen Sie die Sekantensteigungen beim Graphen der Funktion f mit $f(x) = x^2$ durch je zwei benachbarte der abgebildeten Punkte P_n.

b) Formulieren Sie eine Vermutung für die Sekantensteigung durch die Punkte $P_n(n \mid f(n))$ und $P_{n+1}(n+1 \mid f(n+1))$. Begründen Sie dies durch eine Rechnung.

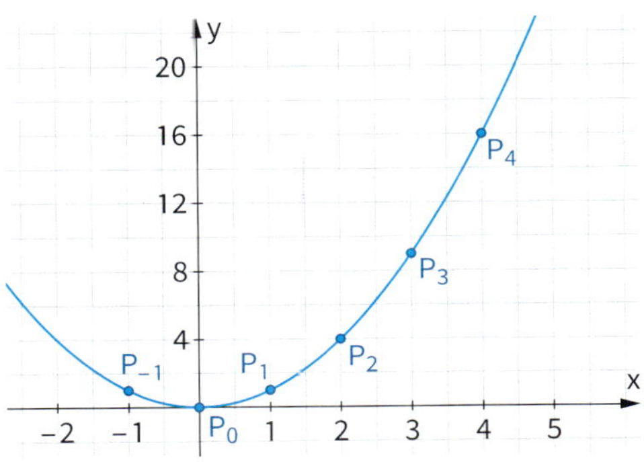

2.2 Lokale Änderungsrate

Ein Auto startet mit konstanter Beschleunigung. Seine Entfernung f(x) vom Startpunkt kann in Abhängigkeit von der Zeit x berechnet werden. In den ersten 12 Sekunden gilt näherungsweise $f(x) = x^2$, mit x in Sekunden und f(x) in Metern.

- Wie kann man die Momentangeschwindigkeit des Autos in der 10. Sekunde nach dem Start näherungsweise mithilfe von Durchschnittsgeschwindigkeiten berechnen?
- Deuten Sie diese Durchschnittgeschwindigkeiten geometrisch als Steigungen von Sekanten. Lässt sich die Momentangeschwindigkeit auch als Steigung einer Geraden deuten?

Lösung – Momentangeschwindigkeit

Man betrachtet Durchschnittsgeschwindigkeiten für sehr kleine Zeitspannen, die bei 10 s beginnen und kurz danach enden bzw. die kurz vor 10 s beginnen und bei 10 s enden. Diese Durchschnittsgeschwindigkeiten müssen nah bei der Momentangeschwindigkeit in der 10. Sekunde nach dem Start liegen.

Zeitspannen von 10 s bis kurz nach 10 s:

Zeitspanne [10; x]	Entfernung f(x) in m	Durchschnittsgeschwindigkeit $\frac{f(x)-f(10)}{x-10}$ in m/s
[10; 10,1]	$(10{,}1)^2 = 102{,}01$	$\frac{102{,}01-100}{10{,}1-10} = \frac{2{,}01}{0{,}1} = 20{,}1$
[10; 10,01]	$(10{,}01)^2 = 100{,}2001$	$\frac{100{,}2001-100}{10{,}01-10} = \frac{0{,}2001}{0{,}01} = 20{,}01$
[10; 10,001]	$(10{,}001)^2 = 100{,}020001$	$\frac{100{,}020001-100}{10{,}001-10} = \frac{0{,}020001}{0{,}001} = 20{,}001$

Zeitspannen von kurz vor 10 s bis 10 s:

Zeitspanne [x; 10]	Entfernung f(x) in m	Durchschnittsgeschwindigkeit $\frac{f(10)-f(x)}{10-x}$ in m/s
[9,9; 10]	$(9{,}9)^2 = 98{,}01$	$\frac{100-98{,}01}{10-9{,}9} = \frac{1{,}99}{0{,}1} = 19{,}9$
[9,99; 10]	$(9{,}99)^2 = 99{,}8001$	$\frac{100-99{,}8001}{10-9{,}99} = \frac{0{,}1999}{0{,}01} = 19{,}99$
[9,999; 10]	$(9{,}999)^2 = 99{,}980001$	$\frac{100-99{,}980001}{10-9{,}999} = \frac{0{,}019999}{0{,}001} = 19{,}999$

$1\,\frac{km}{h} = \frac{1}{3{,}6}\,\frac{m}{s}$

Also: $1\,\frac{m}{s} = 3{,}6\,\frac{km}{h}$

Je kleiner die Zeitspanne, umso näher liegt die Durchschnittsgeschwindigkeit bei 20 m/s. Die Momentangeschwindigkeit des Autos in der 10. Sekunde nach dem Start beträgt also vermutlich 20 m/s bzw. 72 km/h.

WES-109451-202

Lösung – geometrische Deutung

Zu jeder Durchschnittsgeschwindigkeit gehört eine Sekante durch den Punkt P(10 | 100) und einen weiteren Punkt Q auf dem Graphen der Funktion f.

Wählt man die Zeitspannen beliebig klein, so kommt Q beliebig nah an P heran.
Die Sekante durch P und Q nähert sich dabei einer Geraden nur durch P mit der Steigung 20 an.

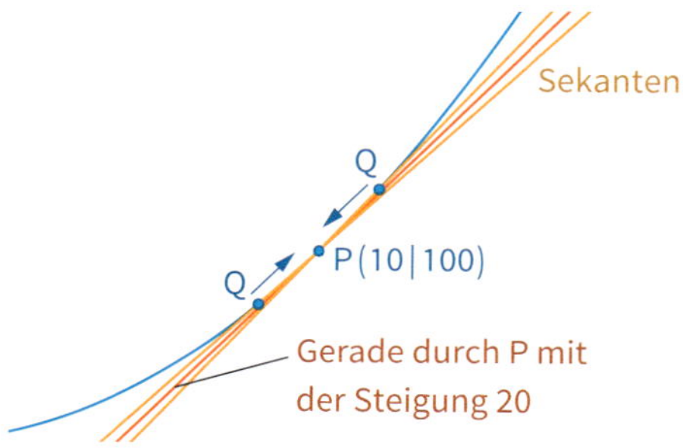

Lokale Änderungsrate – Ableitung an einer Stelle

Wenn bei der Annäherung von x gegen x_0 der Differenzenquotient $\frac{f(x)-f(x_0)}{x-x_0}$ einer Funktion f einer Zahl beliebig nah kommt, so heißt diese Zahl **Grenzwert des Differenzenquotienten**.

Schreibweise: $\lim\limits_{x \to x_0} \frac{f(x)-f(x_0)}{x-x_0}$ Sprechweise: *„Limes x gegen x_0 …“*

Man nennt diese Zahl auch die **lokale Änderungsrate** oder **Ableitung von f an der Stelle x_0**.

Kurzschreibweise: $f'(x_0) = \lim\limits_{x \to x_0} \frac{f(x)-f(x_0)}{x-x_0}$ Sprechweise: *„f Strich von x_0“*

Einen guten Näherungswert für die lokale Änderungsrate von f an der Stelle x_0 liefert schon der Differenzenquotient, wenn x und x_0 nah genug beieinander liegen.

Geometrische Deutung als Tangentensteigung

$f'(x_0)$ kann als Steigung einer Geraden interpretiert werden, der die Sekanten durch $P(x_0 \mid f(x_0))$ und Q beliebig nah kommen. Diese Gerade heißt **Tangente** an den Graphen von f im Punkt P bzw. an der Stelle x_0.

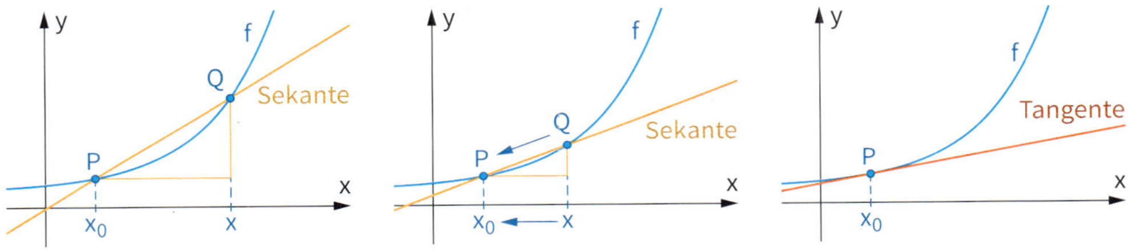

WES-109451-203

limes (lat.): Grenze

Inhaltliche Interpretation von Änderungsraten in Anwendungen

Änderungsraten sind insbesondere in Anwendungssituationen von Bedeutung.

funktionaler Zusammenhang	mittlere Änderungsrate	lokale Änderungsrate
Zeit → zurückgelegter Weg	Durchschnittsgeschwindigkeit	Momentangeschwindigkeit
Zeit → Geschwindigkeit	Durchschnittsbeschleunigung	Momentanbeschleunigung
Weg → Benzinverbrauch	durchschnittlicher Benzinverbrauch	momentaner Benzinverbrauch
Zeit → Wassermenge in einer Badewanne, die gefüllt wird	durchschnittliche Zuflussgeschwindigkeit	momentane Zuflussgeschwindigkeit

Beschreibt eine Funktion $f\colon x \mapsto f(x)$ den Zusammenhang zweier Größen und gehört zu x und f(x) jeweils eine Einheit, so haben die mittlere Änderungsrate und die lokale Änderungsrate dieselbe Einheit: $\frac{\text{Einheit von } f(x)}{\text{Einheit von } x}$

1 Änderungen und Änderungsraten

Beschreiben Sie für eine feste Stelle x_0 die Bedeutung der Terme

(1) $f(x) - f(x_0)$ (2) $\frac{f(x)-f(x_0)}{x-x_0}$ (3) $\lim\limits_{x \to x_0} \frac{f(x)-f(x_0)}{x-x_0}$

Geben Sie mögliche sinnvolle Einheiten an.

a) f(x) gibt die Wassermenge an, die sich zum Zeitpunkt x in einem Stausee befindet.
b) f(x) gibt die Höhe an, die ein Hubschrauber zum Zeitpunkt x hat.
c) f(x) gibt den Kurs einer Aktie zum Zeitpunkt x an.
d) f(x) gibt die Anzahl der Bakterien in einer Petrischale zum Zeitpunkt x an.
e) f(x) gibt die momentane Geschwindigkeit eines Autos zum Zeitpunkt x an.

Differenzenquotient als Näherung für die lokale Änderungsrate an einer Stelle x_0

$f(x) = 3x^2$; $x_0 = 6$

Werte von x nah bei x_0 wählen und Differenzenquotienten berechnen

Exakte Berechnung von $f'(x_0)$ siehe Abschnitt 2.3

links von 6: z. B. $x = 5{,}999$

$$\frac{f(x) - f(x_0)}{x - x_0} = \frac{3x^2 - 3 \cdot 6^2}{x - 6} = \frac{3 \cdot 5{,}999^2 - 108}{5{,}999 - 6} = \frac{-0{,}035997}{-0{,}001} = 35{,}997$$

rechts von 6: z. B. $x = 6{,}001$

$$\frac{f(x) - f(x_0)}{x - x_0} = \frac{3x^2 - 3 \cdot 6^2}{x - 6} = \frac{3 \cdot 6{,}001^2 - 108}{6{,}001 - 6} = \frac{0{,}036003}{0{,}001} = 36{,}003$$

Daraus erhält man die Näherung: $f'(6) \approx 36$

2 ≡ **Momentangeschwindigkeit bestimmen**

Ein Motorrad wird gleichmäßig beschleunigt. Seine Entfernung $f(t)$ vom Startpunkt in Abhängigkeit von der Zeit t kann in den ersten 10 Sekunden durch $f(t) = 3t^2$ angegeben werden; mit t in Sekunden und $f(t)$ in Metern. Bestimmen Sie die Momentangeschwindigkeit des Motorrads näherungsweise mithilfe von Durchschnittsgeschwindigkeiten.

a) 2 s nach dem Start b) 5 s nach dem Start c) 8 s nach dem Start

3 ≡ **Abflussgeschwindigkeiten**

Ein Flüssigkeitsbehälter wird durch ein Ventil entleert. Zum Zeitpunkt t befindet sich das Volumen $V(t)$ im Behälter. Der Graph veranschaulicht diesen Vorgang.

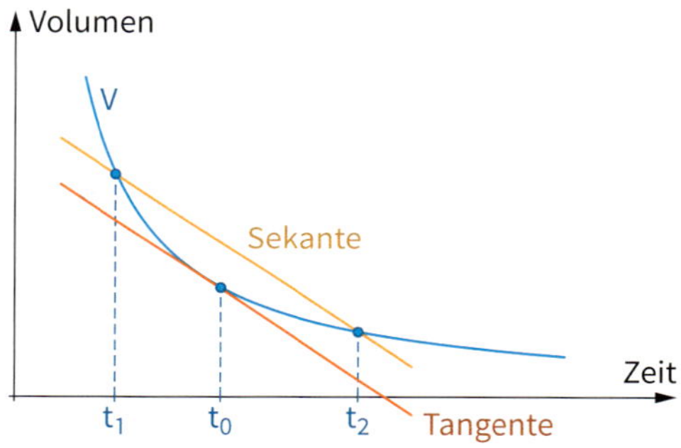

a) Beschreiben Sie die Begriffe „durchschnittliche Abflussgeschwindigkeit im Zeitintervall $[t_1; t_2]$" und „momentane Abflussgeschwindigkeit zum Zeitpunkt t_0" jeweils durch einen Term.

b) Erläutern Sie die Begriffe am Graphen. Verwenden Sie auch den Begriff „Änderungsrate".

Prüfe dich! Lösungen auf Seite 172

4 ≡ Anna und Max beginnen eine Bergwanderung in 700 m Höhe. Ihr Ziel liegt in 1130 m Höhe. Max sagt: *„Mit der Höhe nimmt der Luftdruck ab."*
„Ja," meint Anna. *„Und zu jeder Höhe h gehört ein Luftdruck p."*

a) Erläutern Sie bezogen auf die Wanderung jeweils die Bedeutung des Ausdrucks.

(1) $p(1\,130) - p(700)$ (2) $\frac{p(1130) - p(700)}{1130 - 700}$ (3) $p'(1130)$

b) Schreiben Sie jeweils die Angabe als Term.

(1) Luftdruckänderung von 800 m bis 1000 m

(2) durchschnittliche Luftdruckänderung von 800 m bis 1000 m

(3) momentane Luftdruckänderung bei 900 m

5 ≡ Bei einem Deichbruch kann das Wasservolumen, das innerhalb von x Minuten nach dem Deichbruch durch die Bruchstelle geflossen ist, durch die Funktion w mit $w(x) = 15x^2 + 150x$; $0 \le x \le 60$; w in m^3; beschrieben werden.

a) Berechnen Sie die momentane Durchflussgeschwindigkeit in der 10. Minute nach dem Deichbruch näherungsweise mithilfe von Durchschnittsgeschwindigkeiten.

b) Im Radio wird gemeldet: *„Bereits 30 Minuten nach dem Deichbruch war eine momentane Durchflussrate von 1050 Kubikmeter pro Minute erreicht."*
Überprüfen Sie diesen Wert.

Einstieg

Steigung eines Graphen in einem Punkt

- Warum muss man bei gekrümmten Graphen von der Steigung in einem Punkt sprechen? Erklären Sie dies am Höhenprofil der Straße in der Abbildung.
- Wie könnte man die Steigungen in den Punkten A, B, C und D näherungsweise bestimmen? Entwickeln Sie eine Strategie.

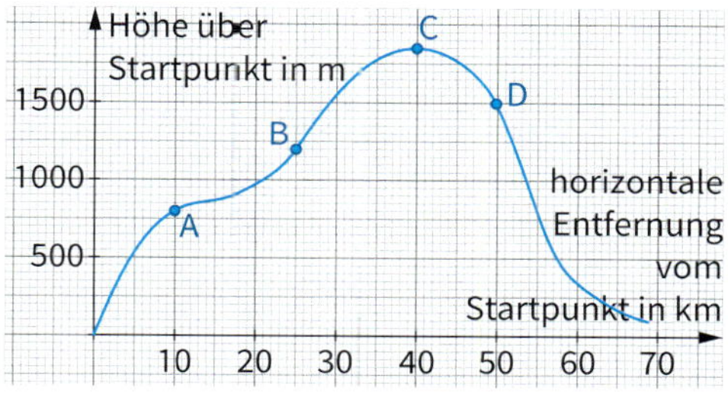

Tangente und Steigung eines Graphen in einem Punkt

Anders als bei einer Geraden ändert sich die Steigung bei einem gekrümmten Funktionsgraphen in jedem Punkt.

Die **Steigung des Graphen** einer Funktion f **im Punkt P (x_0 | f(x_0))** bzw. **an der Stelle x_0** ist die Steigung der Tangente an den Graphen von f im Punkt P, also $f'(x_0)$.

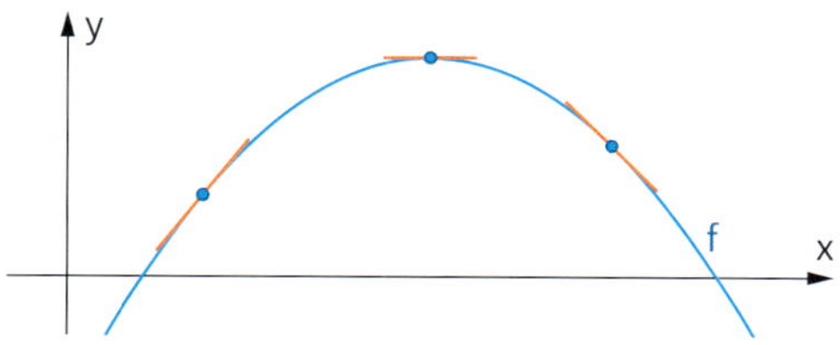

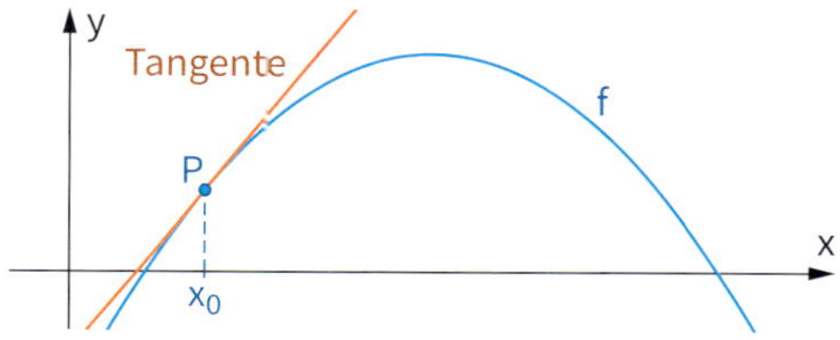

WES-109451-204

Steigung eines Graphen in einem Punkt näherungsweise bestimmen

- Tangente nach Augenmaß an den Graphen durch den Punkt zeichnen
- Steigung der Tangente aus einem geeigneten Steigungsdreieck ermitteln

Steigung des Graphen von f in P(3 | 2):

$f'(3) \approx \frac{-2}{1} = -2$

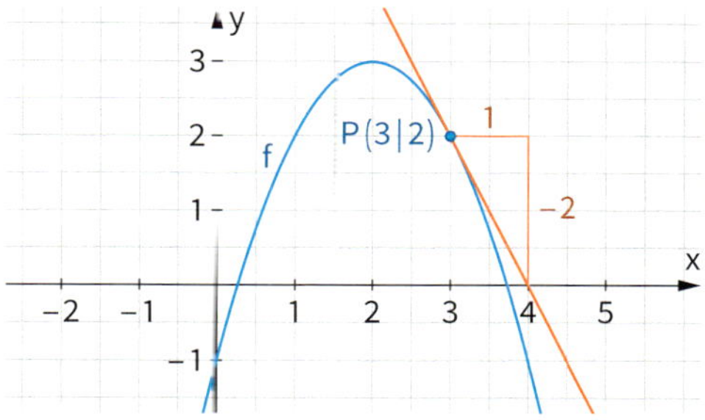

In der Nähe des Punktes soll sich die Tangente möglichst gut an den Graphen anschmiegen.

6 ≡ **Steigungen abschätzen**

Beschaffen Sie sich einen Ausdruck von dem Graphen der Funktion f oder nutzen Sie den QR-Code. Zeichnen Sie die Tangente nach Augenmaß an der Stelle x_0 ein und bestimmen Sie damit näherungsweise die Ableitung von f an der Stelle x_0.

a) $f(x) = x^2$; $x_0 = 1$ b) $f(x) = 0{,}5\,x^2 + x$; $x_0 = -1$

c) $f(x) = x^3$; $x_0 = -0{,}5$ d) $f(x) = x^3 - 3x$; $x_0 = 0$

WES-109451-205

7 ≡ **Steigungen vergleichen**

Vergleichen Sie die Steigungen des Graphen in den angegebenen Punkten.

In welchem Punkt ist sie größer? Achten Sie auf das Vorzeichen.

A und B | C und D | E und F

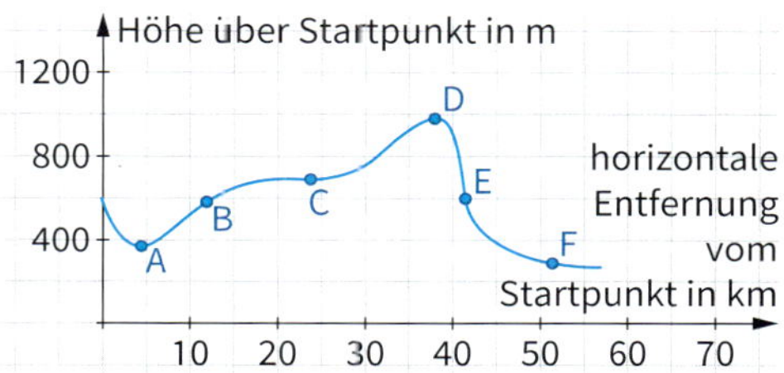

8 ☰ **Fehlersuche**

Lara, Jana und Timo haben die Steigung des Graphen einer Funktion im Punkt P mit dem eingezeichneten Steigungsdreieck ermittelt.
Wer hat die Steigung richtig bestimmt?
Was haben die anderen falsch gemacht?

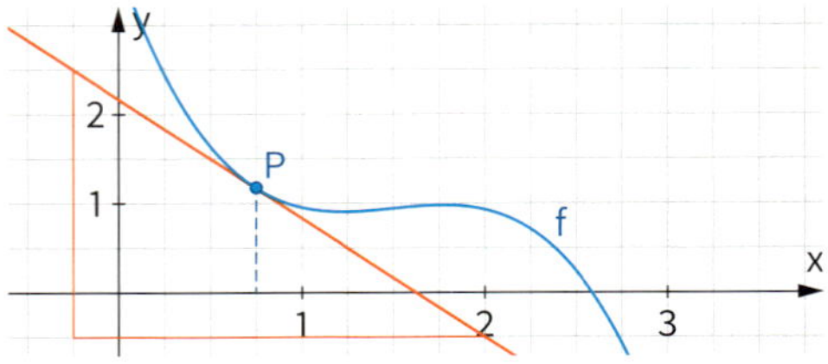

Lara: $m \approx \frac{-6}{9} = -\frac{2}{3}$ *Jana:* $m \approx \frac{-3}{2{,}25} = -1{,}\overline{3}$ *Timo:* $m \approx \frac{2{,}25}{3} = 0{,}75$

9 ☰ **Tangentensteigungen ermitteln**

In der Grafik ist die Tangente an den Graphen der Funktion f im Punkt $P(x_0 \mid f(x_0))$ eingezeichnet. Bestimmen Sie die Ableitung $f'(x_0)$, indem Sie ein geeignetes Steigungsdreieck suchen.

a) 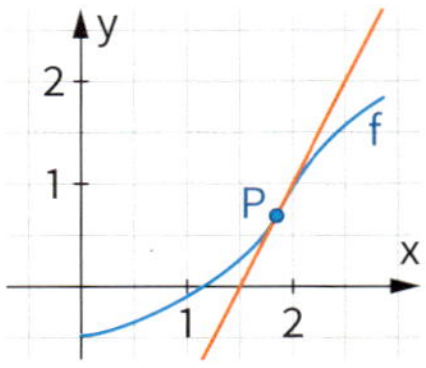

b) 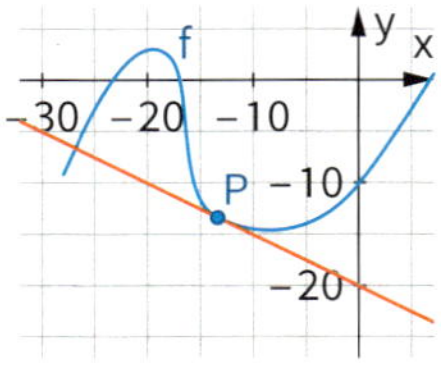

c) 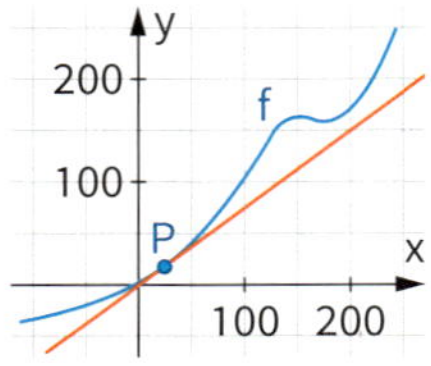

d) 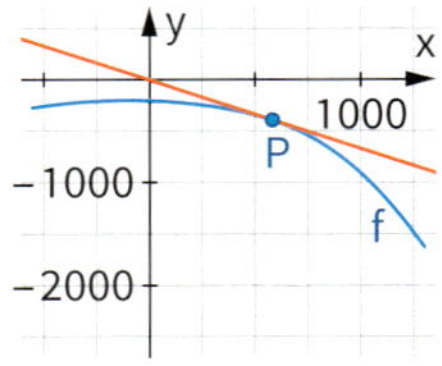

Prüfe dich!
Lösungen auf Seite 172

10 ☰ Bestimmen Sie die Steigung der Tangente in der Abbildung.

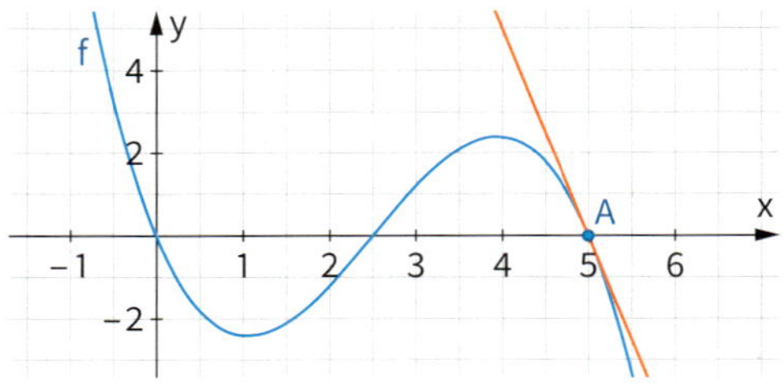

11 ☰ Skizzieren Sie den Graphen der Funktion f mit $f(x) = 2x^2 - 1$ und zeichnen Sie nach Augenmaß eine Tangente an der Stelle $x_0 = 0{,}5$ ein. Geben Sie einen Näherungswert für die Ableitung von f an der Stelle 0,5 an.

12 ☰ **Lagebeziehungen zwischen Tangente und Graph**

Eine Tangente an einen Kreis hat mit diesem nur einen einzigen Punkt gemeinsam. Bei einer Tangente an einen Funktionsgraphen in einem Punkt P sind mehrere Fälle möglich.
Beschreiben Sie die Besonderheiten der Lage der Tangente zum Funktionsgraphen.

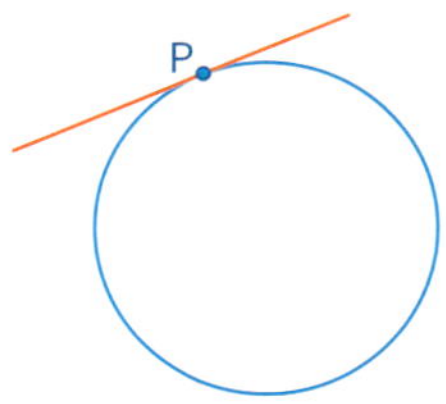

(1) 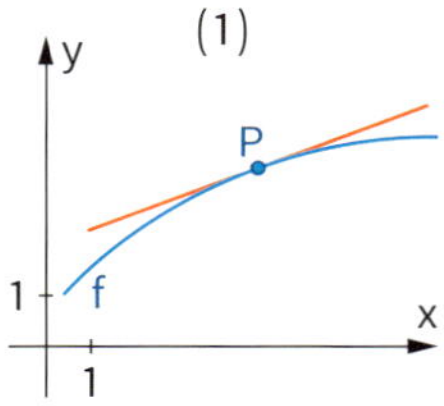

(2) 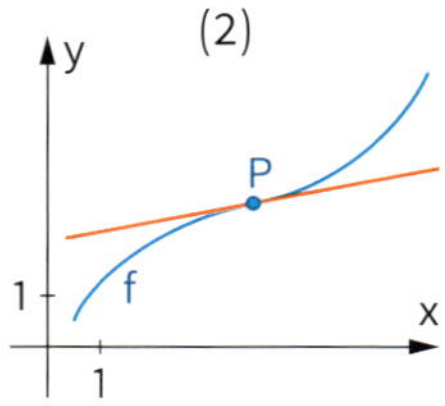

(3) 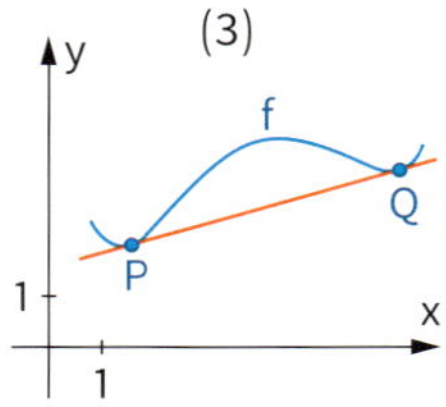

(4) 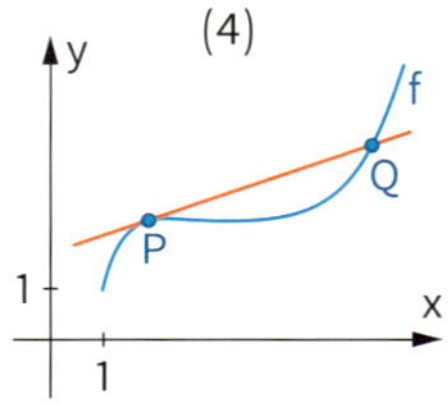

13 ☰ **Graphen skizzieren**

Skizzieren Sie einen Graphen und einen Punkt P auf dem Graphen, sodass gilt:

a) Die Steigung im Punkt P ist 1. Der Graph verläuft oberhalb der Tangente in P.
b) Die Steigung im Punkt P ist −1. Die Tangente durchsetzt den Graphen.
c) Die Steigung im Punkt P ist $-\frac{1}{3}$. Die Tangente schneidet den Graphen noch in einem weiteren Punkt.

durchsetzen:

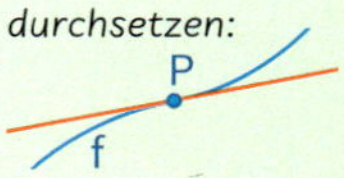

14 **Geschwindigkeiten am Graphen deuten**

Nico schreibt zu der Abbildung:

Am Graphen und an der Sekante erkenne ich, dass in den Zeitintervallen [0; 2] und [4; 4,5] die Momentangeschwindigkeiten unter der Durchschnittsgeschwindigkeit liegen und im Zeitintervall [2; 4] darüber.

Nehmen Sie Stellung.

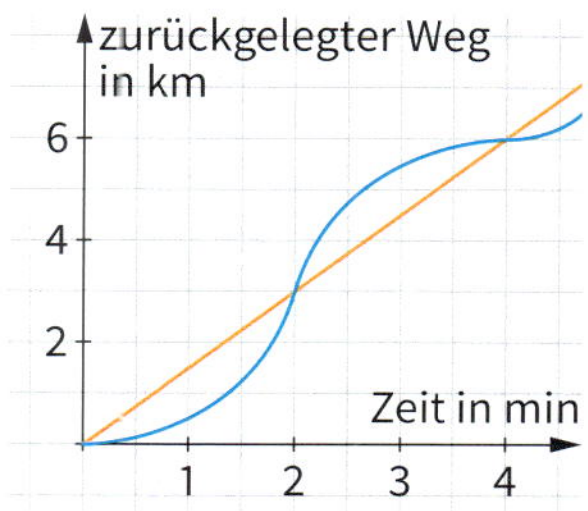

15 **Zoom-Befehl**

Zeichnen Sie mit einem Rechner die Funktion f mit $f(x) = 0{,}25\,x^2$ und markieren Sie den Punkt P(4|4). Mit dem Befehl „Zoom" können Sie wie mit einer Lupe immer näher an den Punkt P heranzoomen.

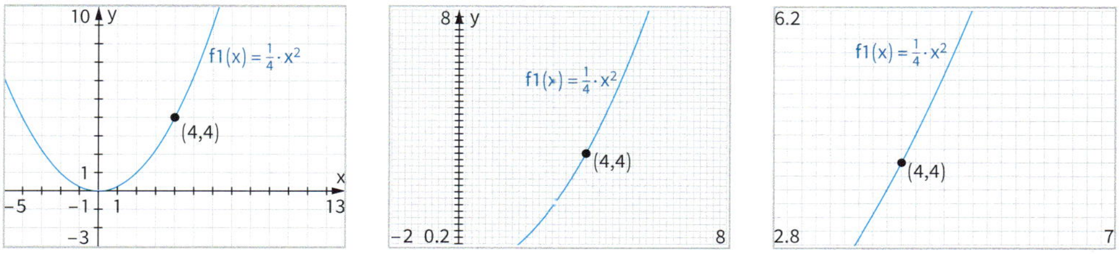

a) Was stellen Sie fest?

b) Schätzen Sie mithilfe eines Koordinatengitters, wie groß die Steigung des Graphen von f im Punkt P ist. Berechnen Sie näherungsweise die Tangentensteigung und vergleichen Sie.

16 **Steigung in einem Punkt näherungsweise mit einem Rechner bestimmen**

Bestimmen Sie mit Ihrem Rechner und dem Zoom-Befehl näherungsweise die Steigung des Graphen der Funktion f an der Stelle x_0.

a) $f(x) = 2x^2$; $x_0 = -0{,}5$ b) $f(x) = x^3$; $x_0 = 0$ c) $f(x) = x^3 + 2x^2$; $x_0 = -1$

17 **Ableitung an einer Stelle näherungsweise mit einem Rechner bestimmen**

Die Abbildung zeigt eine Möglichkeit, die Ableitung der Funktion f mit $f(x) = x^3$ an der Stelle $x_0 = 1$ näherungsweise mit einer Tabellenkalkulation zu berechnen.

x	d(x):= (1−x^3)/(1−x)
0.999	2.997
0.9999	2.9997
1	#UNDEF
1.0001	3.0003
1.001	3.003
2.99970001	

a) Erklären Sie die Vorgehensweise und führen Sie dies mit größerer Genauigkeit durch.

b) Berechnen Sie wie in Teilaufgabe a) näherungsweise die Ableitung der Funktion f an anderen Stellen x_0.

c) Berechnen Sie auf diese Weise näherungsweise die Ableitungen für andere Funktionen f an selbst gewählten Stellen x_0.

18 **Näherungsformel**

Man kann die Ableitung einer Funktion f an einer Stelle x_0 näherungsweise mit der Formel $f'(x_0) \approx \frac{f(x_0 + 0{,}001) - f(x_0 - 0{,}001)}{0{,}002}$ berechnen.

a) Zum Differenzenquotienten in dieser Formel gehört die Steigung einer Sekante. Machen Sie sich anhand einer Skizze die Lage dieser Sekante und die Lage der Tangente im Punkt $P(x_0 | f(x_0))$ an den Graphen einer Funktion f klar und erläutern Sie, warum diese Formel eine gute Näherung für $f'(x_0)$ liefert.

b) Machen Sie einen Vorschlag, wie man eine noch bessere Näherung für die Ableitung von f an der Stelle x_0 erhalten kann.

2.3 Ableitung an einer Stelle berechnen

Vorbereiten
Binomische Formeln
Seite 158

Für die Quadratfunktion f mit $f(x) = x^2$ soll die Ableitung an der Stelle $x_0 = 0{,}5$ exakt berechnet werden. Dies ist die Steigung der Tangente an den Graphen von f im Punkt $P(0{,}5 \mid f(0{,}5))$. Daher kann man wie folgt vorgehen:

Man bestimmt die Steigung der Sekante durch den Punkt $P(0{,}5 \mid f(0{,}5))$ und einen zweiten Punkt $Q(x \mid f(x))$ mit $x \neq 0{,}5$ auf dem Graphen von f mit dem Differenzenquotienten. Diesen Differenzenquotienten formt man dann so um, dass man den Nenner kürzen kann.

$$\frac{f(x) - f(0{,}5)}{x - 0{,}5} = \frac{x^2 - 0{,}5^2}{x - 0{,}5} \qquad \text{3. binomische Formel}$$

$$= \frac{(x - 0{,}5) \cdot (x + 0{,}5)}{x - 0{,}5} \qquad \text{kürzen}$$

$$= x + 0{,}5$$

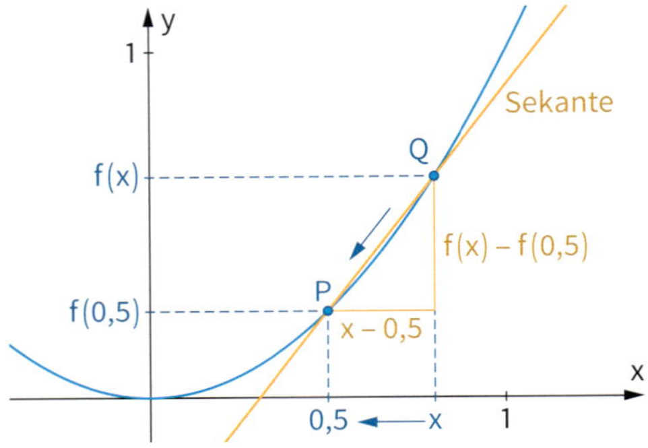

Kommt der Wert von x beliebig nah an 0,5, so kommt Punkt Q beliebig nah an Punkt P und der Wert von $x + 0{,}5$ kommt dem Wert $0{,}5 + 0{,}5 = 1$ beliebig nah.

Kurzschreibweise:
Für $x \to 0{,}5$ gilt
$x + 0{,}5 \to 1$.

Somit gilt: $f'(0{,}5) = \lim\limits_{x \to 0{,}5} \frac{f(x) - f(0{,}5)}{x - 0{,}5} = \lim\limits_{x \to 0{,}5} (x + 0{,}5) = 1$

- Bestimmen Sie auf die gleiche Weise die Ableitung von f an verschiedenen selbst gewählten Stellen x_0. Was fällt auf? Formulieren Sie eine Vermutung.

WES-109451-206

Ableitung der Quadratfunktion an einer Stelle

Satz: Die Funktion f mit $f(x) = x^2$ hat an einer beliebigen Stelle x_0 die Ableitung
$\mathbf{f'(x_0) = 2\,x_0}$.

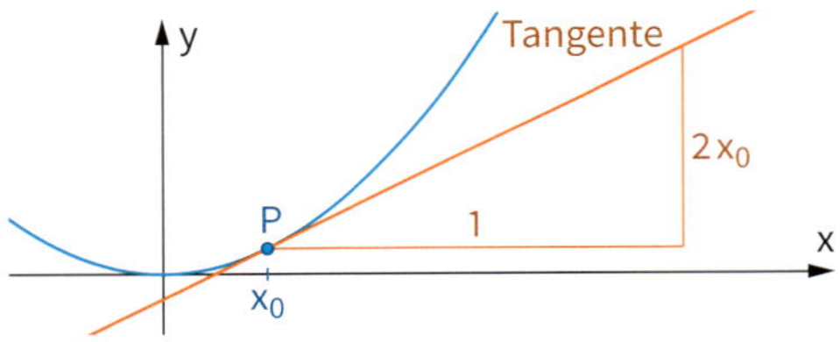

Beweis des Satzes

Man bestimmt für eine beliebige Stelle x_0 die Steigung der Sekante durch die Punkte $P(x_0 \mid f(x_0))$ und $Q(x \mid f(x))$ mit $x \neq x_0$ auf dem Graphen von f.
Für den Differenzenquotienten gilt:

$$\frac{f(x) - f(x_0)}{x - x_0} = \frac{x^2 - x_0^2}{x - x_0} \qquad \text{3. binomische Formel}$$

$$= \frac{(x - x_0) \cdot (x + x_0)}{x - x_0} \qquad \text{kürzen}$$

$$= x + x_0$$

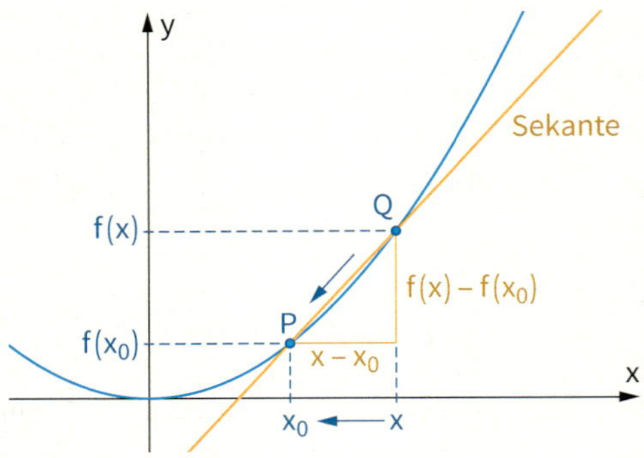

Kommt der Wert von x beliebig nah an x_0, so kommt der Wert von $x + x_0$ dem Wert $2\,x_0$ beliebig nah.

Somit gilt: $f'(x_0) = \lim\limits_{x \to x_0} \frac{f(x) - f(x_0)}{x - x_0} = \lim\limits_{x \to x_0} (x + x_0) = 2\,x_0$

1 **Formel anwenden**

Für die Funktion f mit $f(x) = x^2$ gilt $f'(x_0) = 2x_0$ für eine beliebige Stelle x_0.

a) Geben Sie an: (1) $f'(5)$ (2) $f'(-5)$ (3) $f'\left(\frac{1}{2}\right)$ (4) $f'\left(-\frac{1}{2}\right)$

b) An welcher Stelle x_0 gilt (1) $f'(x_0) = 3$; (2) $f'(x_0) = -3$; (3) $f'(x_0) = 0$; (4) $f'(x_0) = 1{,}8$?

2 **Momentangeschwindigkeit bestimmen**

Lässt man eine Kugel auf einer schiefen Ebene mit einer Neigung von etwa 5,86° rollen, so kann der zurückgelegte Weg in cm nach t Sekunden durch die Funktion s mit $s(t) = t^2$ angenähert werden. Bestimmen Sie die Momentangeschwindigkeit der Kugel zum Zeitpunkt t_0.

a) $t_0 = 1{,}8\,s$ b) $t_0 = 2{,}5\,s$ c) $t_0 = 4{,}3\,s$ d) $t_0 = 5{,}2\,s$

3 **Verschobene Normalparabel**

Gegeben sind die Funktionen f, g und h mit $f(x) = x^2$, $g(x) = x^2 -$ [illegible] und $h(x) = (x+3)^2$.

a) Beschreiben Sie, wie die Graphen von g und h jeweils aus dem Graphen von f hervorgehen.

b) Bestimmen Sie für eine beliebige Stelle x_0 die Ableitungen $g'(x_0)$ und $h'(x_0)$, indem Sie Ihr Ergebnis aus Teilaufgabe a) und die Formel $f'(x_0) = 2x_0$ verwenden.

c) Geben Sie eine Regel für die Ableitung der Funktionen vom Typ $g(x) = x^2 + d$ mit $d \in \mathbb{R}$ und $h(x) = (x-c)^2$ mit $c \in \mathbb{R}$ an einer beliebigen Stelle x_0 an.

---

4 Für die Funktion f mit $f(x) = x^2$ gilt $f'(x_0) = 2x_0$ für eine beliebige Stelle x_0.

Prüfe dich! Lösungen auf Seite 173

a) Bestimmen Sie: (1) $f'(3)$ (2) $f'(-4)$ (3) $f'\left(\frac{1}{3}\right)$ (4) $f'(\sqrt{5})$

b) Geben Sie die Stelle x_0 an, für die gilt: (1) $f'(x_0) = 1$ (2) $f'(x_0) = \frac{1}{9}$ (3) $f'(x_0) = -5$

5 Gegeben ist die Funktion g mit $g(x) = -x^2$.

a) Beschreiben Sie, wie der Graph von g aus der Normalparabel hervorgeht.

b) Bestimmen Sie die Ableitung von g an der Stelle $x_0 = 2$, indem Sie Ihr Ergebnis aus Teilaufgabe a) und die Formel für die Ableitung der Quadratfunktion an einer Stelle verwenden.

---

h-Schreibweise

Einstieg

Oft lässt sich der Differenzenquotient leichter vereinfachen, wenn im Nenner statt der Differenz $x - x_0$ nur eine einzelne Variable steht. Hierzu verwendet man eine andere Schreibweise der Ableitung.

Die Abbildung zeigt dies für die Ableitung der Quadratfunktion f an der Stelle $x_0 = 0{,}5$.

Man nennt die zweite Stelle $0{,}5 + h$.
Die Steigung der Sekante durch die Punkte $P(0{,}5 \mid f(0{,}5))$ und $Q(0{,}5 + h \mid f(0{,}5 + h))$ mit $h \neq 0$ auf dem Graphen von f beträgt:

$$\frac{f(0{,}5+h) - f(0{,}5)}{h} = \frac{(0{,}5+h)^2 - 0{,}5^2}{h}$$

Kommt der Wert von h beliebig nah an 0, so kommt Punkt Q beliebig nah an Punkt P. Damit erhält man die Ableitung:

$$f'(0{,}5) = \lim_{h \to 0} \frac{f(0{,}5+h) - f(0{,}5)}{h} = \lim_{h \to 0} \frac{(0{,}5+h)^2 - 0{,}5^2}{h}$$

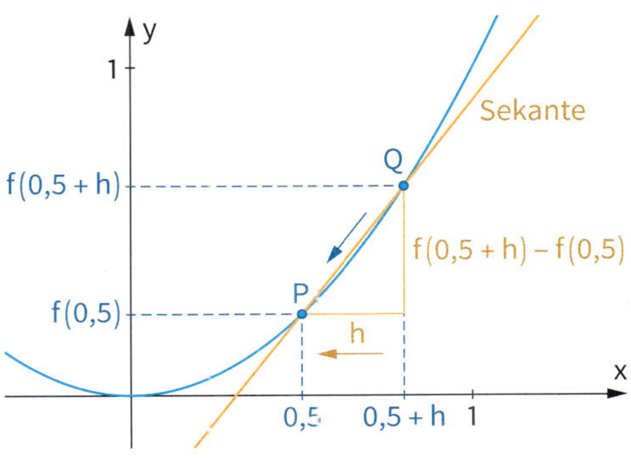

- Vereinfachen Sie den Differenzenquotienten in der neuen Schreibweise so weit wie möglich und bestimmen Sie daraus $f'(0{,}5)$.

WES-109451-207

h-Schreibweise der Ableitung

Die Ableitung einer Funktion f an der Stelle x_0 lässt sich auch schreiben als:

$$f'(x_0) = \lim_{h \to 0} \frac{f(x_0 + h) - f(x_0)}{h}$$

Diese sogenannte **h-Schreibweise** der Ableitung erhält man, indem man im Differenzenquotienten $x = x_0 + h$ setzt und statt $x \to x_0$ nun $h \to 0$ betrachtet.

Ableitung an einer Stelle x_0 mit der h-Schreibweise

$f(x) = x^2;\ x_0 = 3$

Für $h \neq 0$ gilt:

$$\frac{f(3+h) - f(3)}{h} = \frac{(3+h)^2 - 3^2}{h} = \frac{(3^2 + 2\cdot 3\cdot h + h^2) - 3^2}{h}$$ 1. binomische Formel und vereinfachen

$$= \frac{6h + h^2}{h} = \frac{h\cdot(6+h)}{h}$$ h ausklammern und kürzen

$$= 6 + h$$

$$f'(3) = \lim_{h \to 0} \frac{f(3+h) - f(3)}{h} = \lim_{h \to 0}(6 + h) = 6$$

6 h-Schreibweise anwenden

Bestimmen Sie die Ableitung der Quadratfunktion f an der Stelle x_0 mit der h-Schreibweise. Kontrollieren Sie Ihr Ergebnis mit der Formel $f'(x_0) = 2x_0$.

a) $x_0 = 1$ b) $x_0 = -0{,}5$ c) $x_0 = \sqrt{5}$ d) $x_0 = 2$ e) $x_0 = -1$ f) $x_0 = 0$

7 Ableitung der Quadratfunktion an einer Stelle – h-Schreibweise

Weisen Sie mit der h-Schreibweise nach, dass für die Ableitung der Quadratfunktion f an einer beliebigen Stelle x_0 gilt: $f'(x_0) = 2x_0$

8 Lineare Funktion

Bestimmen Sie die Ableitung einer linearen Funktion f mit $f(x) = mx + b$ an einer beliebigen Stelle x_0 mit der h-Schreibweise.

Ableitung an einer Stelle x_0 – weitere quadratische Funktionen

$f(x) = 2x^2 - 3;\ x_0 = -5$

Für $h \neq 0$ gilt:

$$\frac{f(-5+h) - f(-5)}{h} = \frac{2\cdot(-5+h)^2 - 3 - (2\cdot(-5)^2 - 3)}{h}$$ 1. binomische Formel

$$= \frac{2\cdot(25 - 10h + h^2) - 3 - 47}{h} = \frac{50 - 20h + 2h^2 - 50}{h}$$ vereinfachen

$$= \frac{-20h + 2h^2}{h} = \frac{h\cdot(-20 + 2h)}{h}$$ h ausklammern und kürzen

$$= -20 + 2h$$

$$f'(-5) = \lim_{h \to 0} \frac{f(-5+h) - f(-5)}{h} = \lim_{h \to 0}(-20 + 2h) = -20$$

9 Weitere quadratische Funktionen

Bestimmen Sie die Ableitung der Funktion f an der Stelle x_0 mit der h-Schreibweise.

a) $f(x) = x^2 + 3;\ x_0 = 3$ b) $f(x) = 3x^2;\ x_0 = -4$ c) $f(x) = (x-2)^2;\ x_0 = 6$

d) $f(x) = x^2 + 2x;\ x_0 = -10$ e) $f(x) = -3x^2;\ x_0 = 0$ f) $f(x) = 0{,}5x^2 + 4;\ x_0 = -5$

10 Bestimmen Sie die Ableitung der Funktion f mit $f(x) = x^2 + 1$ an der Stelle $x_0 = -1$ mit der h-Schreibweise.

Prüfe dich!
Lösungen auf Seite 173

11 Quadratische Funktion in allgemeiner Form

a) Bestimmen Sie die Ableitung der Funktion f mit $f(x) = 3x^2 - 5x + 2$ an der Stelle $x_0 = 1$ mit der h-Schreibweise.

b) Bestimmen Sie allgemein für eine quadratische Funktion f mit $f(x) = ax^2 + bx + c$ die Ableitung an einer beliebigen Stelle x_0 mit der h-Schreibweise.

12 Änderungsraten beim Flächeninhalt eines Quadrats

Betrachten Sie die Funktion f, die der Seitenlänge a eines Quadrats seinen Flächeninhalt $f(a) = a^2$ zuordnet.
Bestimmen Sie die mittlere und die lokale Änderungsrate von f an einer beliebigen Stelle a_0 mit der h-Schreibweise und deuten Sie die Ergebnisse geometrisch am Quadrat.

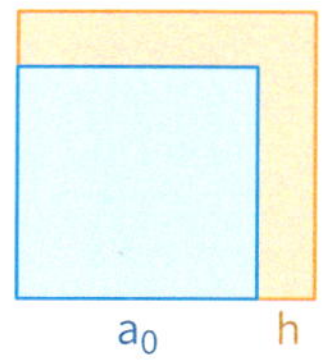

13 Änderungsraten beim Flächeninhalt eines Kreises

Betrachten Sie die Funktion A, die dem Radius r eines Kreises seinen Flächeninhalt $A(r) = \pi r^2$ zuordnet.
Bestimmen Sie die mittlere und die lokale Änderungsrate von A an einer beliebigen Stelle r_0 mit der h-Schreibweise und deuten Sie die Ergebnisse geometrisch am Kreis.

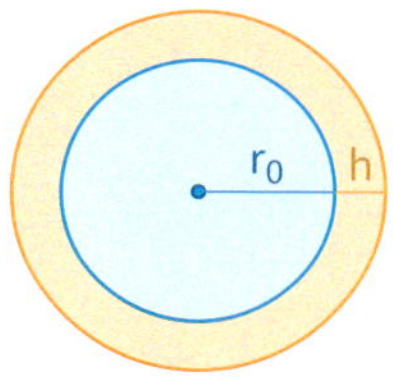

14 Fallschirmspringen

Den ersten funktionsfähigen Fallschirm hat der berühmte italienische Maler, Bildhauer, Ingenieur und Naturphilosoph Leonardo da Vinci (1452 – 1519) bereits im 15. Jahrhundert entworfen. Heute ist Fallschirmspringen eine beliebte Freizeit- und Wettkampfsportart, die zum Flugsport gerechnet wird. Die Entwicklung neuer Trainingsmethoden und besserer Ausrüstung hat zur Sicherheit und Freude an diesem Sport beigetragen.

Beim Fall mit geschlossenem Fallschirm kann die zurückgelegte Strecke in Metern nach t Sekunden Fallzeit durch die Funktion s mit $s(t) = 3t^2$ angenähert werden.

a) Ein Fallschirmspringer ist aus 3500 m Höhe abgesprungen und will seinen Fallschirm bei 700 m öffnen. Berechnen Sie, nach welcher Fallzeit er seinen Fallschirm öffnen muss.

b) Berechnen Sie die Geschwindigkeit in km/h, die der Fallschirmspringer in 700 m Höhe hat.

15 Tangentensteigungen im Schnittpunkt

Gegeben sind zwei Parabeln zu $f(x) = x^2$ und $g(x) = (x-4)^2$.

a) Bestimmen Sie die Koordinaten des Schnittpunktes der beiden Parabeln.

b) Berechnen Sie die Steigungen der beiden Tangenten im Schnittpunkt.

16 Besondere Eigenschaft der Normalparabel

Zeigen Sie, dass die folgende Aussage wahr ist:

Für die Normalparabel zu $f(x) = x^2$ gilt an einer beliebigen Stelle x_0 und für alle $a > 0$:

$$\frac{f(x_0 + a) - f(x_0 - a)}{2a} = f'(x_0)$$

Erläutern Sie, was diese Aussage geometrisch bedeutet.

Differenzierbarkeit

Abbildung 1 zeigt den Graphen der Funktion f mit $f(x) = |x^2 - 1|$.
Er entsteht durch die Graphen zu $y = x^2 - 1$ und $y = -x^2 + 1$ in Abbildung 2, indem jeweils nur die Teile mit Funktionswerten größer oder gleich 0 berücksichtigt werden.

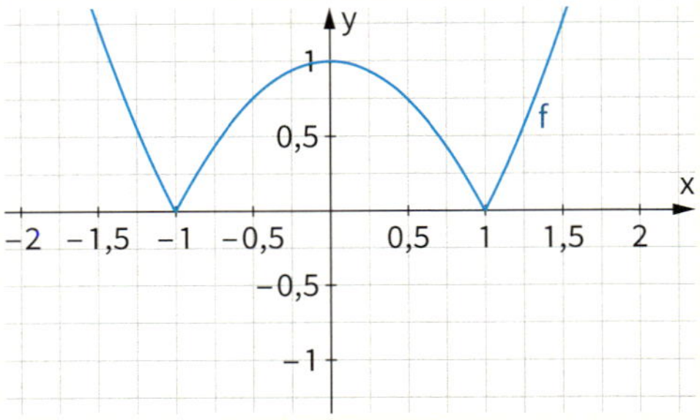

Abbildung 1

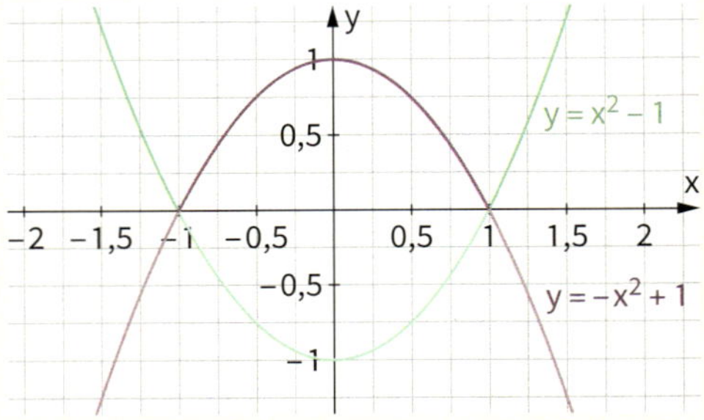

Abbildung 2

Der Graph von f kann somit zwischen den Stellen $x = -1$ und $x = 1$ durch den Funktionsterm $y = -x^2 + 1$ und sonst durch den Funktionsterm $y = x^2 - 1$ beschrieben werden. An den Stellen $x = -1$ und $x = 1$ hat der Graph von f jeweils eine Spitze.

Hat die Funktion f an der Stelle $x = -1$ bzw. $x = 1$ eine Ableitung?

Man untersucht zunächst die Stelle $x = 1$ und bestimmt die Steigung der Sekante durch den Punkt $P(1|0)$ und einen weiteren Punkt Q auf dem Graphen von f mit dem Differenzenquotienten. Dabei ergeben sich folgende Fälle:

(1) Q liegt links von P

Q liegt dann auf dem Graphenstück, das durch $y = -x^2 + 1$ beschrieben werden kann.
Somit ergibt sich $Q(x|-x^2 + 1)$ mit $x \neq 1$ und die Sekante durch P und Q hat die Steigung:

$$m_{links} = \frac{(-x^2+1)-0}{x-1} = \frac{-1\cdot(x^2-1)}{x-1} = \frac{-1\cdot(x+1)\cdot(x-1)}{x-1} = -x-1$$

Kommt Q beliebig nah an P, so kommt m_{links} dem Wert −2 beliebig nah.

x kommt dann beliebig nah an 1

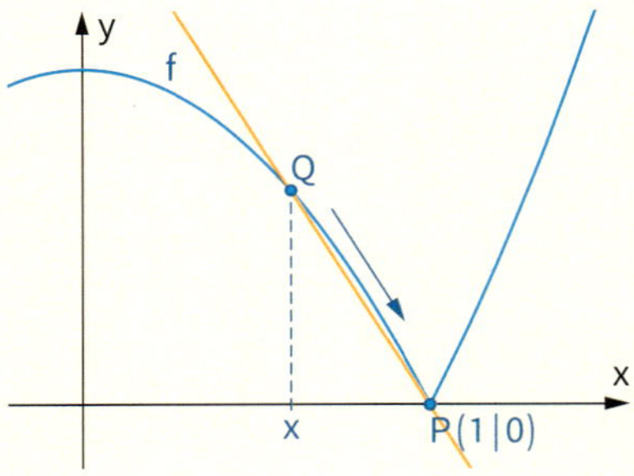

(2) Q liegt rechts von P

Q liegt dann auf dem Graphenstück, das durch $y = x^2 - 1$ beschrieben werden kann.
Somit ergibt sich $Q(x|x^2 - 1)$ mit $x \neq 1$ und die Sekante durch P und Q hat die Steigung:

$$m_{rechts} = \frac{(x^2-1)-0}{x-1} = \frac{x^2-1}{x-1} = \frac{(x+1)\cdot(x-1)}{x-1} = x+1$$

Kommt Q beliebig nah an P, so kommt m_{rechts} dem Wert 2 beliebig nah.

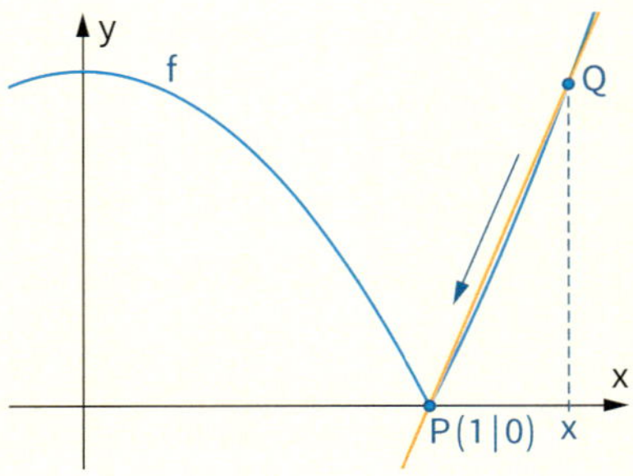

Diese beiden Fälle zeigen:
Bei Annäherung von links und von rechts nähern sich die Sekanten jeweils Geraden mit verschiedenen Steigungen an. Daher gibt es keine Tangente im Punkt $P(1|0)$.
Man sagt dazu: „*Der Grenzwert des Differenzenquotienten an der Stelle $x = 1$* ***existiert nicht.***“
Folglich hat die Funktion f an der Stelle $x = 1$ keine Ableitung.

Entsprechend ergibt sich, dass f auch an der Stelle $x = -1$ keine Ableitung hat.

Differenzierbarkeit

Eine Funktion f heißt **differenzierbar** an der Stelle x_0, falls der Grenzwert

$f'(x_0) = \lim\limits_{x \to x_0} \frac{f(x) - f(x_0)}{x - x_0}$ existiert. Andernfalls heißt f **nicht differenzierbar** an der Stelle x_0.

Beispiele für Nicht-Differenzierbarkeit:

Spitze — Sprung — senkrechte Tangente

- Die Sekantensteigungen nähern sich von links einem anderen Wert als von rechts.
- Die Sekantensteigungen werden beliebig groß.

1 Funktionenmikroskop

In den Abbildungen wird jeweils eine Stelle des Graphen der Funktion f mit $f(x) = |x^2 - 2{,}25|$ mehrfach vergrößert. Beschreiben und vergleichen Sie das Verhalten des Graphen an diesen Stellen. Verwenden Sie dazu den Begriff der Differenzierbarkeit.

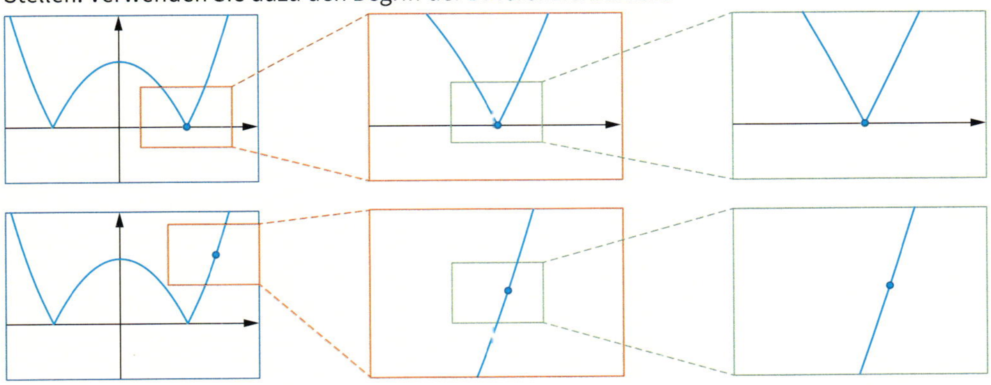

2 Heaviside-Funktion

Die *Heaviside-Funktion H* ist nach dem britischen Physiker und Elektroingenieur Oliver Heaviside (1850 – 1925) benannt. Sie hat keinen einheitlichen Funktionsterm, sondern wird abschnittsweise definiert durch $H(x) = \begin{cases} 0 & \text{für } x \le 0 \\ 1 & \text{für } x > 0 \end{cases}$

Zeichnen Sie den Graphen von H und untersuchen Sie, ob H an der Stelle 0 differenzierbar ist.

3 Differenzierbarkeit grafisch untersuchen

An welchen Stellen hat der Graph der Funktion keine Tangente?

a)

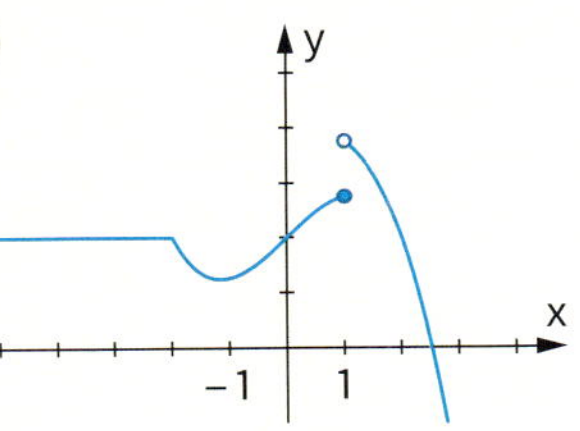

b)

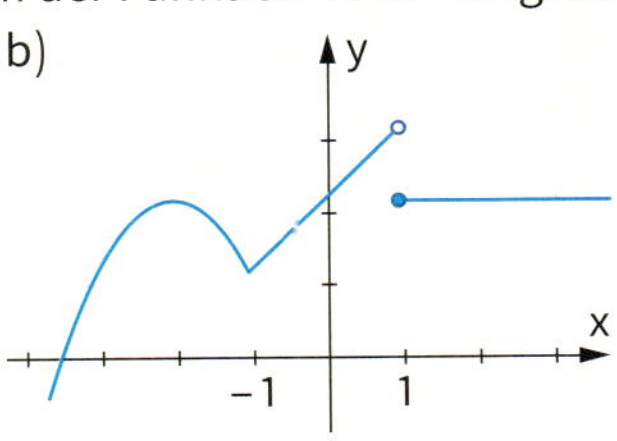

c)

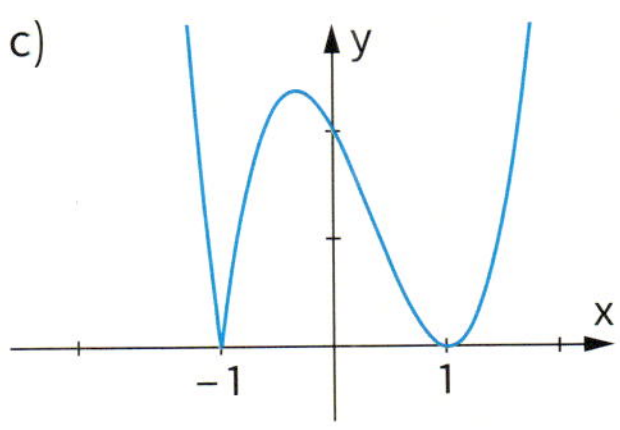

2.4 Graph der Ableitungsfunktion

Die Abbildung zeigt den Graphen einer Funktion f. In jedem Punkt besitzt der Graph eine Steigung. Ordnet man jeder Stelle x die dort vorliegende Steigung $f'(x)$ zu, so erhält man eine neue Funktion f'.

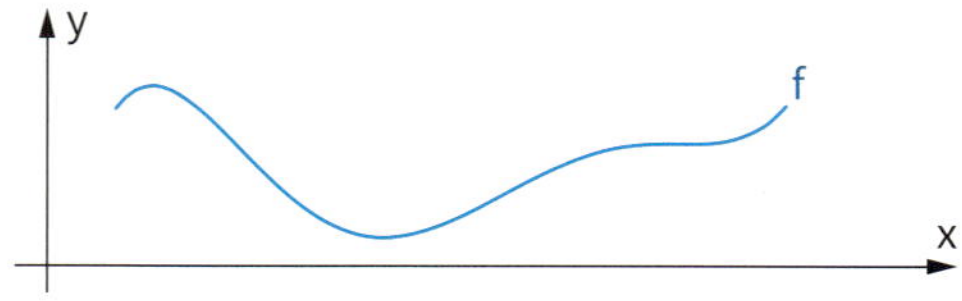

Den Graphen von f' kann man wie folgt aus dem Graphen von f erzeugen:

Punkte des Graphen von f mit Steigung 0

- Stellen, an denen der Graph von f waagerechte Tangenten hat, kann man ohne zu rechnen bestimmen.
  An diesen Stellen hat die Tangente jeweils die Steigung 0, somit hat f' an diesen Stellen Nullstellen.

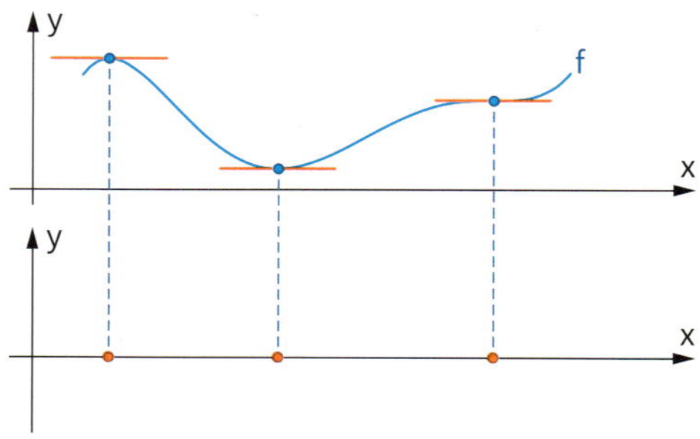

Intervalle, in denen die Steigungen positiv bzw. negativ sind

- Steigt der Graph von f in einem Intervall an, so sind die Tangentensteigungen dort positiv. Der Graph von f' verläuft dort somit oberhalb der x-Achse.
- Fällt der Graph von f in einem Intervall, so sind die Tangentensteigungen dort negativ. Der Graph von f' verläuft dort somit unterhalb der x-Achse.

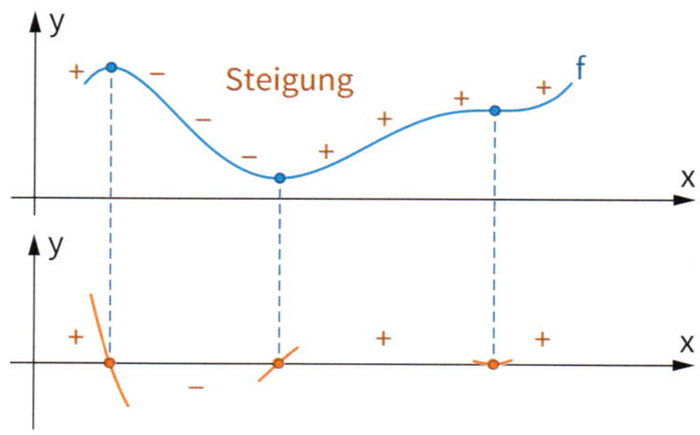

Punkte des Graphen von f mit maximaler bzw. minimaler Steigung

- Um den Verlauf des Graphen von f' etwas genauer zu skizzieren, kann man an weiteren Stellen die jeweilige Tangentensteigung mit einem Steigungsdreieck abschätzen.
- Interessant sind dabei Punkte, an denen die Steigung maximal bzw. minimal wird.

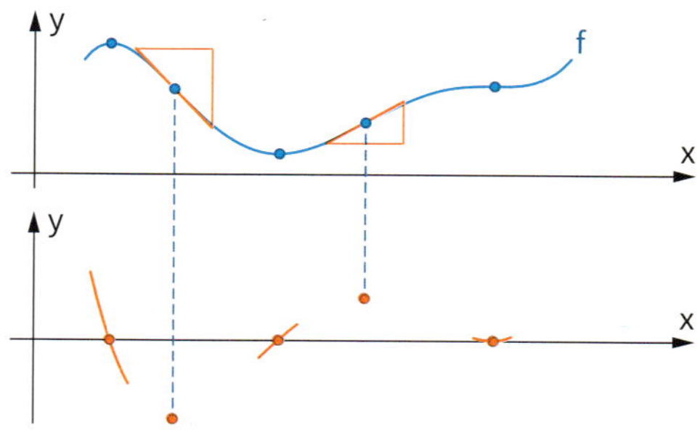

Graph der Ableitungsfunktion

- Verbindet man alle so erhaltenen Punkte, erhält man ungefähr den Graphen von f'. Dieser Graph zeigt den Verlauf der Steigungen des Graphen von f an.

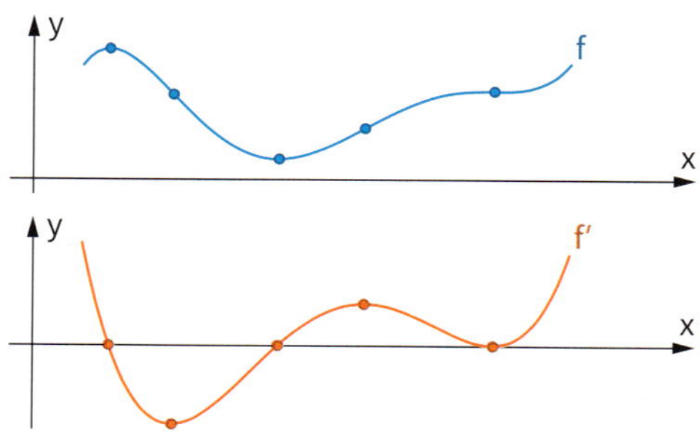

Ableitungsfunktion

Die Funktion, die jeder Stelle x einer Funktion f die Ableitung f′(x) von f an dieser Stelle zuordnet, heißt **Ableitungsfunktion** oder **Ableitung f′** von f.

Erzeugt man aus dem Graphen einer Funktion f den Graphen von f′, spricht man vom **grafischen Differenzieren**.

An den Stellen, an denen der Graph von f waagerechte Tangenten hat, befinden sich die Nullstellen von f′.

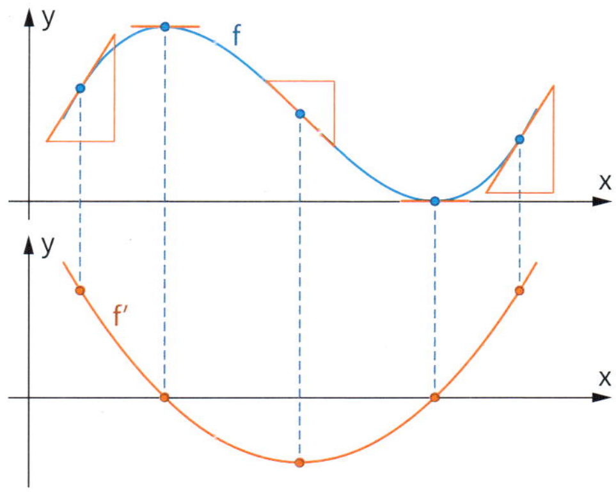

WES-109451-208

1 Bekannte Ableitungsfunktionen

Skizzieren Sie jeweils den Graphen der Funktion f und der Ableitungsfunktion f′.

Funktion f	$f(x) = x$	$f(x) = c$	$f(x) = mx + b$	$f(x) = x^2$
Ableitungsfunktion f′ von f	$f'(x) = 1$	$f'(x) = 0$	$f'(x) = m$	$f'(x) = 2x$

2 Steigungen bei einer Wanderung

Die Abbildungen zeigen einen Wanderweg und das dazugehörige Höhenprofil.

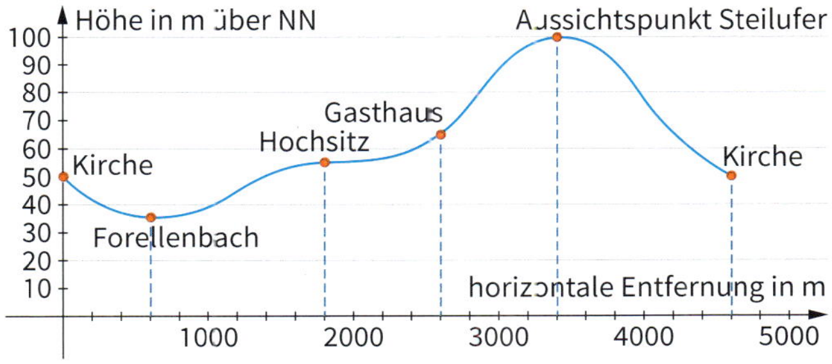

a) In welchen der markierten Punkte ist die Steigung positiv, negativ bzw. 0?
b) Skizzieren Sie den Graphen der Ableitungsfunktion.
c) An welchen Stellen weist der Wanderweg die größte bzw. die kleinste Steigung auf?

3 Grafisch differenzieren

Gegeben ist der Graph einer Funktion f.

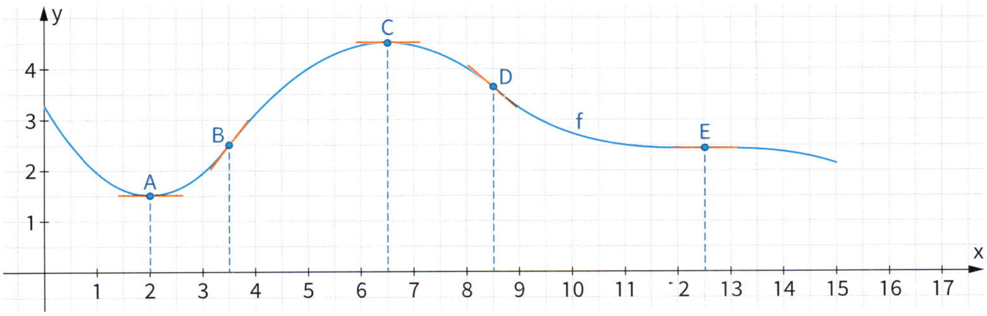

a) Skizzieren Sie den Graphen der Ableitungsfunktion f′.
b) Geben Sie die Intervalle an, in denen die Steigung positiv, negativ bzw. 0 ist.
c) In welchem Punkt ist die Steigung maximal, in welchem Punkt minimal?

4 Tangenten an den Graphen von f

Skizzieren Sie die geschilderten Situationen und erläutern Sie, warum diese Strategien beim grafischen Differenzieren richtig sind.

- *Bei einer waagerechten Tangente von oben wechselt f′ an der Nullstelle das Vorzeichen von + nach −.*
- *Bei einer waagerechten Tangente von unten wechselt f′ an der Nullstelle das Vorzeichen von − nach +.*

- *Verläuft die Tangente dort erst oberhalb und dann unterhalb des Graphen, so ist f′ dort minimal.*
- *Verläuft die Tangente dort erst unterhalb und dann oberhalb des Graphen, so ist f′ dort maximal.*

5 Grafische Ableitung prüfen

Sandra hat zum Graphen einer Funktion den Graphen der Ableitungsfunktion skizziert. Sie meint: *„Da stimmt was nicht! Aber was?"* Helfen Sie ihr.

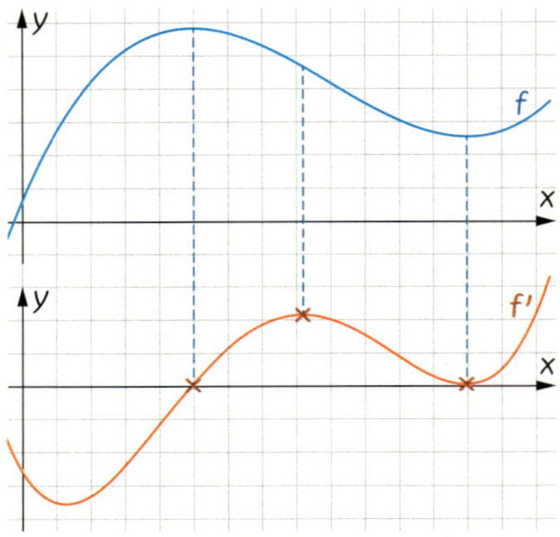

6 Graphen verschieben und strecken

Der Graph einer Funktion f wird
a) um 2 Einheiten in y-Richtung und um 3 Einheiten in x-Richtung verschoben;
b) mit dem Faktor 2 gestreckt;
c) an der x-Achse gespiegelt.
Erläutern Sie die Auswirkungen auf den Graphen der Ableitungsfunktion f′.

7 Funktionsgraph und Ableitungsfunktion

Bestimmen Sie durch grafisches Differenzieren ungefähr den Graphen der Ableitungsfunktion f′. Erläutern Sie, wie man am Graphen von f die Nullstellen von f′ erkennt, und geben Sie die Intervalle an, in denen f′ positiv bzw. negativ ist.

a)
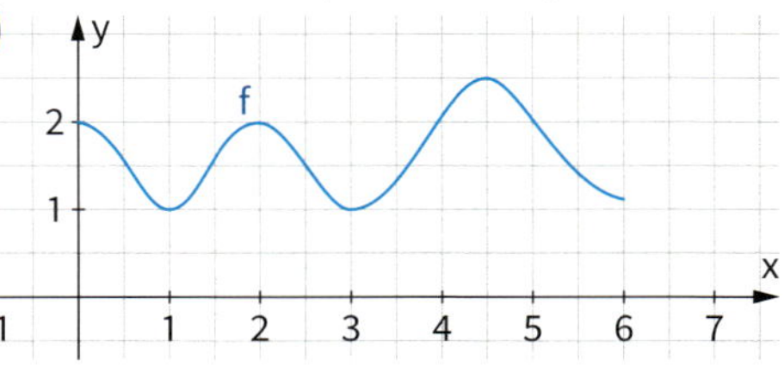

b)
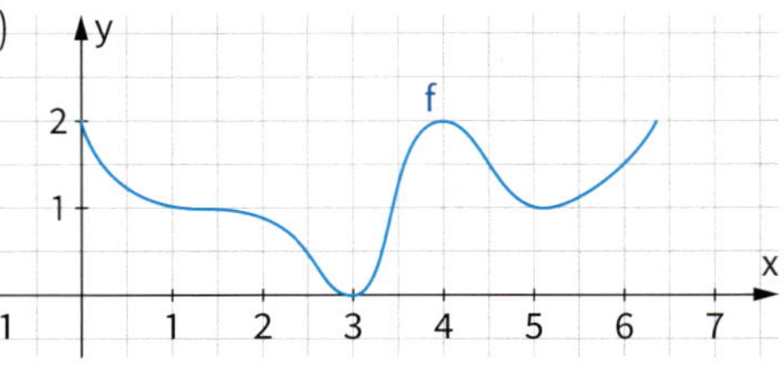

c)
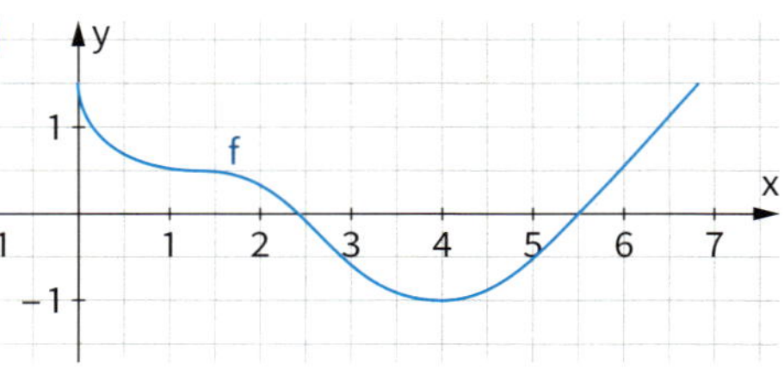

d)
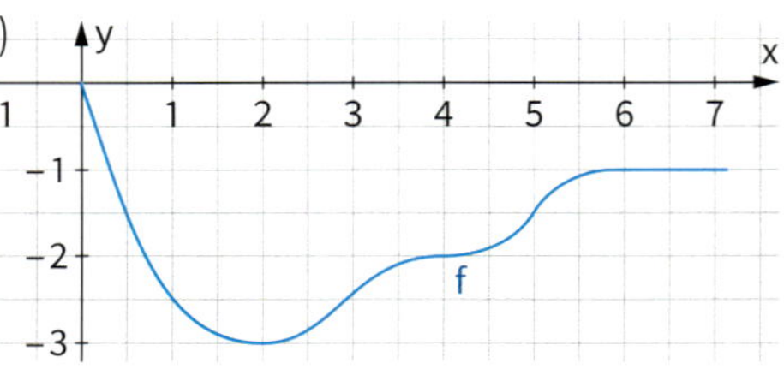

8 Passende Ableitungsfunktion erkennen

Gegeben ist der Graph einer Funktion f. Welcher der Graphen A, B, C ist der Graph der Ableitungsfunktion f′? Begründen Sie.

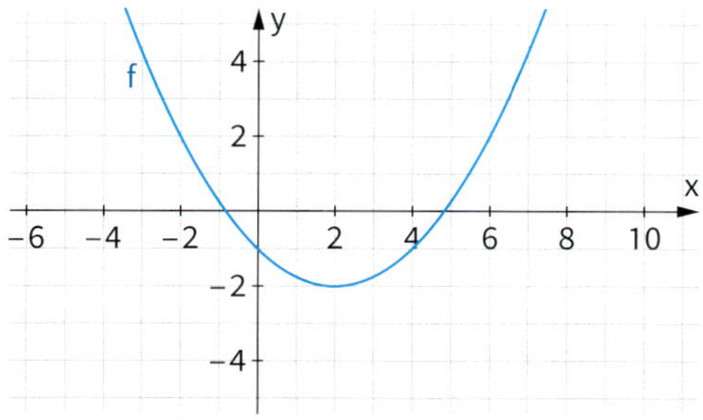

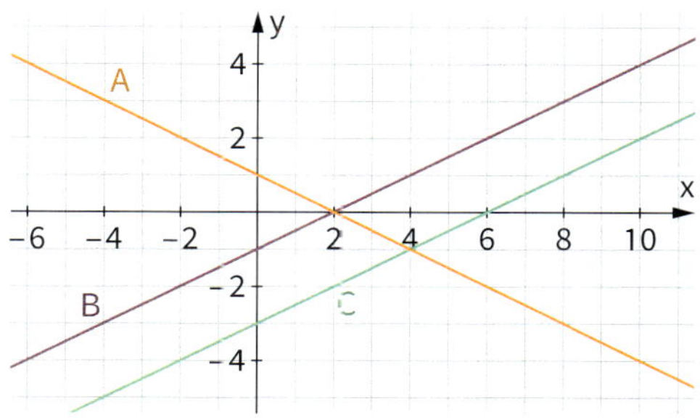

9 Graphen zuordnen

In (1), (2) und (3) sind Graphen von Funktionen gezeichnet, in (A), (B) und (C) die Graphen ihrer Ableitungsfunktionen. Ordnen Sie zu und begründen Sie Ihre Entscheidung.

(1)

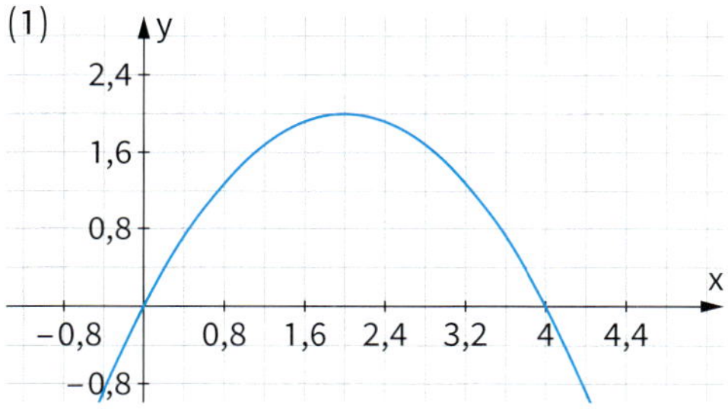

(A)

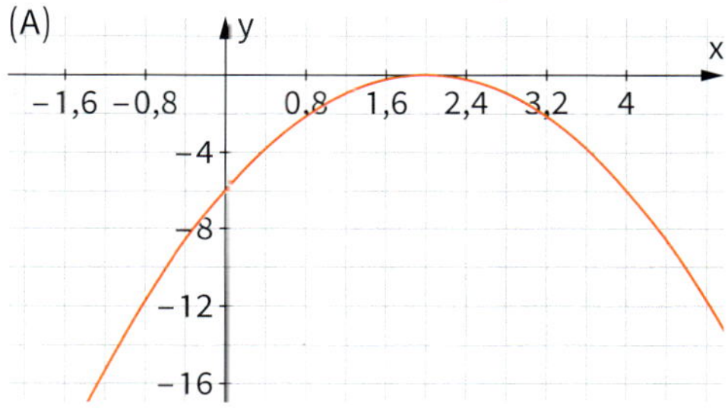

(2)

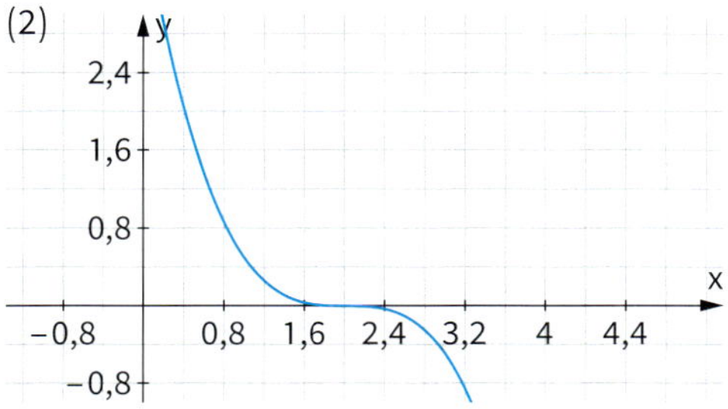

(B)

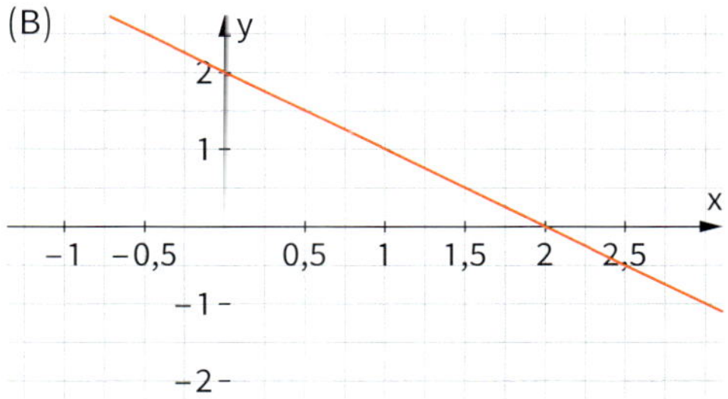

(3)

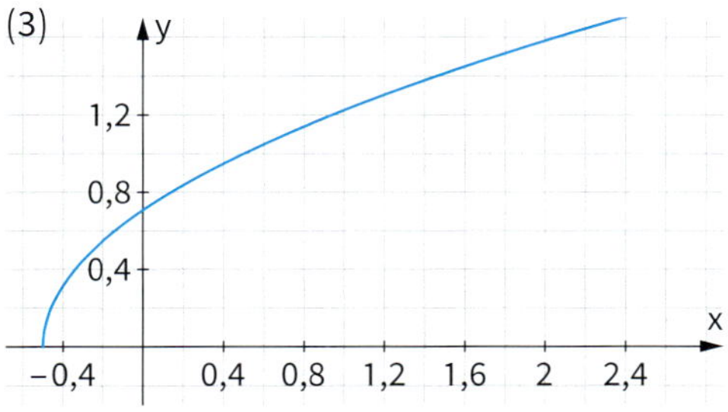

(C)

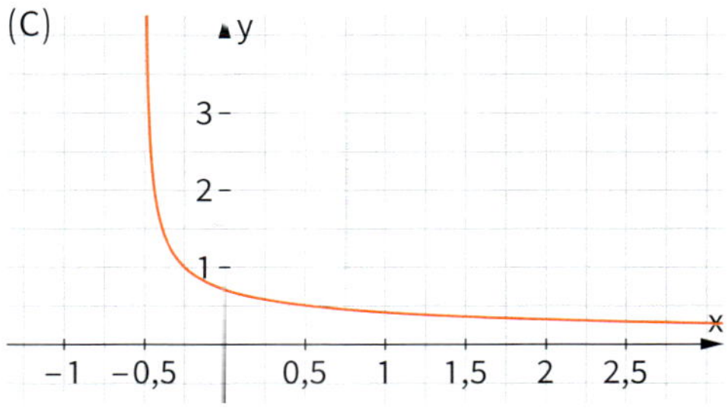

10 Punkte mit maximaler und minimaler Steigung

Die Tangente im Punkt W durchsetzt jeweils den Graphen einer Funktion f. Skizzieren Sie den Verlauf des Graphen der Ableitungsfunktion f′ an dieser Stelle.

(1)

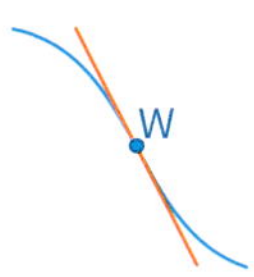

(2)

(3)

(4)

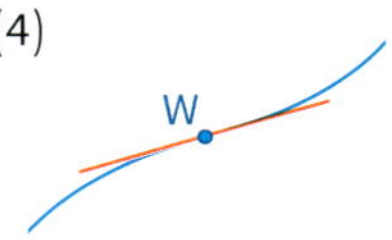

Prüfe dich!
Lösungen auf
Seite 173

11 a) Geben Sie die Stellen an, an denen der Graph der Funktion f die Steigung 0 hat, und geben Sie Bereiche an, in denen die Ableitung von f positiv bzw. negativ ist.
b) Skizzieren Sie den Graphen der zugehörigen Ableitungsfunktion f′.

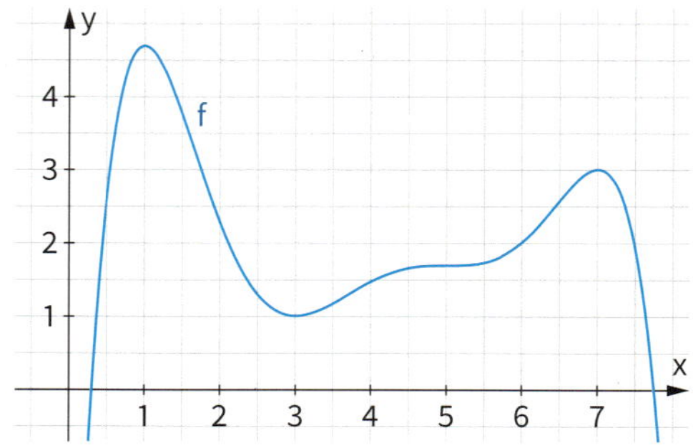

12 Abgebildet sind die Graphen der Funktionen g und h. Eine der beiden Funktionen ist die Ableitungsfunktion der anderen. Ordnen Sie begründet zu.

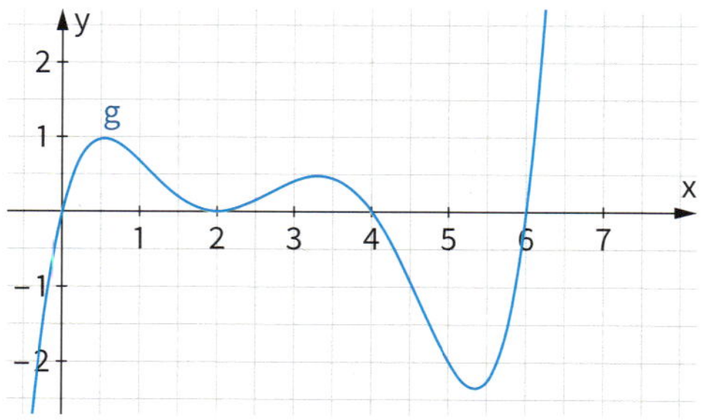

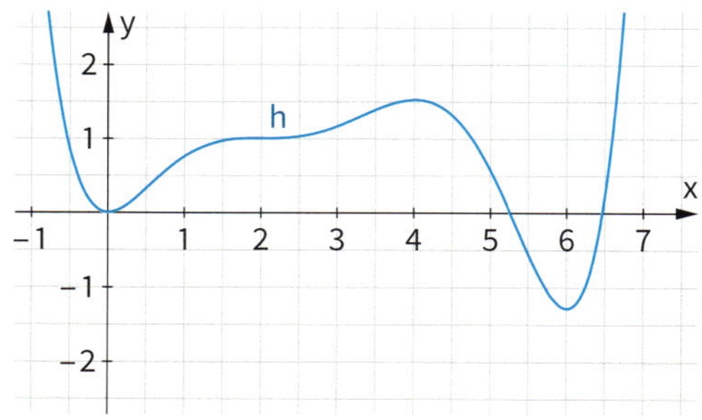

WES-109451-209

Hochpunkt

Ein **Hochpunkt** ist der Punkt H mit der größten y-Koordinate auf einem Abschnitt des Graphen von f mit Punkten links und rechts von H.
Die (waagerechte) Tangente in H schmiegt sich von oben an den Graphen.

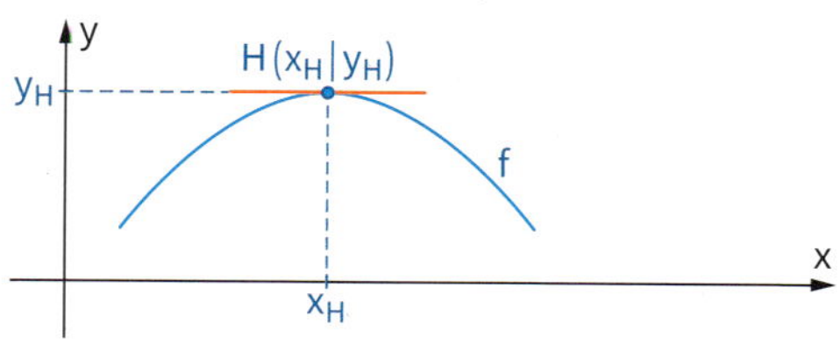

Tiefpunkt

Ein **Tiefpunkt** ist der Punkt T mit der kleinsten y-Koordinate auf einem Abschnitt des Graphen von f mit Punkten links und rechts von T.
Die (waagerechte) Tangente in T schmiegt sich von unten an den Graphen.

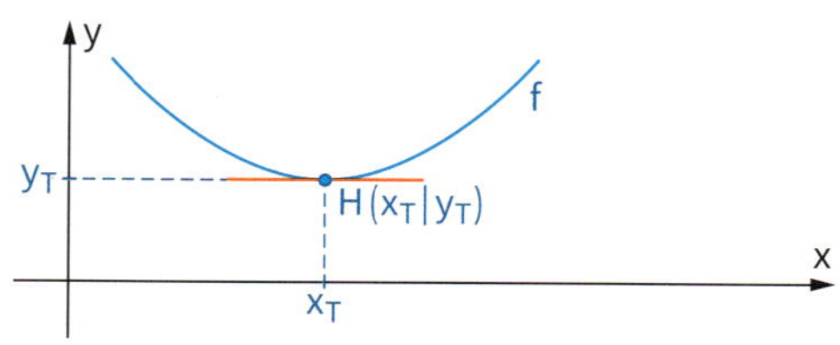

Wendepunkt

Ein **Wendepunkt** hat eine Tangente, die den Graphen der Funktion durchsetzt.
Die Steigung in einem Wendepunkt ist maximal oder minimal.

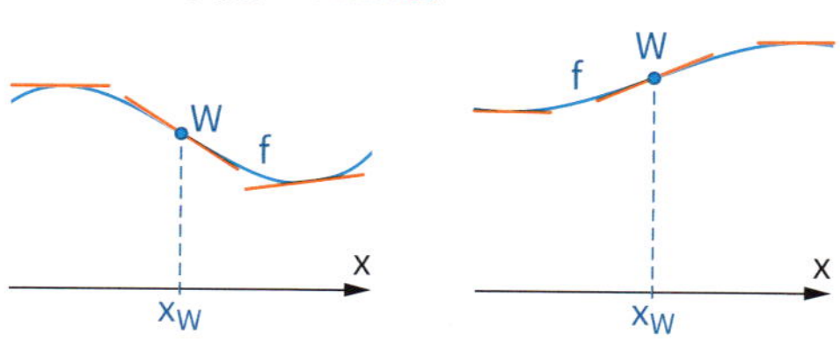

Sattelpunkt

Ein **Sattelpunkt** ist ein Wendepunkt mit einer waagerechten Tangente.
Die Steigung in einem Sattelpunkt ist null und sie ist maximal oder minimal.

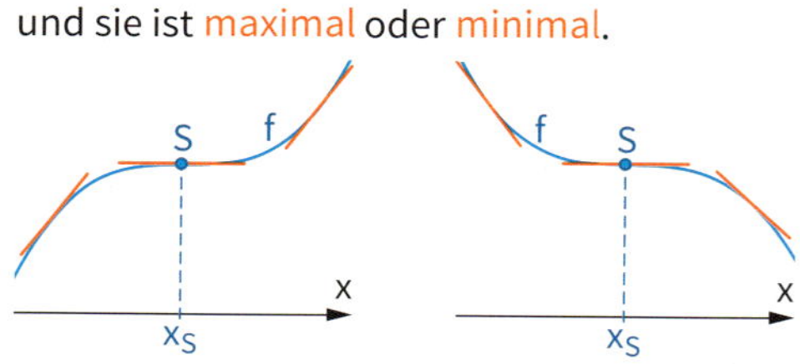

13 Punkte mit waagerechter Tangente

Geben Sie die Koordinaten der Punkte mit waagerechten Tangenten an und bezeichnen Sie diese mit den passenden Fachbegriffen.

a)

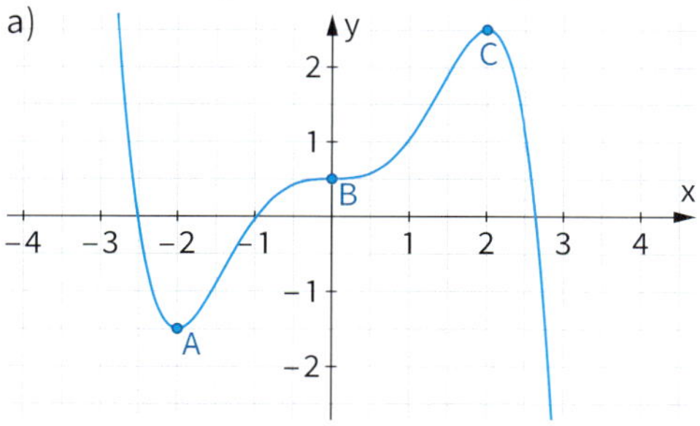

b)

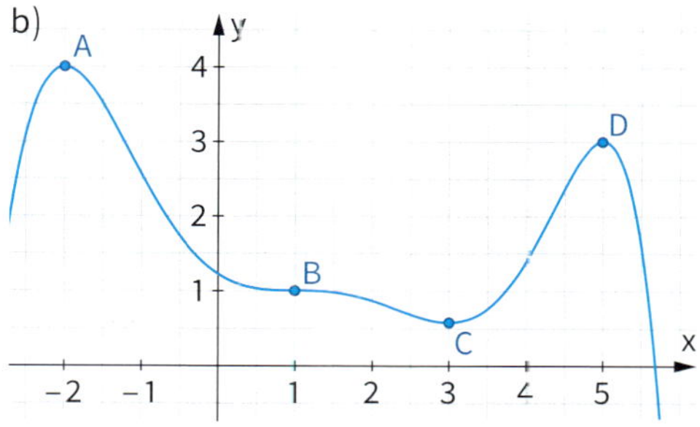

14 Graphen skizzieren

Skizzieren Sie einen passenden Graphen einer Funktion f und ihrer Ableitungsfunktion f′ in der Nähe der Stelle x_0.

a) Die Ableitung von f an der Stelle x_0 ist null. Die Tangenten schmiegen sich in der Nähe des Punktes $P(x_0 | f(x_0))$ von unten an den Graphen von f.

b) Die Ableitung von f an der Stelle x_0 ist null. Die Tangenten schmiegen sich in der Nähe des Punktes $P(x_0 | f(x_0))$ von oben an den Graphen von f.

c) Der Graph der Ableitungsfunktion f′ hat an der Stelle x_0 einen Tiefpunkt auf der x-Achse.

d) Der Graph der Ableitungsfunktion f′ hat an der Stelle x_0 einen Hochpunkt auf der x-Achse.

15 In der Wetterstation auf dem Brocken im Harz wurde an einem Frühlingstag über einen Zeitraum von 24 Stunden der Temperaturverlauf aufgezeichnet. Dieser kann als Graph einer Funktion aufgefasst werden, die jedem Zeitpunkt die Temperatur zuordnet.

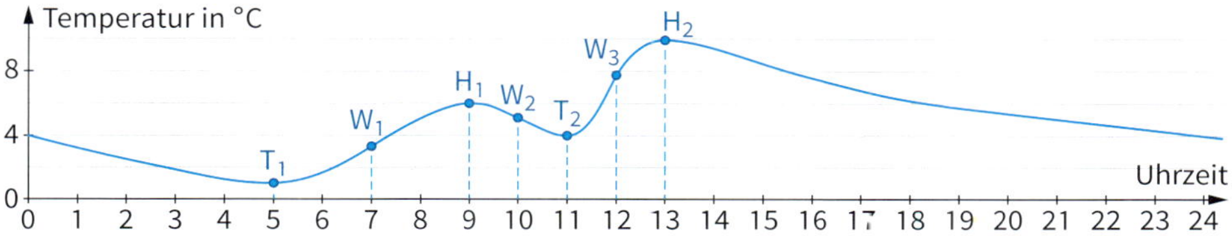

a) Beschreiben Sie den Temperaturverlauf. Gehen Sie dabei auf die gekennzeichneten Hoch-, Tief- und Wendepunkte ein.

b) Skizzieren Sie den Graphen der zugehörigen Ableitungsfunktion.

16 Der Graph einer Funktion f hat zwei Hochpunkte, einen Tiefpunkt und einen Sattelpunkt. Zeichnen Sie einen Graphen mit diesen Eigenschaften.

Prüfe dich!
Lösungen auf Seite 173

17 Graph der Ableitungsfunktion mit dem Rechner anzeigen

Grafisches Differenzieren ist auch mit digitalen Rechenwerkzeugen möglich. Hat man bereits den Graphen einer Funktion f gezeichnet, lässt sich über einen Befehl wie *Ableitung (f)*, $\frac{d}{dx}(f)$ oder f' der Graph der zugehörigen Ableitungsfunktion anzeigen.

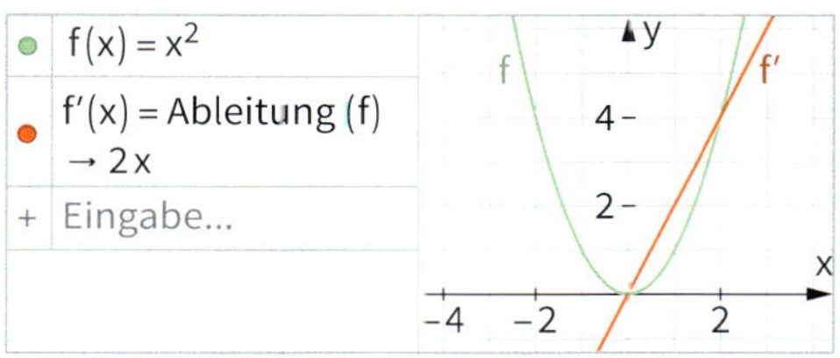

Erkunden Sie die Vorgehensweise bei Ihrem Rechner und lassen Sie die Graphen von f und f′ anzeigen. Beschreiben Sie die Zusammenhänge zwischen den beiden Graphen.

a) $f(x) = -x^2 + 3x - 1$ b) $f(x) = x^3$ c) $f(x) = 2 \cdot 0{,}8^x$ d) $f(x) = \sin(x)$

2.5 Potenzregel

Potenzfunktionen können mit einer einfachen Regel abgeleitet werden. Diese Regel kann man wie bei der Quadratfunktion mithilfe des Differenzenquotienten herleiten.

$f(x) = x^2$
$f'(x) = 2x$

Bei der Kubikfunktion f mit $f(x) = x^3$ z. B. geht man wie folgt vor:

„x_0" heißt hier einfach „x".

Man bestimmt die Steigung der Sekante durch die Punkte $P(x \mid x^3)$ und $Q(x+h \mid (x+h)^3)$ mit $h \neq 0$ auf dem Graphen von f. Für den Differenzenquotienten gilt:

Tipp fürs Herleiten mit der $(x - x_0)$-Schreibweise: ***verallgemeinerte 3. binom. Formel***

$$\frac{f(x+h)-f(x)}{h}$$
$$= \frac{(x+h)^3 - x^3}{h} = \frac{(x+h)^2 \cdot (x+h) - x^3}{h}$$
$$= \frac{(x^2 + 2xh + h^2) \cdot (x+h) - x^3}{h}$$
$$= \frac{x^3 + 2x^2h + xh^2 + x^2h + 2xh^2 + h^3 - x^3}{h}$$
$$= \frac{3x^2h + 3xh^2 + h^3}{h}$$
$$= \frac{h \cdot (3x^2 + 3xh + h^2)}{h} = 3x^2 + 3xh + h^2$$

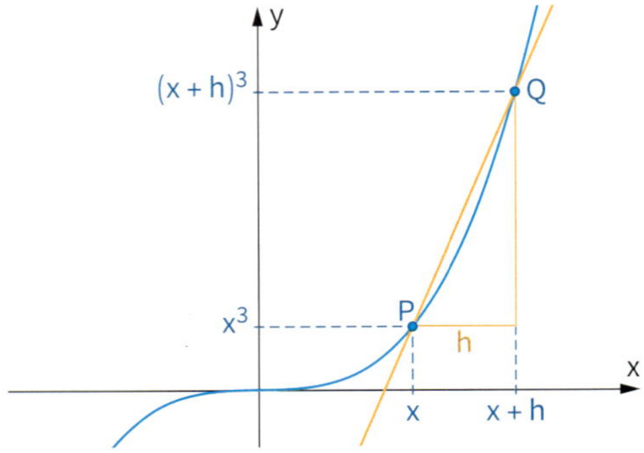

Für $h \to 0$ gilt $h^2 \to 0$. Da x ein beliebiger fester Wert ist, gilt auch $3xh \to 0$ für $h \to 0$.

Damit erhält man:

$$\frac{f(x+h)-f(x)}{h} = 3x^2 + 3xh + h^2$$
$$\downarrow h \to 0 \qquad \downarrow \qquad \downarrow \qquad \downarrow$$
$$\lim_{h \to 0} \frac{f(x+h)-f(x)}{h} = 3x^2 + 0 + 0 = 3x^2$$

Da dies für alle reellen Zahlen x gilt, hat die Kubikfunktion die Ableitung $f'(x) = 3x^2$.

Man kann zeigen, dass allgemein die folgende Regel für die Ableitung von Potenzfunktionen gilt (vgl. Aufgabe 7):

WES-109451-210

Potenzregel

Satz: Eine Potenzfunktion f mit $\mathbf{f(x) = x^n}$ für $n \in \mathbb{N}$ hat die Ableitung $\mathbf{f'(x) = n \cdot x^{n-1}}$.

Potenzfunktion ableiten

Berechnen Sie die Ableitung der Funktion f.

a) $f(x) = x^5$ b) $f(x) = x$

Lösung

a) $f(x) = x^5$
$f'(x) = 5 \cdot x^{5-1}$
$= 5x^4$

b) $f(x) = x = x^1$
$f'(x) = 1 \cdot x^{1-1}$
$= x^0 = 1$

Ableitung an einer Stelle berechnen

Berechnen Sie die Ableitung der Funktion h mit $h(t) = t^{10}$ an der Stelle $t_0 = -1$.

Lösung

$h(t) = t^{10}$
$h'(t) = 10 \cdot t^{10-1} = 10t^9$
$h'(-1) = 10 \cdot (-1)^9 = -10$

1 Potenzregel anwenden

Bestimmen Sie die Ableitungsfunktion.

a) $f(x) = x^2$ b) $f(x) = x^7$ c) $f(x) = x^{100}$ d) $f(t) = t^4$

e) $s(t) = t^7$ f) $v(s) = s^{t+1}$ g) $h(t) = \frac{t^6}{t^3}$ h) $g(x) = \frac{3x^7}{3x^5}$

2 ☰ **Funktionswerte der Ableitungsfunktion**

Berechnen Sie die Ableitung der Funktion an der angegebenen Stelle.

a) $f(x) = x^3;\ x_0 = 4$ b) $f(x) = x^6;\ x_0 = -1{,}6$ c) $v(t) = t^2;\ t_0 = 4$
d) $f(t) = t^5;\ t_0 = 10$ e) $h(s) = s^8;\ s_0 = -3$ f) $g(x) = x^n;\ n \in \mathbb{N};\ x_0 = 10$
e) $g(x) = x^{n-1};\ n \geq 1;\ x_0 = 1$ h) $f(x) = x^{2k};\ k \in \mathbb{N};\ x_0 = -1$ i) $f(x) = x^{2k+1};\ k \in \mathbb{N};\ x_0 = -1$

3 ☰ **Fehler finden**

Luka hat die Steigung der Tangente an den Graphen der Funktion f an der Stelle x_0 berechnet. Was hat er falsch gemacht? Berechnen Sie den korrekten Wert.

a) $f(x) = x^3;\ x_0 = 2$
Ableitung: $f'(x) = x^2$
Steigung der Tangente in x_0*:*
$f'(2) = 4$

b) $f(x) = x^6;\ x_0 = -1$
Ableitung: $f'(x) = 6x^5$
Steigung der Tangente in x_0*:*
$f'(-1) = 6$

4 ☰ Bestimmen Sie die Ableitung der Funktion an der angegebenen Stelle.

a) $f(x) = x^4;\ x_0 = 4$ b) $g(t) = t^{19};\ t_0 = -1$ c) $h(s) = s^{k+2};\ k \in \mathbb{N};\ s_0 = 0$

Prüfe dich!
Lösungen auf Seite 173

5 ☰ **Graphen von Ableitungsfunktionen**

Skizzieren Sie den Graphen der Funktion f und den Graphen der zugehörigen Ableitungsfunktion f′ in ein gemeinsames Koordinatensystem. Erläutern Sie Zusammenhänge zwischen den Verläufen der beiden Graphen.

a) $f(x) = x^2$ b) $f(x) = x^3$ c) $f(x) = x$ d) $f(x) = 5$

6 ☰ **Ableitung verschobener Potenzfunktionen**

a) Zeichnen Sie den Graphen der Funktion f mit $f(x) = x^3$. Zeichnen Sie darunter den Graphen der zugehörigen Ableitungsfunktion f′. Erläutern Sie die Zusammenhänge beider Graphen.
b) Erläutern Sie, wie der Graph der Funktion g mit $g(x) = (x-2)^3$ aus dem Graphen der Funktion f aus Teilaufgabe a) hervorgeht. Zeichnen Sie den Graphen von g und darunter den Graphen von g′. Geben Sie einen Funktionsterm für g′ an.

7 ☰ **Beweis der Potenzregel für beliebige Exponenten**

Clara hat sich überlegt, wie sie die Potenz $(x+h)^3$ ausmultiplizieren kann.

a) Übertragen Sie Claras Überlegungen auf die Potenz $(x+h)^n$ und ermitteln Sie, wie oft die Summanden x^n und $x^{n-1}h$ vorkommen. Begründen Sie, dass in allen übrigen Summanden das h mit einer Potenz größer oder gleich 2 auftritt.
b) Beweisen Sie mithilfe der Überlegungen aus Teilaufgabe a) die Potenzregel.

Claras Überlegungen

$(x+h)^3 = (x+h)\cdot(x+h)\cdot(x+h)$
$\qquad = x^3 + 3x^2h + 3xh^2 + h^3$

- x^3 *kommt genau einmal vor.*
- h^3 *kommt auch genau einmal vor.*
- x^2h *kommt genau dreimal vor, da* h *genau dreimal als Faktor vorkommt.*
- xh^2 *kommt auch genau dreimal vor, da* x *genau dreimal als Faktor vorkommt.*

8 ☰ **Änderungsraten beim Volumen eines Würfels**

Betrachten Sie die Funktion V, die der Kantenlänge a eines Würfels sein Volumen $V(a) = a^3$ zuordnet.
Bestimmen Sie die mittlere und die lokale Änderungsrate von V an einer beliebigen Stelle a_0 mit der h-Schreibweise und deuten Sie die Ergebnisse geometrisch am Würfel.

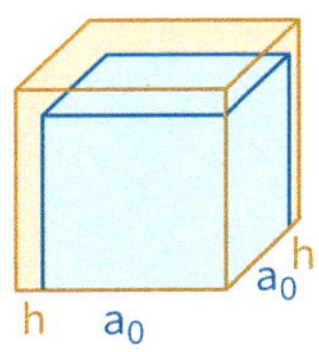

2.6 Faktor- und Summenregel

Vorbereiten
Seite 158

- Zeigen Sie mithilfe des Differenzenquotienten, dass Clara und Leon recht haben.
- Leiten Sie eine allgemeine Regel für die Ableitung der Funktion g mit $g(x) = k \cdot u(x)$ bzw. $g(x) = u(x) + v(x)$ her.

Lösung – Herleitung Faktorregel

Stellt man den Differenzenquotienten auf, so erkennt man, dass man den Faktor 2,5 bzw. k ausklammern kann.

$$\frac{f(x+h)-f(x)}{h} = \frac{2{,}5 \cdot (x+h)^4 - 2{,}5 \cdot x^4}{h} = 2{,}5 \cdot \frac{(x+h)^4 - x^4}{h}$$

$h \to 0$

$$\lim_{h \to 0} \frac{f(x+h)-f(x)}{h} = 2{,}5 \cdot 4x^3$$

Für die Ableitung der Funktion f gilt somit $f'(x) = 2{,}5 \cdot 4x^3 = 10x^3$.

$$\frac{g(x+h)-g(x)}{h} = \frac{k \cdot u(x+h) - k \cdot u(x)}{h} = k \cdot \frac{u(x+h) - u(x)}{h}$$

$h \to 0$

$$\lim_{h \to 0} \frac{g(x+h)-g(x)}{h} = k \cdot u'(x)$$

Für die Ableitung der Funktion g gilt somit $g'(x) = k \cdot u'(x)$.

Lösung – Herleitung Summenregel

Die Differenzenquotienten können so umgeformt werden, dass sie aus zwei Summanden bestehen. Diese Summanden sind die Differenzenquotienten zu x^4 und x^3 bzw. zu u und v.

$$\frac{f(x+h)-f(x)}{h} = \frac{(x+h)^4 + (x+h)^3 - x^4 - x^3}{h} = \frac{(x+h)^4 - x^4}{h} + \frac{(x+h)^3 - x^3}{h}$$

$h \to 0$

$$\lim_{h \to 0} \frac{f(x+h)-f(x)}{h} = 4x^3 + 3x^2$$

Für die Ableitung der Funktion f gilt somit $f'(x) = 4x^3 + 3x^2$.

$$\frac{g(x+h)-g(x)}{h} = \frac{u(x+h) + v(x+h) - u(x) - v(x)}{h} = \frac{u(x+h) - u(x)}{h} + \frac{v(x+h) - v(x)}{h}$$

$h \to 0$

$$\lim_{h \to 0} \frac{g(x+h)-g(x)}{h} = u'(x) + v'(x)$$

Für die Ableitung der Funktion g gilt somit $g'(x) = u'(x) + v'(x)$.

WES-109451-211

Faktorregel

Satz: Ist $f(x) = k \cdot u(x)$ mit $k \in \mathbb{R}$ und hat u die Ableitung u', so gilt $f'(x) = k \cdot u'(x)$.

„Der Vorfaktor bleibt beim Ableiten stehen."

$f(x) = -3x^6$
$f'(x) = (-3) \cdot 6 \cdot x^5 = -18x^5$

Summenregel

Satz: Ist $f(x) = u(x) + v(x)$ und hat u bzw. v die Ableitung u' bzw. v', so gilt $f'(x) = u'(x) + v'(x)$.

„Jeder Summand wird einzeln abgeleitet."

$f(x) = x^7 + x^2$
$f'(x) = 7x^6 + 2x$

Zusammengesetzte Funktionsterme

a) Ableitung von f mit $f(x) = 3x^4 + 5x$

$$f(x) = 3x^4 + 5x \quad \text{(Summenregel)}$$

$$f'(x) = \underbrace{3 \cdot 4x^3}_{\text{Faktorregel}} + \underbrace{5 \cdot 1 \cdot x^0}_{\text{Faktorregel}} = 12x^3 + 5$$

b) Ableitung von f mit $f(x) = -2x^3 - 8$

$$f(x) = -2x^3 + (-8) \quad \text{(Summenregel)}$$

$$f'(x) = \underbrace{(-2) \cdot 3x^2}_{\text{Faktorregel}} + \underbrace{0}_{\text{Ableitung einer Konstanten}} = -6x^2$$

1 Faktorregel anwenden

Bestimmen Sie die Ableitung der Funktion f.

a) $f(x) = 3x^5$ b) $f(x) = 7x^9$ c) $f(x) = -5x^4$ d) $f(x) = \frac{1}{8}x^5$

2 Funktionswerte von Ableitungsfunktionen

Berechnen Sie die Ableitung der Funktion an der angegebenen Stelle.

a) $f(x) = 4x^3;\ x_0 = 4$ b) $f(x) = 2x^6;\ x_0 = -10$ c) $f(x) = -3x^5;\ x_0 = -1$ d) $f(x) = 17;\ x_0 = -2$

e) $g(t) = \pi \cdot t^5;\ t = 10$ f) $h(s) = \frac{s^8}{8};\ s = -2$ g) $s(t) = \frac{t^2}{6};\ t = 4$ h) $v(s) = k;\ s = -0{,}3$

3 Ableitung einer Differenz

Bestimmen Sie mithilfe der Summen- und der Faktorregel die Ableitung der Differenz.

a) $f(x) = x^2 - 2x$ b) $f(x) = 3x^3 - 6x^2$ c) $h(t) = \frac{2}{3}t - \frac{t^5}{7}$ d) $g(t) = 5 - k \cdot t$

4 Faktorregel und Summenregel

Bestimmen Sie die Ableitung. Begründen Sie Ihr Vorgehen.

a) $f(x) = x^3 - 6x^2 + 3x + 7$

b) $f(x) = 7x^5 - 6x^4 - x^3 + 2x - 100$

c) $f(x) = -2x^5 + x^3 - \frac{1}{4}x^2$

d) $f(x) = 0{,}3x^3 - 1{,}5x^2 + 2{,}6x + 0{,}008$

e) $f(x) = \frac{x^4 - 3x^2 - 12}{3}$

f) $f(t) = \frac{t^3}{4} - t^5 + 6$

g) $f(x) = 2x^{k+1} + 0{,}5x^k;\ k \in \mathbb{N}$

h) $v(k) = k^3 - 3p \cdot k^2 + 3p^2 \cdot k - p^3$

5 Paare gesucht

Finden Sie Paare von Funktionsterm f(x) und zugehörigem Ableitungsterm f′(x).

$3x^2 - 5$ $100x^{99}$ $100x + 99$ $x^3 - 5x - 2$ 11 $-11x + 11$ $2k^2x + 2k$ 100 $\frac{1}{2}x^2 - 4x$ 0 $x - 4$ $x^{100} + 100$ $kx^2 + k^2x$ -11 $2kx + k^2$ $k^2x^2 + 2kx$

6 Erst ausmultiplizieren, dann ableiten

Bestimmen Sie die Ableitungsfunktion f′. Multiplizieren Sie zunächst aus.

a) $f(x) = 2x \cdot (x - 3)$ b) $f(x) = (x + 4)^2$ c) $f(x) = (x - 5) \cdot (x + 5) \cdot (x + 1)$

Prüfe dich!
Lösungen auf Seite 173

7

Bestimmen Sie die Ableitung der Funktion f.

a) $f(x) = x^4 + 5x^3$ b) $f(x) = -8x^3 + 1{,}5x^2$ c) $f(x) = 9x^5 - 2{,}5x^3 + 5$

d) $f(x) = -4x^2 + 8{,}3x$ e) $f(t) = \sqrt{2}\,t^4 - 6t^2 + t$ f) $f(t) = kt^3 - 5k^2t^2 + 8k$

8

Paul hat die drei Funktionen falsch abgeleitet. Erläutern und korrigieren Sie seine Fehler.

a) $f(x) = 3x^2 \cdot (2x + 1)$
$f'(x) = 6x \cdot 2$
$= 12x$

b) $g(x) = 3x^2 - 2x + 3$
$g'(x) = 6x - 2 + 3$
$= 6x + 1$

c) $h(x) = 3k \cdot x^2 + 2k^2 \cdot x$
$h'(x) = 6k \cdot x + 4k$

---

9 Ableitung von Funktionen mit konstanten Summanden

a) Erläutern Sie, wie der Graph der Funktion g mit $g(x) = f(x) + c$ aus dem Graphen der Funktion f entsteht. Begründen Sie geometrisch, dass f und g die gleiche Ableitung haben.

b) Das Ergebnis aus Teilaufgabe a) kann man auch so formulieren:

> Ein konstanter Summand wird beim Ableiten zu null.

Begründen Sie diese Regel mithilfe der Ableitungsregeln.

10 Vorsicht bei Produkten und Quotienten

Bettina braucht Hilfe bei ihren Hausaufgaben. Geben Sie die richtige Lösung an.

a) $f(x) = 2x \cdot (x^2 - 1)$

$f'(x) = 2 \cdot (2x - 0) = 4x$

b) $f(x) = \frac{3x^2 + x^3}{x}$

$f'(x) = \frac{6x + 3x^2}{1} = 6x + 3x^2$

11 Tangente an Graphen von Potenzfunktionen konstruieren

Man kann die Tangente in einem Punkt $P(a \mid f(a))$ an den Graphen der Funktion f mit $f(x) = x^3$ auf folgende Weise exakt konstruieren:

- Das Lot von P auf die y-Achse fällen und den Punkt P_1 erhalten.
- Die 2-fache Länge der Strecke $\overline{OP_1}$ von O aus auf der y-Achse abtragen und den Punkt Q erhalten.
- Die Gerade durch Q und P ist die gesuchte Tangente.

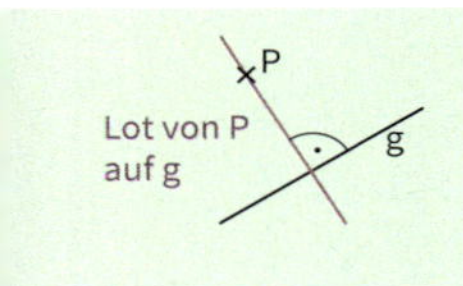

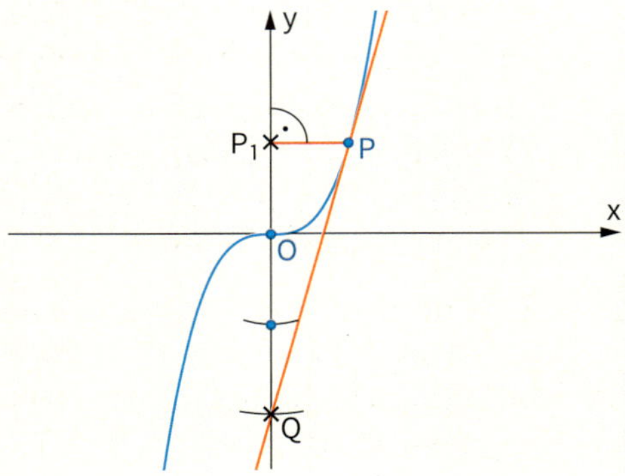

a) Zeigen Sie dies durch eine Rechnung.

b) Verallgemeinern Sie das Konstruktionsverfahren aus Teilaufgabe a) für Potenzfunktionen mit natürlichen Exponenten.

12 Fallschirmsprung

Die Abbildung zeigt den Graphen einer Funktion h, die die Höhe eines Fallschirmspringers in Metern über dem Boden nach t Sekunden Fallzeit angibt. Anfangs fliegt der Springer nahezu im freien Fall. Nach dem Öffnen des Fallschirms schwebt er zu Boden.

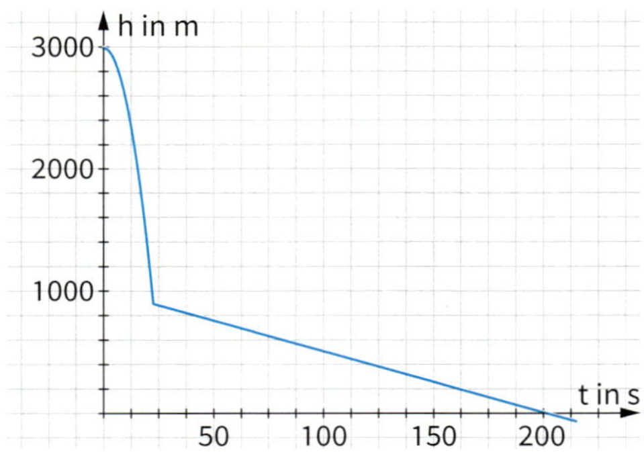

a) In welchen Zeitintervallen nimmt die Fallgeschwindigkeit des Springers zu, in welchen nimmt sie ab und in welchen bleibt sie konstant?

b) Bei diesem Sprung kann die Höhe h näherungsweise durch

$$h(t) = \begin{cases} 3000 - 4{,}1\,t^2 & \text{für } 0 \le t < 22 \\ 1016 - 5\,t & \text{für } t \ge 22 \end{cases}$$

beschrieben werden.

Skizzieren Sie den Graphen der Zeit-Geschwindigkeit-Funktion für diesen Sprung.

c) Bestimmen Sie einen Term für die Zeit-Geschwindigkeit-Funktion und überprüfen Sie Ihr Ergebnis aus Teilaufgabe b) mit einem Rechner.

d) Bei welcher Geschwindigkeit öffnet sich der Fallschirm? Mit welcher Geschwindigkeit kommt der Springer am Boden an?

13 ≡ **Volumen einer Kugel**

Die Formel für das Volumen einer Kugel kann man als Funktion auffassen, bei der jedem Radius r ein Volumen V(r) zugeordnet wird.
Bestimmen Sie die Ableitung V′(r) und deuten Sie das Ergebnis geometrisch.

Volumen der Kugel

$V = \frac{4}{3}\pi r^3$

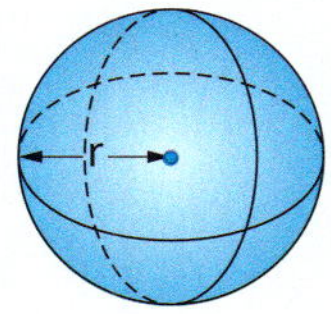

14 ≡ **Tangenten durch den Koordinatenursprung**

Bestimmen Sie alle Punkte auf dem Graphen der Funktion f, für die die Tangente an den Graphen von f durch den Koordinatenursprung verläuft. Fertigen Sie zunächst eine Skizze an.

a) $f(x) = \frac{1}{8} \cdot (x^2 - 8x + 36)$ b) $f(x) = x^3 - x^2$ c) $f(x) = x^4 + 3$

15 ≡ **Schneelawinen**

Lawinen können einen Berg mit der Geschwindigkeit eines Formel-1-Rennwagens hinunterdonnern: 300 km/h sind keine Seltenheit! Je steiler der Hang ist und je länger die Lawine schon rollt, desto schneller wird sie.

Für den zurückgelegten Weg s in Metern in Abhängigkeit von der Zeit t in Sekunden gilt $s(t) = \frac{1}{2} g \cdot \sin(\alpha) \cdot t^2$.
Hierbei ist $g = 9{,}81\ m/s^2$ die Erdbeschleunigung und α der Neigungswinkel des Berges.

Neigungswinkel

a) Geben Sie eine Formel für die Geschwindigkeit v(t) einer Schneelawine in Abhängigkeit von der Zeit t an.
b) Zeichnen Sie für verschiedene Neigungswinkel α den Graphen von v in ein gemeinsames Koordinatensystem.
c) Geben Sie Beispiele für α und t an, sodass die Lawinengeschwindigkeit 300 km/h beträgt.

16 ≡ **Krater Eagle**

Am 5. Januar 2004 landete das Marsmobil Opportunity auf dem Mars im Krater Eagle, der einen Durchmesser von 22 m aufweist. Am 24. März 2004 gelang es ihm im zweiten Anlauf, diesen Krater zu verlassen.
Beim ersten Versuch, die 16 %ige Steigung am Rand des Kraters zu nehmen, rutschte der Rover ab und drohte sogar umzukippen.

Nehmen Sie an, dass der Querschnitt des Kraters durch eine gestreckte Parabel bestimmt werden kann. Fertigen Sie eine Skizze an und bestimmen Sie daraus die Parabelgleichung. Ermitteln Sie näherungsweise die Tiefe des Kraters.

17 ≡ **Eindeutigkeit nicht gegeben**

Nehmen Sie zur Diskussion von Esra und Christo Stellung.

2.7 Tangenten und Normalen

Die Fahrbahn einer Halfpipe muss gegen Belastungen abgestützt sein. Eine solche Stütze wird idealerweise orthogonal zur gekrümmten Fahrbahn konstruiert. Dazu bestimmt man im Berührpunkt zunächst die Tangente und dann die zu ihr orthogonale Gerade, die sogenannte *Normale*.

- Der untere Teil einer Fahrbahn wird durch die Funktion f mit $f(x) = \frac{1}{40}x^4$ modelliert. Beschreiben Sie die Stütze durch die Normale an der Stelle $x_0 = 2$.

Lösung

Die Tangente an den Graphen von f an der Stelle $x_0 = 2$ verläuft durch den Punkt $P(2\,|\,f(2))$, also $P(2\,|\,0{,}4)$, und hat die Steigung $f'(2) = \frac{1}{10} \cdot 2^3 = 0{,}8$.

Damit erhält man als Tangentengleichung:

$y = 0{,}8 \cdot (x - 2) + 0{,}4 = 0{,}8x - 1{,}2$

Nachschlagen
Seite 18

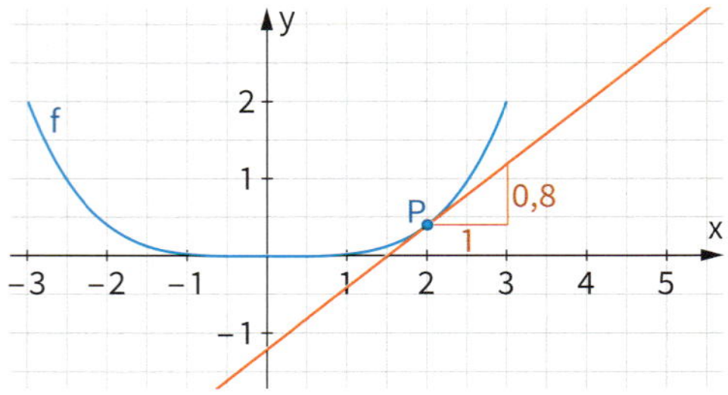

Um die Normale zu erhalten, dreht man die Tangente zusammen mit dem Steigungsdreieck um den Punkt P um 90°. Die beiden Katheten tauschen ihre Rollen, zugleich ändert die Steigung ihr Vorzeichen.

Damit erhält man als Normalengleichung:

$y = \frac{-1}{0{,}8} \cdot (x - 2) + 0{,}4 = -1{,}25 \cdot (x - 2) + 0{,}4$
$= -1{,}25x + 2{,}9$

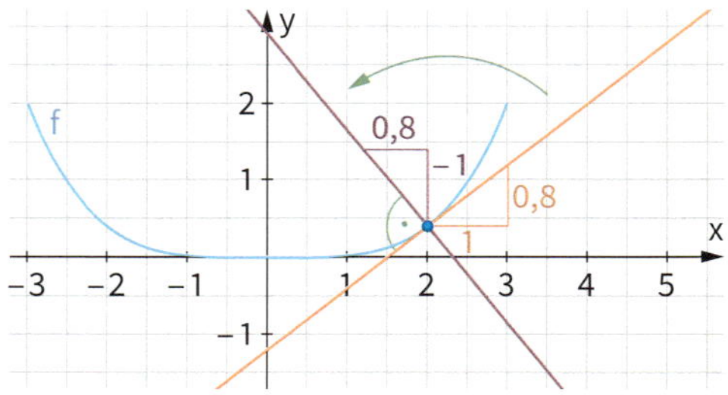

WES-109451-212

Tangente und Normale

Die Orthogonale zur Tangente an den Graphen einer Funktion f im Punkt $P(x_0\,|\,f(x_0))$ heißt die **Normale** an den Graphen von f im Punkt P bzw. an der Stelle x_0.

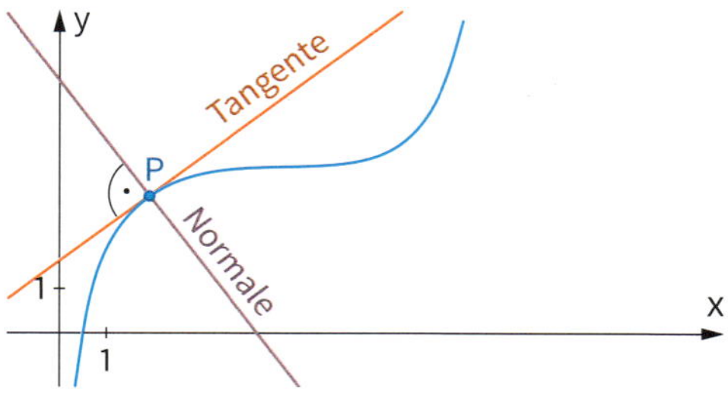

Orthogonalitätsbedingung

Satz

Hat die Gerade g die Steigung $m \neq 0$, so hat jede zu g orthogonale Gerade die Steigung $-\frac{1}{m}$.

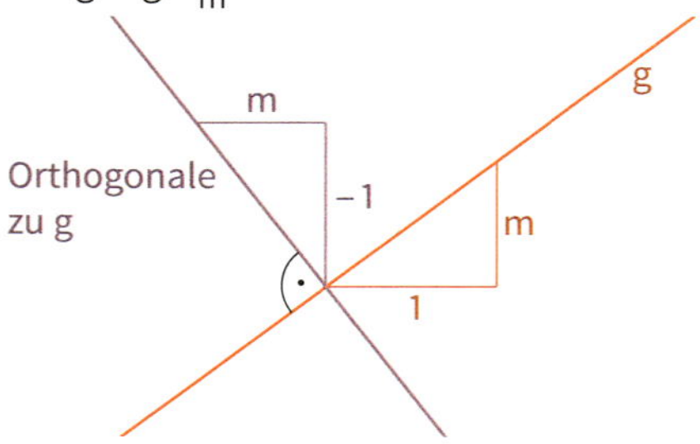

Tangentengleichung

Die Gleichung der Tangente an den Graphen einer Funktion f an der Stelle x_0 lautet:

$\mathbf{y = f'(x_0) \cdot (x - x_0) + f(x_0)}$

Normalengleichung

Die Gleichung der Normalen an den Graphen einer Funktion f an der Stelle x_0 lautet:

$\mathbf{y = -\frac{1}{f'(x_0)} \cdot (x - x_0) + f(x_0)}$

Tangenten- und Normalengleichung bestimmen

$f(x) = 1{,}5x^2 + 4x$

- Gleichung der Tangente an den Graphen von f an der Stelle $x_0 = 2$ bestimmen:

Allgemeine Form der Tangentengleichung	$y = f'(x_0) \cdot (x - x_0) + f(x_0)$
Steigung von f in x_0 berechnen	$f'(x) = 3x + 4$
	$f'(2) = 3 \cdot 2 + 4 = 10$
Funktionswert an der Stelle x_0 berechnen	$f(2) = 1{,}5 \cdot 2^2 + 4 \cdot 2 = 6 + 8 = 14$
Einsetzen und vereinfachen	$y = 10 \cdot (x - 2) + 14 = 10x - 20 + 14$
	$= 10x - 6$

- Gleichung der zugehörigen Normalen bestimmen:

Allgemeine Form der Normalengleichung	$y = -\frac{1}{f'(x_0)} \cdot (x - x_0) + f(x_0)$
Einsetzen und vereinfachen	$y = -\frac{1}{10} \cdot (x - 2) + 14 = -\frac{1}{10}x + \frac{1}{5} + 14$
	$= -\frac{1}{10}x + \frac{71}{5}$

1 **Tangenten an Graphen von Potenzfunktionen**

Bestimmen Sie die Gleichung der Tangente an den Graphen der Funktion f an der Stelle x_0 und ermitteln Sie den Schnittpunkt der Tangente mit der x-Achse.

a) $f(x) = x^3;\ x_0 = 2$ b) $f(x) = x^5;\ x_0 = -1$ c) $f(x) = x^4;\ x_0 = 0{,}5$ d) $f(x) = x^6;\ x_0 = -0{,}1$

2 **Einen Unfallweg modellieren**

„F1-Pilot kracht in Reifenstapel!“, überschrieben Zeitungen ihre Berichte zum Unfall eines Formel-1-Rennfahrers auf der Rennstrecke. Aufgrund eines technischen Defekts konnte der Fahrer nicht in die Kurve einlenken und raste geradeaus in eine Streckenbegrenzung.

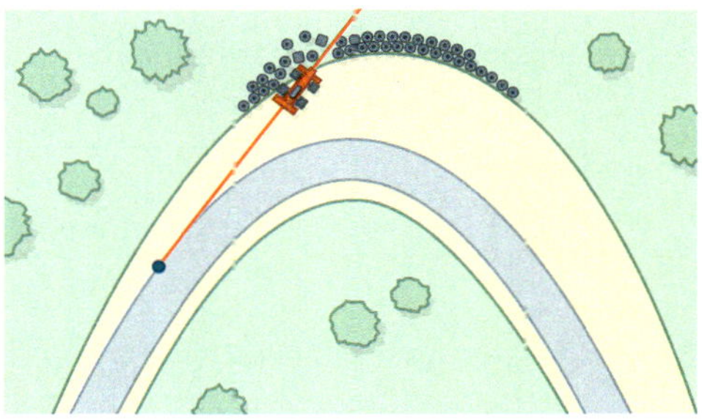

Modellieren Sie den Unfallweg, wenn die Funktion f mit $f(x) = -\frac{2}{9}x^2 + 4$ den äußeren Rand der Rennstrecke beschreibt und die Lenkung an der Stelle -3 versagt hat.

3 **Von Tangenten- zur Normalengleichung und umgekehrt**

a) Eine Tangente an den Graphen einer Funktion f hat die Gleichung $y = 2 \cdot (x - 3) + 8$. Geben Sie die Gleichung der zugehörigen Normalen durch den Punkt P(3|8) an.

b) Eine Normale an den Graphen einer Funktion f hat die Gleichung $y = \frac{1}{2} \cdot (x + 5) - 7$. Geben Sie die Gleichung der zugehörigen Tangente durch den Punkt Q(−5|−7) an.

4 **Normalengleichungen**

Bestimmen Sie die Gleichung der Normalen an den Graphen der Funktion f an der Stelle x_0.

a) $f(x) = 2x^2 + 3;\ x_0 = 1$ b) $f(x) = \frac{1}{3}x^3 - x;\ x_0 = 2$ c) $f(x) = 2x^3 - 5x;\ x_0 = -1$

d) $f(x) = 1{,}5x^4 - x^2;\ x_0 = 1$ e) $f(x) = 2{,}5x^4 - x^2;\ x_0 = -1$ f) $f(x) = x^n;\ n \in \mathbb{N}\setminus\{0\};\ x_0 = 1$

5 Bestimmen Sie die Gleichung der Tangente und der Normalen an den Graphen der Funktion f mit $f(x) = -5x^2 + 2$ an der Stelle $x_0 = 1$.

Prüfe dich!
Lösungen auf Seite 174

6 ≡ **Tangente mit vorgegebener Eigenschaft**

Gegeben ist die Funktion f mit $f(x) = x^2 - 2x - 3$.

a) Berechnen Sie die Steigung von f in den Nullstellen und bestimmen Sie die Gleichungen der Tangenten an den Graphen von f an diesen Stellen.

b) In welchem Punkt besitzt der Graph von f eine Tangente, die parallel zur Geraden g mit $g(x) = 4x + 3$ verläuft?

c) Bestimmen Sie den Punkt auf dem Graphen von f, in dem die Tangente parallel zur Geraden zu $y = 0{,}5x + 1$ verläuft.

7 ≡ **Orthogonalität von Geraden**

a) Zeichnen Sie eine Gerade mit Steigung m und zeichnen Sie dazu eine Orthogonale. Bestimmen Sie deren Steigung mithilfe geeigneter Steigungsdreiecke und überprüfen Sie, ob die Orthogonalitätsbedingung erfüllt ist.

(1) $m = 2$ (2) $m = -3$ (3) $m = -\frac{2}{3}$ (4) $m = \frac{1}{4}$

b) Erläutern Sie mithilfe Ihrer Ergebnisse aus Teilaufgabe a):

Für zwei sich orthogonal schneidende Geraden g_1 und g_2 mit Steigung m_1 bzw. m_2 gilt $\mathbf{m_1 \cdot m_2 = -1}$.

Orthogonalität von Funktionsgraphen

Die Graphen der Funktionen f und g mit $f(x) = \frac{1}{8}x^2$ und $g(x) = x^2 - 6x$ schneiden sich an der Stelle $x_0 = 2$. Untersuchen Sie, ob sich die Graphen orthogonal schneiden.

Lösung

Zu prüfende Bedingung	$f'(x_0) \cdot g'(x_0) = -1$	
Steigung der Tangenten bestimmen	$f'(x) = \frac{1}{4}x$	$f'(2) = \frac{1}{4} \cdot 2 = \frac{1}{2}$
	$g'(x) = 2x - 6$	$g'(2) = 2 \cdot 2 - 6 = -2$
Einsetzen	$f'(2) \cdot g'(2) = \frac{1}{2} \cdot (-2) = -1$ ✓	

Die Graphen von f und g schneiden sich orthogonal an der Stelle $x_0 = 2$.

8 ≡ **Funktionsgraphen auf Orthogonalität untersuchen**

Untersuchen Sie, ob sich die Graphen der Funktionen f und g an der Stelle x_0 orthogonal schneiden.

a) $f(x) = \frac{4}{5}x - 1$; $g(x) = -1{,}25x + 9{,}25$; $x_0 = 5$

b) $f(x) = 3x + 2$; $g(x) = -\frac{1}{3}x - 4$; $x_0 = 2$

c) $f(x) = -x^2$; $g(x) = x - \frac{3}{4}$; $x_0 = 0{,}5$

d) $f(x) = x^2 + 3x$; $g(x) = 2x^3 - 7x$; $x_0 = -2$

9 ≡ **Tangenten, Normalen, Orthogonalität**

Gegeben ist die Funktion f mit $f(x) = 4x^2 - \frac{1}{6}x^3$.

a) Bestimmen Sie die Gleichung der Tangente und der Normalen an den Graphen von f an der Stelle -1.

b) Ermitteln Sie die Stelle, an der der Graph von f eine Tangente hat, die parallel zur Geraden zu $y = 8x + 32$ verläuft.

c) Untersuchen Sie, ob der Graph von f den Graphen von g mit $g(x) = -\frac{1}{6}x^2 + 4x$ an der Stelle 1 orthogonal schneidet.

d) Ermitteln Sie, ob es Punkte gibt, in denen die Normale an den Graphen von f die Steigung $m = 0{,}025$ hat.

e) Untersuchen Sie, ob es Punkte auf dem Graphen von f gibt, an denen die Normale parallel zur y-Achse bzw. x-Achse verläuft.

10 **Punkte zu gegebenen Normalen ermitteln**

a) Eine Normale an den Graphen der Quadratfunktion hat die Steigung −5. Bestimmen Sie die Koordinaten des zugehörigen Punktes auf dem Graphen.

b) In welchem Punkt hat der Graph der Quadratfunktion eine Normale parallel zur Geraden g mit $g(x) = 3x + 2$?

11 a) Berechnen Sie die Gleichung der Tangente und der Normalen an den Graphen der Funktion f mit $f(x) = \frac{1}{8}x^4$ im Punkt $P(2 \mid f(2))$.

b) Ermitteln Sie, in welchem Punkt die Normale an den Graphen von f die Steigung 16 hat.

12 Untersuchen Sie, ob sich die Funktionen f und g mit $f(x) = \frac{1}{5}x^2 - \frac{2}{5}x + 1$ und $g(x) = -x^2 + x + 3$ an der Stelle $x = 2$ orthogonal schneiden.

Prüfe dich!
Lösungen auf Seite 174

13 **Durch Tangenten begrenzte Fläche**

Die Tangenten an den Graphen der Funktion f mit $f(x) = x^4$ an den Stellen $x = 2$ und $x = 4$ schließen zusammen mit der x-Achse ein Dreieck ein. Fertigen Sie eine Skizze an und bestimmen Sie den Flächeninhalt dieses Dreiecks.

14 **Sekante und Tangente in einem Intervall**

Gegeben ist die Normalparabel mit der Funktionsgleichung $y = x^2$.

a) Durch die Punkte $P(1 \mid 1)$ und $Q(5 \mid 25)$ verläuft eine Sekante. Bestimmen Sie zu der Sekante eine parallele Tangente an die Normalparabel. Was fällt auf?

b) Übertragen Sie die Untersuchungen aus Teilaufgabe a) auf zwei beliebige Punkte P und Q auf der Normalparabel. Formulieren Sie einen Satz und beweisen Sie ihn.

Steigungswinkel einer Tangente

Einstieg

Die Abbildung zeigt den Graphen einer Funktion f und die Tangente im Punkt P.

- Wie könnte man den Steigungswinkel α dieser Tangente bestimmen?

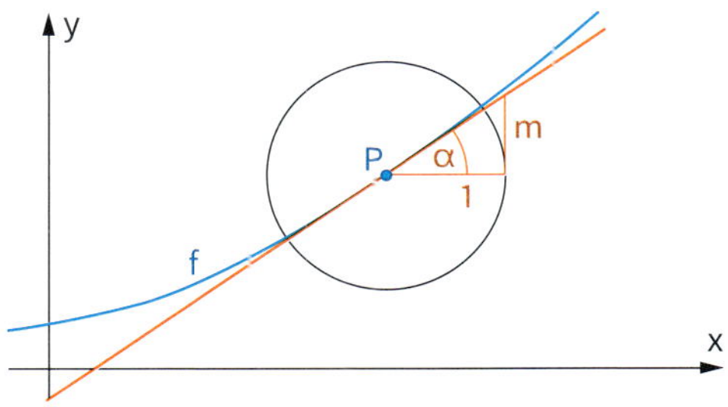

Steigungswinkel einer Funktion an einer Stelle

Unter dem **Steigungswinkel** α einer Funktion f an der Stelle x_0 versteht man den Winkel zwischen der Tangente an den Graphen von f an der Stelle x_0 und der x-Achse.

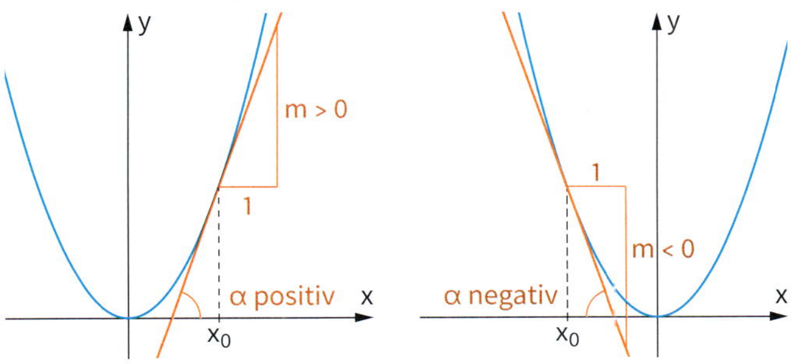

gleiche Skalierung der Koordinatenachsen

Satz: Für den Steigungswinkel α einer Funktion f gilt $\tan(\alpha) = f'(x_0)$.

WES-109451-213

Befehl $\tan^{-1}$ auf dem Rechner

Steigungswinkel berechnen

Berechnen Sie für die Funktion f mit $f(x) = 3x^4$ den Steigungswinkel α an der Stelle $x_0 = -2$.

Lösung

Ansatz	$\tan(\alpha) = f'(x_0)$
Ableitung an der Stelle x_0 berechnen	$f'(x) = 12x^3$ $f'(-2) = 12 \cdot (-2)^3 = 12 \cdot (-8) = -96$
Einsetzen und auflösen	$\tan(\alpha) = -96$; also $\alpha \approx -89{,}4°$

15 **Steigungswinkel berechnen**

Berechnen Sie für die Funktion f den Steigungswinkel α an der Stelle x_0.

a) $f(x) = \frac{1}{2}x^2 + 4;\ x_0 = -1$ b) $f(x) = 2x^3 - 5x;\ x_0 = \frac{1}{2}$ c) $f(x) = -x^2 + 2x - 3;\ x_0 = -2$

16 **Flugbahn**

Die Flughöhe eines Styropor-Segelflugzeugs wird durch die Funktion f mit $f(x) = -\frac{1}{15}x^4 + \frac{1}{3}x^3$ beschrieben; x in Metern in der Horizontalen mit $x \geq 0$; f(x) in Metern. Nachdem das Flugzeug 4 Meter weit geflogen ist, segelt es geradlinig bis zum Boden.
Beschreiben Sie den Landevorgang durch eine Funktion g. Bestimmen Sie die gesamte Flugweite und den Winkel, in dem das Flugzeug auf den Boden auftrifft.

Prüfe dich!
Lösungen auf Seite 174

17 Bestimmen Sie den Winkel zwischen der x-Achse und der Tangente an den Graphen der Funktion f mit $f(x) = 3x^4 - \frac{1}{2}x^3$ an der Stelle $x_0 = -2$.

18 **Skiflugschanze**

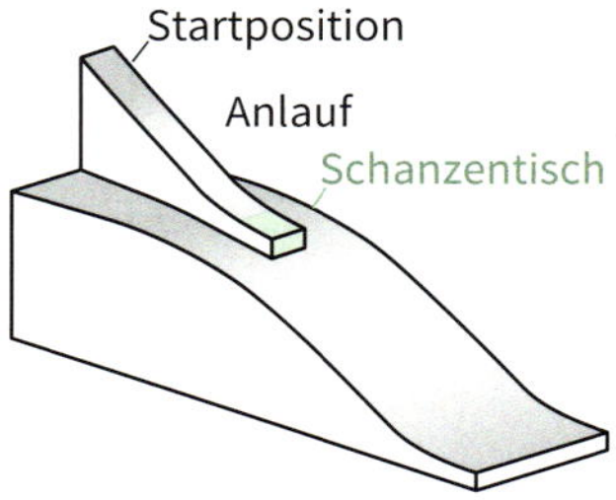

Die Heini-Klopfer-Skiflugschanze in Oberstdorf ermöglicht Sprungweiten über 200 Meter. Die Anlaufbahn der Schanze besteht aus einem geradlinigen Anlauf und dem Schanzentisch, an dem der Absprung erfolgt.
Die Funktion f mit $f(x) = -0{,}0005x^3 - 0{,}2x$ modelliert den Schanzentisch; x in Metern mit $-20 \leq x \leq 0$; f(x) in Metern.
Der Absprung vom Schanzentisch liegt dabei in O(0|0).

a) Der Übergang vom geradlinigen Anlauf in den Schanzentisch befindet sich an der Stelle −20. Bestimmen Sie die Gleichung einer Funktion, die den geradlinigen Anlauf modelliert.
b) Berechnen Sie den Neigungswinkel des geradlinigen Anlaufs.

19 **Tangenten, Winkeln und Steigungen**

Gegeben ist die Funktion f mit $f(x) = 3x^2$.

a) Bestimmen Sie die Gleichung der Tangente an den Graphen von f im Punkt P(3|f(3)). Welchen Winkel schließen die Tangente und die x-Achse ein?
b) Übertragen Sie Ihre Überlegungen aus Teilaufgabe a) allgemein auf einen Punkt $P(x_0|f(x_0))$.
c) In welchem Punkt schneiden sich die Tangenten an den Graphen von f an den Stellen 1 und 2? Berechnen Sie den Schnittwinkel der beiden Tangenten.
d) Eine Normale durch den Punkt P auf den Graphen von f schneidet die x-Achse in einem Winkel von 60°. Bestimmen Sie die Koordinaten des Punktes P.
e) Der Graph von f hat an der Stelle x_0 die Steigung 96. Bestimmen Sie die Stelle x_0.
f) Bestimmen Sie die Steigung der Funktion h mit $h(x) = \frac{1}{3} \cdot f(x)$ an der Stelle 4.

20 ≡ **Tangenten an die Normalparabel**

Durch den Punkt $P(-1|-1)$ verlaufen zwei Tangenten an der Normalparabel zu $f(x)=x^2$.

a) Bestimmen Sie die Koordinaten der Berührungspunkte.

b) Bestimmen Sie die Gleichungen der beiden Tangenten.

c) Berechnen Sie den Mittelpunkt der Strecke zwischen den Berührungspunkten. Was fällt auf?

21 ≡ **Wirtschaftsweg**

Ein Wirtschaftsweg führt über ein Tal und hat eine konstante Steigung von 10 %. Die Fahrbahnplatte liegt auf einem parabelförmigen Brückenbogen auf.

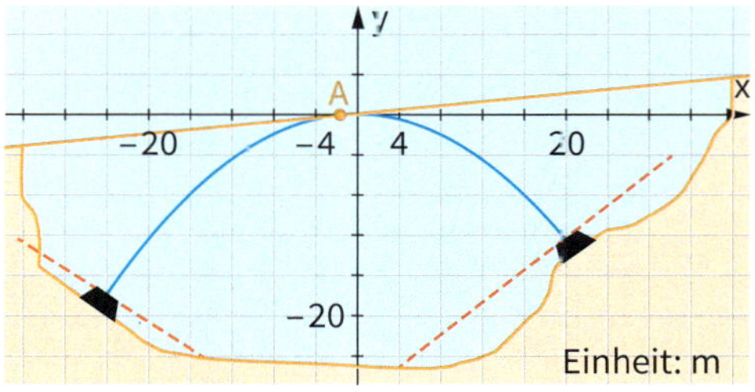

a) Berechnen Sie die Koordinaten des Punktes A, in dem die Fahrbahnplatte am Brückenbogen aufliegt.

b) Geben Sie eine Gleichung für die Unterkante der Fahrbahnplatte an.

c) Die Stellen, an denen der Brückenbogen orthogonal auf die Verankerungen trifft, sind rechts 20 m und links 24 m von der Symmetrieachse der Parabel entfernt. Geben Sie die Gleichungen für die Oberseite der Verankerungen an.

22 ≡ **Parabelkirche**

Die Parabelkirche in Gelsenkirchen wurde von dem Architekten Josef Franke in den Jahren 1927 bis 1929 erbaut. Das Kirchenmittelschiff hat die Breite $b = 10\,m$ und die Höhe $h = 15\,m$. Seine in den Boden eingelassenen Stützpfeiler wurden aus Fertigungsgründen als einfache Geradenstücke und nicht mehr als Parabelstücke angefertigt.

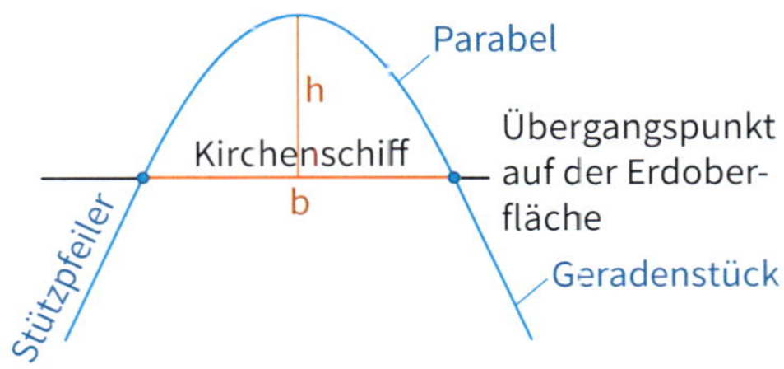

a) Wählen Sie ein Koordinatensystem und bestimmen Sie eine Parabelgleichung.

b) Berechnen Sie die Steigungen der in den Boden eingelassenen geraden Stützpfeiler.

c) Welchen Winkel schließen Stützpfeiler und Erdboden miteinander ein?

d) Ermitteln Sie passende Gleichungen für die Stützpfeiler.

23 ≡ **Bewegliche Hängebrücke**

Die Hängebrücke in Duisburg kann aus ihrer Normallage nach oben gezogen werden. Das Tragwerk und der Fußweg bilden dabei jeweils unterschiedlich gekrümmte Parabeln. In der höchsten Lage liegt der Scheitelpunkt 9 Meter über dem Normalniveau und der Steigungswinkel α des Fußweges erreicht fast 45°.

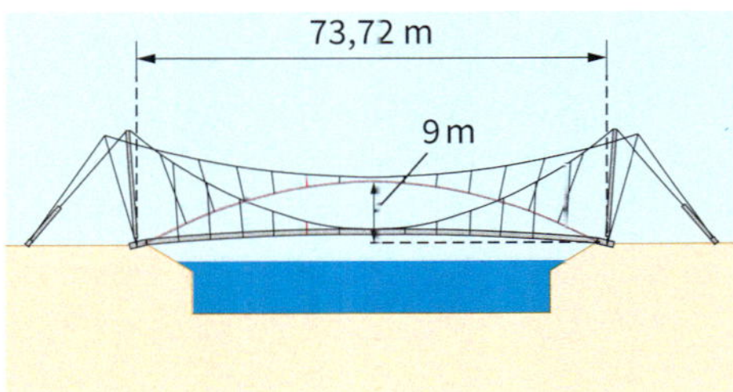

Überprüfen Sie die Aussage über den Steigungswinkel α.

Die Entstehung der Differenzialrechnung

Bereits Pierre de Fermat (1607 – 1665) leistete einen ersten Beitrag zur Bestimmung der Steigung einer Tangente an den Graphen einer Funktion. Zwischen 1665 und 1676 machten dann Isaac Newton (1643 – 1727) und Gottfried Wilhelm Leibniz (1646 – 1716) unabhängig voneinander die entscheidenden mathematischen Entdeckungen, auf denen die Differenzialrechnung beruht.

1 **Tangentenkonstruktion nach Fermat**

Pierre de Fermat zeigte, dass man die Tangente in einem Punkt P an die Parabel zu $y = x^2$ folgendermaßen exakt konstruieren kann:

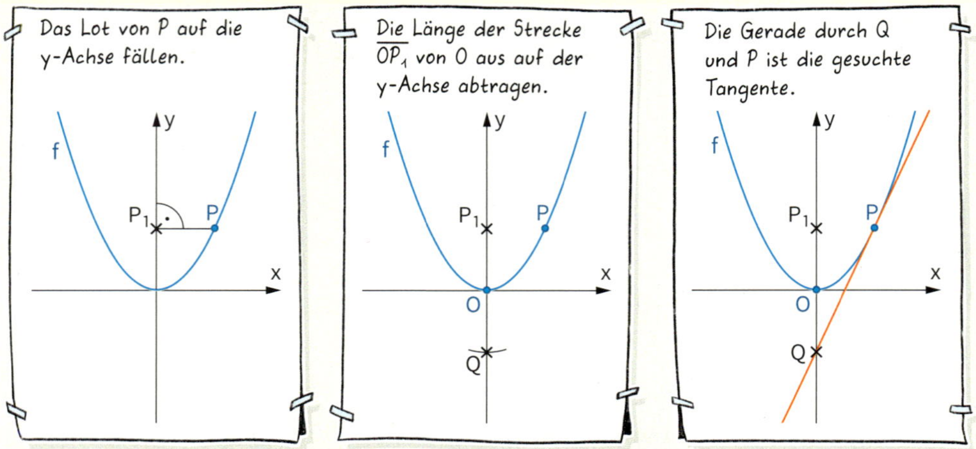

Zeigen Sie, dass dieses Verfahren korrekt ist.

2 **Prioritätenstreit**

Zwischen Newton und Leibniz entbrannte ein heftiger Streit darüber, wer die Entdeckung zur Differenzialrechnung als Erster gemacht hat. Informieren Sie sich im Internet über den wohl heftigsten Prioritätenstreit in der Wissenschaftsgeschichte.

Isaac Newton (1643 – 1727) war ein englischer Physiker und Mathematiker. Er war Professor in Cambridge und später Direktor der königlichen Münze. Zu seinen bekanntesten Errungenschaften gehören die nach ihm benannten Bewegungsgesetze der klassischen Mechanik und seine Forschungen in der Optik. Newton ist in Westminster Abbey begraben.

Gottfried Wilhelm Leibniz (1646 – 1716) war ein deutscher Universalgelehrter. Er war Diplomat in Paris und später Bibliothekar in Hannover. Als Philosoph und Logiker ist er weltberühmt. Von ihm stammen viele Erfindungen, unter anderem eine Rechenmaschine. Das Grab von Leibniz ist in der Kirche St. Johannis in Hannover.

3 Zwei Methoden führten zum selben Ziel

Erläutern Sie die unterschiedlichen Vorgehensweisen der beiden Wissenschaftler bei der Bestimmung der Ableitung.

Newton ging von mechanischen Problemen aus. Er stellte sich ein Kurvenstück als Graphen einer Funktion vor, die den Weg s eines Punktes in Abhängigkeit von der Zeit t beschreibt. Die Wegdifferenz über einem Zeitintervall $[t; t_1]$ ergibt sich dann aus $s(t_1) - s(t)$.

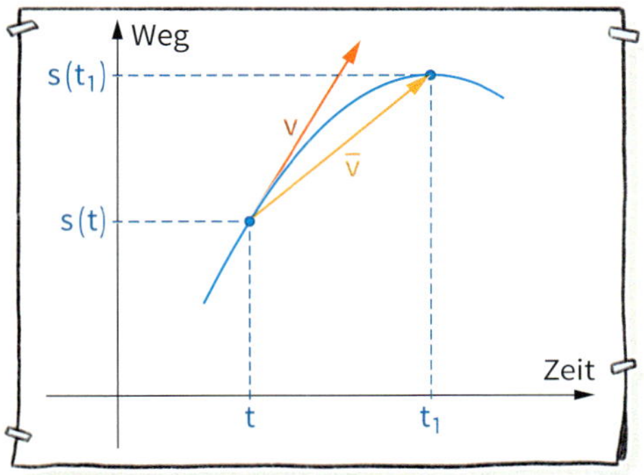

Für die mittlere Geschwindigkeit $\overline{v}$ über dem Intervall $[t; t_1]$ gilt:
$\overline{v} = \frac{s(t_1) - s(t)}{t_1 - t}$
Für beliebig kleine Zeitspannen $[t; t_1]$, $[t; t_2]$, $[t; t_3]$, …, $[t; t_n]$ ergibt sich daraus die Momentangeschwindigkeit v mit
$v = \dot{s}(t) = \lim\limits_{t_n \to t} \frac{s(t_n) - s(t)}{t_n - t}$
als Grenzwert der mittleren Geschwindigkeiten.
Newton verwendete für die Ableitung Punkte über den Buchstaben. Diese Bezeichnung wird auch heute noch in der Physik verwendet.

Leibniz stellte sich ein Kurvenstück als ein Polygon mit unendlich vielen Ecken vor, die beliebig nah beieinander liegen. Zwischen zwei benachbarten Ecken konnte er beliebig kleine Steigungsdreiecke anlegen. Die Längen der Katheten sind beliebig kleine Zahlen $\Delta x = x - x_0$ und $\Delta y = y - y_0$.

Δ wird gelesen: „Delta"

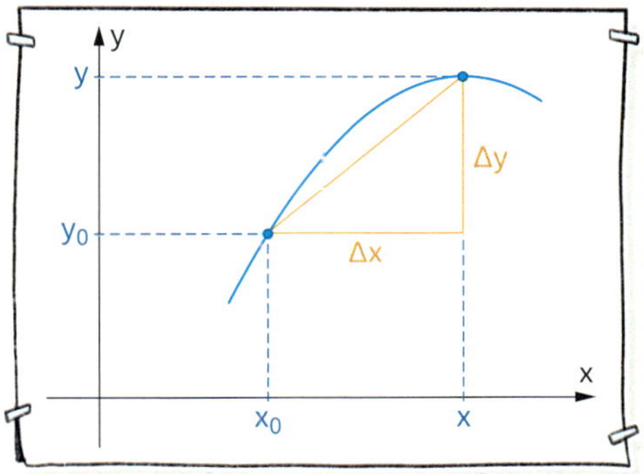

Für die Sekantensteigung m gilt
$m = \frac{\Delta y}{\Delta x}$. Für beliebig kleine Zahlen Δx und Δy ergibt sich dann:
$f'(x) = \frac{dy}{dx}$
Leibniz betrachtete $\frac{dy}{dx}$ nicht als Grenzwert, sondern als geometrisches Phänomen von Kurven. Das Symbol $\frac{dy}{dx}$, das er eingeführt hat, findet man heute noch in vielen Taschenrechnern.

Leibniz bewies auch die Ableitungsregeln für Summen, Produkte, Quotienten und Potenzfunktionen.

Der Prioritätenstreit zwischen Newton und Leibniz führte auch dazu, dass die britischen Mathematiker die Schreibweise von Newton verwenden, während ihre Kollegen auf der anderen Seite des Ärmelkanals die Schreibweise von Leibniz nutzen.

Eine strenge Begründung der Differenzialrechnung und eine exakte Definition der Ableitung gelangen erst im 19. Jahrhundert durch Augustin-Louis Cauchy (1789 – 1857) und Karl Weierstrass (1815 – 1897). Cauchy definierte die Ableitung geometrisch als Grenzwert von Sekantensteigungen und Weierstrass präzisierte den Begriff des Grenzwerts. Die heute bekannten Ableitungsregeln gehen vor allem auf Werke von Leonhard Euler (1707 – 1783) zurück.
Erst 1961 gelang es Abraham Robinson (1918 – 1974), eine exakte Theorie der Differenzialrechnung auf der Grundlage von unendlich kleinen Zahlen aufzustellen.

Mein Merkzettel

Seite 41

Mittlere Änderungsrate von f über [a; b]

- ist die **Steigung der Sekante durch P und Q**

$m = \frac{f(b) - f(a)}{b - a}$ **Differenzenquotient**

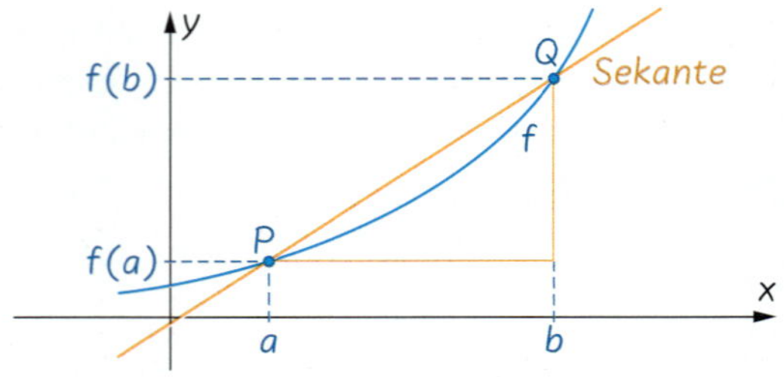

Seite 43

Sekante durch P und Q

$y = \frac{f(b) - f(a)}{b - a} \cdot (x - a) + f(a)$ oder

$y = \frac{f(b) - f(a)}{b - a} \cdot (x - b) + f(b)$

Seite 47

Lokale Änderungsrate / Ableitung von f an der Stelle x_0

- ist die **Steigung der Tangente durch P**

$f'(x_0) = \underbrace{\lim_{x \to x_0} \frac{f(x) - f(x_0)}{x - x_0}}$

Grenzwert des Differenzenquotienten

Seite 54

$= \lim_{h \to 0} \frac{f(x_0 + h) - f(x_0)}{h}$

h-Schreibweise der Ableitung

$x = x_0 + h$ setzen und $h \to 0$ betrachten

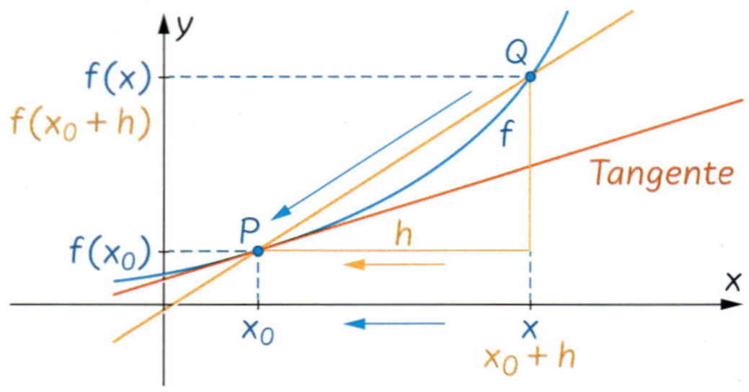

Seite 54

Ableitung an einer Stelle exakt berechnen

- Differenzenquotienten so umformen, dass man den Nenner kürzen kann

$f(x) = x^2;\ x_0 = 3$

Für $h \neq 0$ gilt: $\frac{f(3 + h) - f(3)}{h} = \frac{(3 + h)^2 - 3^2}{h}$ 1. binomische Formel

$= \frac{(9 + 6h + h^2) - 9}{h} = \frac{6h + h^2}{h} = \frac{h \cdot (6 + h)}{h}$ h ausklammern und kürzen

$= 6 + h$

$f'(3) = \lim_{h \to 0} \frac{f(3 + h) - f(3)}{h} = \lim_{h \to 0} (6 + h) = 6$

Seite 47

Änderungsraten in Anwendungen

Fahrt eines Autos f: Zeit in h nach dem Start → zurückgelegte Strecke in km

mittlere Änderungsrate von f

- gibt die Durchschnittsgeschwindigkeit des Autos in einer Zeitspanne an
- Einheit: km/h

Durchschnittsgeschwindigkeit des Autos im Zeitintervall [2; 5]:

$\frac{f(5) - f(2)}{5 - 2}$

lokale Änderungsrate von f

- gibt die Momentangeschwindigkeit des Autos zu einem Zeitpunkt an.
- Einheit: km/h

Momentangeschwindigkeit des Autos zum Zeitpunkt 3:

$\lim_{x \to 3} \frac{f(x) - f(3)}{x - 3}$ oder $\lim_{h \to 0} \frac{f(3 + h) - f(3)}{h}$

oder $f'(3)$

Steigung eines Graphen im Punkt P

Seite 49

- ist die Steigung der Tangente an den Graphen durch P

$P(x_0 | f(x_0))$: $m = f'(x_0)$

Näherungsweise bestimmen:
- Tangente nach Augenmaß an den Graphen durch P zeichnen
- Steigung aus Steigungsdreieck ermitteln

Steigung des Graphen von f in $P(3|2)$: $f'(3) \approx \frac{-2}{1} = -2$

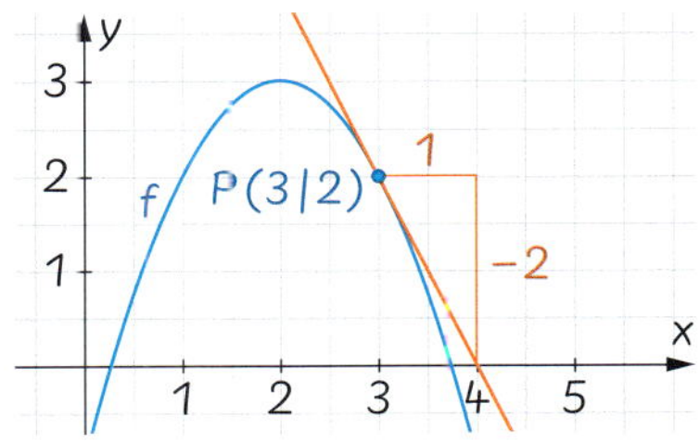

Grafisches Differenzieren – Ableitungsfunktion

Seite 58
Seite 62

- Punkte mit Steigung 0 bestimmen
- Intervalle bestimmen, in denen die Steigung positiv (+) bzw. negativ (−) ist
- Punkte mit maximaler bzw. minimaler Steigung bestimmen

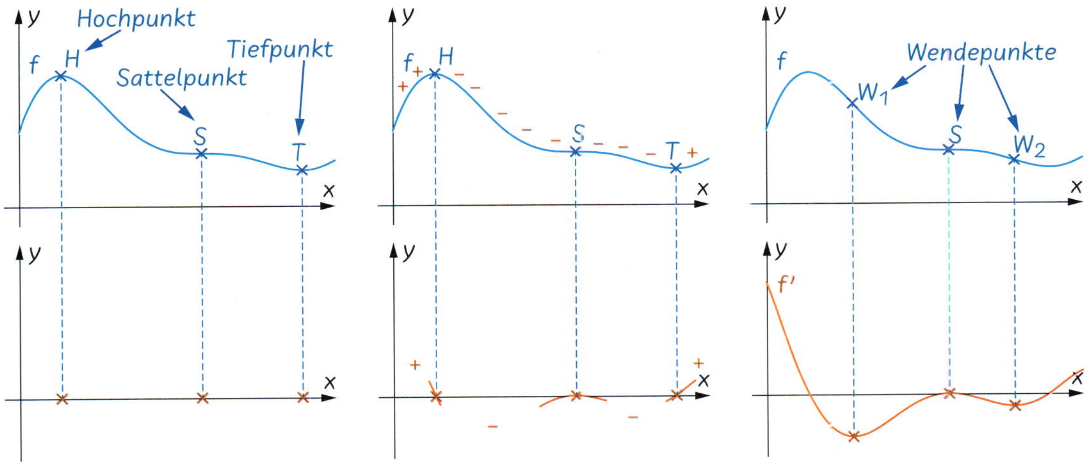

Ableitungsregeln

Seite 64
Seite 68

Potenzregel

$f(x) = x^n$ mit $n \in \mathbb{N}$ $\quad f(x) = x^5$

$f'(x) = n \cdot x^{n-1}$ $\quad f'(x) = 5 \cdot x^{5-1} = 5x^4$

„Exponenten nach vorne und oben 1 abziehen"

Konstantenregel

$f(x) = c$ $\quad f(x) = -19$

$f'(x) = 0$ $\quad f'(x) = 0$

„Konstanter Term wird 0"

Seite 66

Faktorregel

$f(x) = k \cdot u(x)$ $\quad f(x) = 3 \cdot x^6$

$f'(x) = k \cdot u'(x)$ $\quad f'(x) = 3 \cdot 6x^5 = 18x^5$

„Vorfaktor stehen lassen"

Summenregel

$f(x) = u(x) + v(x)$ $\quad f(x) = x^3 + 3x$

$f'(x) = u'(x) + v'(x)$ $\quad f'(x) = 3x^2 + 3$

„Summanden einzeln ableiten"

Tangente im Punkt P

$P(x_0 | f(x_0))$: $y = f'(x_0) \cdot (x - x_0) + f(x_0)$

Normale im Punkt P

$P(x_0 | f(x_0))$: $y = -\frac{1}{f'(x_0)} \cdot (x - x_0) + f(x_0)$

Steigungswinkel von f an der Stelle x_0

Seite 70
Seite 73

- ist der Winkel zwischen x-Achse und Tangente an den Graphen von f an der Stelle x_0
- Es gilt: $\tan(\alpha) = f'(x_0)$
- Achtung: Die Koordinatenachsen müssen gleich skaliert sein.

Wiederholen für die Klausur

Lösungen auf Seite 174

Teil A – Aufgaben ohne Hilfsmittel

1 Mittlere Änderungsrate und Sekante

Berechnen Sie die mittlere Änderungsrate der Funktion f über dem Intervall I.
Geben Sie die Gleichung der zugehörigen Sekante an.

a) $f(x) = x^2 - x;\ I = [3; 8]$

b) $f(x) = 0{,}5x^3 - 1{,}5x^2;\ I = [-4; 2]$

2 Ausdrücke im Sachzusammenhang

Die Funktion f mit $f(x) = -100x^2 + 1650x$ beschreibt die Leistung einer Solaranlage im Sommer ab 5 Uhr morgens bis Sonnenuntergang; x in Stunden nach 5 Uhr; f(x) in Watt.

a) Erläutern Sie jeweils die Bedeutung des Ausdrucks im Sachzusammenhang.

(1) $f(5)$ (2) $\frac{f(8) - f(4)}{8 - 4}$ (3) $f(10) - f(8)$ (4) $f'(14)$ (5) $f(x) = 0$

b) Schreiben Sie jeweils die Angabe als Term. Der Term soll nicht berechnet werden.
(1) mittlere Änderungsrate der Leistung zwischen 6 Uhr und 12 Uhr
(2) Änderung der Leistung zwischen 11 Uhr und 17 Uhr
(3) momentane Änderungsrate der Leistung um 16:30 Uhr

3 Steigung in einem Punkt

Bestimmen Sie die Steigung des Funktionsgraphen im Punkt P.

a)

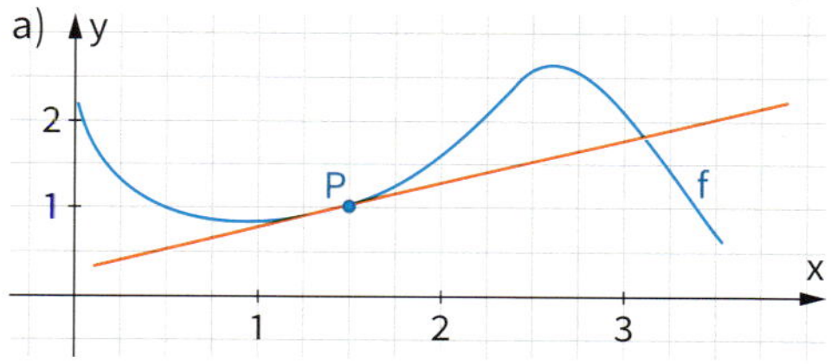

b)

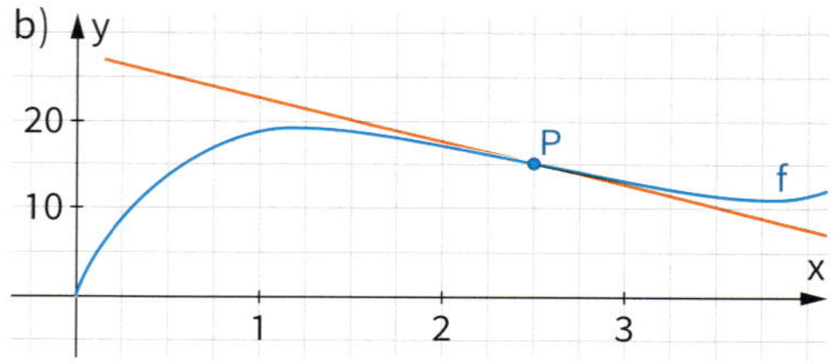

4 Ableitung bestimmen – h-Schreibweise

Bestimmen Sie die Ableitung f′ der Funktion f mit $f(x) = 2x^2 - 3$ mit der h-Schreibweise.
Kontrollieren Sie Ihr Ergebnis mit den Ableitungsregeln.

5 Ableitungsgraphen skizzieren

Skizzieren Sie den Graphen der Ableitungsfunktion f′ für $-4 < x < 10$.

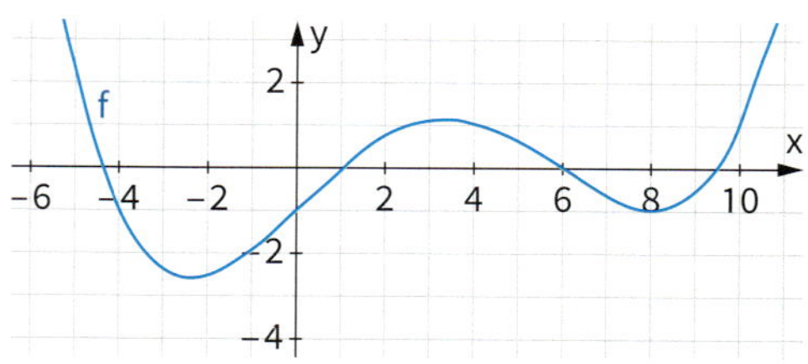

6 Ableitung an einer Stelle

Bestimmen Sie die Ableitung f′ der Funktion f an der Stelle x_0.

a) $f(x) = 2x^4 - 3x^2 - \frac{1}{2}x;\ x_0 = -2$

b) $f(x) = -\frac{3}{2}x^4 + 4x - 8;\ x_0 = \frac{1}{2}$

c) $f(x) = \sqrt{3}\,x^3 - 3x + 3;\ x_0 = 1$

d) $f(x) = \frac{3x^{12} - 12x^9 + 18}{9};\ x_0 = -1$

7 Tangente und Normale

Bestimmen Sie die Gleichung der Tangente und die Gleichung der Normalen an den Graphen der Funktion f im Punkt P.

a) $f(x) = \frac{1}{2}x^2;\ P(4 \mid 8)$

b) $f(x) = x^3 - 2x;\ P(2 \mid f(2))$

Teil B – Aufgaben mit Hilfsmitteln

Lösungen auf Seite 175

8 Pegelstände

Nach der sogenannten Jahrhundertflut im August 2002 kam es in Tschechien und Deutschland im Juni 2013 wieder zu Überflutungen, die zu mehreren Deichbrüchen führten, und zu Pegelständen, die teilweise über denen von 2002 lagen.
Die Tabelle gibt die Pegelstände der Elbe bei Niegripp in Sachsen-Anhalt in der Zeit vom 6. bis zum 11. Juni 2013 um 6 Uhr des jeweiligen Tages an.

6. Juni	7. Juni	8. Juni	9. Juni	10. Juni	11. Juni
836 cm	931 cm	959 cm	981 cm	964 cm	936 cm

a) Bestimmen Sie für jede Zeitspanne von der Länge eines Tages die mittlere Änderungsrate des Pegelstands in cm pro Stunde. Geben Sie an, für welche Zeitspanne die mittlere Änderungsrate des Pegelstands am größten und für welche sie am kleinsten war.
b) Bestimmen Sie die mittlere Änderungsrate für die Zeitspanne vom 6. bis zum 9. und vom 9. bis zum 11. Juni. Vergleichen Sie die Werte mit den mittleren Änderungsraten der einzelnen Tage.

9 Bergbahn

Die Höhe einer Bergbahn in Abhängigkeit von der Fahrzeit t kann durch die Funktion h mit $h(t) = -\frac{7}{10}t^3 + 3t^2 + 150t + 500$ im Intervall [0; 10] beschrieben werden. Hierbei ist t in Minuten und h (t) in Metern über Normalnull (NN) angegeben. Zum Zeitpunkt $t = 0$ befindet sich eine Gondel an der Talstation. Die Bergstation wird nach 10 Minuten erreicht.
a) Berechnen Sie die Höhe der Tal- und der Bergstation.
b) Bestimmen Sie die mittlere Änderungsrate der Höhe zwischen der 2. und 4. Minute und vergleichen Sie diese mit der mittleren Änderungsrate zwischen der 6. und 8. Minute.
c) Ermitteln Sie $h'(5)$ und erläutern Sie die Bedeutung im Sachzusammenhang.
d) Bestimmen Sie ungefähr den Zeitpunkt, zu dem die momentane Änderungsrate von h am größten ist.
e) Bestimmen Sie den Zeitpunkt, zu dem die momentane Änderungsrate von h dem Wert der mittleren Änderungsrate von h zwischen $t = 0$ und $t = 10$ entspricht.

10 Tangente an den Graphen?

Gegeben sind die Gerade g zu $y = 9x$ und die Funktion f mit $f(x) = x^3 - 3x^2 + 3x + 18$.

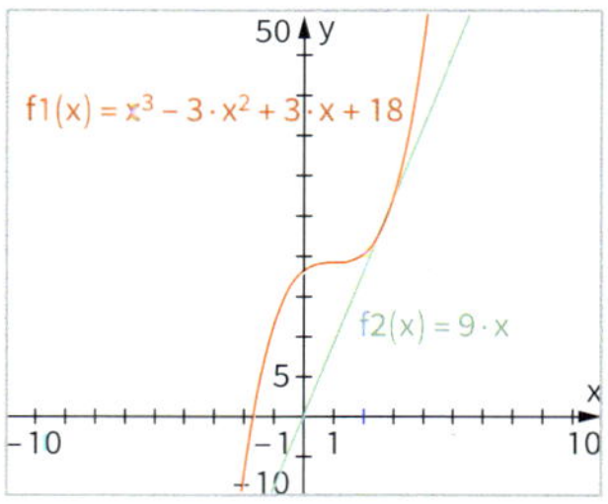

a) Zeigen Sie, dass der Graph von f und die Gerade g an der Stelle $x = 3$ einen gemeinsamen Punkt haben.
b) Im Rechnerfenster sieht es so aus, als ob die Gerade g eine Tangente an den Graphen von f ist. Untersuchen Sie, ob dies wirklich der Fall ist.

11 Kinderrutsche

Das seitliche Profil einer Kinderrutsche lässt sich beschreiben durch die Funktion f mit $f(x) = -\frac{1}{8}x^4 + \frac{4}{5}x^3 - \frac{36}{25}x^2 + \frac{3}{2}$ im Intervall [0; 2,5]. Hierbei gibt x die horizontal zurückgelegte Strecke in Metern und f (x) die Höhe der Rutsche in Metern an.
a) Zeichnen Sie den Graphen von f und beschreiben Sie den Verlauf der Rutsche.
b) Untersuchen Sie, ob die Rutsche an beiden Enden exakt waagerecht verläuft.
c) Berechnen Sie jeweils den Steigungswinkel der Rutsche, wenn in horizontaler Richtung 10 cm, 1 m und 2 m gerutscht wird.
d) Schildern Sie ein Verfahren zum Auffinden des Punktes, in dem die Rutsche am steilsten abwärts verläuft.

3 Funktionsuntersuchung

In der Nähe des Berges Mam Tor in England ist der Bau von Straßen sehr schwierig. Instabile Schieferschichten verursachten Erdrutsche, wodurch viele Minihügel entstanden. Deshalb windet sich eine Serpentinenstraße durch die Landschaft. Solche Straßen wechseln oft zwischen Linkskurven und Rechtskurven.

- Wie erkennt man an der Ableitung, wo eine Funktion wächst und wo sie fällt?
- Wie bestimmt man rechnerisch die Stellen, an denen Hoch-, Tief- und Sattelpunkte liegen?
- Was sind Wendepunkte und wie bestimmt man ihre Koordinaten?

3.1 Monotonie

Vorbereiten
Grafisch Differenzieren
Seite 24

Der Graph zeigt die Änderungsrate des Wasserstands eines Stausees für 8 Tage an.

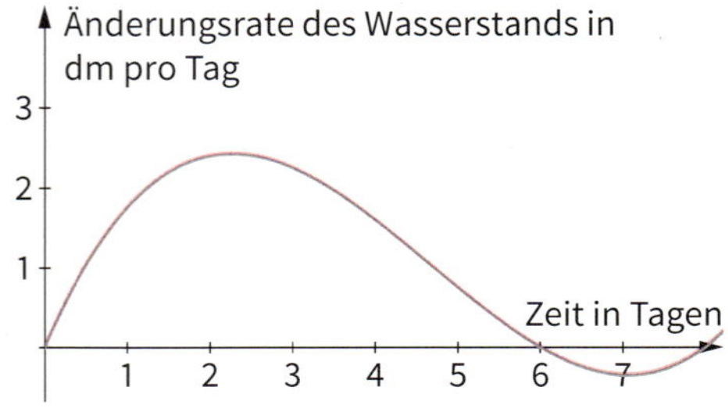

- In welchem Zeitraum ist der Wasserstand gestiegen, in welchem gefallen?
- Wann war der Wasserstand am höchsten und wann am niedrigsten?

WES-109451-301

monotonus (lat.): eintönig

Strenge Monotonie

Eine Funktion f heißt in einem Intervall **streng monoton wachsend**, wenn für beliebige Stellen x_1, x_2 aus dem Intervall gilt: Wenn $x_2 > x_1$, dann ist $f(x_2) > f(x_1)$.

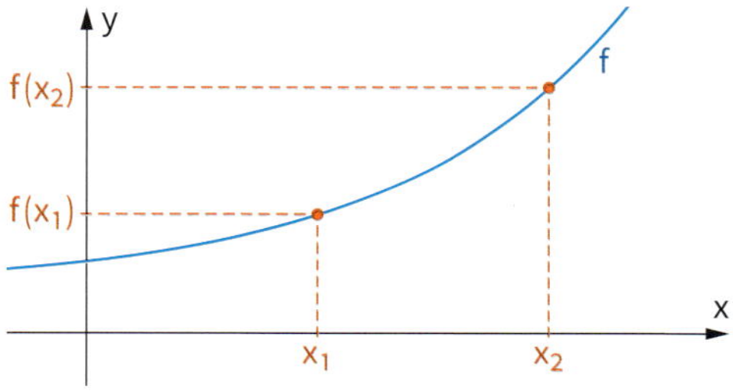

Eine Funktion f heißt in einem Intervall **streng monoton fallend**, wenn für beliebige Stellen x_1, x_2 aus dem Intervall gilt: Wenn $x_2 > x_1$, dann ist $f(x_2) < f(x_1)$.

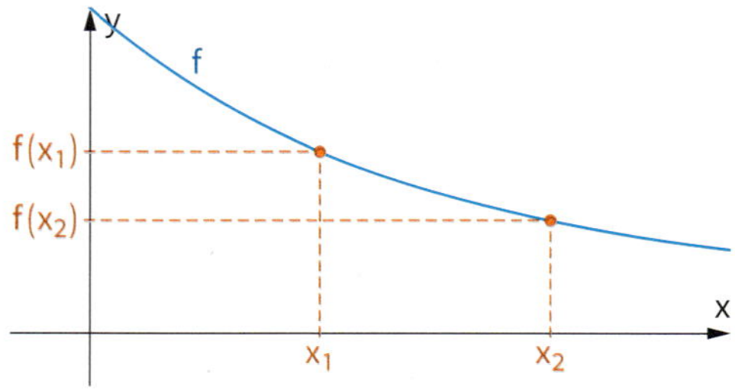

Monotoniesatz

Die Ableitungsfunktion f′ gibt Auskunft über den Verlauf des Graphen der Funktion f.

- Gilt $f'(x) > 0$ für alle x aus einem Intervall, so ist f in diesem Intervall streng monoton wachsend.
- Gilt $f'(x) < 0$ für alle x aus einem Intervall, so ist f in diesem Intervall streng monoton fallend.

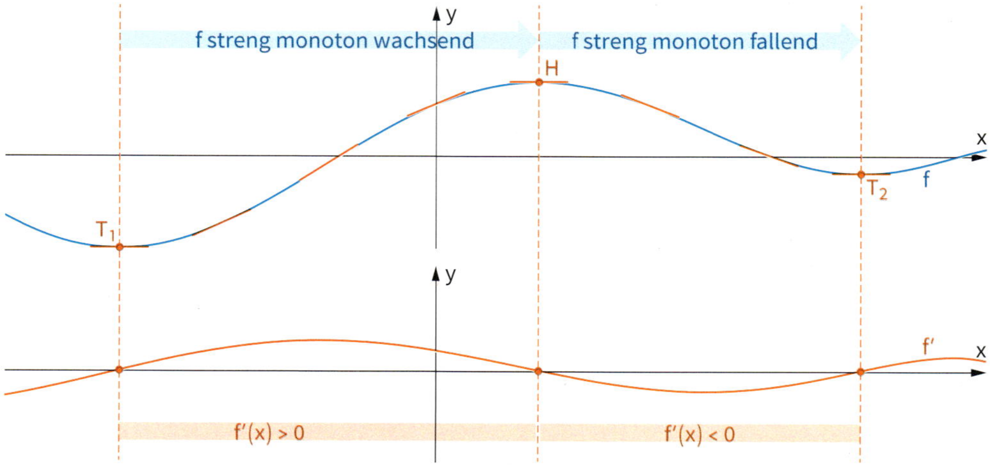

Monotonieintervalle rechnerisch bestimmen

Untersuchen Sie die Funktion f mit $f(x) = \frac{1}{4}x^4 - x^3 + 5$ auf Monotonie.

Lösung

Ableitung bestimmen $f'(x) = x^3 - 3x^2 = x^2 \cdot (x - 3)$

Nullstellen von f′ berechnen Aus $f'(x) = 0$ folgt: $x_1 = 0$ (doppelt); $x_2 = 3$

Vorzeichen von f′ links und rechts der Nullstellen untersuchen

Intervall für x	$x < 0$	$0 < x < 3$	$x > 3$
Beispiel für f′(x)	$f'(-1) = -4$	$f'(1) = -2$	$f'(4) = 16$
Vorzeichen von f′(x)	−	−	+

Monotonieintervalle angeben In $]-\infty; 3[$ ist f streng monoton fallend.
In $]3; \infty[$ ist f streng monoton wachsend.

Anmerkung:
Durch die Nullstellen von f′ wird die Zahlengerade in Intervalle unterteilt.
Um das Vorzeichen von f′ in diesen Intervallen zu bestimmen, reicht es aus, in jedem Intervall nur einen Funktionswert von f′ zu berechnen, da ganzrationale Funktionen nur bei ihren Nullstellen einen Vorzeichenwechsel haben können.

1 **Monotonieintervalle bestimmen**
Bestimmen Sie die Intervalle, in denen die Funktion f streng monoton wachsend bzw. streng monoton fallend ist.

a) $f(x) = \frac{1}{4}x^4 - 2x^2$
b) $f(x) = \frac{1}{3}x^3 + \frac{7}{4}x^2 - 2x - 9$
c) $f(x) = x^3 + 5x - 1$
d) $f(x) = \frac{1}{4}x^4 - x^3 - \frac{1}{2}x^2 + 3x - 3$

2 **Monotonieintervalle ablesen**
a) Lesen Sie die Koordinaten der Hoch- und Tiefpunkte des Graphen von f ab.
b) Geben Sie Intervalle an, in denen f streng monoton wachsend oder streng monoton fallend ist.
c) Beschreiben Sie den Zusammenhang zwischen den Intervallen und den Hoch- und Tiefpunkten.

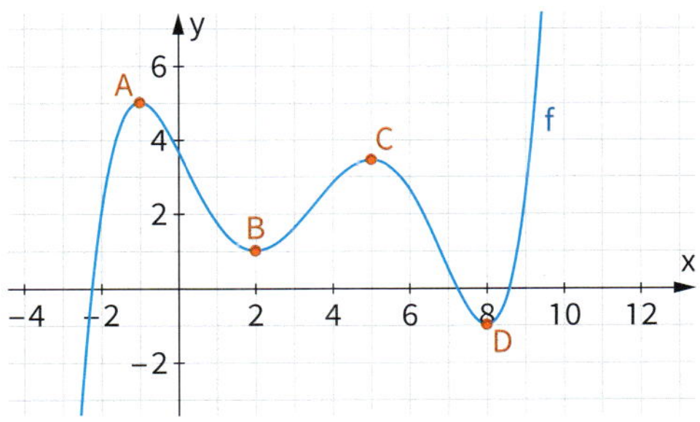

3 **Graphen skizzieren**
Der Graph einer Funktion f hat im Intervall $[-4; 6]$ den Hochpunkt $H(1|5)$ und die beiden Tiefpunkte $T_1(-2|-1)$ und $T_2(4|-3)$. Weitere Extrempunkte liegen nicht vor.
a) Skizzieren Sie einen möglichen Graphen von f für $-4 \le x \le 6$.
b) Geben Sie Intervalle an, in denen f streng monoton wachsend bzw. streng monoton fallend ist.
c) Skizzieren Sie einen möglichen Graphen der Ableitungsfunktion f′.

4 **Monotonieverhalten beschreiben**
Der Graph einer Funktion f hat nur an der Stelle x_0 eine waagerechte Tangente.
Beschreiben Sie das Monotonieverhalten der Funktion f und erläutern Sie den möglichen Verlauf der Ableitungsfunktion f′ unmittelbar links und rechts von x_0, wenn dort
(1) ein Hochpunkt (2) ein Tiefpunkt (3) ein Sattelpunkt vorliegt.

5 ≡ **Monotonie und Sattelpunkte**

Nehmen Sie Stellung zu den Aussagen von Nadine und Merve.

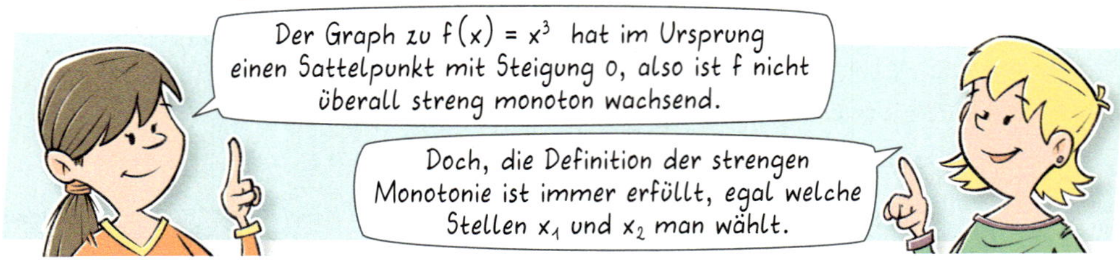

6 ≡ **Monotoniesatz anwenden**

Die Grafik zeigt den Graphen einer Ableitungsfunktion f′. Bestimmen Sie die Intervalle, in denen die Funktion f streng monoton wachsend oder fallend ist. Entscheiden Sie begründet, an welchen Stellen der Graph von f Hoch- oder Tiefpunkte haben muss.

a)
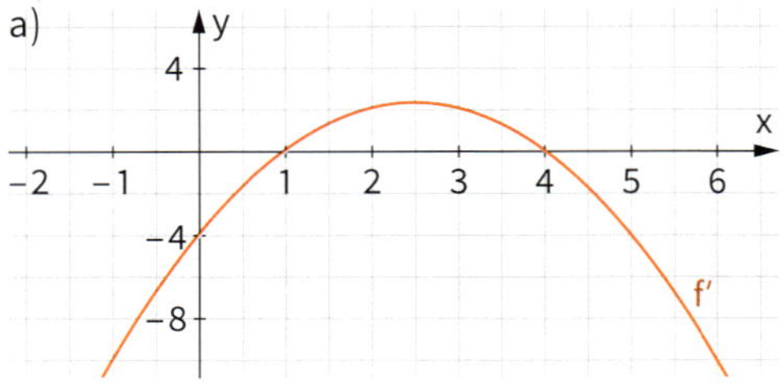

b)
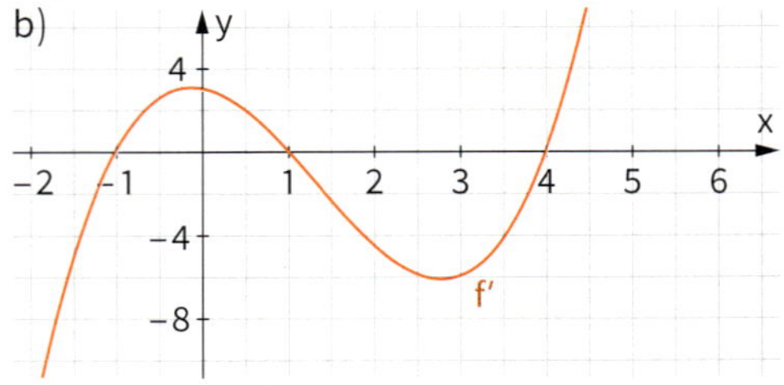

Prüfe dich! Lösungen auf Seite 177

7 ≡ Bestimmen Sie rechnerisch die Monotonieintervalle der Funktion f.

a) $f(x) = x^3 - 6x^2 + 9x - 1$ b) $f(x) = -\frac{3}{4}x^4 + 2x^3 + 2$

8 ≡ Die Grafik zeigt den Graphen einer Ableitungsfunktion f′. Begründen Sie:

(1) Der Graph der Funktion f ist für $x < -4$ streng monoton fallend.

(2) Der Graph der Funktion f ist für $-2 \le x \le 2$ streng monoton wachsend.

(3) Der Graph der Funktion f hat an der Stelle $x = -4$ einen Tiefpunkt.

(4) Der Graph der Funktion f hat an der Stelle $x = 8$ einen Sattelpunkt.

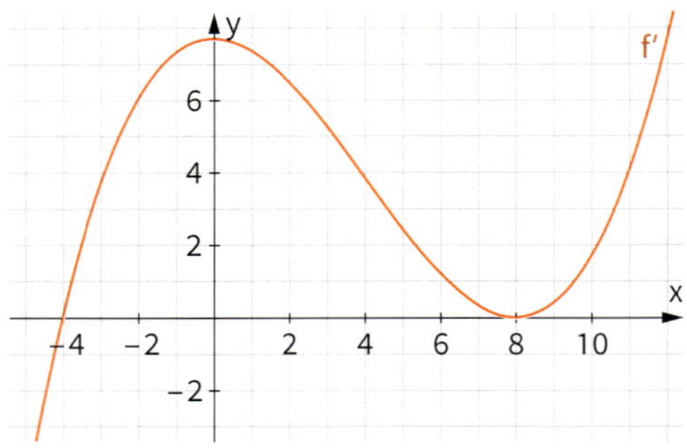

9 ≡ **Änderungsrate eines Wasserstands**

Der Graph von f′ stellt die Änderungsrate des Wasserstands in einem Stausee in cm pro Stunde abhängig von der Zeit x in Stunden dar.

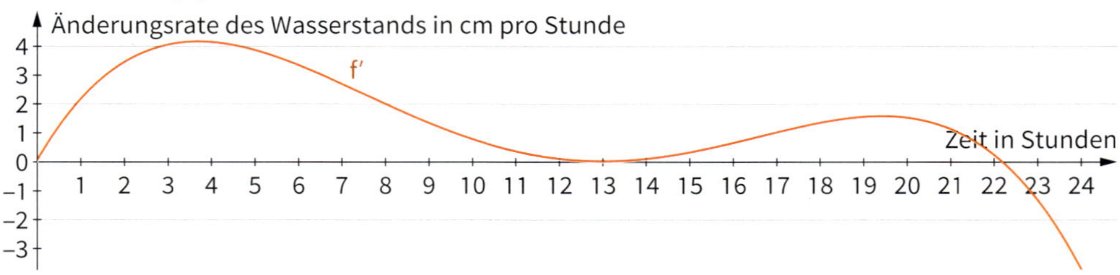

a) Bestimmen Sie die Intervalle, in denen der Wasserstand gestiegen oder gefallen ist.

b) Beschreiben Sie die Entwicklung des Wasserstands über den dargestellten Zeitraum.

10 ≡ Ein Graph für f′ – mehrere Graphen für f?

Benedikt behauptet:

Wenn ich vom Graphen einer Funktion f ausgehe, gibt es nur eine Möglichkeit, den Graphen der Ableitungsfunktion f′ zu zeichnen. Zu einem gegebenen Ableitungsgraphen von f′ kann ich aber verschiedene passende Funktionen f finden.

Nehmen Sie Stellung zu dieser Aussage.

11 ≡ Speicher einer Photovoltaikanlage

Dank eines Batteriespeichers kann Familie Kostic in den Sommermonaten ihren Stromverbrauch nahezu vollständig über eine Photovoltaikanlage decken.
Der Speicher wird geladen, wenn mehr Sonnenstrom erzeugt als verbraucht wird. Wenn die Sonne nicht scheint, kann die Familie den gespeicherten Strom nutzen und der Speicher wird entladen.
Die Grafik zeigt den Ladezustand des Speichers in Kilowattstunden (kWh) im Verlauf der 24 Stunden eines Tages.

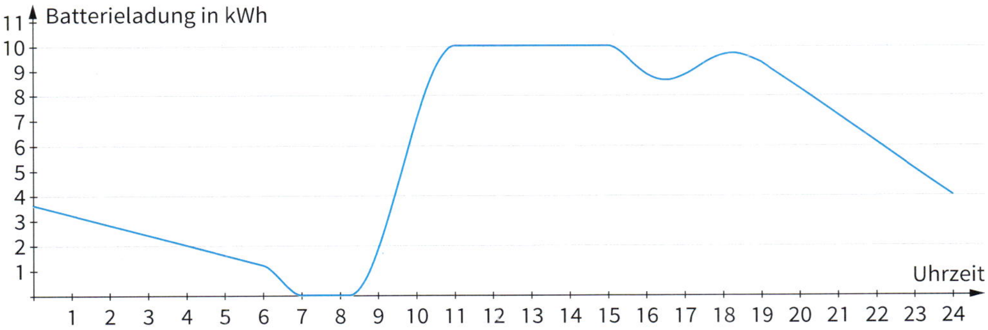

a) Beschreiben Sie die Lade- und Entladevorgänge des Batteriespeichers mit den Begriffen der Monotonie.
b) Skizzieren Sie den Graphen der zugehörigen Ableitungsfunktion und erläutern Sie Zusammenhänge zwischen den beiden Graphen.
c) Diskutieren Sie mögliche Gründe für die unterschiedlichen Lade- und Entladephasen im Laufe des Tages.

12 ≡ Funktionsgraphen skizzieren

Die Abbildung zeigt den Graphen einer Ableitungsfunktion f′.
Der Graph der Funktion f soll durch den angegebenen Punkt P verlaufen. Skizzieren Sie den Graphen der Funktion f.

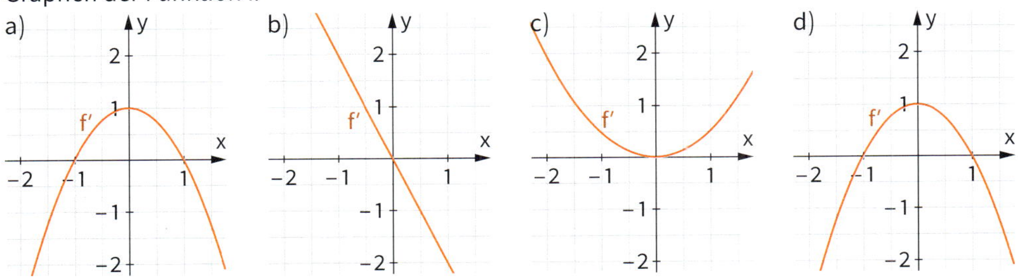

P(0 | 1)	P(1 | −4)	P(1 | 1)	P(−2 | 3)

3.2 Extrempunkte

Vorbereiten
Hochpunkt etc.
Seite 62

Mila betrachtet den Graphen der Funktion f mit $f(x) = \frac{1}{16}x^4 + \frac{1}{3}x^3 + 1$ auf ihrem Rechner.

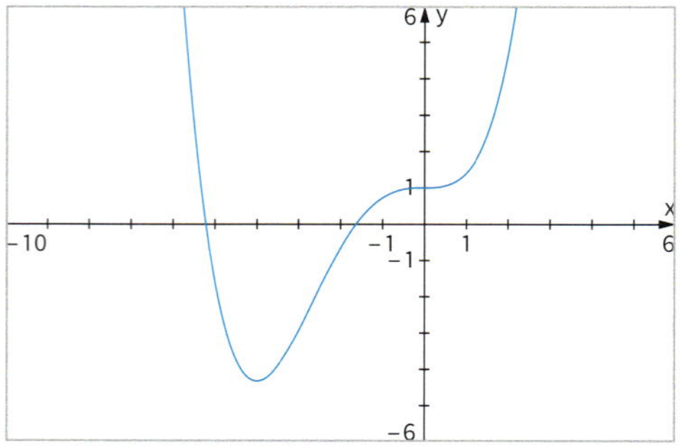

Sie sagt: „*Vermutlich ist an der Stelle −4 ein Tiefpunkt und an der Stelle 0 ein Sattelpunkt.*“

- Wie kann Mila alle Stellen, an denen der Graph von f einen Hochpunkt, einen Tiefpunkt oder einen Sattelpunkt hat, rechnerisch exakt ermitteln?

Lösung

An Stellen, an denen der Graph von f einen Hochpunkt, einen Tiefpunkt oder einen Sattelpunkt hat, verlaufen die Tangenten an den Graphen waagerecht. An diesen Stellen liegen die Nullstellen von f′.

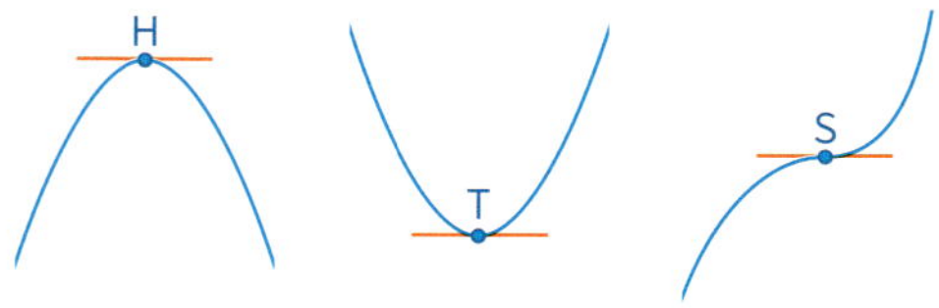

Nachschlagen
Seite 28

Die Nullstellen von f′ kann man rechnerisch exakt ermitteln. Die Ableitung lautet:
$f'(x) = \frac{1}{4}x^3 + x^2 = x^2 \cdot \left(\frac{1}{4}x + 1\right)$
Aus $f'(x) = 0$ folgt $x = 0$ oder $x = -4$. Also hat f′ die Nullstellen $x_1 = -4$ und $x_2 = 0$.

An der Stelle $x_1 = -4$ hat f′ eine einfache Nullstelle. Das Vorzeichen von f′ wechselt dort von − nach +. Damit ist f links von $x_1 = -4$ streng monoton fallend und rechts von $x_1 = -4$ streng monoton wachsend.

Der Graph von f hat an der Stelle $x_1 = -4$ also einen Tiefpunkt T. Mit einem Rechner bestimmt man die Koordinaten $T\left(-4 \,\middle|\, -\frac{13}{3}\right)$.

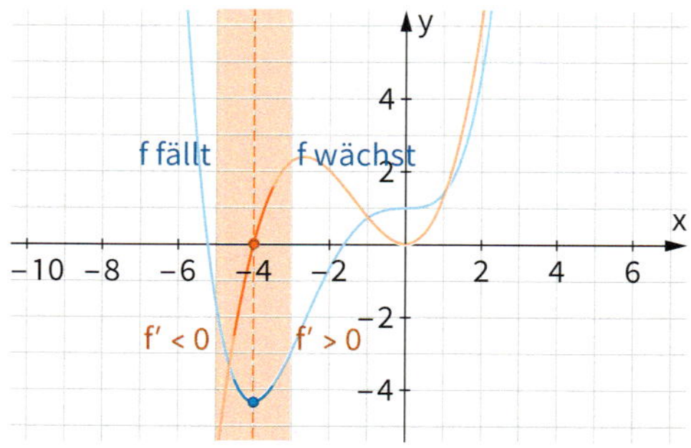

An der Stelle $x_2 = 0$ hat f′ eine doppelte Nullstelle. Das Vorzeichen von f′ wechselt dort nicht. Es ist auf beiden Seiten von $x_2 = 0$ positiv. Damit ist f auf beiden Seiten von $x_2 = 0$ streng monoton wachsend.

Der Graph von f hat an der Stelle $x_2 = 0$ also keinen Hoch- oder Tiefpunkt, sondern einen Sattelpunkt S(0 | 1).

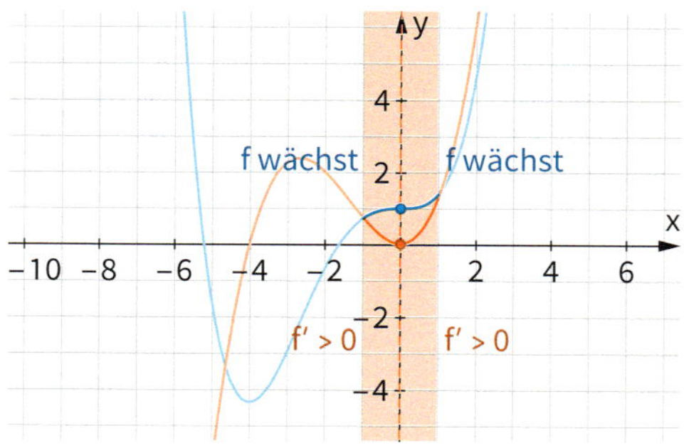

Da $x_1 = -4$ und $x_2 = 0$ alle Nullstellen von f′ sind, kann es auf dem Graphen von f keine weiteren Punkte mit einer waagerechten Tangente geben.

Extrempunkte und Extremstellen

Hoch- und Tiefpunkte bezeichnet man allgemein als **Extrempunkte**.

Stellen, an denen der Graph einer Funktion Hoch- oder Tiefpunkte hat, heißen **Extremstellen**.

Den Funktionswert an einer Extremstelle nennt man **Extremum**.

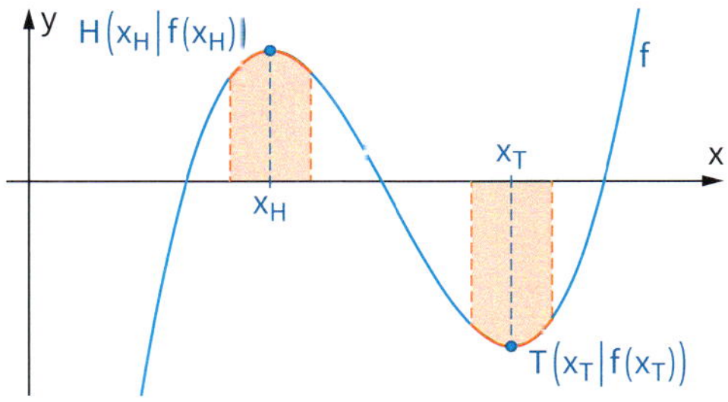

WES-109451-302

Gibt es um eine Stelle x_E ein Intervall, in dem $f(x_E)$ der größte bzw. kleinste vorkommende Funktionswert ist, so ist $P(x_E|f(x_E))$ ein Extrempunkt.

Notwendiges Kriterium für Extremstellen

Satz

Hat der Graph der Funktion f an der Stelle x_E einen Extrempunkt, dann ist $f'(x_E) = 0$.

Stellen mit waagerechten Tangenten

Hinreichendes Kriterium für Extremstellen (Vorzeichenwechsel-Kriterium)

Satz

- Hat die Ableitung f′ an der Stelle x_E eine Nullstelle mit Vorzeichenwechsel von + nach –, so hat der Graph von f an der Stelle x_E einen Hochpunkt.
- Hat die Ableitung f′ an der Stelle x_E eine Nullstelle mit Vorzeichenwechsel von – nach +, so hat der Graph von f an der Stelle x_E einen Tiefpunkt.

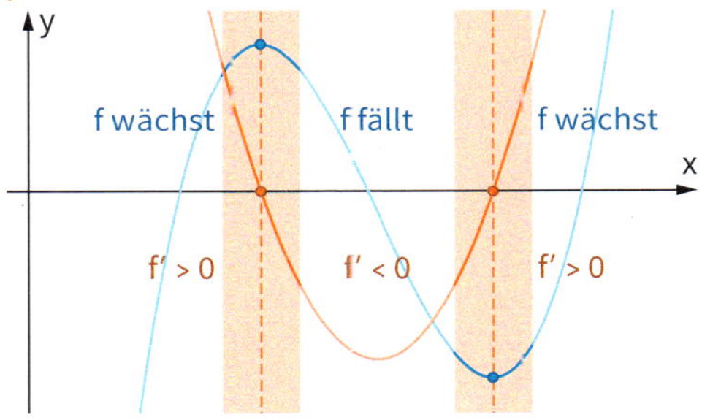

Hinweis: An jeder Stelle x_E mit $f'(x_E) = 0$ hat der Graph von f eine waagerechte Tangente, aber nicht zwingend einen Extrempunkt. Hat f′ nämlich links und rechts von der Nullstelle das gleiche Vorzeichen, handelt es sich um einen Sattelpunkt.
Man sagt deshalb: *„Die Bedingung $f'(x_E) = 0$ ist **notwendig** für das Vorliegen eines Extrempunktes an der Stelle x_E, aber **nicht hinreichend**.“*

Graphen auf Extrempunkte prüfen

Untersuchen Sie den Graphen der Funktion f mit $f(x) = \frac{1}{3}x^3 - x^2 - 3x + 2$ auf Extrempunkte.

Lösung

Ableitung bestimmen — $f'(x) = x^2 - 2x - 3$

Notwendiges Kriterium
Gleichung $f'(x) = 0$ lösen — Aus $f'(x) = 0$ folgt: $x_1 = -1$; $x_2 = 3$
Dies sind mögliche Extremstellen.

Gleiches Vorgehen wie bei Monotonie

Hinreichendes Kriterium
Vorzeichen von f′ links und rechts der Nullstellen untersuchen

Intervall für x	$x < -1$	$-1 < x < 3$	$x > 3$
Beispiel für f′(x)	$f'(-2) = 5$	$f'(0) = -3$	$f'(4) = 5$
Vorzeichen von f′(x)	+	–	+

Der Graph von f hat an der Stelle $x_1 = -1$ einen Hochpunkt H und an der Stelle $x_2 = 3$ einen Tiefpunkt T.

Funktionswerte berechnen — $f(-1) = \frac{11}{3}$; also $H\left(-1\middle|\frac{11}{3}\right)$ $f(3) = -7$; also $T(3|-7)$

1 Extrempunkte und Sattelpunkte rechnerisch bestimmen

Berechnen Sie die Stellen, an denen der Graph der Funktion f Punkte mit waagerechter Tangente besitzt. Bestimmen Sie jeweils, ob es sich um Hoch-, Tief- oder Sattelpunkte handelt, und geben Sie die Koordinaten der Punkte an.

a) $f(x) = \frac{1}{3}x^3 + \frac{7}{4}x^2 - 2x - 9$ b) $f(x) = -\frac{1}{4}x^4 + 2x^2$ c) $f(x) = \frac{1}{4}x^4 - 2x^3 + \frac{9}{2}x^2$

d) $f(x) = x^3 + 5x - 1$ e) $f(x) = \frac{1}{5}x^5 - 4x^2$ f) $f(x) = \frac{1}{2}x^4 + \frac{4}{3}x^3$

2 Vorzeichenwechsel-Kriterium für Extremstellen anwenden

Berechnen Sie die Nullstellen der Ableitungsfunktion f′ und entscheiden Sie, ob der Graph der Funktion f dort einen Hoch-, Tief- oder Sattelpunkt hat.

a) $f'(x) = x^2 - 3x - 4$ b) $f'(x) = x^3 - 4x^2$ c) $f'(x) = (x^2 - 4) \cdot (x - 1)^2$

3 Extrempunkte und Sattelpunkte aus dem Ableitungsgraphen bestimmen

Bestimmen Sie die Stellen, an denen der Graph der Funktion f Hoch-, Tief- oder Sattelpunkte hat. Begründen Sie Ihre Entscheidung.

a)

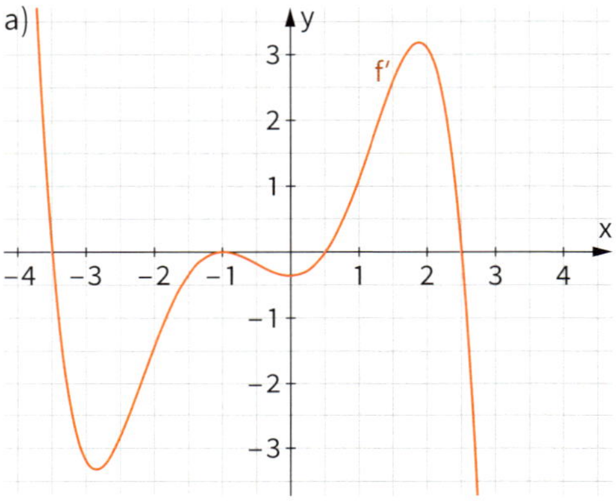

b)

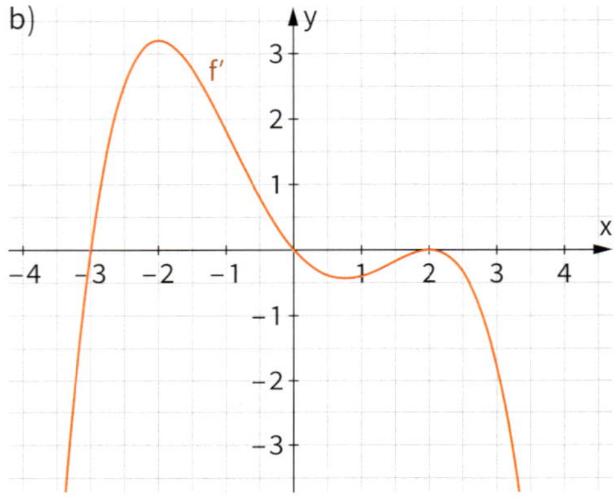

4 Lösung kontrollieren und korrigieren

Nena sucht die Extremstellen der Funktion f mit $f(x) = \frac{1}{4}x^4 - \frac{3}{2}x^2 - 2x$. Dazu gibt sie die Gleichung $x^3 - 3x - 2 = 0$ in den Gleichungslöser ihres Rechners ein. Der Rechner ermittelt $x_1 = -1$; $x_2 = 2$ als Lösungen. Nena schreibt auf:

Die Stellen −1 und 2 sind mögliche Extremstellen von f.
Da $f'(-3) = -20 < 0$ und $f'(3) = 16 > 0$ gilt, wechselt f′ an der Stelle $x_1 = -1$ das Vorzeichen von − nach +, also hat der Graph von f dort einen Tiefpunkt.

Erläutern Sie, wie Nena die Extremstellen bestimmt hat. Was hat sie dabei übersehen? Korrigieren Sie Nenas Aussage.

Prüfe dich!
Lösungen auf Seite 177

5

Berechnen Sie die Nullstellen der Funktion f′. Entscheiden Sie, ob an diesen Stellen Hoch-, Tief- oder Sattelpunkte des Graphen der Funktion f vorliegen.

a) $f(x) = \frac{1}{3}x^3 + \frac{1}{2}x^2 - 6x - 4$ b) $f(x) = \frac{1}{8}x^4 + \frac{1}{2}x^3 - 3$

6

Die Abbildung zeigt den Graphen der Ableitungsfunktion f′ einer ganzrationalen Funktion f vierten Grades.
Bestimmen Sie die Stellen, an denen der Graph von f Hoch-, Tief- oder Sattelpunkte hat, und begründen Sie.

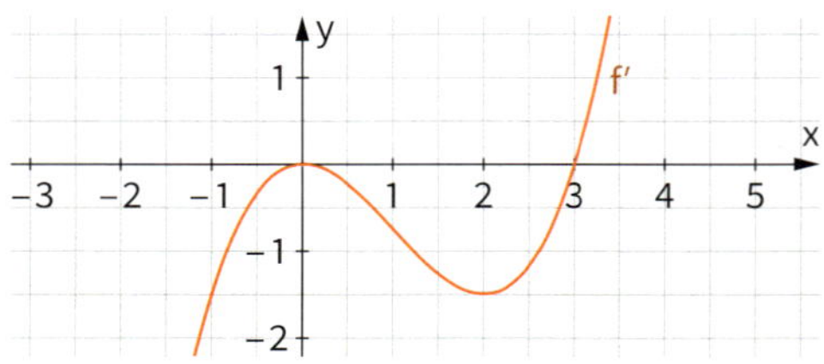

7 Extremstellen mithilfe des Globalverlaufs des Graphen von f′ untersuchen

Sophia hat die Extremstellen des Graphen der Funktion f bestimmt:

$f(x) = -\frac{1}{16}x^4 - \frac{1}{4}x^3 + 1;\ f'(x) = -\frac{1}{4}x^3 - \frac{3}{4}x^2 = -\frac{1}{4}x^2 \cdot (x+3)$

- *Aus $f'(x) = 0$ folgt: $x_1 = -3$ und $x_2 = 0$ (doppelt)*
- *Der Globalverlauf von f′ wird durch den Summanden $-\frac{1}{4}x^3$ bestimmt: Für $x \to -\infty$ gilt $f'(x) \to \infty$; für $x \to \infty$ gilt $f'(x) \to -\infty$.*
- *Also weiß ich, dass an der Stelle $x_1 = -3$ ein Vorzeichenwechsel von + nach − und an der Stelle $x_2 = 0$ kein Vorzeichenwechsel erfolgt. Somit hat der Graph von f an der Stelle …*

a) Erläutern Sie Sophias Überlegungen und vervollständigen Sie ihren letzten Satz.

b) Untersuchen Sie genauso die Graphen der Funktionen g und h mit $g(x) = \frac{1}{6}x^3 - \frac{1}{4}x^2 - 3x + 1$ und $h(x) = \frac{1}{5}x^5 - \frac{4}{3}x^3 - 2$ auf Extremstellen.

8 Aussagen zu Funktionseigenschaften ergänzen

Ergänzen Sie jeder für sich und vergleichen Sie dann Ihre Formulierungen miteinander.

a) Wenn $f'(x) > 0$ für alle x aus einem Intervall I gilt, dann …

b) Einen Sattelpunkt des Graphen einer Funktion f erkennt man bei f′ daran, dass …

c) Ist $f'(x) \neq 0$ für alle x aus einem Intervall I, dann …

d) Eine Funktion f ist in einem Intervall I steng monoton fallend, wenn …

e) Ist x_0 eine doppelte Nullstelle einer Ableitungsfunktion f′, dann ...

f) Ist x_0 eine doppelte Nullstelle einer Funktion f, dann ...

9 Extrempunkte mit einem Rechner bestimmen

Clara und Joris wollen die Extrempunkte des Graphen der Funktion f mit einem Rechner bestimmen. Dazu geben sie beide zunächst den Funktionsterm in ihren Rechner ein.

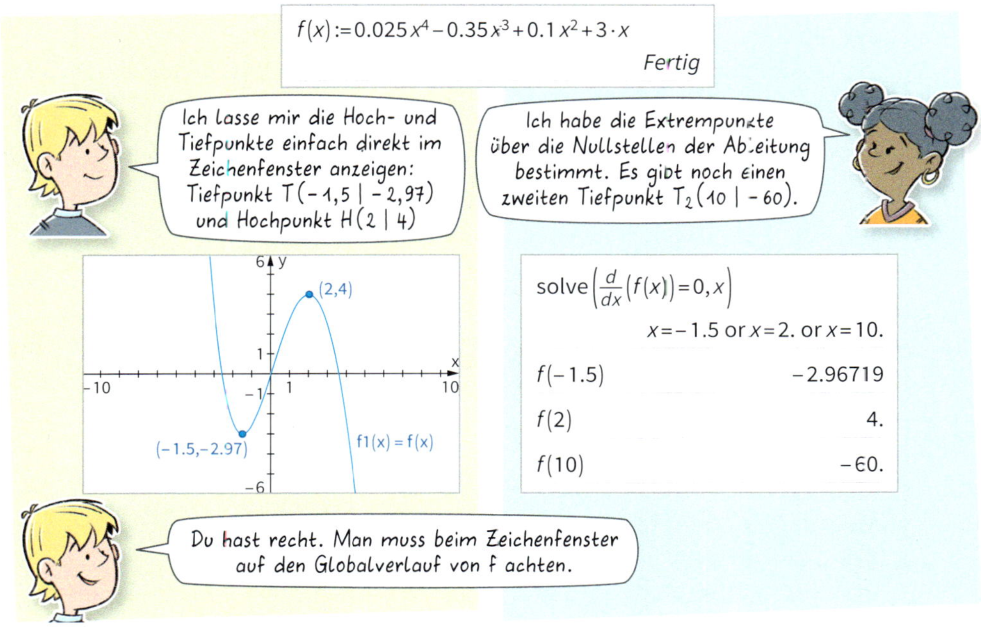

Vergleichen Sie die Vorgehensweise der beiden und bestimmen Sie selbst mit einem Rechner alle Extrempunkte des Graphen der Funktion f.

a) $f(x) = \frac{1}{10}x^3 - \frac{1}{10}x^2 - \frac{11}{5}x + 4$

b) $f(x) = \frac{1}{3}x^5 - 3x^3 + 4x + 1$

c) $f(x) = \frac{1}{10}x^6 - 2x^5 + 7x^3 - 3x^2$

d) $f(x) = 0{,}001x^7 - x^4 + 2x^3 + 1$

Einstieg

Randextremum

Ein Teil des Graphen der Funktion f mit $f(x) = \frac{1}{30}x^3 - \frac{1}{20}x^2 - \frac{7}{8}x + \frac{25}{8}$ soll als Modell einer BMX-Schanze dienen. Dazu wird der Definitionsbereich von f auf das Intervall $[0; 5]$ eingeschränkt.

- An welcher Stelle liegt der höchste, an welcher der tiefste Punkt der Schanze?

Lösung

Die Gleichung $f'(x) = \frac{1}{10}x^2 - \frac{1}{10}x - \frac{7}{8} = 0$ hat die Lösungen $x_1 = -2{,}5$ und $x_2 = 3{,}5$.
Die Stelle $x_1 = -2{,}5$ liegt nicht im Definitionsbereich $[0; 5]$. An der Stelle $x_2 = 3{,}5$ hat der Graph von f den Tiefpunkt $T(3{,}5\,|\,0{,}88)$.
An den Rändern des Definitionsbereichs gilt $f(0) \approx 3{,}13$ und $f(5) \approx 1{,}67$. Der höchste Punkt der Schanze ist damit $H(0\,|\,3{,}13)$ und der tiefste $T(3{,}5\,|\,0{,}88)$.

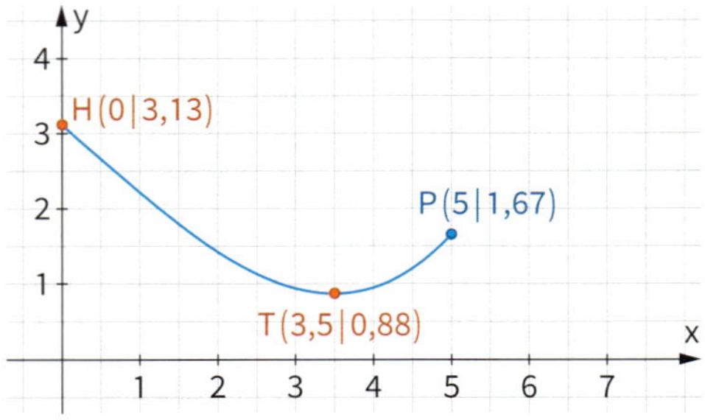

WES-109451-303

Lokale und globale Extrema

- Ist $P(x_E\,|\,f(x_E))$ ein Hochpunkt bzw. ein Tiefpunkt einer Funktion f, so bezeichnet man $f(x_E)$ als **lokales Maximum** bzw. **lokales Minimum** von f.
- Ein lokales Maximum oder Minimum heißt auch **lokales Extremum**.
- Der größte bzw. der kleinste Funktionswert im Definitionsbereich von f heißt **globales Maximum** bzw. **globales Minimum**.
- Ein globales Maximum oder Minimum heißt auch **globales Extremum**. Liegt es an einer Randstelle des Definitionsbereichs, so nennt man es **Randextremum**.

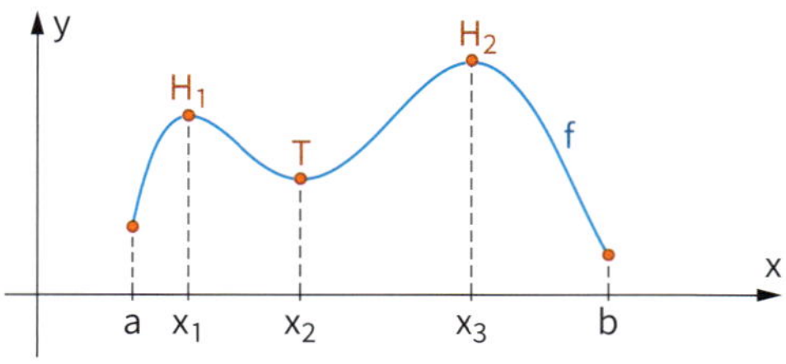

Definitionsbereich von f: $[a; b]$
$f(x_1)$: lokales Maximum
$f(x_2)$: lokales Minimum
$f(x_3)$: lokales und globales Maximum
$f(b)$: globales Minimum und Randextremum
$f(a)$: weder lokales noch globales Extremum

10 **Lokale und globale Extrema bestimmen**

Bestimmen Sie rechnerisch die lokalen Extrema von f. Entscheiden Sie mithilfe des Globalverlaufs, ob es sich dabei auch um globale Extrema handelt.

a) $f(x) = \frac{1}{2}x^2 + 2x + 3$

b) $f(x) = \frac{1}{2}x^4 + 16x - 1$

c) $f(x) = -\frac{1}{4}x^3 + 3x - 2$

d) $f(x) = \frac{x \cdot (2x^2 + 3x - 12)}{6}$

Globalverlauf beachten

Der Graph einer Funktion f hat die Hochpunkte $H_1(-3\,|\,4)$ und $H_2(4\,|\,8)$ und den Tiefpunkt $T(-1\,|\,3{,}63)$.
Für $x \to \infty$ und $x \to -\infty$ gilt $f(x) \to -\infty$.

Daraus erhält man:
- Es gibt kein globales Minimum.
- H_1 und T sind nur lokale Extrempunkte.
- Das globale Maximum wird mit $f(4) = 8$ am Hochpunkt H_2 erreicht.

11 **Lokale und globale Extrema grafisch bestimmen**

Bestimmen Sie anhand des Graphen von f die Koordinaten der vorhandenen Extrempunkte. Geben Sie jeweils an, ob es sich um einen lokalen oder einen globalen Extrempunkt handelt.

a)

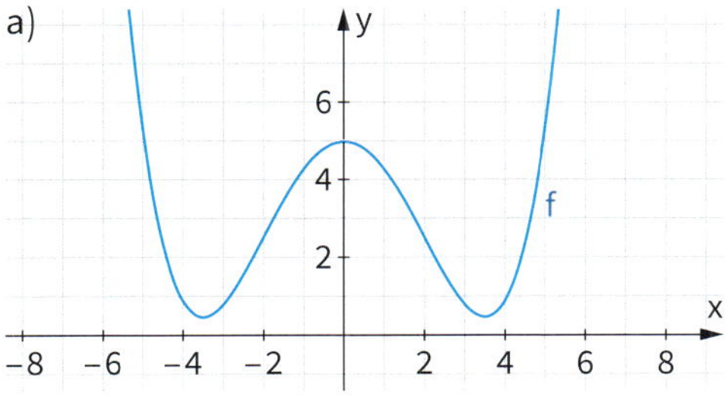

b)

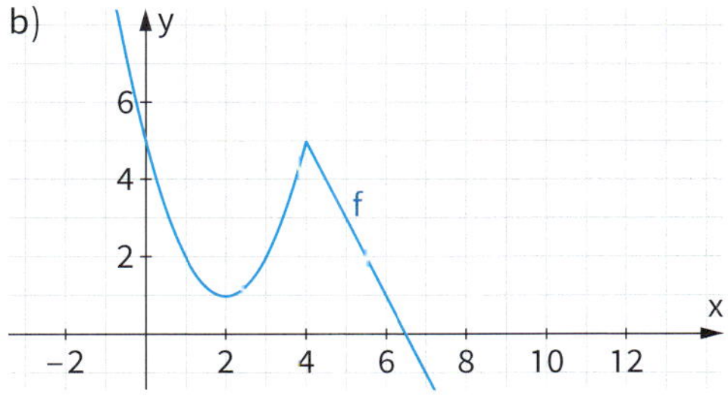

12 **Steigung bei einer Bergetappe**

Bei Radrennen werden Bergetappen häufig durch Höhenprofile beschrieben. Ein Höhenprofil kann näherungsweise durch den Graphen der Funktion f mit $f(x) = 0{,}002\,x^3 - 0{,}09\,x^2 + 1{,}2\,x + 7{,}65$ im Intervall $[0; 25]$ dargestellt werden. Hierbei gibt x die horizontale Entfernung in km und f(x) die Höhe über NN in 100 m an.

a) Skizzieren Sie das Höhenprofil und berechnen Sie die Höhe des höchsten Punktes der Bergetappe.

b) Bestimmen Sie die Stelle, an der die Steigung maximal ist, und geben Sie die maximale Steigung in Prozent an.

Prüfe dich!
Lösungen auf
Seite 177

13 Gegeben ist die Funktion f mit $f(x) = \frac{1}{4}x^4 - \frac{1}{3}x^3 - x^2$ im Intervall $[-2; 3]$.
Ermitteln Sie rechnerisch den größten und den kleinsten Funktionswert von f.

14 Die Abbildung zeigt den Graphen einer Funktion f.
Entscheiden Sie begründet, welche der Aussagen über die Funktion f und die Ableitung f′ wahr bzw. falsch sind.

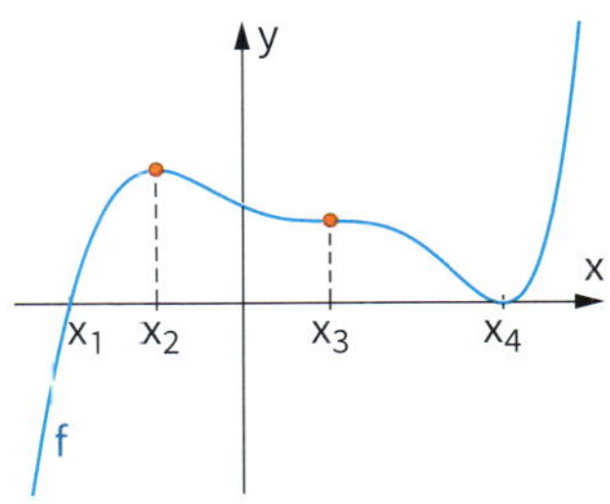

(1) f hat an der Stelle x_1 ein lokales Minimum.
(2) f hat an der Stelle x_4 ein lokales Minimum.
(3) f hat an der Stelle x_2 ein globales Maximum.
(4) f hat kein globales Extremum.
(5) f′ hat an der Stelle x_3 ein lokales Maximum.

15 **Anzahl von Nullstellen und Extremstellen ganzrationaler Funktionen**

a) Begründen Sie die folgende Aussage, indem Sie das notwendige Kriterium für Extremstellen verwenden und mit dem Verlauf des Graphen argumentieren:
„Eine ganzrationale Funktion 3. Grades hat höchstens zwei Extremstellen und höchstens drei Nullstellen.“

b) Folgern Sie aus Teilaufgabe a), dass eine ganzrationale Funktion vierten Grades höchstens drei Extremstellen und höchstens vier Nullstellen hat.

c) Nehmen Sie an, dass Sie schon wissen, dass eine ganzrationale Funktion vom Grad n − 1 höchstens n − 2 Extremstellen und höchstens n − 1 Nullstellen hat. Folgern Sie daraus, dass eine ganzrationale Funktion vom Grad n höchstens n − 1 Extremstellen und höchstens n Nullstellen hat.

3.3 Zweite Ableitung

Die Funktion f ist gegeben durch die Gleichung $f(x) = 0{,}5x^3 - 1{,}5x^2 + 1$.
Die Extremstellen von f sind $x_1 = 0$ und $x_2 = 2$.
Man erkennt sie an den Nullstellen von f′, die dort einen Vorzeichenwechsel haben.
Nun betrachtet man die Ableitungsfunktion der Funktion f′, die man mit f″ bezeichnet.

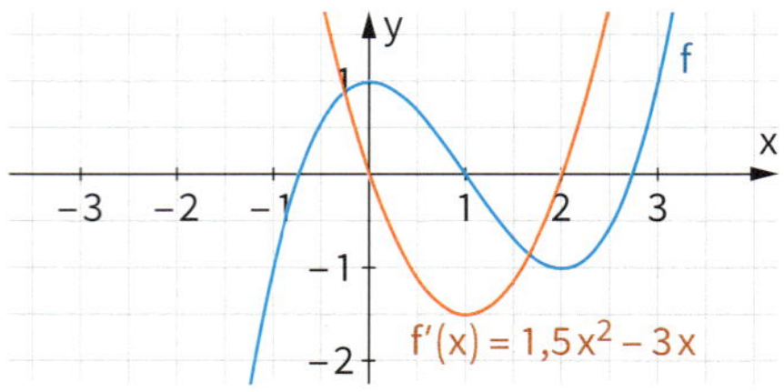

- Wie erkennt man den Vorzeichenwechsel von f′ an diesen Stellen am Graphen von f″?

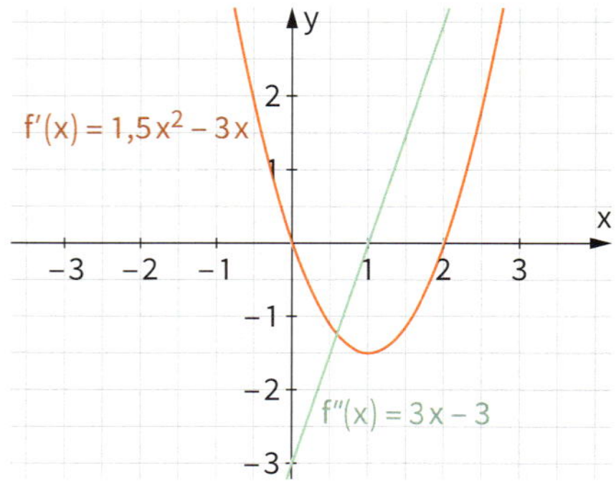

Lösung

Da $f''(0) = -3$ negativ ist, fällt der Graph von f′ an der Stelle $x_1 = 0$ beim Durchgang durch die x-Achse. Somit wechselt f′ dort das Vorzeichen von + nach –. An der Stelle $x_2 = 2$ hingegen steigt der Graph von f′ beim Durchgang durch die x-Achse, da $f''(2) = 3$ positiv ist. Somit wechselt f′ dort das Vorzeichen von – nach +.

WES-109451-304

Entsprechend: ***f‴** ist die Ableitung von f″ bzw. die* ***dritte Ableitung*** *von f.*

Zweite Ableitung

Hat die Ableitung f′ einer Funktion f ebenfalls eine Ableitung, so nennt man diese die **zweite Ableitung** der Funktion f.

Schreibweise: **f″**
Sprechweise: *„f zwei Strich"*

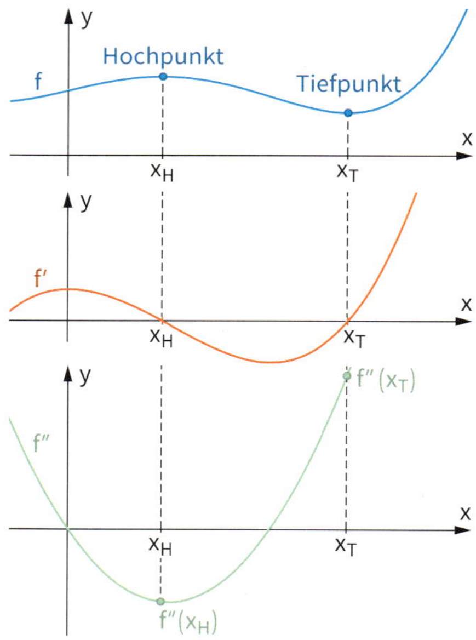

Hinreichendes Kriterium für Extremstellen (f″-Kriterium)

Satz

Für eine Funktion f und ihre Ableitungen f′ und f″ gilt:

- Wenn $f'(x_H) = 0$ und zugleich $f''(x_H) < 0$, dann hat der Graph von f an der Stelle x_H einen Hochpunkt.
- Wenn $f'(x_T) = 0$ und zugleich $f''(x_T) > 0$, dann hat der Graph von f an der Stelle x_T einen Tiefpunkt.

Begründung des Satzes

- $f''(x_H) < 0$ bedeutet, dass der Graph von f′ an der Stelle x_H negative Steigung hat. Wegen $f'(x_H) = 0$ hat f′ dort also eine Nullstelle mit Vorzeichenwechsel von + nach –.
- $f''(x_T) > 0$ bedeutet, dass der Graph von f′ an der Stelle x_T positive Steigung hat. Wegen $f'(x_T) = 0$ hat f′ dort also eine Nullstelle mit Vorzeichenwechsel von – nach +.

Damit folgt der Satz aus dem Vorzeichenwechsel-Kriterium.

Hinweis:
Es gibt Funktionen mit Extremstellen x_E, bei denen $f'(x_E) = 0$ und $f''(x_E) = 0$ ist.
Die Bedingung $f'(x_E) = 0$ und $f''(x_E) \neq 0$ ist also *hinreichend*, aber *nicht notwendig* dafür, dass f an der Stelle x_E eine Extremstelle hat.

Ein Beispiel dafür ist $f(x) = x^4$.
Es gilt $f'(x) = 4x^3$ und $f''(x) = 12x^2$.
An der Stelle $x_E = 0$ ist $f'(0) = 0$.
Der Punkt $(0\,|\,0)$ ist aber ein Tiefpunkt des Graphen von f, obwohl auch $f''(0) = 0$ ist.

Im Fall, dass $f'(x) = 0$ und $f''(x) = 0$ gilt, sollte man also wieder auf das Vorzeichenwechsel-Kriterium zurückgreifen.

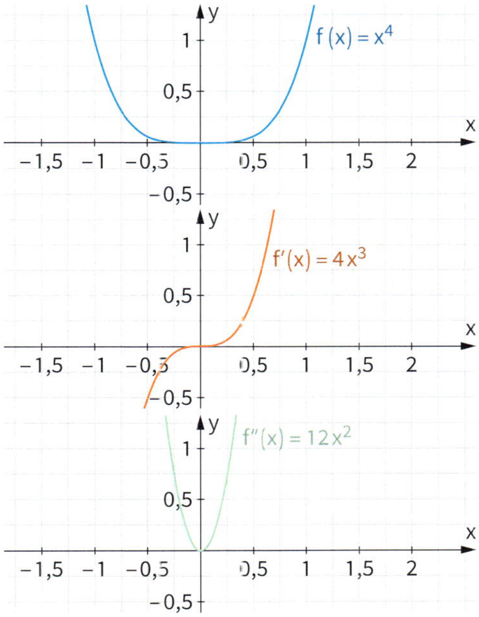

Extremstellen mit erster und zweiter Ableitung bestimmen

Gegeben ist die Funktion f mit $f(x) = \frac{1}{5}x^5 - \frac{1}{3}x^3 + 2$. Untersuchen Sie mithilfe der zweiten Ableitung den Graphen von f auf Extremstellen.

Lösung

Erste Ableitung bestimmen	$f'(x) = x^4 - x^2 = x^2 \cdot (x^2 - 1)$
Notwendiges Kriterium	Aus $f'(x) = 0$ folgt: $x_1 = -1$; $x_2 = 0$ (doppelt); $x_3 = 1$
Gleichung $f'(x) = 0$ lösen	Dies sind mögliche Extremstellen.
Zweite Ableitung bestimmen	$f''(x) = 4x^3 - 2x$
f''-Kriterium	$f''(-1) = 4 \cdot (-1)^3 - 2 \cdot (-1) = -4 + 2 = -2 < 0$
Nullstellen einsetzen	Also: Hochpunkt des Graphen an der Stelle $x_1 = -1$
	$f''(0) = 4 \cdot 0^3 - 2 \cdot 0 = 0$
	Also: Keine Aussage mit dem f''-Kriterium möglich
	$f''(1) = 4 \cdot 1^3 - 2 \cdot 1 = 4 - 2 = 2 > 0$
	Also: Tiefpunkt des Graphen an der Stelle $x_3 = 1$

Das Vorzeichenwechsel-Kriterium zeigt, dass die Stelle $x_2 = 0$ *keine* Extremstelle ist.

1 **Extrempunkte berechnen**
Berechnen Sie die Extrempunkte des Graphen der Funktion f und entscheiden Sie, ob es sich um einen Hoch- oder einen Tiefpunkt handelt.

a) $f(x) = x^3 + 3x^2 - 4$
b) $f(x) = x^4 - 2x^2 - 8$
c) $f(x) = \frac{1}{6}x^3 - x^2 + 3$
d) $f(x) = \frac{1}{4}x^4 - 2$
e) $f(x) = \frac{1}{5}x^5 - x^4 + \frac{4}{3}x^3$
f) $f(x) = x^3 - 6x^2 + 12x + 5$

2 **Anwendbarkeit des f''-Kriteriums prüfen**
Laura behauptet: „*Der Graph der Funktion f mit $f(x) = x^4 + 4x^3 + 6x^2 + 4x - 1$ hat an der Stelle $x = -1$ einen Sattelpunkt, da sowohl $f'(-1) = 0$ als auch $f''(-1) = 0$ gilt.*“
Nehmen Sie zu dieser Aussage Stellung.

3 Grafische Zusammenhänge erläutern

Die Abbildungen zeigen Graphen der Funktionen f und g sowie ihrer Ableitungen f′ und g′.

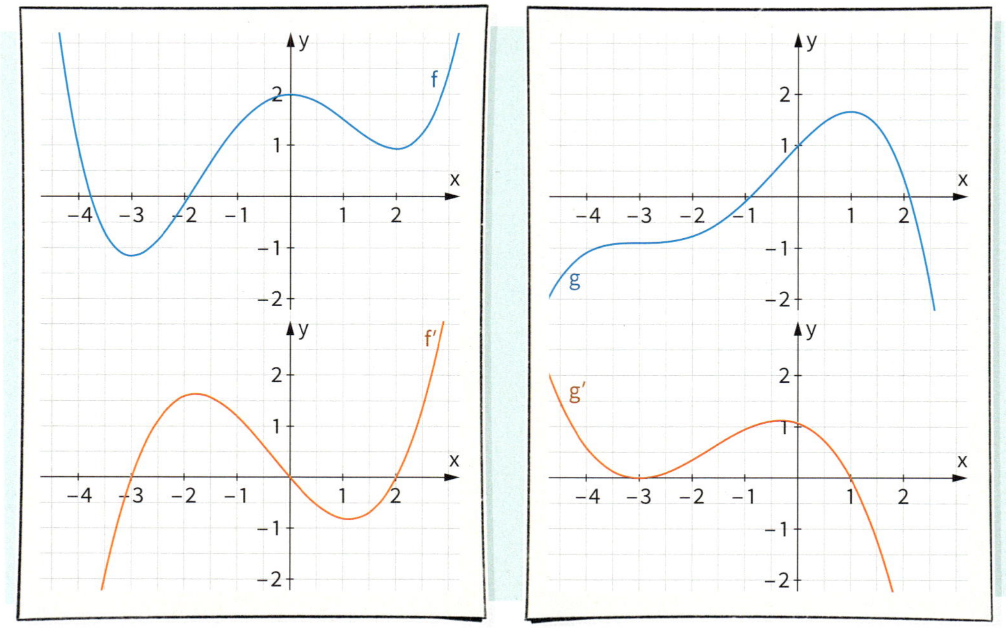

a) Skizzieren Sie die Graphen der zweiten Ableitungen f″ und g″.

b) Erklären Sie, wie die Graphen der Funktion und ihrer Ableitungen zusammenhängen. Gehen Sie dabei insbesondere auf die Nullstellen der ersten Ableitung ein.

4 Leuchtsignal

Ein Schiff in Seenot macht durch ein Leuchtsignal auf sich aufmerksam. Dazu wird die Leuchtkugel senkrecht nach oben geschossen. Die Höhe des Signals in Metern nach t Sekunden kann näherungsweise durch die Funktion h mit $h(t) = -4{,}9\,t^2 + 29{,}4\,t + 4$ beschrieben werden.

a) Bestimmen Sie die größte Höhe des Leuchtsignals.

b) Berechnen Sie die Ableitung h′ und die Ableitung h″ der Funktion h′. Deuten Sie diese Funktionen im Sachzusammenhang.

5 Erste und zweite Ableitung grafisch deuten

Entscheiden und begründen Sie jeweils für den Graphen von f, ob die Funktionen f′ und f″ in dem abgebildeten Bereich positiv oder negativ ist.

f′: Änderung
f″: Änderung der Änderng

(1)
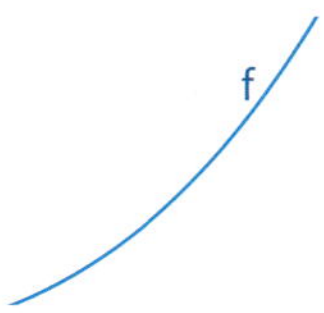

(2)
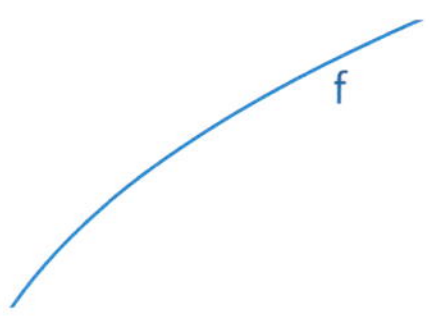

(3)
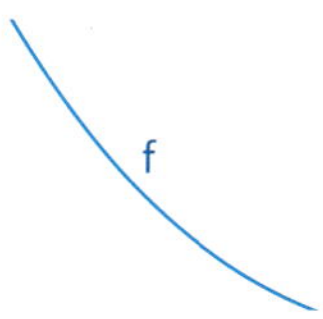

(4)
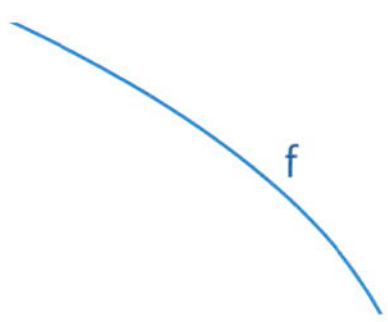

Vorzeichen von f′ und f″

Für das Vorzeichen von **f′** betrachtet man die **Steigung** des Graphen von f.

Für das Vorzeichen von **f″** betrachtet man die **Änderung der Steigung** des Graphen von f.

6 Hubschrauber

Die Funktion f gibt die Höhe eines Hubschraubers in Abhängigkeit von der Zeit an.

a) Beschreiben Sie die Bedeutung der Funktionen f′ und f″ in diesem Kontext.

b) Die Ableitungen f′ und f″ können in einem bestimmten Zeitintervall jeweils positiv oder negativ sein. Deuten Sie die vier Möglichkeiten im Sachzusammenhang.

	$f' > 0$	$f' < 0$
$f'' > 0$	Der Hubschrauber steigt immer schneller auf.	▪
$f'' < 0$	▪	▪

c) Begründen Sie das f″-Kriterium für Extremstellen inhaltlich in diesem Kontext.

---

7 Berechnen Sie die erste und die zweite Ableitung der Funktion f.

Prüfe dich! Lösungen auf Seite 178

a) $f(x) = 4x^3 - 12x^2 + 7x + 3$

b) $f(t) = -\frac{1}{2}t^8 - \frac{4}{3}t^6 + 7t^3 + 3$

8 Bestimmen Sie die Extrempunkte des Graphen. Nutzen Sie, wenn möglich, das f″-Kriterium.

a) $f(x) = -x^3 - 3x^2 + 9x$

b) $f(x) = \frac{3}{4}x^4 - 2x^3 + \frac{3}{2}x^2 - 2$

9 Der Graph der Funktion f wird im Intervall $[-2; 6]$ betrachtet. Geben Sie die Intervalle an, für die gilt:

(1) $f'(x) > 0$ und $f''(x) > 0$
(2) $f'(x) > 0$ und $f''(x) < 0$
(3) $f'(x) < 0$ und $f''(x) > 0$
(4) $f'(x) < 0$ und $f''(x) < 0$

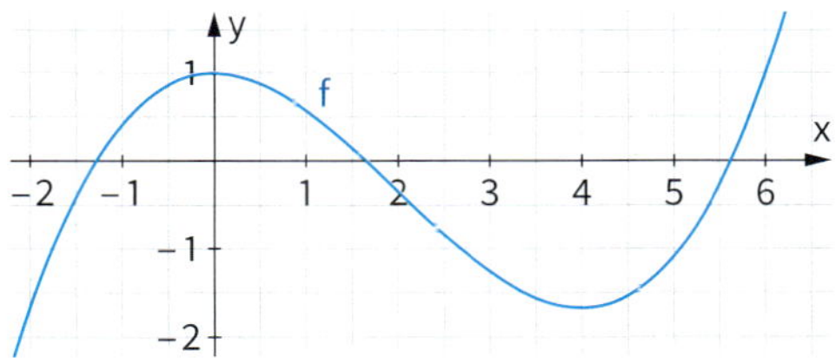

---

10 f″-Kriterium mit einem Rechner erkunden

Gegeben ist die Funktion f mit $f(x) = 2x^4 - 3x^2 + 2x + 1$.

a) Geben Sie f′(x) und f″(x) an.

b) Zeichnen Sie mit einem Rechner die Graphen von f, f′ und f″ und vollziehen Sie daran das f″-Kriterium für Extremstellen nach.

c) Verwenden Sie andere ganzrationale Funktionen vierten Grades und erkunden Sie die Zusammenhänge zwischen f, f′ und f″.

11 Nullstellen von f′ richtig deuten

Hanna sucht die Extremstellen der Funktion f mit $f(x) = \frac{1}{4}x^4 - x^3 + 4x + 5$. Dazu bestimmt sie mit ihrem Rechner die Nullstellen der Ableitungsfunktion f′ mit $f'(x) = x^3 - 3x^2 + 4$.
Der Rechner zeigt das Ergebnis *{−1, 2, 2}*.
Hanna sagt: „*Die Stellen −1 und 2 sind Extremstellen von f.*“
Erläutern Sie, wie Hanna die Extremstellen bestimmt hat. Was hat sie dabei übersehen?
Korrigieren Sie Hannas Aussage.

12 Höhere Ableitungen berechnen

a) Berechnen Sie.

(1) $f''(x)$ für $f(x) = x^2$	(2) $f'''(x)$ für $f(x) = x^3$	(3) $f''''(x)$ für $f(x) = x^4$

b) Für eine natürliche Zahl n bezeichnet man die **n-te Ableitung** von f mit $f^{(n)}(x)$.
Bestimmen Sie $f^{(n)}(x)$ für $f(x) = x^n$.

3.4 Wendepunkte

Motorradfahrer fahren in den Kurven in Schräglage.
In einer *Linkskurve* sind sowohl Fahrer als auch Motorrad sehr stark nach links, also in die Kurve hinein, geneigt. In einer *Rechtskurve* ist die Neigung stark nach rechts in die Kurve. Wenn die Linkskurve in eine Rechtskurve wechselt oder umgekehrt, muss der Fahrer schnell seine Position wechseln. Dabei stehen Fahrer und Motorrad für einen Moment aufrecht.

Ein Teil des Kurses einer Rennstrecke kann von oben betrachtet vereinfacht durch den Graphen einer Funktion f dargestellt werden. Ein Motorradfahrer fährt die Strecke von links nach rechts.

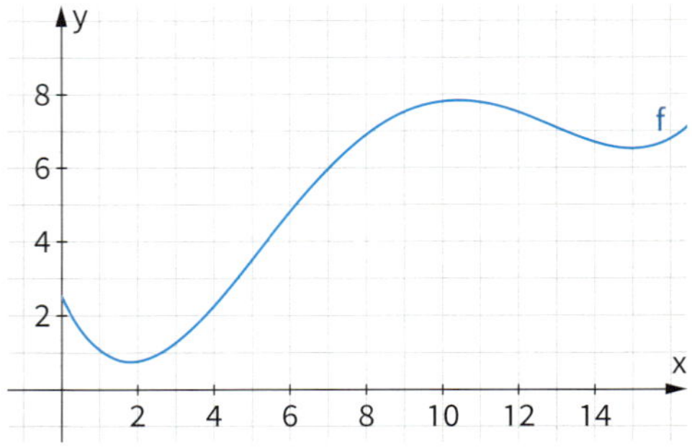

- An welchen Stellen der Rennstrecke hat der Fahrer keine Schräglage? Geben Sie Streckenabschnitte an, in denen der Fahrer sich nach rechts bzw. links lehnt.
- Betrachten Sie die Graphen der ersten und der zweiten Ableitung von f.
  Wie verhalten sich die Graphen von f′ bzw. f″ an den Stellen, an denen der Fahrer keine Schräglage hat? Wie verhalten sie sich in den Intervallen, in denen der Graph von f links- bzw. rechtsgekrümmt ist?

Lösung

- Die Stellen, an denen der Fahrer keine Schräglage hat, liegen etwa bei $x = 5$ und $x = 13$. In den Intervallen $[0; 5]$ und $[13; 16]$ fährt er eine Linkskurve: Der Graph von f verläuft dort linksgekrümmt.
  Dagegen fährt er im Intervall $[5; 13]$ eine Rechtskurve: Der Graph von f verläuft dort rechtsgekrümmt.
- Betrachtet man nun die Graphen von f′ und f″, so fällt auf: An den Stellen, an denen sich das Krümmungsverhalten des Graphen von f ändert, hat der Graph von f′ Extremstellen. Dementsprechend hat f″ dort Nullstellen.
  In den Intervallen $[0; 5]$ und $[13; 16]$, in denen der Graph von f linksgekrümmt ist, ist f′ streng monoton wachsend. Somit ist f″ dort positiv.
  Im Intervall $[5; 13]$, in dem der Graph von f rechtsgekrümmt ist, ist f′ streng monoton fallend. Also ist f″ dort negativ.

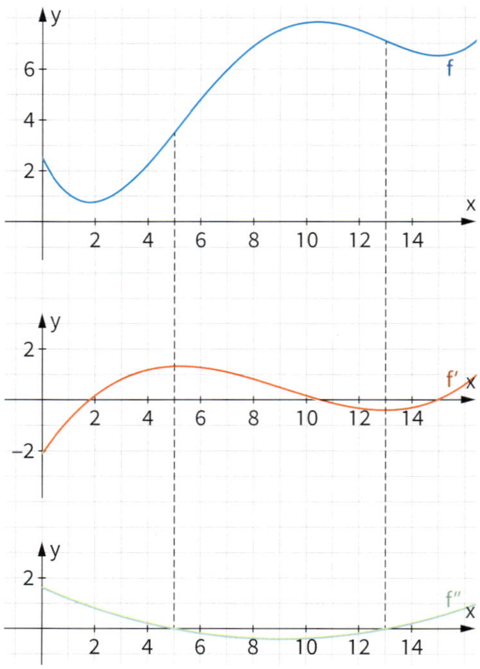

WES-109451-305

Links- bzw. Rechtskurven

Der Graph von f bildet im Intervall I

- eine **Linkskurve**, falls f′ im Intervall I streng monoton wächst.
- eine **Rechtskurve**, falls f′ im Intervall I streng monoton fällt.

Nach dem Monotoniesatz gilt somit:

- Ist $f''(x) > 0$ für alle $x \in I$, so bildet der Graph von f in I eine Linkskurve.
- Ist $f''(x) < 0$ für alle $x \in I$, so bildet der Graph von f in I eine Rechtskurve.

Wendepunkte

In einem **Wendepunkt** geht der Graph von f von einer Linkskurve in eine Rechtskurve über oder umgekehrt.

Satz: Jede Wendestelle von f ist eine lokale Extremstelle von f′. Die lokale Änderungsrate von f ist dort also maximal oder minimal.

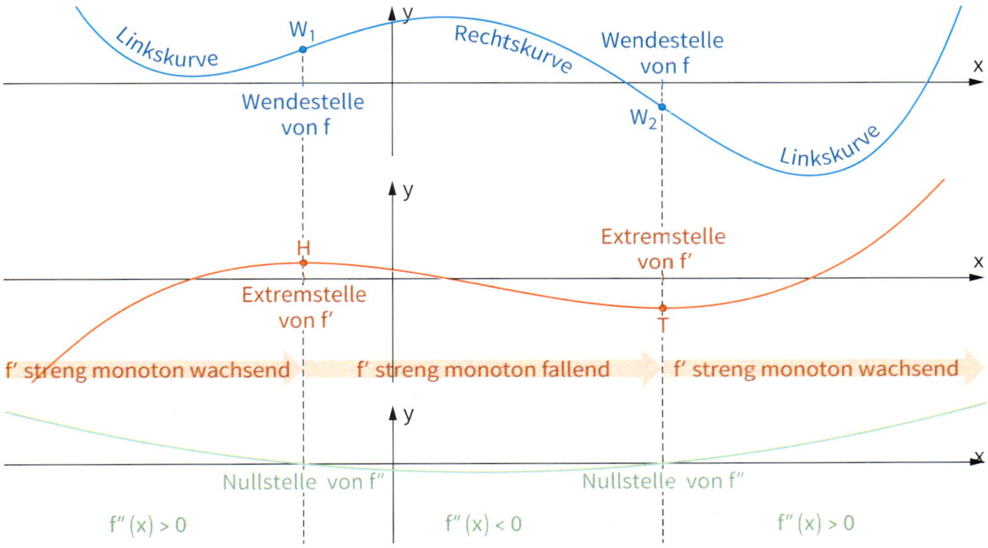

Notwendiges Kriterium für Wendestellen

Satz: Hat die Funktion f an der Stelle x_W eine Wendestelle, so ist $f''(x_W) = 0$.

Hinreichendes Kriterium für Wendestellen (Vorzeichenwechsel-Kriterium)

Satz: Hat die zweite Ableitung f″ an der Stelle x_W eine Nullstelle mit Vorzeichenwechsel, so ist x_W eine Wendestelle von f.

Hinweis:
Wenn $f''(x_0) = 0$ ist, so muss x_0 nicht unbedingt eine Wendestelle von f sein.
Die Bedingung $f''(x_0) = 0$ ist also *notwendig*, aber *nicht hinreichend* dafür, dass f an der Stelle x_0 eine Wendestelle besitzt.

Ein Beispiel dafür ist $f(x) = x^4$.
Es gilt $f'(x) = 4x^3$ und $f''(x) = 12x^2$, daher ist $f''(0) = 0$. Die Stelle $x_0 = 0$ ist aber eine Extrem- und keine Wendestelle von f.
Das liegt daran, dass f″ an der Stelle $x_0 = 0$ nicht das Vorzeichen wechselt.

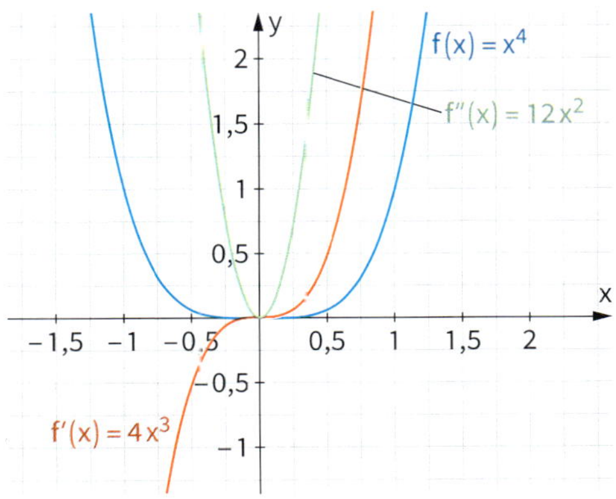

Graphen auf Wendepunkte prüfen

Untersuchen Sie den Graphen der Funktion f mit $f(x) = \frac{1}{3}x^3 - 6x^2 + 2x - 4$ auf Wendepunkte.

Lösung

Ableitungen bestimmen	$f'(x) = x^2 - 12x + 2$ $f''(x) = 2x - 12$
Notwendiges Kriterium *Gleichung $f''(x) = 0$ lösen*	Aus $f''(x) = 0$ folgt: $x = 6$ Dies ist eine mögliche Wendestelle.
Hinreichendes Kriterium *Vorzeichen von f″ links und rechts der Nullstellen untersuchen*	(siehe Tabelle)

Intervall für x	$x < 6$	$x > 6$
Beispiel für $f''(x)$	$f''(5) = -2$	$f''(7) = 2$
Vorzeichen von $f''(x)$	−	+
Krümmungsverhalten des Graphen von f	Rechtskurve	Linkskurve

Man sagt hier auch: **Rechts-Links-Wendepunkt**

Der Graph von f hat an der Stelle $x = 6$ einen Wendepunkt W.

Funktionswert berechnen $f(6) = -136$; also $W(6 \mid -136)$

1 Wendestellen berechnen

Berechnen Sie die Wendestellen der Funktion f mithilfe des hinreichenden Kriteriums.

a) $f(x) = \frac{1}{3}x^3 - x^2 + \frac{8}{3}$
b) $f(x) = \frac{1}{4}x^3 + \frac{3}{2}x^2$
c) $f(x) = \frac{1}{3}x^4 - 8x^2 + 1$
d) $f(x) = \frac{1}{5}x^5 + \frac{1}{2}x^4$
e) $f(x) = \frac{1}{2}x^4 - x^3 - 18x^2 + 5$
f) $f(x) = \frac{3}{10}x^5 - 4x^3 + 24x$

2 Intervalle für Links- und Rechtskurven bestimmen

Bestimmen Sie die Intervalle, in denen der Graph der Funktion f eine Linkskurve bzw. eine Rechtskurve beschreibt.

a) $f(x) = \frac{1}{3}x^3 - x$
b) $f(x) = \frac{1}{4}x^4 - \frac{3}{2}x^2$
c) $f(x) = \frac{1}{2}x^4 - 12x^2 + x - 2$

3 Krümmungsverhalten begründen

Von einer ganzrationalen Funktion f ist ihre zweite Ableitung f″ mit $f''(x) = \frac{1}{2}x^2 + 3$ bekannt. Begründen Sie, weshalb der Graph von f überall linksgekrümmt ist.

4 Extrem- und Wendepunkte bestimmen

Bestimmen Sie die Extrem- und Wendepunkte des Graphen der Funktion f, ohne einen Rechner zu verwenden.

a) $f(x) = \frac{1}{3}x^3 - 4x - 5$
b) $f(x) = 2x^3 - 3x^2 + 4$
c) $f(x) = x^3 - 6x^2 + 9x - 4$
d) $f(x) = \frac{1}{9}x^4 - 2x^2 + 8$
e) $f(x) = x^4 - 6x^2 + 5$
f) $f(x) = \frac{1}{6}x^3 - x^2 + 2x - 1$

5 Wendepunkte als Punkte eines Graphen mit extremaler Steigung

Eine Wendetangente durchsetzt den Graphen im Wendepunkt. Begründen Sie die folgenden Aussagen anhand von Skizzen für eine Funktion f.

(1) Geht der Graph von f von einer Linkskurve in eine Rechtskurve über, so hat f′ an dieser Stelle ein Maximum.

(2) Geht der Graph von f von einer Rechtskurve in eine Linkskurve über, so hat f′ an dieser Stelle ein Minimum.

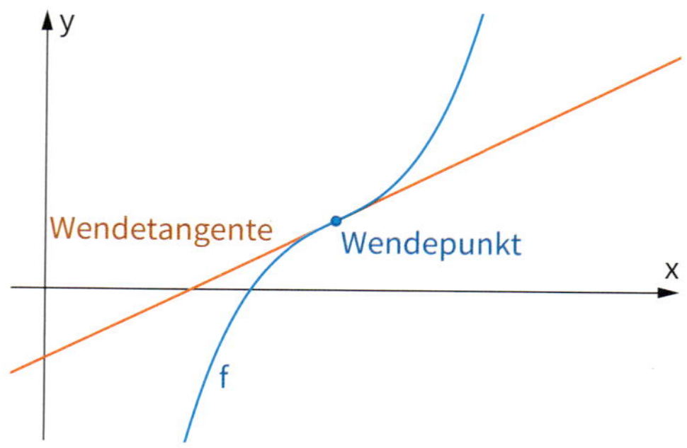

6 ≡ **Wendepunkte im Kontext deuten**
Erklären Sie die Bedeutung eines Wendepunktes im Sachkontext.
a) Die Funktion f gibt den Temperaturverlauf während eines Tages an.
b) Die Funktion f gibt die Wassermenge in einem Stausee während eines Jahres an.
c) Die Funktion f gibt Höhe eines Baumes im Verlauf seines Lebens an.
d) Die Funktion f gibt die Tiefe eines Tauchers während eines Tauchgangs an.

7 ≡ **Maximale momentane Änderungsrate**
Das Wachstum einer Schimmelpilzkultur wird im Zeitintervall [0; 3] durch die Funktion f mit $f(x) = 9x^3 - x^5$ beschrieben. Hierbei bezeichnet x die Zeit in Tagen nach Beobachtungsbeginn und f(x) die Größe der von der Kultur bedeckten Fläche in cm^2.
Untersuchen Sie, wann die momentane Änderungsrate des Flächeninhalts maximal ist. Welche Bedeutung hat dieser Zeitpunkt für den Wachstumsprozess?

8 ≡ **Bungee-Jumping**
Beim Bungee-Jumping springt eine Person an einem Gummiseil befestigt kopfüber in die Tiefe. Nach einer Phase des freien Falls wird die Person durch das Seil abgebremst und durch die Elastizität des Seils nach oben zurückgefedert. Dieser Vorgang wiederholt sich dann einige Male.
Die Höhe eines Springers über dem Boden in Abhängigkeit von der Zeit wird durch den Graphen einer Funktion f beschrieben.

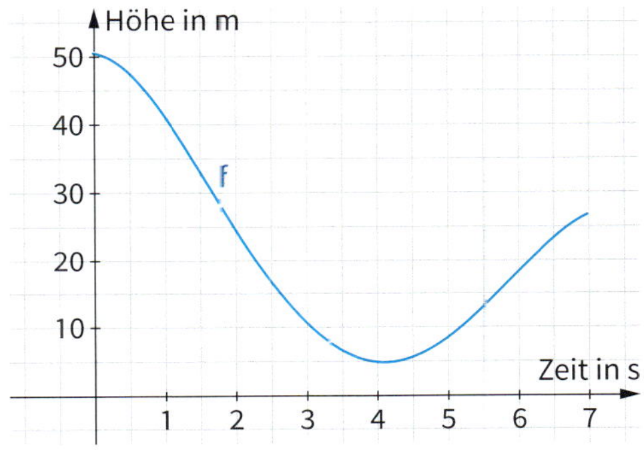

a) Beschreiben Sie den Verlauf des Sprunges, wie er dargestellt wird.
b) Schätzen Sie anhand des Graphen, wo der Springer seine maximale Geschwindigkeit erreicht und wie groß diese ist.
c) Skizzieren Sie die Graphen der Ableitungen f′ und f″ und deuten Sie ihren Verlauf im Sachzusammenhang.

9 ≡ Bestimmen Sie die Wendepunkte des Graphen der Funktion f.
Geben Sie an, ob ein Maximum oder ein Minimum der Steigung von f vorliegt.
a) $f(x) = x^3 - 3x^2 - 2x$ b) $f(x) = \frac{1}{6}x^4 - x^2$ c) $f(x) = \frac{1}{12}x^4 - \frac{1}{6}x^3 - 3x^2 + 2x - 3$

Prüfe dich!
Lösungen auf Seite 178

10 ≡ Die momentane Zuflussrate des Wassers in einem Wassertank kann bei Regen durch die Funktion z mit $z(x) = 1{,}16x^3 - 26{,}1x^2 + 148{,}3x$ für $0 \le x \le 12$ beschrieben werden, mit x in Stunden nach Beginn des Regens und z(x) in Liter pro Stunde.
a) Begründen Sie, weshalb die Wassermenge während der ersten 12 Stunden nach Beginn des Regens ständig zunimmt. Bestimmen Sie die maximale momentane Zuflussrate.
b) In welchem Zeitraum ist die momentane Zuflussrate größer als 150 Liter pro Stunde? Zu welchem Zeitpunkt nimmt die momentane Zuflussrate am stärksten ab?

11 ≡ **Sattelpunkte als Wendepunkte deuten**
Sattelpunkte sind spezielle Wendepunkte. Erläutern Sie dies anhand der Abbildungen.

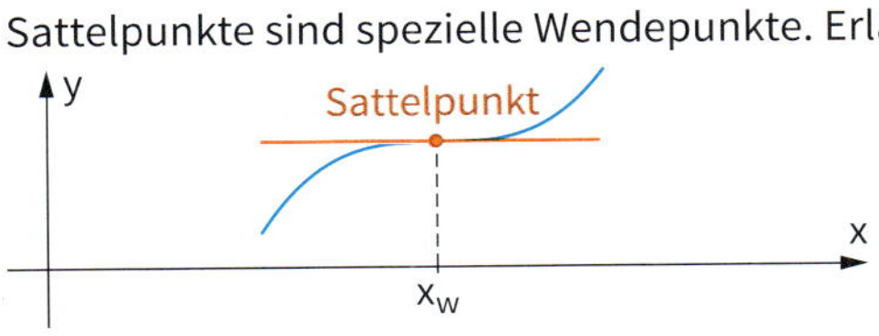

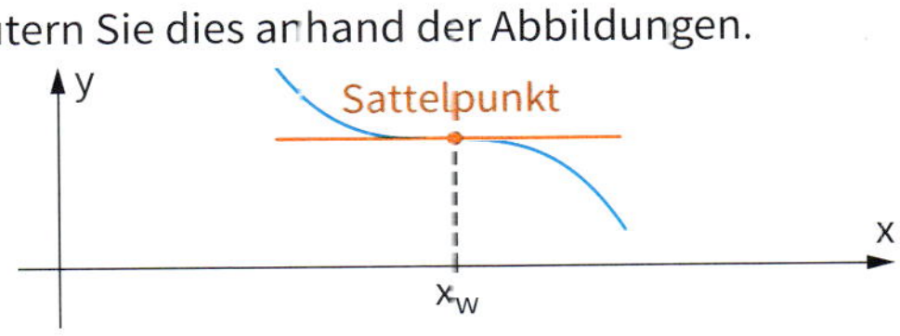

12 Wendepunkte mit einem Rechner bestimmen

Clara und Joris wollen die Wendepunkte des Graphen der Funktion f mit einem Rechner bestimmen. Dazu geben sie beide zunächst den Funktionsterm in ihren Rechner ein.

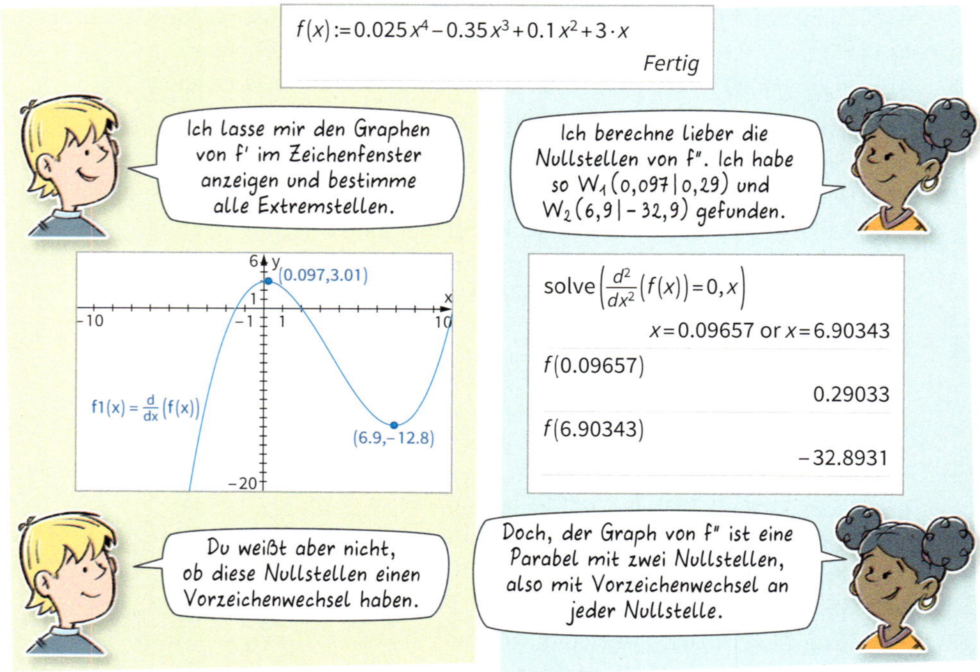

Vergleichen Sie die Vorgehensweise der beiden und bestimmen Sie selbst mit einem Rechner die Wendepunkte des Graphen der Funktion f.

a) $f(x) = \frac{1}{12}x^4 + \frac{1}{3}x^3 - \frac{3}{2}x^2 + 5$ b) $f(x) = \frac{1}{20}x^5 - \frac{1}{6}x^4 - \frac{4}{3}x^3 - 5$ c) $f(x) = \frac{1}{3}x^5 - 3x^3 + 4x$

WES-109451-306

Hinreichendes Kriterium für Wendestellen (f‴-Kriterium)

Satz: Für eine Funktion f und ihre Ableitungen f′, f″ und f‴ gilt:

- Ist $f''(x_W) = 0$ und $f'''(x_W) \neq 0$, so ist x_W eine Wendestelle von f.
- Ist $f''(x_W) = 0$ und $f'''(x_W) < 0$, so ist an der Stelle x_W ein lokales Maximum von f′.
- Ist $f''(x_W) = 0$ und $f'''(x_W) > 0$, so ist an der Stelle x_W ein lokales Minimum von f′.

13 f‴-Kriterium anwenden

Berechnen Sie die Wendepunkte des Graphen der Funktion f mithilfe der 3. Ableitung.

a) $f(x) = \frac{1}{12}x^4 - \frac{1}{6}x^3 - x^2$ b) $f(x) = 0{,}25x^4 - 1{,}5x^3 + 10$

14 f‴-Kriterium begründen

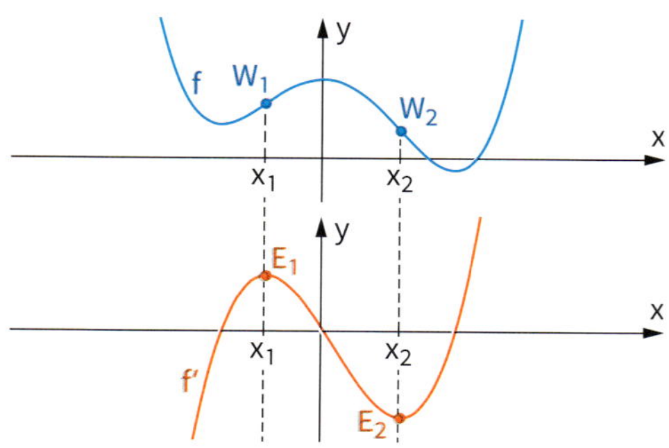

a) Begründen Sie das f‴-Kriterium für Wendestellen, indem Sie wie bei der Begründung des f″-Kriteriums für Extremstellen auf Seite 94 argumentieren.

b) Zeigen Sie für die Funktion f mit $f(x) = x^5$, dass es eine Wendestelle x_W mit $f'''(x_W) = 0$ gibt. Man sagt: *„Die Bedingung $f''(x_W) = 0$ und $f'''(x_W) \neq 0$ ist **nicht notwendig** für das Vorliegen einer Wendestelle.“*

15 ≡ **Begründungen für Wendestellen finden**

Begründen Sie folgende Aussage für eine ganzrationale Funktion f.

a) Zwischen zwei Extrempunkten des Graphen von f liegt mindestens ein Wendepunkt.

b) Ist f vom Grad 3, so hat f genau eine Wendestelle.

c) Jede doppelte Nullstelle von f′ ist eine Wendestelle von f.

16 ≡ **Aussagen prüfen**

Der Graph einer Ableitungsfunktion f′ ist dargestellt. Untersuchen Sie die folgenden Aussagen auf ihre Richtigkeit. Begründen Sie Ihre Entscheidung.

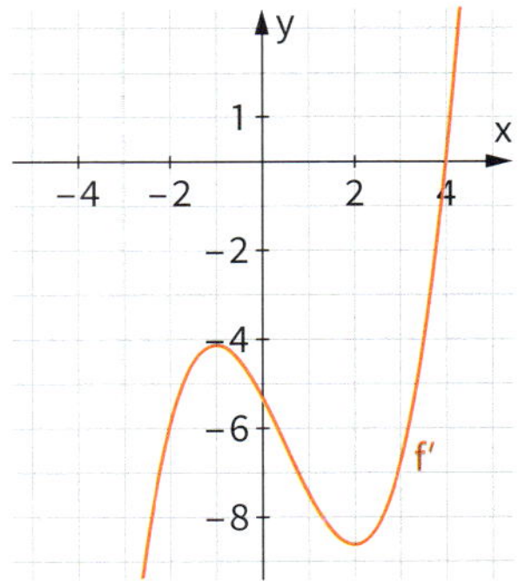

(1) Der Graph von f hat an der Stelle $x = 2$ einen Wendepunkt mit negativer Steigung.

(2) Die Funktion f ist für $2 < x < 4$ streng monoton wachsend.

(3) Der Graph von f ist für $x \in [-1; 2]$ rechtsgekrümmt.

(4) Der Graph von f hat an den Stellen $x_1 = -1$ und $x_2 = 2$ jeweils einen Wendepunkt.

(5) Der Graph von f hat an der Stelle $x = 4$ einen Tiefpunkt.

17 ≡ **Rechts- oder Linkskurve aus dem Graphen von f″ erkennen**

Gegeben ist der Graph einer zweiten Ableitungsfunktion f″.

Geben Sie die Intervalle an, in denen der Graph von f eine Links- bzw. eine Rechtskurve aufweist. Skizzieren Sie jeder für sich einen möglichen Verlauf der Ableitungsfunktion f′. Vergleichen Sie Ihre Graphen miteinander.

a)

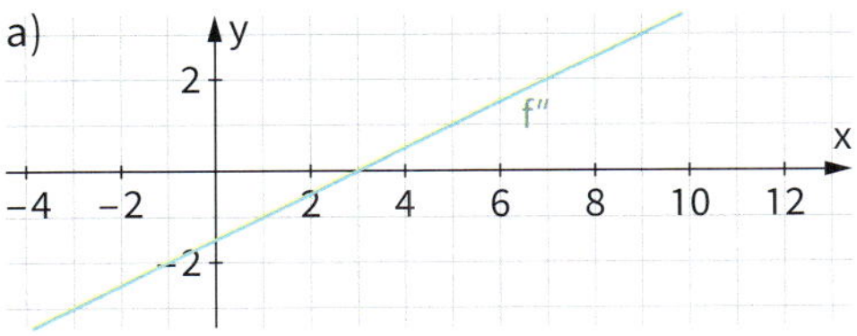

b)

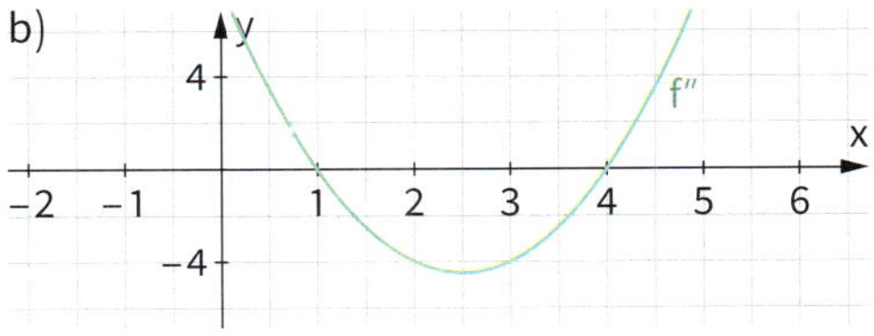

18 ≡ **Tangente und Normale im Wendepunkt**

Gegeben ist die Funktion f mit $f(x) = \frac{1}{3}x^3 + x^2 - 3x$.

a) Berechnen Sie die Koordinaten des Wendepunktes des Graphen.

b) Bestimmen Sie die Gleichung der Wendetangente und der zugehörigen Normalen.

c) Berechnen Sie alle Schnittstellen der Wendetangente und der zugehörigen Normalen mit den Koordinatenachsen.

19 ≡ **Wendetangente und Streckenlänge**

Gegeben ist die Funktion f mit $f(x) = x^3 + 3x^2 - 4$.

a) Bestimmen Sie den Wendepunkt und die Gleichung der Wendetangente.

b) Die Wendetangente schneidet die Koordinatenachsen in den Punkten P und Q. Berechnen Sie die Länge der Strecke $\overline{PQ}$.

20 ≡ **Fallunterscheidungen**

Gegeben ist die Funktion f mit $f(x) = \frac{1}{12}x^4 - \frac{1}{2}ax^2 + x$ und $a \in \mathbb{R}$. Untersuchen Sie, für welche Werte von a der Graph von f keinen, einen oder zwei Wendepunkte hat.

21 ≡ **Parameter bestimmen**

Gegeben ist die Funktion f mit $f(x) = ax^4 - 3x^2 + 8x$ und $a \in \mathbb{R}$. Bestimmen Sie den Wert für a so, dass der Wendepunkt des Graphen von f an der Stelle 3 liegt.

Die Wendetangente und die Koordinatenachsen begrenzen ein Dreieck. Berechnen Sie den Flächeninhalt dieses Dreiecks und die Größe der Innenwinkel.

Typen ganzrationaler Funktionen 3. Grades

1 Anzahl von Extrempunkten und Wendepunkten

a) Gegeben sind die Funktionen f_1, f_2 und f_3.

$f_1(x) = x^3$	$f_2(x) = x^3 - x$	$f_3(x) = x^3 + x$

Skizzieren Sie die Graphen der drei Ableitungsfunktionen.
Untersuchen Sie jeweils mithilfe des Graphen der Ableitungsfunktion die Form des Graphen der Ausgangsfunktion. Berücksichtigen Sie dabei insbesondere die Anzahl und Art der Extrempunkte und der Wendepunkte.

b) Ist f eine ganzrationale Funktion 3. Grades, so ist der Graph ihrer Ableitungsfunktion f′ immer eine Parabel.
Untersuchen Sie die Möglichkeiten für die Lage einer Parabel im Koordinatensystem und die Auswirkungen auf den Graphen von f. Machen Sie Aussagen über die Anzahl und Art der Extrempunkte und der Wendepunkte.

Graphen ganzrationaler Funktionen 3. Grades

Eine ganzrationale Funktion 3. Grades hat die Form $\mathbf{f(x) = a\,x^3 + b\,x^2 + c\,x + d}$ und $a \neq 0$.
Für den Graphen von f gibt es drei Möglichkeiten:

(1) Der Graph von f hat einen Hochpunkt und einen Tiefpunkt und sonst keine weiteren Punkte mit einer waagerechten Tangente.

Die Parabel zu f′ hat zwei Schnittpunkte mit der x-Achse.

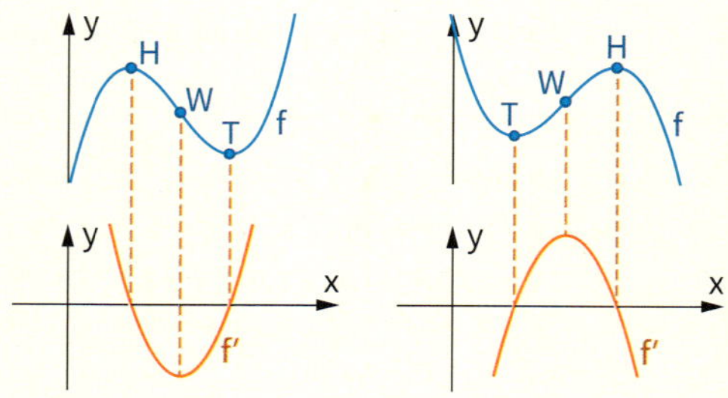

(2) Der Graph von f hat einen Sattelpunkt und sonst keine weiteren Punkte mit einer waagerechten Tangente.

Die Parabel zu f′ berührt die x-Achse.

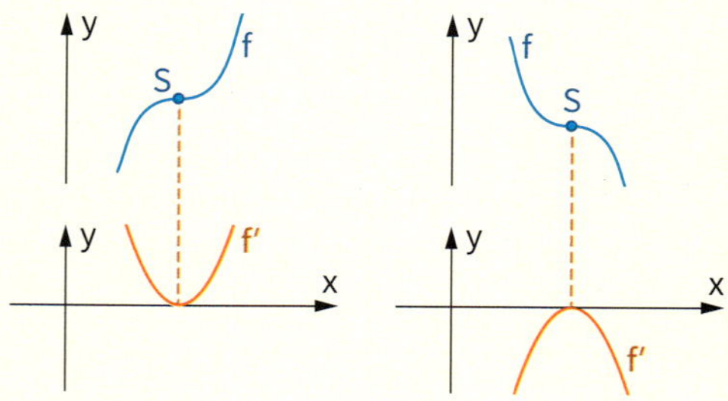

(3) Der Graph von f hat keine Punkte mit einer waagerechten Tangente.

Die Parabel zu f′ hat keine gemeinsamen Punkte mit der x-Achse.

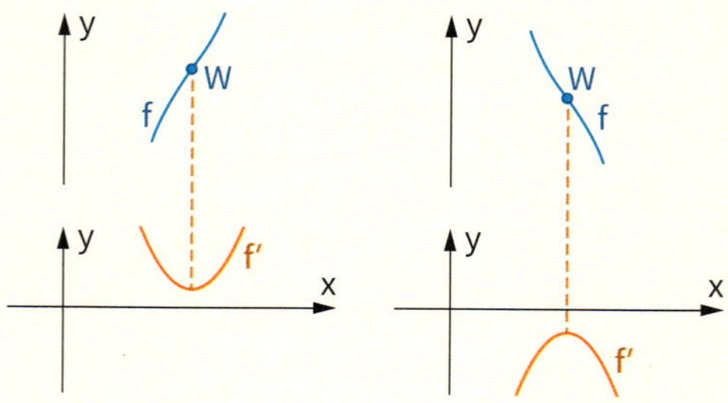

In allen drei Fällen hat der Graph von f immer genau einen Wendepunkt. Dieser liegt an der Stelle, an der der Scheitelpunkt der Parabel zu f′ liegt.

2 **Fallunterscheidungen für einen Parameter**

Eine ganzrationale Funktion 3. Grades hat als Funktionsterm $f(x) = x^3 - kx$ mit $k \in \mathbb{R}$.
Untersuchen Sie, für welche Werte von k der Graph von f Extrempunkte hat und für welche Werte von k der Graph von f keine Punkte mit waagerechter Tangente hat.

3 **Anzahl der Nullstellen**

Die Abbildungen zeigen einen Ausschnitt einer ganzrationalen Funktion 3. Grades.
Wie viele Nullstellen hat die Funktion? Begründen Sie.

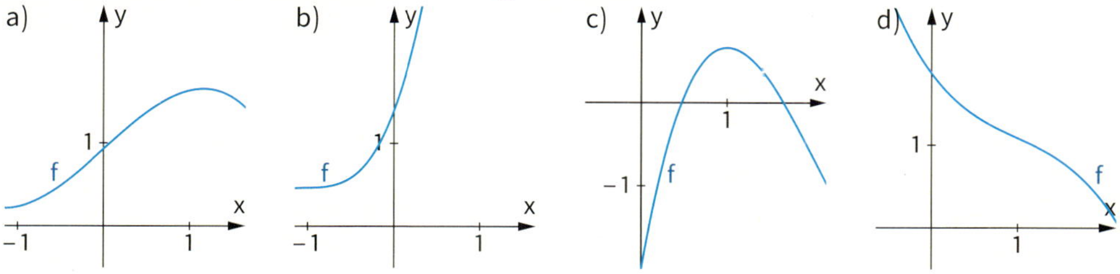

4 **Von f′ auf die Anzahl der Nullstellen von f schließen**

a) Gegeben ist die Ableitungsfunktion f′ mit $f'(x) = (x-2)^2 + 3$.
Begründen Sie, dass der Graph der zugehörigen Funktion f genau eine Nullstelle hat.

b) Begründen Sie den folgenden Satz:

Anzahl von Nullstellen bei ganzrationalen Funktionen 3. Grades

Satz: Eine ganzrationale Funktion 3. Grades hat eine, zwei oder drei Nullstellen.

Punktsymmetrie ganzrationaler Funktionen 3. Grades

Der Graph der Ableitungsfunktion einer ganzrationalen Funktion 3. Grades ist immer eine Parabel. Diese hat im Scheitelpunkt ein Minimum oder Maximum und ist achsensymmetrisch zu einer zur y-Achse parallelen Geraden durch ihren Scheitelpunkt.

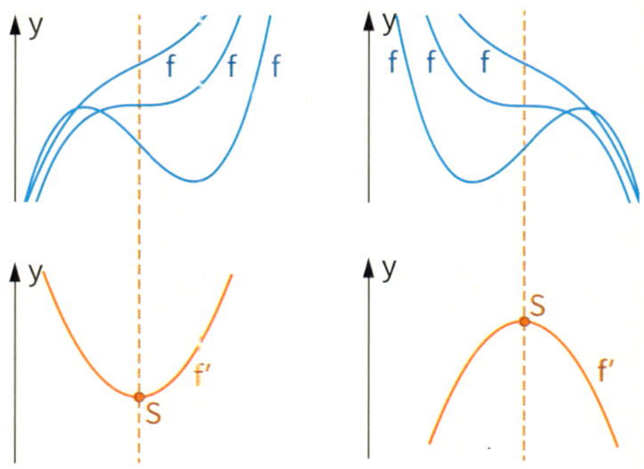

Satz

Der Graph einer ganzrationalen Funktion 3. Grades hat immer genau einen Wendepunkt, zu dem er punktsymmetrisch ist.

5 **Punktsymmetrie nutzen**

Die Funktion f ist eine ganzrationale Funktion 3. Grades.

a) Beschreiben Sie, wie man nur mithilfe der Koordinaten der Extrempunkte des Graphen von f den Wendepunkt bestimmen kann.

b) Der Graph von f hat den Hochpunkt $H(2|7)$ und den Tiefpunkt $T(6|5)$. Bestimmen Sie den Wendepunkt und skizzieren Sie den Graphen.

c) Der Graph von f hat den Hochpunkt $H(-2|4)$ und den Wendepunkt $W(1|1)$. Bestimmen Sie den Tiefpunkt und skizzieren Sie den Graphen.

3.5 Funktionen untersuchen

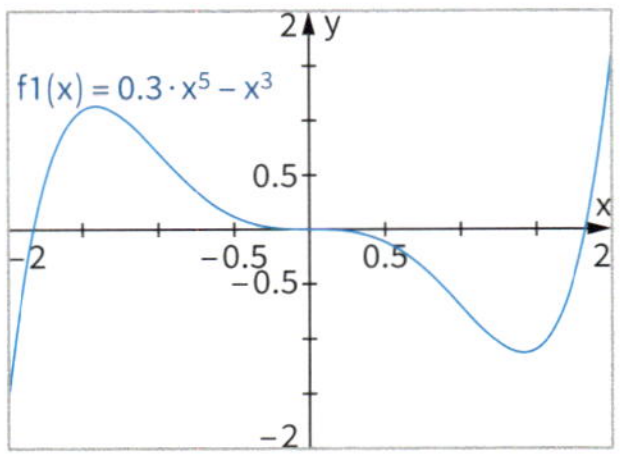

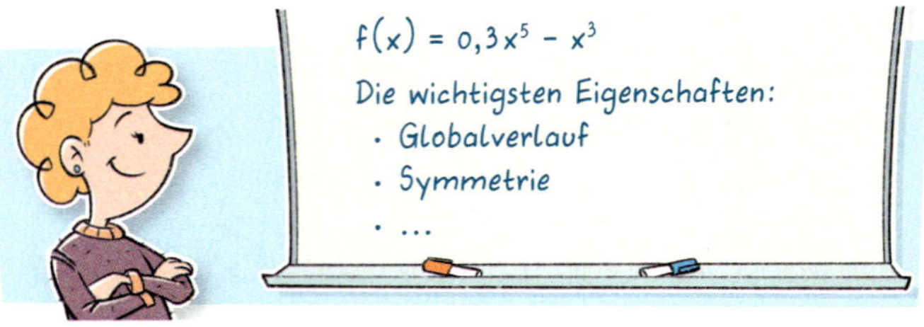

Die Eigenschaften von Funktionen können mit den erarbeiteten Methoden rechnerisch untersucht werden.

WES-109451-307

Aspekte der Untersuchung ganzrationaler Funktionen

(1) Globalverlauf *Summanden mit der höchsten Potenz der Variablen betrachten*

$f(x) = 0{,}3x^5 - x^3$ f(x) verhält sich global wie $0{,}3x^5$:
Für $x \to \infty$ gilt $f(x) \to \infty$; für $x \to -\infty$ gilt $f(x) \to -\infty$.

(2) Symmetrie *Exponenten der Variablen betrachten*

$f(x) = 0{,}3x^5 - x^3$ Die Variable x hat nur ungerade Exponenten. Damit ist der Graph von f punktsymmetrisch zum Koordinatenursprung.

(3) Nullstellen *Gleichung $f(x) = 0$ lösen*

$f(x) = 0{,}3x^5 - x^3 = x^3 \cdot (0{,}3x^2 - 1)$
Aus $f(x) = 0$ folgt: $x_1 = 0$ (dreifach); $x_2 = -\sqrt{\frac{10}{3}} \approx -1{,}83$; $x_3 = \sqrt{\frac{10}{3}} \approx 1{,}83$

Oder f″-Kriterium

(4) Extrempunkte *Nullstellen von f′ mit dem Vorzeichenwechsel-Kriterium prüfen; Funktionswerte der Extremstellen berechnen*

$f'(x) = 1{,}5x^4 - 3x^2 = 1{,}5x^2 \cdot (x^2 - 2)$ Aus $f'(x) = 0$ folgt: $x_1 = 0$ (doppelt); $x_2 = -\sqrt{2}$; $x_3 = \sqrt{2}$

Intervall für x	$x < -\sqrt{2}$	$-\sqrt{2} < x < 0$	$0 < x < \sqrt{2}$	$x > \sqrt{2}$
Beispiel für f′(x)	$f'(-2) = 12$	$f'(-1) = -1{,}5$	$f'(1) = -1{,}5$	$f'(2) = 12$
Vorzeichen von f′(x)	+	–	–	+

Der Graph von f hat an der Stelle $x = -\sqrt{2}$ einen Hochpunkt H und an der Stelle $x = \sqrt{2}$ einen Tiefpunkt T.
Koordinaten gerundet: $H(-1{,}41 \mid 1{,}13)$; $T(1{,}41 \mid -1{,}13)$

Oder f‴-Kriterium

(5) Wendepunkte *Nullstellen von f″ mit dem Vorzeichenwechsel-Kriterium prüfen; Funktionswerte der Wendestellen berechnen*

$f''(x) = 6x^3 - 6x = 6x \cdot (x^2 - 1)$ Aus $f''(x) = 0$ folgt: $x_1 = 0$; $x_2 = -1$; $x_3 = 1$

Intervall für x	$x < -1$	$-1 < x < 0$	$0 < x < 1$	$x > 1$
Beispiel für f″(x)	$f''(-2) = -36$	$f''(-0{,}5) = 2{,}25$	$f''(0{,}5) = -2{,}25$	$f''(2) = 36$
Vorzeichen von f″(x)	–	+	–	+
Krümmungsverhalten des Graphen von f	Rechtskurve	Linkskurve	Rechtskurve	Linkskurve

Der Graph von f hat an den Stellen $x = -1$ und $x = 1$ Wendepunkte W_1 und W_2 und an der Stelle $x = 0$ einen Sattelpunkt S.
Koordinaten: $W_1(-1 \mid 0{,}7)$; $W_2(1 \mid -0{,}7)$; $S(0 \mid 0)$

1 ≡ **Funktionsuntersuchung**

Untersuchen Sie die Funktion f, ohne einen Rechner zu verwenden.

a) $f(x) = x^3 + 3x^2 - 9x$ b) $f(x) = 2x^3 - 6x$ c) $f(x) = x^4 - 2x^2$

2 ≡ **Nullstellen und Extrempunkte**

Berechnen Sie die Nullstellen der Funktion f. Bestimmen Sie die Koordinaten der Punkte des Graphen von f mit waagerechter Tangente und untersuchen Sie jeweils, ob es sich um einen Hoch- oder Tiefpunkt handelt. Skizzieren Sie den Funktionsgraphen.

a) $f(x) = \frac{2}{3}x^3 - 4x^2 + 6x$ b) $f(x) = \frac{1}{32}x^4 - \frac{1}{2}x^2$ c) $f(x) = -\frac{1}{3}x^3 + \frac{1}{2}x^2 + 2x$

3 ≡ **Hoch-, Tief- und Wendepunkt**

Gegeben ist die Funktion f mit $f(x) = -\frac{1}{4}x^3 + \frac{3}{2}x^2$.

a) Zeigen Sie, dass die Gerade durch den Hoch- und den Tiefpunkt des Graphen von f diesen im Wendepunkt schneidet.

b) Berechnen Sie den Abstand von Hoch- und Tiefpunkt sowie von Hoch- und Wendepunkt. Was stellen Sie fest?

4 ≡ **Wachstum einer Schimmelpilzkultur**

Die Funktion f mit $f(t) = 27t^2 - 5t^4$ beschreibt die momentane Änderungsrate des Wachstumsprozesses einer Schimmelpilzkultur. Hierbei ist t in Tagen ab Beobachtungsbeginn und f(t) in cm^2 pro Tag angegeben.

a) Untersuchen Sie, wann die momentane Änderungsrate maximal ist, und erläutern Sie die Bedeutung dieses Zeitpunktes für den Wachstumsprozess.

b) Berechnen Sie die positive Nullstelle der Funktion f und beschreiben Sie ihre Bedeutung im Sachzusammenhang.

5 ≡ **Ballonfahrt**

Die Steighöhe h eines Heißluftballons über dem Boden kann im Zeitraum von 0 bis 15 Minuten durch die Funktion $h(t) = 6t^2 - 0{,}4t^3$ beschrieben werden, mit t in Minuten und h(t) in Metern.

a) Berechnen Sie die größte Höhe des Ballonfluges und den Zeitpunkt der Landung.

b) Ermitteln Sie, wann der Ballon wieder am Boden wäre, wenn die Sinkgeschwindigkeit sich ab dem Zeitpunkt $t = 12$ Minuten nicht mehr ändern würde.

6 ≡ **Brückenbogen**

Der Innenbogen einer großen Brücke kann näherungsweise durch die Funktion f mit $f(x) = -\frac{1}{15\,000}x^4 - \frac{1}{30}x^2 + 24$ in der Einheit Meter beschrieben werden, wobei $f(x) \geq 0$ ist. Bestimmen Sie die Spannweite und die Höhe des Bogens.

7 ≡ **Fenstereinstellung**

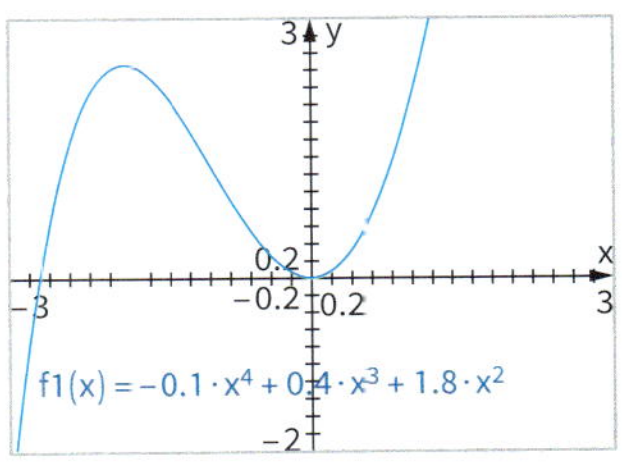

Malte möchte wissen, wie der Graph der Funktion f mit $f(x) = -0{,}1x^4 + 0{,}4x^3 + 1{,}8x^2$ verläuft, und hat den Graphen mit seinem Rechner gezeichnet.

Emma sagt: *„Man sieht aber nicht alles Wichtige! Die Funktion f hat doch drei Nullstellen und drei Extrempunkte.“*

Nehmen Sie Stellung zu Emmas Behauptung.

Prüfe dich!
Lösungen auf Seite 178

8 Untersuchen Sie die Funktion f, ohne einen Rechner zu verwenden.

a) $f(x) = \frac{1}{3}x^3 - 3x$ b) $f(x) = x^4 - 3x^3$

9 Auf einem ebenen Gelände neben einer Siedlung wird ein Lärmschutzwall mit angrenzendem Abwassergraben gebaut. Das Profil des Querschnitts des Walls kann für $0 \le x \le 7$ näherungsweise durch den Graphen der Funktion f mit $f(x) = 0{,}1x^3 - 1{,}3x^2 + 4{,}2x$ beschrieben werden, wobei das ebene Gelände durch die x-Achse dargestellt wird. Hierbei sind x und $f(x)$ in Metern angegeben.

a) Bestimmen Sie die Breite und die Höhe des Walls sowie die Breite und die Tiefe des Grabens. Geben Sie die Ergebnisse auf cm genau an.
b) Zeichnen Sie den Querschnitt von Lärmschutzwall und Abflussgraben.
c) Bestimmen Sie die Steigung an der steilsten Stelle des Walls.

10 Mika hat mit seinem Rechner den Graphen der Funktion f mit $f(x) = 0{,}02x^3 - 0{,}09x^2 + 0{,}12x + 4{,}95$ gezeichnet und behauptet: *„Der Graph hat ja gar keine Extrempunkte."* Überprüfen Sie Mikas Behauptung durch eine Rechnung und skizzieren Sie den wesentlichen Verlauf des Graphen.

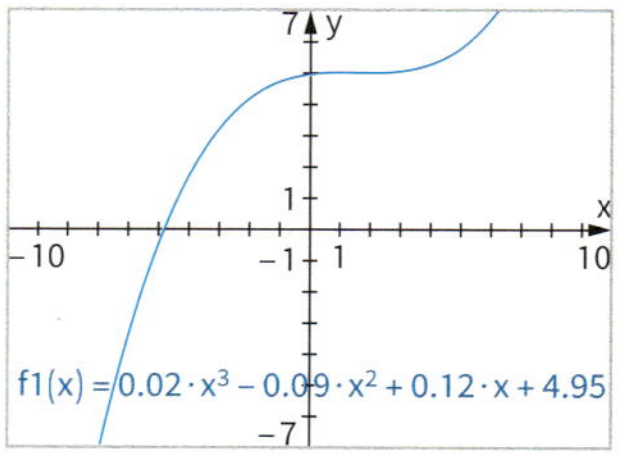

11 Pegelstand eines Flusses

Der Pegelstand eines Flusses ist schon bedenklich hoch. Aufgrund des Pegelstands im Nachbarland rechnet man jedoch mit weiterem Hochwasser. Der Pegelstand in Metern kann für die nächsten 15 Tage durch die Funktion f mit $f(t) = -0{,}00016t^4 + 0{,}036t^2 + 5$ mit t in Tagen modelliert werden.

a) Bestimmen Sie den Pegelstand des Flusses am Anfang der Modellierung und ermitteln Sie, nach welcher Zeit der Anfangspegelstand wieder erreicht ist.
b) Berechnen Sie den Zeitpunkt des höchsten Pegelstands im Intervall sowie seine Höhe.
c) Bevor der Pegelstand 6 m übersteigt, müssen noch Schutzmaßnahmen für den Deich getroffen werden. Wie viel Zeit bleibt noch für diese Maßnahmen und wie lange ist der Pegelstand vermutlich höher als 6 m?

12 Graphen analysieren

Die Abbildung zeigt den Graphen der Funktion f mit der Funktionsgleichung $f(x) = x^4 - 6{,}8x^3 - 52x^2 + 530{,}4x$.

a) Argumentieren Sie ohne zu rechnen, dass der Graph mindestens einen Tiefpunkt haben muss.
b) Ermitteln Sie, ob der Graph im gezeichneten Ausschnitt Extrempunkte hat.

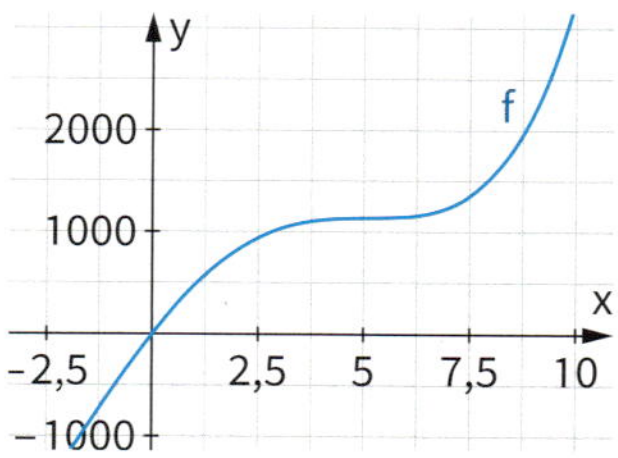

13 Ausschnitt des Funktionsgraphen deuten

Gegeben ist die Funktion f mit $f(x) = 0{,}25x^4 + x^3 - 4{,}5x^2$.
Das Rechnerfenster zeigt einen Ausschnitt des Graphen.

a) Begründen Sie, dass die Funktion f genau drei Nullstellen und genau drei Extrempunkte hat.
b) Geben Sie ohne zu rechnen an, wie viele Wendepunkte die Funktion f hat. Begründen Sie.

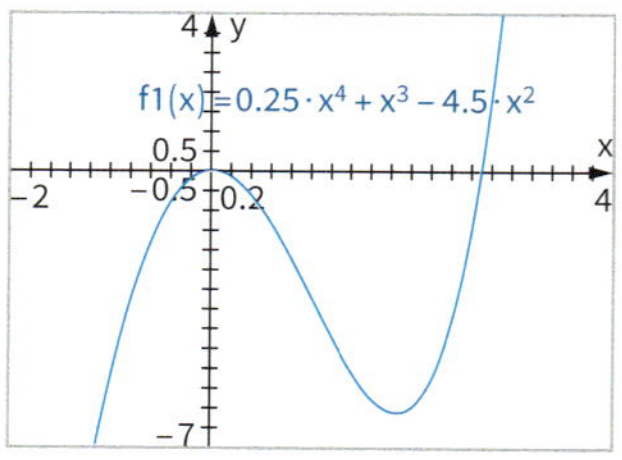

14 = **Wendetangente**

Der Graph der Funktion f mit $f(x) = \frac{1}{3}x^3 - x^2 + \frac{8}{3}$ besitzt einen Wendepunkt.

a) Bestimmen Sie die Gleichung der Tangente in diesem Wendepunkt.

b) Die Tangente schließt zusammen mit den beiden Koordinatenachsen ein Dreieck ein. Berechnen Sie den Flächeninhalt dieses Dreiecks.

15 = **Tangente und Normale**

Gegeben ist die Funktion f mit $f(x) = x^3 - 4x^2 + 3x$.

a) Bestimmen Sie die Gleichung der Tangente und der Normalen an der Stelle $x = -1$.

b) Tangente und Normale bilden mit der y-Achse ein Dreieck. Berechnen Sie den Flächeninhalt dieses Dreiecks.

16 = **Argumentieren bei Punktsymmetrie**

Leon sagt: *„Der Graph von f mit $f(x) = x^3 - x + 1$ ist punktsymmetrisch zum Ursprung. Es gibt nämlich nur ungerade Exponenten bei x."*

a) Erklären Sie den Fehler in Leons Argumentation.

b) Florian sagt: *„Der Graph von f ist punktsymmetrisch, aber nicht zum Ursprung."* Hat er recht? Was würde das für die Lage der Extrem- und Wendepunkte bedeuten?

17 = **Graphen skizzieren**

Die Funktion f mit $f(x) = x^4 - 2x^2 + 3$ hat einen Extrempunkt $E(1 \mid 2)$.
Skizzieren Sie den Graphen von f nur mithilfe von Symmetrie und Globalverlauf.

18 = **Photovoltaikanlage**

Eine Photovoltaikanlage aus 6 Modulen hat eine maximal mögliche Leistung von 2520 Watt. An einem bedeckten Sommertag lässt sich die Leistung der Anlage näherungsweise durch die Funktion f mit $f(x) = -x^4 + 25x^3 - 179x^2 + 400x$ für $0 \leq x \leq 14{,}6$ beschreiben. Hierbei gibt x die vergangenen Stunden seit 6 Uhr morgens und f(x) die Leistung in Watt an.

a) Zeichnen Sie den Graphen von f und nennen Sie mögliche Gründe für seinen Verlauf im Sachzusammenhang.

b) Berechnen Sie die Uhrzeit, zu der die Leistung der Anlage am höchsten war, und geben Sie die Leistung zu dieser Uhrzeit an.

c) Im Haus wird dauerhaft eine sogenannte *Grundlast* von 200 Watt benötigt. Bestimmen Sie die Zeiträume, in denen die Anlage die Grundlast gedeckt hat.

19 = **Grippe-Epidemie**

In einer Stadt breitet sich eine Grippe-Epidemie rasch aus. Das Gesundheitsamt veröffentlicht dazu eine Statistik, in der über die ersten Tage der Epidemie hinaus Schätzwerte für die Anzahl der Erkrankten bis zum 16. Tag angegeben werden. Diese Daten werden näherungsweise durch die Funktion f mit $f(x) = -8{,}75x^3 + 196{,}25x^2 - 37{,}5x + 9187$ beschrieben. Hierbei gibt x die Tage seit Beginn der Epidemie an.

a) Überprüfen Sie die Aussagen des Gesundheitsamtes. An welchem Tag kann die Veröffentlichung frühestens stattgefunden haben?

Nach den vorliegenden Zahlen kann man davon ausgehen, dass bereits eine Trendwende beim Anstieg der Krankenzahlen erreicht ist. Der Höchststand wird bei gleichbleibender Entwicklung etwa am 15. Tag erwartet.

b) Ermitteln Sie den voraussichtlichen Höchststand der Anzahl der Erkrankten.

c) Bestimmen Sie, wie lange die Grippe-Epidemie nach dem Modell voraussichtlich andauern wird.

Mein Merkzettel

Seite 94
Seite 99

Zweite Ableitung f''

- *ist die Ableitung der ersten Ableitung f'*
- *beschreibt das Änderungsverhalten von f', also die „Änderung der Änderung"*
- *beschreibt das Krümmungsverhalten des Graphen von f*

An einer ***Wendestelle*** *geht der Graph von f von einer Linkskurve in eine Rechtskurve über oder umgekehrt.*

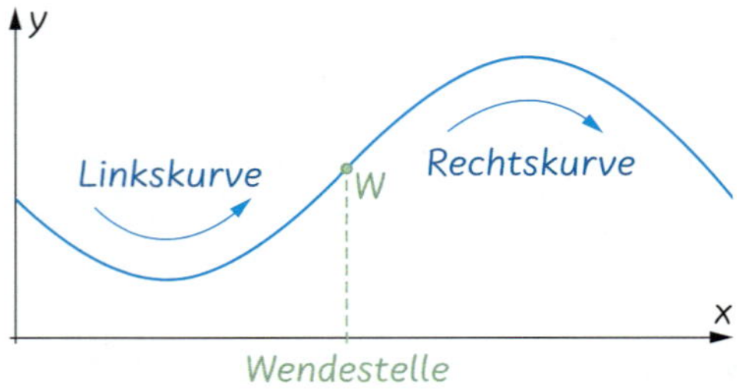

Seite 84
Seite 89
Seite 94
Seite 99

Zusammenhänge zwischen Funktion und Ableitungen

Funktion f	Graph von f	Wenn für f' bzw. f'' gilt
streng monoton wachsend		*f'(x) > 0*
streng monoton fallend		*f'(x) < 0*
lokales Maximum an der Stelle x_0	***Hochpunkt*** *an der Stelle x_0*	*f' hat an der Stelle x_0 eine Nullstelle mit* ***Vorzeichenwechsel von + nach −.*** *Oder: $f'(x_0) = 0$ und $f''(x_0) < 0$*
lokales Minimum an der Stelle x_0	***Tiefpunkt*** *an der Stelle x_0*	*f' hat an der Stelle x_0 eine Nullstelle mit* ***Vorzeichenwechsel von − nach +.*** *Oder: $f'(x_0) = 0$ und $f''(x_0) > 0$*
	Sattelpunkt *an der Stelle x_0*	*f' hat an der Stelle x_0 eine Nullstelle* ***ohne Vorzeichenwechsel.***
	Linkskurve	*f''(x) > 0*
	Rechtskurve	*f''(x) < 0*
Wendestelle an der Stelle x_0	***Wendepunkt*** *an der Stelle x_0*	*f'' hat an der Stelle x_0 eine Nullstelle mit* ***Vorzeichenwechsel.***

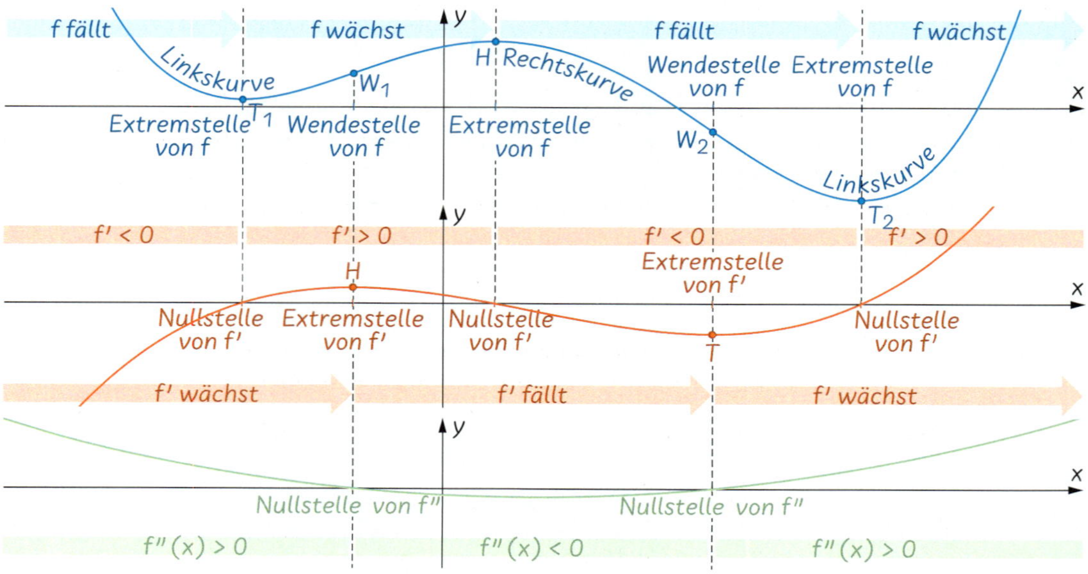

Monotonieverhalten untersuchen

Seite 85

- Nullstellen von f' berechnen
- Vorzeichen von f' links und rechts der Nullstellen untersuchen

$f(x) = \frac{1}{4}x^4 - x^3 + 5$

$f'(x) = x^3 - 3x^2 = x^2 \cdot (x - 3)$

Aus $f'(x) = 0$ folgt: $x_1 = 0$ (doppelt); $x_2 = 3$

Intervall für x	$x < 0$	$0 < x < 3$	$x > 3$
Beispiel für $f'(x)$	$f'(-1) = -4$	$f'(1) = -2$	$f'(4) = 16$
Vorzeichen von $f'(x)$	−	−	+

In $]-\infty; 3[$ ist f streng monoton fallend. In $]3; \infty[$ ist f streng monoton wachsend.

- Das Monotonieverhalten wechselt in den Hoch- und Tiefpunkten des Graphen von f.

Extremstellen bestimmen

Seite 89
Seite 95

- Nullstellen von f' berechnen, dies sind **mögliche** Extremstellen von f
- Lösungen x_E mit dem **Vorzeichenwechsel-Kriterium** (s. Monotonie) oder dem **f''-Kriterium** prüfen

Vorzeichenwechsel-Kriterium (f')	
Vorzeichenwechsel von + nach −	(lokales) Maximum bzw. Hochpunkt
Vorzeichenwechsel von − nach +	(lokales) Minimum bzw. Tiefpunkt
kein Vorzeichenwechsel	Sattelpunkt

f''-Kriterium	
$f''(x_E) < 0$	(lokales) Maximum bzw. Hochpunkt
$f''(x_E) > 0$	(lokales) Minimum bzw. Tiefpunkt
$f''(x_E) = 0$	keine Aussage möglich

Globale Extrema

Seite 92

- Der Definitionbereich von f ist auf $[a; b]$ eingeschränkt (z. B. bei Anwendungen).
- Das **globale Maximum** bzw. **Minimum** ist der größte bzw. kleinste Funktionswert auf $[a; b]$.

$f(x_1)$: lokales Maximum
$f(x_2)$: lokales Minimum
$f(x_3)$: lokales und globales Maximum
$f(b)$: globales Minimum und Randextremum
$f(a)$: weder lokales noch globales Extremum

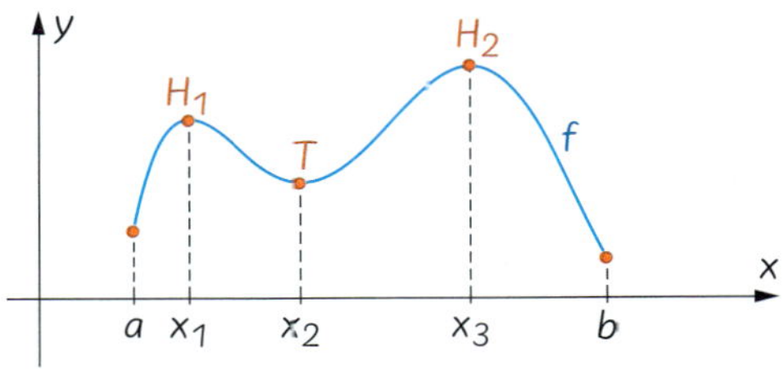

Globale Extrema finden:

- lokale Extremstellen bestimmen und Funktionswerte (lokale Extrema) berechnen
- Randwerte $f(a)$ und $f(b)$ berechnen
- Der größte bzw. kleinste Wert der lokalen Extrema und der Randwerte ist das globale Maximum bzw. das globale Minimum.

Wendestellen bestimmen

Seite 100
Seite 102

- Nullstellen von f'' berechnen, dies sind **mögliche** Wendestellen von f
- Lösungen x_W mit dem **Vorzeichenwechsel-Kriterium** oder dem **f'''-Kriterium** prüfen

Vorzeichenwechsel-Kriterium (f'')	
Vorzeichenwechsel	Wendepunkt

f'''-Kriterium	
$f'''(x_W) \neq 0$	Wendepunkt

„Alles eine Ableitung höher"

- Wendestellen von f sind Extremstellen von f'

Wiederholen für die Klausur

Lösungen auf Seite 180

Teil A – Aufgaben ohne Hilfsmittel

1 Graphen skizzieren

a) Skizzieren Sie den Graphen der Funktion f mit $f(x) = -(x+2)\cdot(x-1)^2$ nur mithilfe des Globalverlaufs und der Vielfachheit der Nullstellen.

b) Die Funktion f mit $f(x) = x^5 - 2x^3 + x$ hat einen Tiefpunkt im Punkt $(1 \mid 0)$. Skizzieren Sie den Graphen von f nur mithilfe von Symmetrie und Globalverlauf.

2 Abstand zwischen Hoch- und Tiefpunkt

Gegeben ist die Funktion f mit $f(x) = -4x^3 + 6x^2 - 1$.
Zeigen Sie, dass der Abstand von Hoch- und Tiefpunkt des Funktionsgraphen $\sqrt{5}$ beträgt.

3 Funktionsgleichung aufstellen

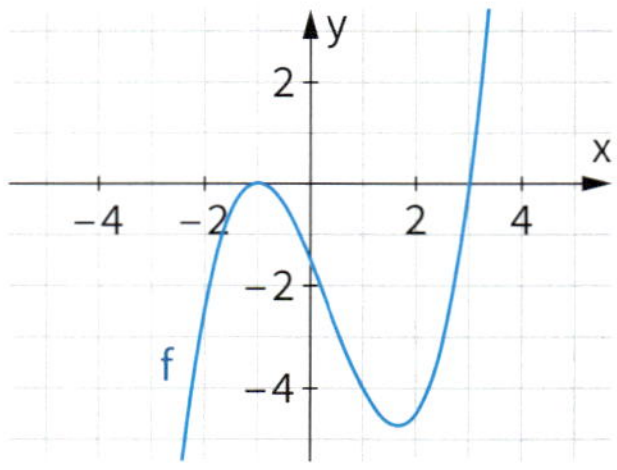

a) Geben Sie den minimalen Grad der ganzrationalen Funktion mit dem dargestellten Graphen an. Begründen Sie Ihre Entscheidung.

b) Bestimmen Sie die Gleichung einer Funktion f, die diesen Graphen besitzt. Berücksichtigen Sie dabei, dass $f(0) = -1{,}5$ gelten muss.

4 Ableitungsgraph und Funktionsgraph

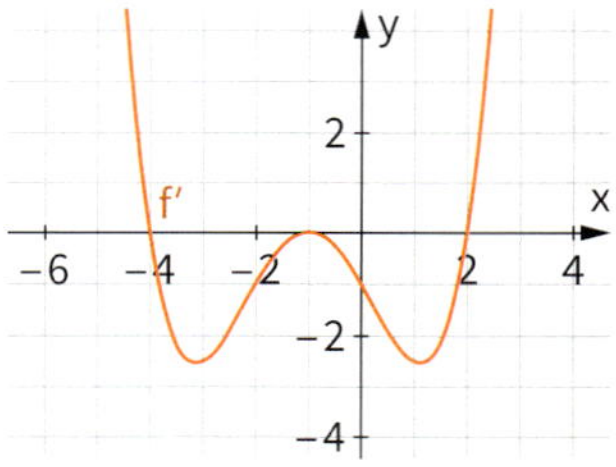

Gegeben ist der Graph einer Ableitungsfunktion f′.

a) Begründen Sie, an welchen Stellen der Graph von f im Intervall $[-5; 3]$ Hoch- oder Tiefpunkte hat.
Beschreiben Sie den Verlauf des Graphen von f an der Stelle $x = -1$.

b) Skizzieren Sie einen möglichen Verlauf des Graphen von f im Intervall $[-5; 3]$.

5 Aussagen beurteilen

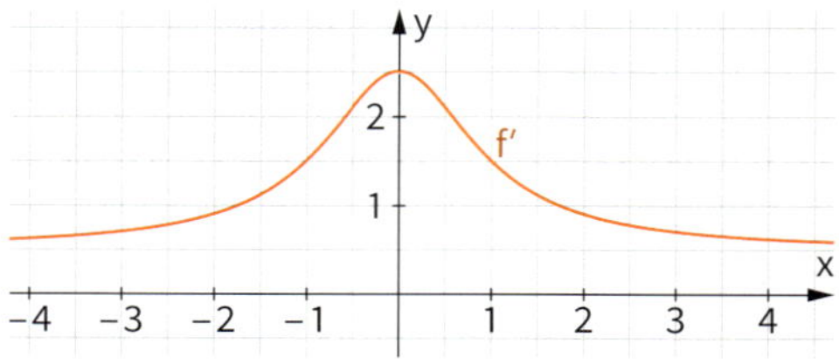

Der Graph einer Ableitungsfunktion f′ ist dargestellt. Entscheiden Sie, welche der Aussagen wahr oder falsch sind. Begründen Sie Ihre Entscheidung.

(1) Die Funktion f ist im Intervall $[-4; 4]$ streng monoton steigend.

(2) Der Graph der Funktion f hat an der Stelle $x = 0$ einen Hochpunkt.

(3) Der Graph von f ist achsensymmetrisch zur y-Achse.

(4) Der Graph von f hat im Intervall $[-4; 4]$ zwei Tangenten, die parallel zur Geraden mit der Gleichung $y = x$ sind.

(5) Die Steigung des Graphen von f im Intervall $[-4; 4]$ ist an der Stelle 0 maximal.

6 Funktion mit zusätzlichem Parameter

Gegeben ist die Funktion f mit $f(x) = \frac{1}{2}x^3 + t\cdot x^2 + 6x$ für $t \in \mathbb{R}$.
Bestimmen Sie t so, dass gilt:

a) Der Graph von f ist punktsymmetrisch zum Koordinatenursprung.

b) Der Graph von f hat genau zwei Nullstellen.
Begründen Sie, dass in diesem Fall eine Nullstelle auch eine Extremstelle ist.

c) Der Graph von f hat keine Extrempunkte.

Teil B – Aufgaben mit Hilfsmitteln

Lösungen auf Seite 181

7 Funktion untersuchen

Gegeben ist die Funktion f mit $f(x) = \frac{1}{10}x^5 - x^3 + 2$.

Bestimmen Sie die Nullstellen von f und die Extrem- und Wendepunkte des Graphen von f.

8 Pegelstand des Rheins

Der Pegelstand des Rheins bei Bonn vom 1. Juni bis zum 14. Juni 2013 kann näherungsweise durch die Funktion h mit $h(t) = 0{,}028\,t^4 - 0{,}027\,t^3 - 13{,}94\,t^2 + 131{,}5\,t + 401$ modelliert werden. Hierbei ist t in Tagen ab dem 1. Juni 0 Uhr und h(t) in cm angegeben.

a) Skizzieren Sie den Graphen der Funktion h und beschreiben Sie den Verlauf des Pegelstands in diesen zwei Wochen.

b) Bestimmen Sie den höchsten und den tiefsten Pegelstand.

c) Ermitteln Sie, an welchen Tagen der Pegelstand nach diesem Modell höher als 6,50 m war.

d) Am 20. Juni 2013 war der Pegelstand auf 409 cm gefallen. Bis zum Ende des Monats nahm er noch weiter ab. Beurteilen Sie, ob das Modell auch für den Zeitraum vom 15. Juni bis zum 30. Juni 2013 den Verlauf des Pegelstands beschreiben kann.

9 Wasser in einem Staubecken

Die momentane Änderungsrate der Wassermenge in einem Staubecken kann innerhalb eines Jahres näherungsweise durch die Funktion g mit $g(t) = \frac{1}{4}t^3 - \frac{11}{4}t^2 - 4t + 44$ beschrieben werden, mit t in Monaten ab Beobachtungsbeginn und g(t) in 10 000 m^3 pro Monat.

a) Bestimmen Sie den Zeitpunkt, an dem die momentane Änderungsrate minimal ist. Beschreiben Sie, welche Bedeutung dieser Zeitpunkt für die Funktion f hat, die die Wassermenge zum Zeitpunkt t angibt.

b) Untersuchen Sie, in welchen Zeiträumen die Wassermenge im Stausee zunimmt und zu welchem Zeitpunkt sie am stärksten zunimmt.

10 Achterbahn

Die neue Achterbahn „Maximum“ ist Hauptattraktion des Ferienparks „Math-O-World“. Nach Öffnung der Tore bildet sich schnell eine Schlange von Wartenden.
Mithilfe statistischer Auswertungen vergleichbarer Besuchstage kann man die Länge der Warteschlange vor der Achterbahn im Tagesverlauf durch die Funktion f mit $f(x) = -0{,}19\,x^4 + 4{,}3\,x^3 - 30{,}3\,x^2 + 72{,}5\,x$ beschreiben. Hierbei gibt x die Zeit in Stunden nach 9 Uhr und f(x) die Anzahl der Wartenden an.

a) Bestimmen Sie, bis zu welcher Uhrzeit die Länge der Warteschlange mit der Funktion f modelliert werden kann.

b) Berechnen Sie die Anzahl der Wartenden vor der Achterbahn um 13 Uhr.

c) Ermitteln Sie, zu welchem Zeitpunkt die Warteschlange am längsten war. Adrian steht zu diesem Zeitpunkt ganz am Ende der Schlange. Berechnen Sie, wie lange er warten muss, wenn jede Fahrt 15 Minuten dauert und immer 30 Fahrgäste pro Fahrt einsteigen können.

d) Ein Ampelsystem in der App des Freizeitparks zeigt den Besucherinnen und Besuchern an, ob an einem Fahrgeschäft gerade viele Menschen warten. Ab 30 Wartenden springt die Ampel von Grün auf Gelb, ab 60 Wartenden auf Rot. Bestimmen Sie, in welchen Zeiträumen die Ampel welche Farbe zeigt.

e) Bestimmen Sie die Zeitpunkte, zu denen sich die Länge der Warteschlange um genau 10 Personen pro Stunde verändert.

f) Berechnen Sie die Uhrzeiten, zu denen die Länge der Warteschlange am stärksten zunimmt.

4 Vektoren und Geraden im Raum

Die Langkawi Sky-Bridge in Malaysia ist eine Fußgänger-Schrägseilbrücke. Die Brücke liegt auf einer Höhe von 700 m, sie ist 125 m lang und 1,8 m breit.
Durch die Brücke sind zwei Aussichtsplattformen miteinander verbunden.

- **Wie beschreibt man Punkte im Raum?**
- **Was sind Vektoren?**
- **Wie kann man Geraden im Raum mathematisch darstellen?**
- **Wie können zwei Geraden im Raum zueinander liegen?**

4.1 Punkte im Raum

Vorbereiten
Schrägbilder
Seite 164

Computersoftware kann aus Grundrissen perspektivische Darstellungen erstellen.
Die Abbildungen zeigen einen Grundriss einer Küche und eine dazu erzeugte perspektivische Darstellung. Der Küchenraum wurde zuvor genau vermessen. Für die Planung wurden Angaben zur Länge, Breite und Höhe der einzelnen Möbel berücksichtigt.

Einheit hier: mm

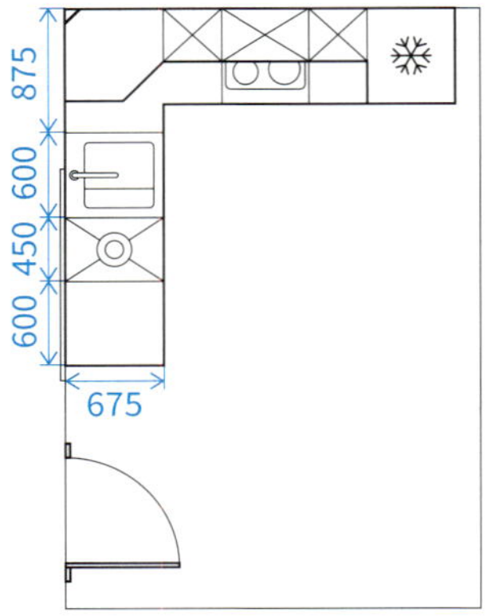

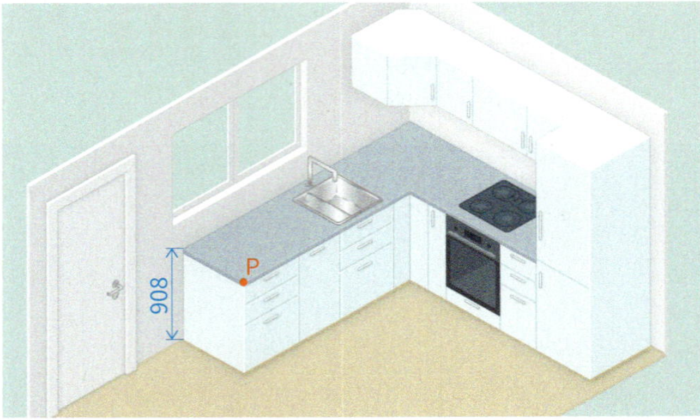

Um diese Maßangaben in einem Computermodell umsetzen zu können, wurde in der hinteren linken Ecke der Ursprung O eines Koordinatensystems mit drei Koordinatenachsen festgelegt. Dadurch kann jeder Punkt des Raumes eindeutig durch drei Koordinaten beschrieben werden.

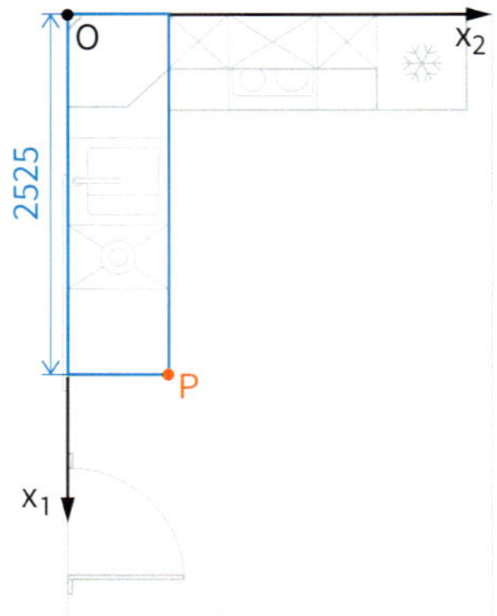

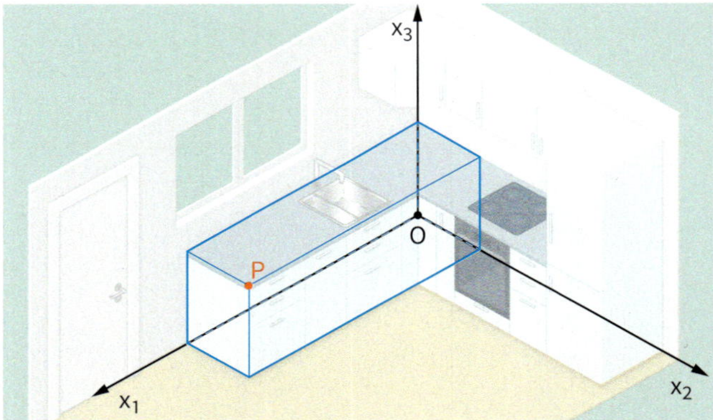

Den eingetragenen Punkt P findet man als Endpunkt seines Koordinatenzuges:

Man geht vom Koordinatenursprung O aus

- 2525 mm in Richtung der x_1-Achse (*„nach vorne“*);
- dann 675 mm in Richtung der x_2-Achse (*„zur Seite“*);
- dann 908 mm in Richtung der x_3-Achse (*„nach oben“*).

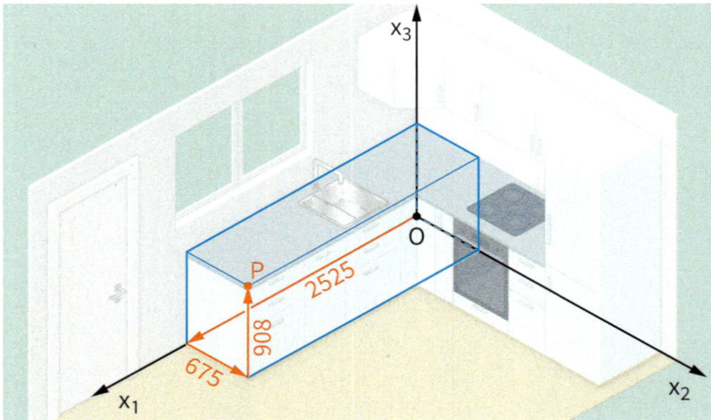

Man schreibt dafür P (2525 | 675 | 908), entsprechend zur Angabe von Punkten in der Ebene mit zwei Koordinaten.

Räumliches Koordinatensystem

Ein **räumliches Koordinatensystem** besteht aus drei Achsen mit einem gemeinsamen Nullpunkt, dem **(Koordinaten-)Ursprung**. Je zwei Achsen sind orthogonal zueinander und spannen eine **Koordinatenebene** auf.

Jeder Punkt im Koordinatensystem lässt sich durch drei **Koordinaten** beschreiben.

Schreibweise: $P(p_1 \mid p_2 \mid p_3)$

x_1-Koordinate (x-Koordinate), x_2-Koordinate (y-Koordinate), x_3-Koordinate (z-Koordinate)

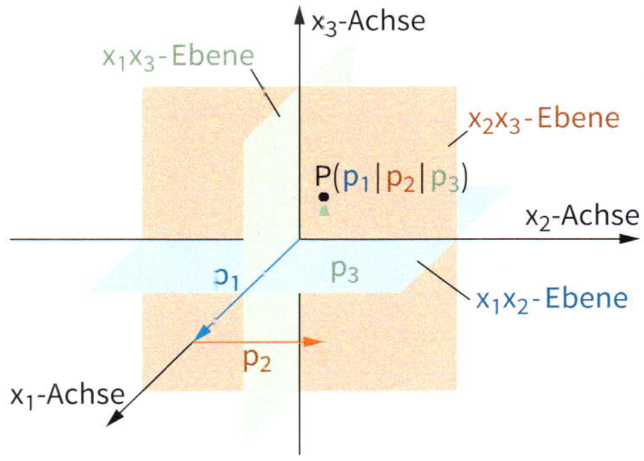

WES-109451-401

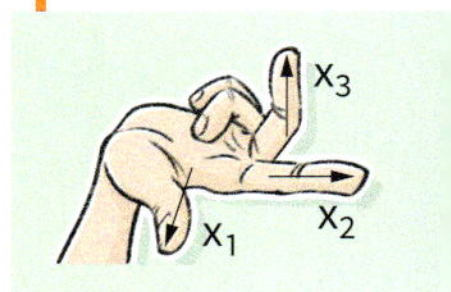

Schrägbild eines räumlichen Koordinatensystems zeichnen

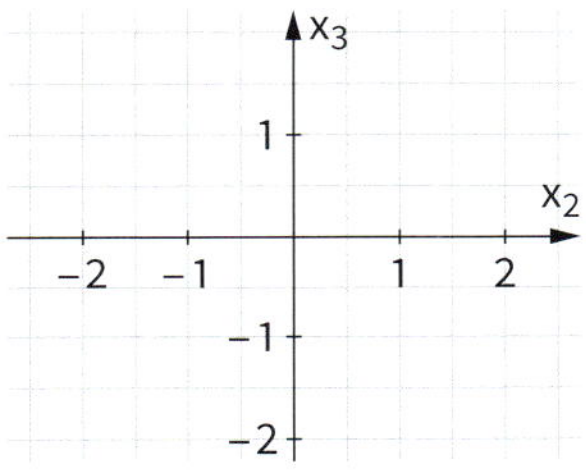

x_2- und x_3-Achse wie bei einem ebenen Koordinatensystem zeichnen

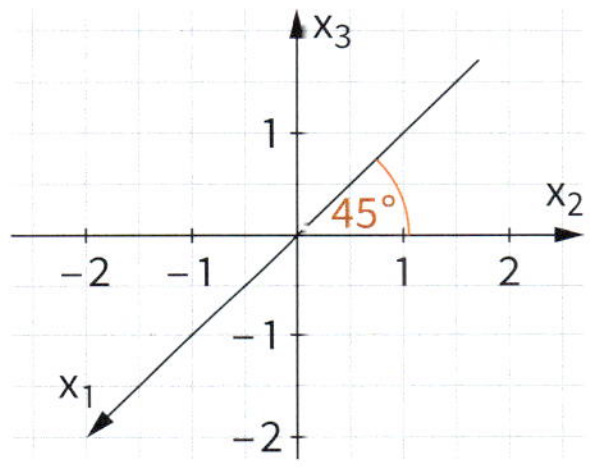

x_1-Achse in einem Winkel von 45° gegen die x_2-Achse nach vorn geneigt zeichnen

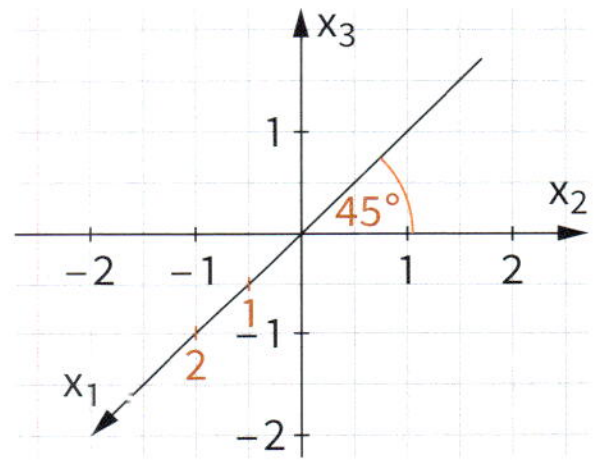

Einheit auf x_1-Achse wird durch Länge der Kästchendiagonale festgelegt

Punkte in ein räumliches Koordinatensystem einzeichnen

Den Punkt $P(2 \mid -3 \mid 2{,}5)$ einzeichnen:

Man geht vom Ursprung aus

- 2 Einheiten in Richtung der x_1-Achse nach vorne
- 3 Einheiten in Richtung der x_2-Achse nach links
- 2,5 Einheiten in Richtung der x_3-Achse nach oben

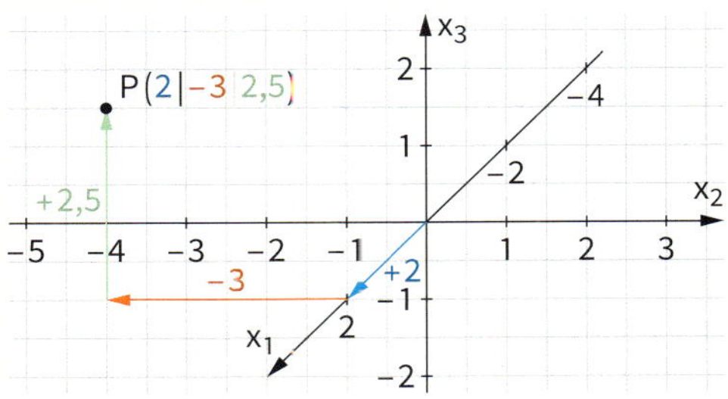

Farbige Pfeile: ***Koordinatenzug*** *von P*

1 **Punkte im Klassenraum beschreiben**

Wählen Sie gemeinsam bestimmte Punkte im Klassenraum aus, wie z. B. die Ecke eines Tisches oder einen Punkt auf der Tafel. Beschreiben Sie die Lage dieser Punkte möglichst präzise.
Erläutern Sie Ihre Vorgehensweise.
Vergleichen Sie Ihre Ergebnisse mit denen der anderen Gruppen.

2 **Dreiecke zeichnen**
Zeichnen Sie das Dreieck mit den Eckpunkten A, B, C in ein räumliches Koordinatensystem.
a) $A(3|2|4)$; $B(-2|-3|3)$; $C(-4|1|-5)$ b) $A(3|1|-1)$; $B(-1|4|1)$; $C(-3|-3|2)$

3 **Seltsames Dreieck?**
Zeichnen Sie das Dreieck ABC mit $A(2|-2|3)$, $B(0|2|-3)$ und $C(-1|0|-2)$ in ein räumliches Koordinatensystem. Was fällt auf?

4 **Punkte richtig einzeichnen**
Kontrollieren Sie, ob der Punkt richtig eingezeichnet wurde.

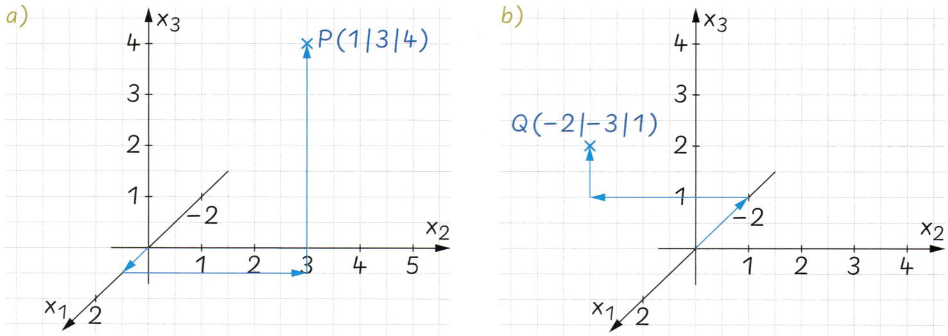

5 **Koordinaten bestimmen**
Bestimmen Sie die Koordinaten der angegebenen Punkte des Körpers.

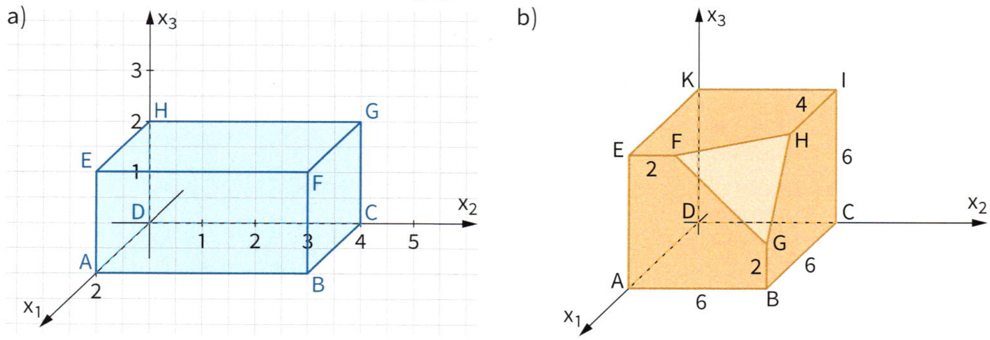

6 **Pyramide zeichnen**
Eine gerade quadratische Pyramide hat die Höhe $h = 8\,\text{cm}$. Die Grundfläche hat die Seitenlänge $a = 10\,\text{cm}$. Wählen Sie ein geeignetes räumliches Koordinatensystem und zeichnen Sie ein Schrägbild der Pyramide. Bestimmen Sie die Koordinaten aller Eckpunkte.

Prüfe dich!
Lösungen auf Seite 182

7 Der abgebildete Turm hat die Form eines Quaders, auf den eine gerade Pyramide aufgesetzt wurde. Geben Sie die Koordinaten aller Eckpunkte des Turms an.

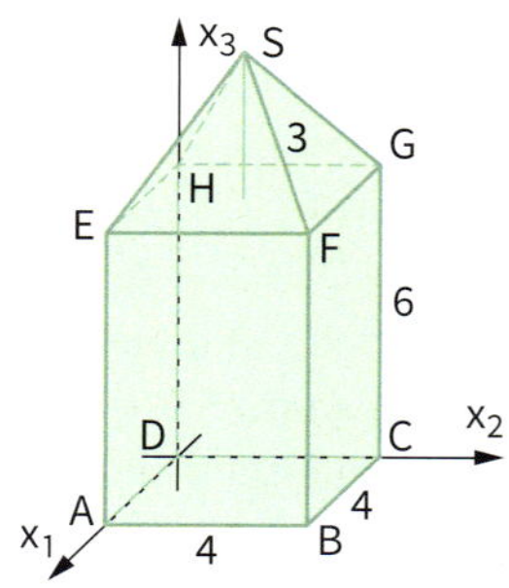

8 Ein 8 cm hoher Quader hat die quadratische Grundfläche ABCD mit der Seitenlänge 5 cm und die Deckfläche EFGH. Zeichnen Sie ein Schrägbild des Quaders in ein räumliches Koordinatensystem. Der Punkt A soll im Koordinatenursprung liegen, der Punkt B auf der x_2-Achse und der Punkt D auf der x_1-Achse.

9 ≡ **Verschiedene Koordinaten – gleiches Bild**

a) Zeichnen Sie die Punkte R(1|3|2), S(−7|−1|−2) und T(−3|1|0) in ein räumliches Koordinatensystem. Was fällt auf?

b) Zeichnen Sie die Punkte A(4|3|5), B(2|−3|−1) und C(6|3|4) in ein räumliches Koordinatensystem. Geben Sie jeweils zwei weitere Punkte an, die im Schrägbild des Koordinatensystems an derselben Stelle wie A, B bzw. C erscheinen.

10 ≡ **Probleme beim Ablesen von Koordinaten**

Malte behauptet:

„Der Punkt P liegt in der x_2x_3-Ebene und hat die Koordinaten P(0|3|2), der Punkt Q liegt in der x_1x_2-Ebene und hat die Koordinaten Q(3|−1|0)."

Nehmen Sie Stellung.

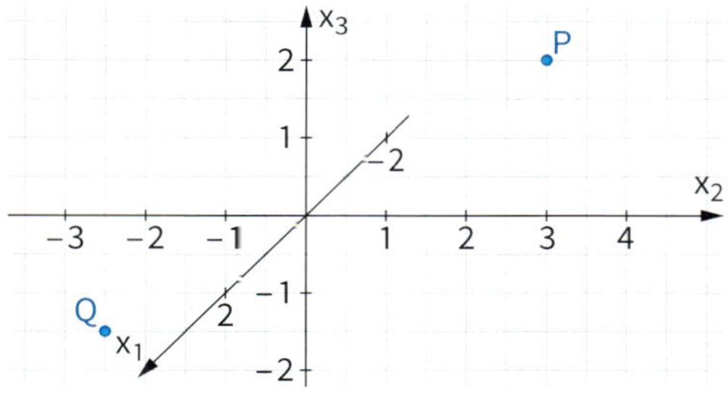

11 ≡ **Punkte mit besonderer Lage**

Geben Sie die Koordinaten aller Punkte des Quaders an,

a) die auf der x_1-Achse liegen;
b) deren x_3-Koordinate 0 ist;
c) die in der x_2x_3-Ebene liegen;
d) deren x_2-Koordinate 5 ist;
e) deren x_1-und x_2-Koordinaten 0 sind.

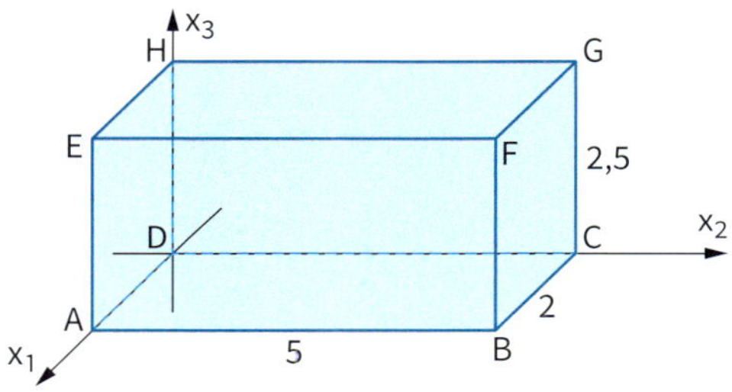

12 ≡ **Haus-Aufgabe**

a) Welche Koordinaten haben die eingetragenen Eckpunkte des Gebäudes?

b) Geben Sie an, welche Eckpunkte in der x_1x_2-Ebene, welche in der x_2x_3-Ebene und welche in der x_1x_3-Ebene liegen.

c) Welche Koordinaten hätten die Eckpunkte, wenn der Ursprung in H wäre und die x_1-Achse in Richtung I und die x_3-Achse in Richtung E verliefe?

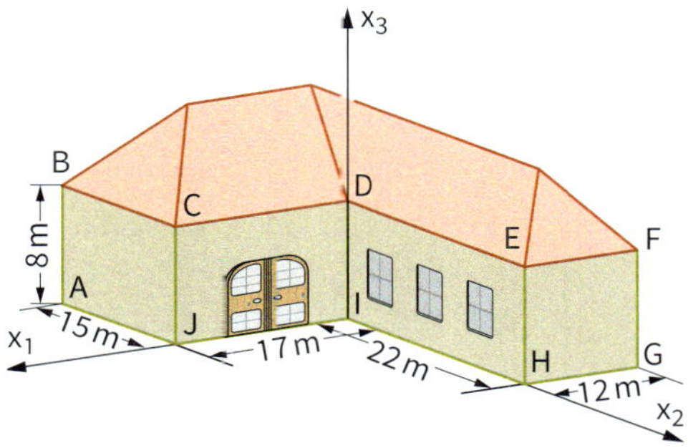

13 ≡ **Projektion im Raum**

Projiziert man den Punkt P(2|6|3) parallel zur x_2-Achse in die x_1x_3-Ebene, so erhält man den Bildpunkt P′ von P in der x_1x_3-Ebene.

a) Bestimmen Sie die Koordinaten von P′.

b) Bestimmen Sie entsprechend die Koordinaten der Punkte P″ und P‴ bei der Projektion von P in die x_1x_2-Ebene bzw. x_2x_3-Ebene.

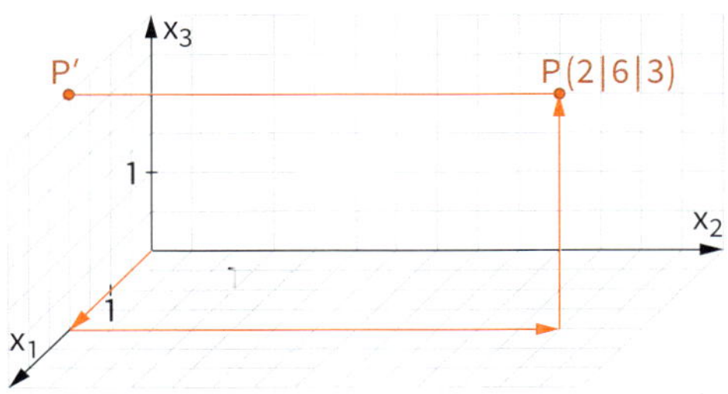

14 ≡ **Spiegelung im Raum**

Die Punkte P(−4|0|0), Q(0|3|0), R(3|−2|4) und S(−8|5|−3) werden gespiegelt. Bestimmen Sie die Koordinaten der zugehörigen Bildpunkte.

a) Spiegelung an der x_1x_2-Ebene
b) Spiegelung an der x_1x_3-Ebene
c) Spiegelung an der x_2x_3-Ebene
d) Spiegelung am Koordinatenursprung

4.2 Verschiebungen im Raum – Vektoren

Alina soll das Dreieck ABC mit A(0|0|0), B(−4|−3|1) und C(3|−1|0) so im Raum verschieben, dass der Bildpunkt A′ von A die Koordinaten A′(3|5|2) hat. Die Verschiebung von A in A′ hat Alina durch einen Pfeil verdeutlicht.

- Wie kann man diese Verschiebung im Raum beschreiben? Vergleichen Sie dazu die Koordinaten der Punkte A und A′.
- Wie erhält man damit die Koordinaten der Bildpunkte B′ und C′?

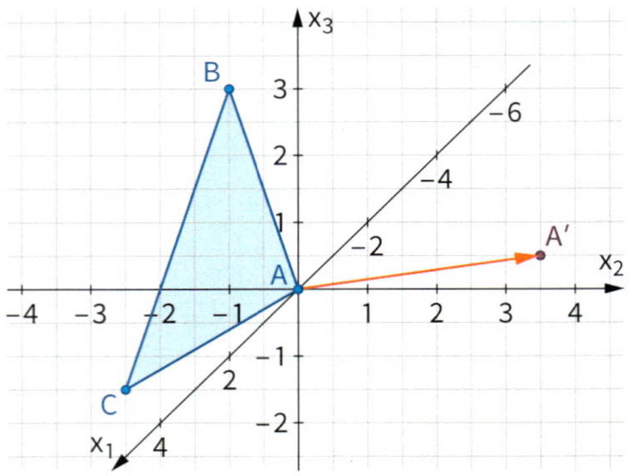

Lösung

Vergleich der Koordinaten von A und A′:

A(0 | 0 | 0)
+3 ↓ +5 ↓ +2 ↓
A′(3 | 5 | 2)

Um von Punkt A nach Punkt A′ zu gelangen, geht man von A aus

- in x_1-Richtung um 3 Einheiten nach vorne,
- in x_2-Richtung um 5 Einheiten nach rechts,
- in x_3-Richtung um 2 Einheiten nach oben.

Schreibweise:
$\begin{pmatrix} 3 \\ 5 \\ 2 \end{pmatrix}$

Im Koordinatensystem kann man diese einzelnen Schritte durch einen Koordinatenzug verdeutlichen.

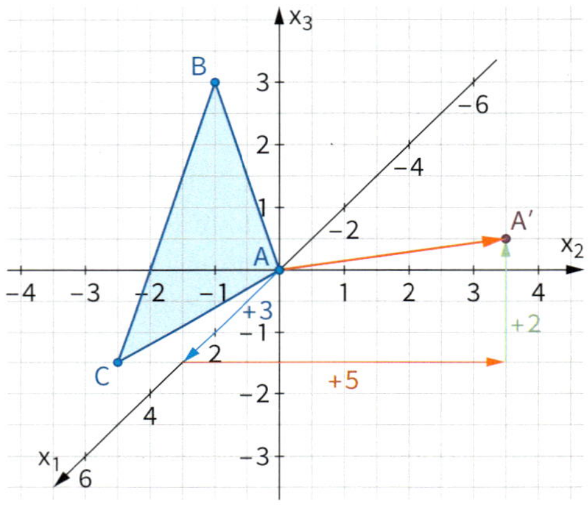

Den Verschiebungspfeil von Punkt A nach Punkt A′ kann man durch denselben Koordinatenzug beschreiben. Beginnt dieser Koordinatenzug in Punkt B, so führt er zu Punkt B′; beginnt er in Punkt C, so führt er zu Punkt C′.

Man erhält also für die Koordinaten der Punkte B′ und C′:

B(−4 | −3 | 1)
+3 ↓ +5 ↓ +2 ↓
B′(−1 | 2 | 3)

C(3 | −1 | 0)
+3 ↓ +5 ↓ +2 ↓
C′(6 | 4 | 2)

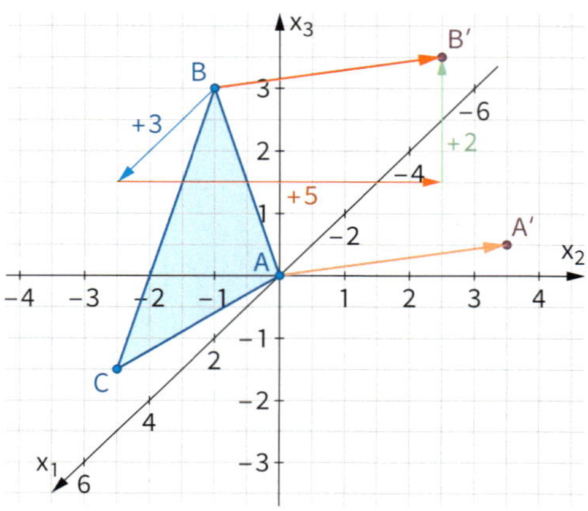

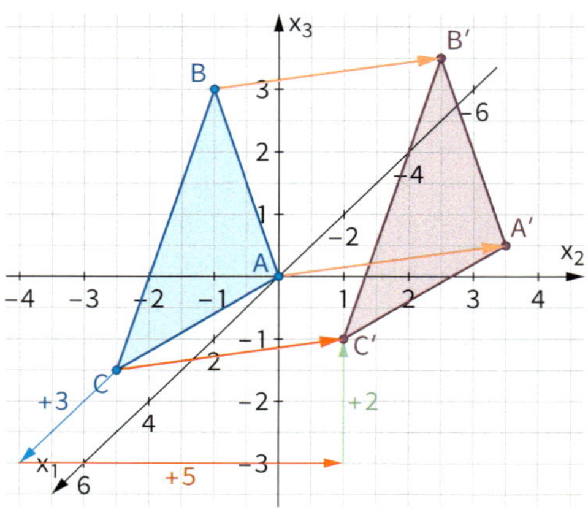

Verschiebungen im Raum

Eine Verschiebung im Raum von einem Punkt P in einen Punkt Q kann durch einen Pfeil veranschaulicht werden.

	P(p_1	p_2	p_3)
Verschieben in	x_1-Richtung ↓	x_2-Richtung ↓	x_3-Richtung ↓
	Q(q_1	q_2	q_3)

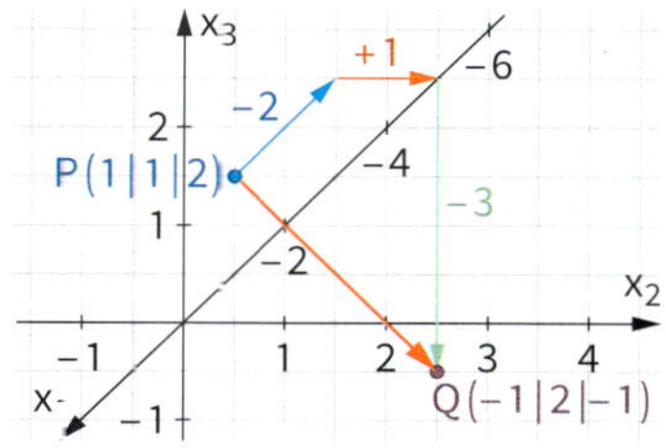

WES-109451-402

Vektoren

Ein **Vektor** $\vec{v}$ mit drei Koordinaten ist ein Zahlentripel, das man als Spalte schreibt:

$$\vec{v} = \begin{pmatrix} v_1 \\ v_2 \\ v_3 \end{pmatrix}$$

Jeder Vektor beschreibt eine Verschiebung im Raum. Der Vektor, der die Verschiebung eines Punktes P in den Punkt Q beschreibt, wird als **Verbindungsvektor** $\overrightarrow{PQ}$ bezeichnet.

Alle Pfeile, die parallel zueinander, gleich gerichtet und gleich lang sind, veranschaulichen den gleichen Vektor.

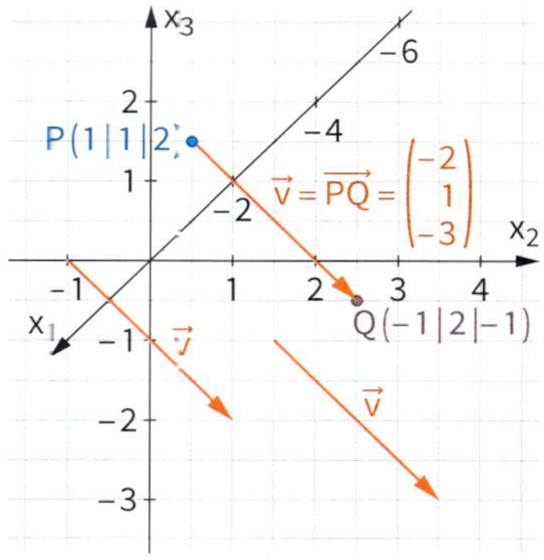

$$\overrightarrow{PQ} = \begin{pmatrix} q_1 - p_1 \\ q_2 - p_2 \\ q_3 - p_3 \end{pmatrix}$$

Besondere Vektoren

Der Verbindungsvektor $\overrightarrow{OA}$ des Ursprungs O und eines Punktes A heißt **Ortsvektor** des Punktes A.

Kurzschreibweise: $\vec{a}$

Der Vektor $\vec{o} = \begin{pmatrix} 0 \\ 0 \\ 0 \end{pmatrix}$ heißt **Nullvektor**.

Der Vektor $-\vec{v} = \begin{pmatrix} -v_1 \\ -v_2 \\ -v_3 \end{pmatrix}$ heißt **Gegenvektor** von $\vec{v} = \begin{pmatrix} v_1 \\ v_2 \\ v_3 \end{pmatrix}$.

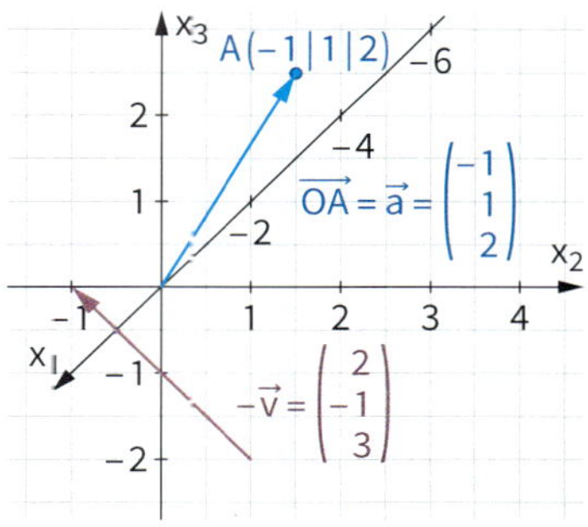

1 Bildpunkt gesucht

Der Punkt A wird mit dem Vektor $\vec{v}$ in den Bildpunkt A′ verschoben. Bestimmen Sie die Koordinaten des Bildpunktes A′.

a) A(5|3|–1) $\vec{v} = \begin{pmatrix} 6 \\ 4 \\ 2 \end{pmatrix}$

b) A(4,2|1,3|–2,5) $\vec{v} = \begin{pmatrix} 6{,}4 \\ 4{,}1 \\ -8{,}4 \end{pmatrix}$

c) A(6|4|–3) $\vec{v} = \begin{pmatrix} 0 \\ 0 \\ 0 \end{pmatrix}$

d) A(2|–5|1) $\vec{v} = \begin{pmatrix} -2 \\ 5 \\ -1 \end{pmatrix}$

2 Dreieck verschieben

Das Dreieck ABC mit den Eckpunkten A(2|–3|–1), B(1|–1|–2) und C(1|–1|3) wird so verschoben, dass der Bildpunkt A′ von A die Koordinaten A′(–1|2|0) hat.

a) Geben Sie den Vektor dieser Verschiebung an und zeichnen Sie das Dreieck und das Bilddreieck in ein gemeinsames Koordinatensystem. Geben Sie die Koordinaten der Bildpunkte B′ und C′ an.

b) Geben Sie den Vektor an, der das Dreieck A′B′C′ auf das Dreieck ABC verschiebt.

3 Pfeile zeichnen

Zeichnen Sie drei Pfeile, die zum Vektor $\vec{v} = \begin{pmatrix} -4 \\ -3 \\ 3 \end{pmatrix}$ gehören, in ein Koordinatensystem.

4 **Paketzustellung**

Eine Drohne befindet sich im Punkt P(45 | −17 | 5) eines Koordinatensystems mit der Einheit Meter und soll ein Paket auf der Dachterrasse eines Hauses im Punkt Q(36 | −5 | 6) absetzen.
Beschreiben Sie, wie die Drohne fliegen muss, um vom Punkt P geradlinig zum Punkt Q zu gelangen.

5 **Verschiedene Pfeile, selber Vektor**

Welche der Pfeile gehören zum selben Vektor?

a)

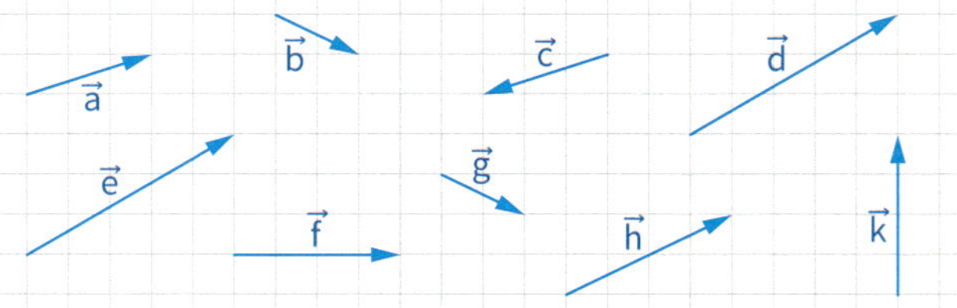

b)

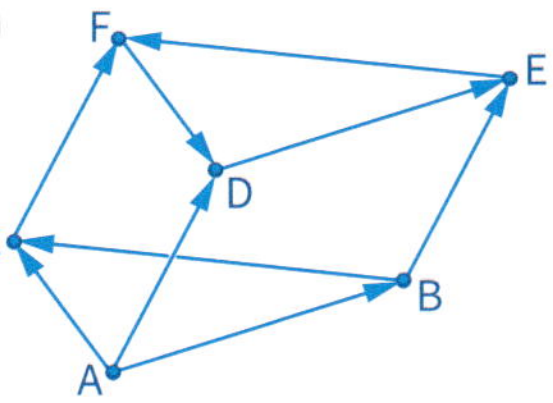

6 **Gleiche Vektoren**

a) Betrachten Sie die Vektoren $\overrightarrow{DA}$, $\overrightarrow{DC}$, $\overrightarrow{AB}$, $\overrightarrow{BC}$, $\overrightarrow{CG}$, $\overrightarrow{HF}$, $\overrightarrow{DB}$ und $\overrightarrow{EF}$ in der Figur.
Welche Vektoren sind gleich?

b) Geben Sie die Koordinaten der Vektoren $\overrightarrow{DA}$, $\overrightarrow{HD}$, $\overrightarrow{DC}$, $\overrightarrow{HF}$ und $\overrightarrow{AG}$ an.

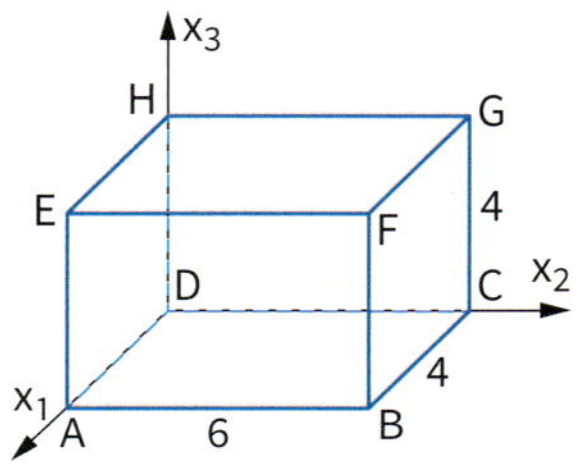

Prüfe dich!
Lösungen auf Seite 182

7 Der Punkt A(3 | 5 | 2) wird mit einem Vektor $\vec{v}$ in den Punkt A′ verschoben.
Der Punkt B wird mit dem gleichen Vektor $\vec{v}$ in den Punkt B′(−8 | 17 | −23) verschoben.

Bestimmen Sie für $\vec{v} = \begin{pmatrix} -4 \\ -3 \\ 3 \end{pmatrix}$ die Koordinaten der Punkte A′ und B.

8 Ein Quader ist 3 cm breit, 6 cm hoch und 3 cm tief.
Sein Eckpunkt D liegt im Ursprung, sein Eckpunkt A auf der x_1-Achse und sein Eckpunkt C auf der x_2-Achse.

a) Geben Sie die Koordinaten der Vektoren $\overrightarrow{AB}$, $\overrightarrow{AD}$, $\overrightarrow{AE}$ an.

b) Geben Sie die Koordinaten der Vektoren $\overrightarrow{BE}$, $\overrightarrow{BG}$, $\overrightarrow{FH}$ an.
Geben Sie dann jeweils alle weiteren Vektoren an, die mit diesen übereinstimmen.

c) Bestimmen Sie den Vektor, der Punkt A in Punkt G verschiebt.

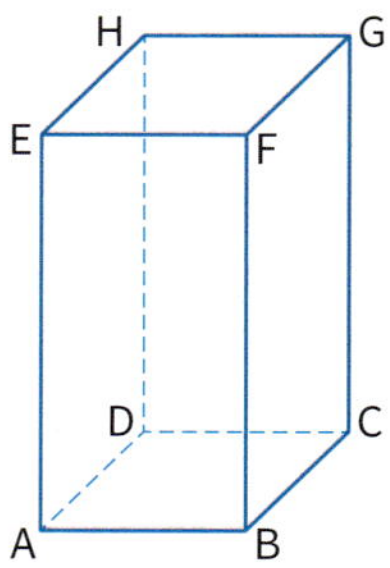

Einstieg

Vorbereiten
Satz des Pythagoras
Seite 164

Länge eines Vektors bestimmen

Gegeben ist ein Punkt A. Man erhält den Bildpunkt A′ von A durch eine Verschiebung mit dem Vektor $\vec{v} = \begin{pmatrix} 5 \\ 7 \\ 1,5 \end{pmatrix}$.

- Wie lang ist die Strecke $\overline{AA'}$?
- Verallgemeinern Sie das Ergebnis für einen beliebigen Vektor $\vec{v}$.

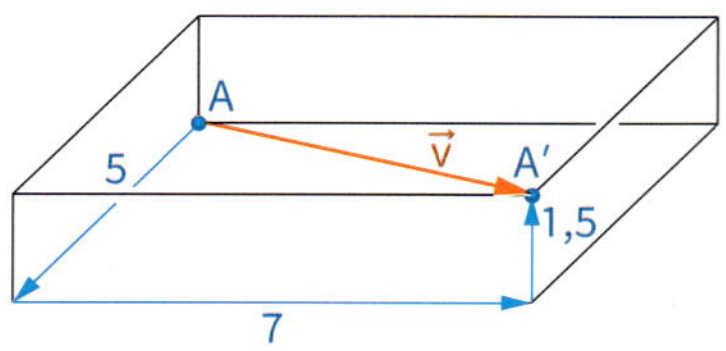

Länge eines Vektors
Die **Länge** oder der **Betrag** eines Vektors $\vec{v}$ ist die Länge jedes Pfeils, der $\vec{v}$ darstellt.

Schreibweise: $|\vec{v}|$

Für $\vec{v} = \begin{pmatrix} v_1 \\ v_2 \\ v_3 \end{pmatrix}$ gilt: $|\vec{v}| = \sqrt{v_1^2 + v_2^2 + v_3^2}$

Abstand zweier Punkte
Der **Abstand** zweier Punkte A und B ist die Länge des Vektors $\overrightarrow{AB}$:

$$|AB| = |\overrightarrow{AB}|$$

Die Längeneinheit ist stets die Koordinateneinheit.

WES-109451-403

Länge eines Vektors berechnen
$\vec{v} = \begin{pmatrix} 1 \\ 2 \\ -3 \end{pmatrix}$

$|\vec{v}| = \sqrt{1^2 + 2^2 + (-3)^2} = \sqrt{14} \approx 3{,}74$

Abstand zweier Punkte berechnen
A(4 | 7 | −3); B(6 | 5 | −4)

$\overrightarrow{AB} = \begin{pmatrix} 6 - 4 \\ 5 - 7 \\ -4 - (-3) \end{pmatrix} = \begin{pmatrix} 2 \\ -2 \\ -1 \end{pmatrix}$

$|AB| = |\overrightarrow{AB}| = \sqrt{2^2 + (-2)^2 + (-1)^2} = \sqrt{9} = 3$

9 **Länge eines Vektors berechnen**

Ermitteln Sie die Länge des Vektors $\vec{v}$.

a) $\vec{v} = \begin{pmatrix} 2 \\ -3 \\ -4 \end{pmatrix}$ b) $\vec{v} = \begin{pmatrix} 2 \\ 0 \\ 5 \end{pmatrix}$ c) $\vec{v} = \begin{pmatrix} 2 \\ 2 \\ 2 \end{pmatrix}$ d) $\vec{v} = \begin{pmatrix} 0 \\ 0 \\ 0 \end{pmatrix}$ e) $\vec{v} = \begin{pmatrix} 1 \\ -\frac{1}{2} \\ \frac{1}{9} \end{pmatrix}$ f) $\vec{v} = \begin{pmatrix} 3 \\ 9 \\ \frac{27}{2} \end{pmatrix}$

10 **Fehler beim Längenberechnen**

Max und Laura berechnen die Länge des Vektors $\vec{a} = \begin{pmatrix} 4 \\ -2 \\ 3 \end{pmatrix}$. Was haben sie falsch gemacht? Wie lang ist der Vektor $\vec{a}$?

Max: $\sqrt{4-2+3}$ 2.23607

Laura: $\sqrt{4^2-2^2+3^2}$ 4.58258

11 **Abstand zweier Punkte im Raum**

a) Berechnen Sie den Abstand des Punktes B vom Punkt A.
(1) A(−3 | 5 | 2); B(8 | −3 | 0) (2) A(−2 | −1 | −5); B(3 | −5 | 2)

b) Zeigen Sie, dass man den Abstand zweier Punkte A und B im Raum mit der angegebenen Formel berechnen kann.

Abstandsformel

$A(a_1 | a_2 | a_3)$; $B(b_1 | b_2 | b_3)$

$|AB| = \sqrt{(b_1 - a_1)^2 + (b_2 - a_2)^2 + (b_3 - a_3)^2}$

12 **Seilbahn**

Auf einem Spielplatz ist eine Seilbahn installiert. Die Aufhängungen des Stahlseils befinden sich in den Punkten P(7 | 8 | 2,3) und Q(15 | −2 | 3,8) eines Koordinatensystems mit der Einheit Meter. Berechnen Sie die Länge des Stahlseils, wenn dieses um 3 % durchhängt.

13 Berechnen Sie den Umfang des Dreiecks ABC mit A(0 | 0 | 0), B(−4 | 4 | −2) und C(3 | 10 | −16).

Prüfe dich!
Lösungen auf Seite 182

14 **Spiegelung und Projektion**

a) Der Punkt P(1 | −3 | 8) wird an der x_1x_2-Ebene gespiegelt. Bestimmen Sie die Koordinaten des Bildpunktes P′ und berechnen Sie die Länge des Vektors $\overrightarrow{PP'}$.

b) Der Punkt Q(−4 | 5 | 9) wird in die x_1x_2-Ebene projiziert. Bestimmen Sie die Koordinaten des Bildpunktes Q′ und berechnen Sie die Länge des Vektors $\overrightarrow{QQ'}$.

4.3 Vektoren addieren und subtrahieren

Der Eckpunkt A(8|6|1) eines Containers wird beim Verladen zunächst mit dem Vektor $\vec{v} = \begin{pmatrix} -10 \\ -13 \\ 2 \end{pmatrix}$ in den Punkt A′(−2|−7|3) und danach mit dem Vektor $\vec{w} = \begin{pmatrix} 6 \\ 15 \\ 2 \end{pmatrix}$ in den Punkt A″(4|8|5) verschoben.

- Welcher Vektor $\vec{z}$ beschreibt die Verschiebung des Punktes A in den Punkt A″?
- Wie hängt dieser Vektor $\vec{z}$ mit den beiden Vektoren $\vec{v}$ und $\vec{w}$ zusammen?

Lösung

Man erhält die Koordinaten des Verschiebungsvektors $\vec{z}$, indem man von den Koordinaten von A″ die Koordinaten von A subtrahiert:

$$\vec{z} = \begin{pmatrix} 4-8 \\ 8-6 \\ 5-1 \end{pmatrix} = \begin{pmatrix} -4 \\ 2 \\ 4 \end{pmatrix}$$

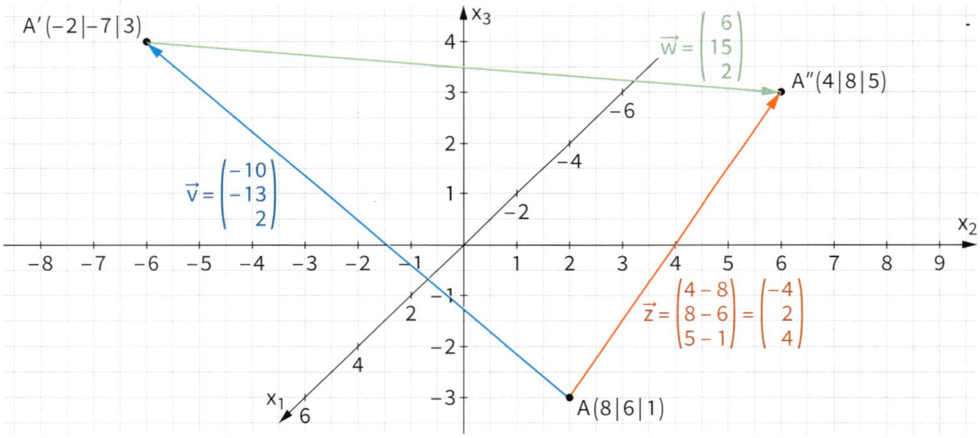

Die zweimalige Verschiebung mit den Vektoren $\vec{v}$ und $\vec{w}$ kann durch eine einzelne Verschiebung mit dem Vektor $\vec{z}$ beschrieben werden.

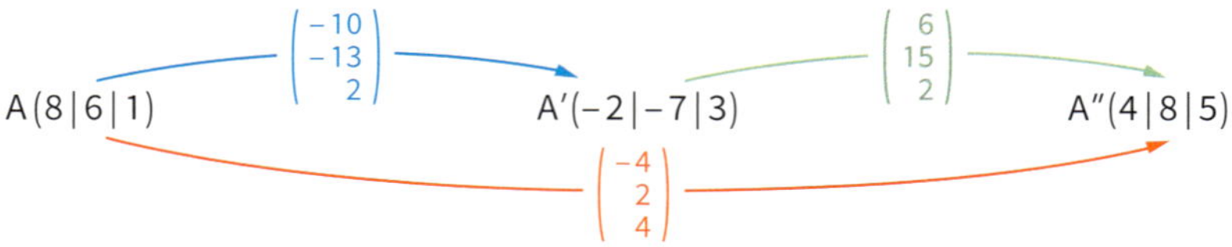

Insgesamt änderte sich
- die 1. Koordinate von A um $-10 + 6 = -4$;
- die 2. Koordinate von A um $-13 + 15 = 2$;
- die 3. Koordinate von A um $2 + 2 = 4$.

Die Koordinaten des Vektors $\vec{z}$ erhält man somit auch, indem man die Koordinaten der Vektoren $\vec{v}$ und $\vec{w}$ addiert. In diesem Sinne kann man den Vektor $\vec{z}$ als **Summe** der Vektoren $\vec{v}$ und $\vec{w}$ betrachten:

$$\vec{z} = \vec{v} + \vec{w} = \begin{pmatrix} -10 \\ -13 \\ 2 \end{pmatrix} + \begin{pmatrix} 6 \\ 15 \\ 2 \end{pmatrix} = \begin{pmatrix} -10+6 \\ -13+15 \\ 2+2 \end{pmatrix} = \begin{pmatrix} -4 \\ 2 \\ 4 \end{pmatrix}$$

WES-109451-404

Vektoren addieren und subtrahieren

Zwei Vektoren $\vec{a}$ und $\vec{b}$ werden koordinatenweise addiert oder subtrahiert.

$$\vec{a} = \begin{pmatrix} a_1 \\ a_2 \\ a_3 \end{pmatrix};\ \vec{b} = \begin{pmatrix} b_1 \\ b_2 \\ b_3 \end{pmatrix}$$

Den Vektor $\vec{a} + \vec{b}$ nennt man die **Summe** oder den **Summenvektor** von $\vec{a}$ und $\vec{b}$.

Den Vektor $\vec{a} - \vec{b}$ nennt man die **Differenz** oder den **Differenzvektor** von $\vec{a}$ und $\vec{b}$.

$$\vec{a} + \vec{b} = \begin{pmatrix} a_1 + b_1 \\ a_2 + b_2 \\ a_3 + b_3 \end{pmatrix} \qquad \vec{a} - \vec{b} = \begin{pmatrix} a_1 - b_1 \\ a_2 - b_2 \\ a_3 - b_3 \end{pmatrix}$$

Vektoren grafisch addieren und subtrahieren: Vektorparallelogramm

Zwei Pfeile der Vektoren $\vec{a}$ und $\vec{b}$ mit gemeinsamem Anfangspunkt spannen ein Parallelogramm auf.

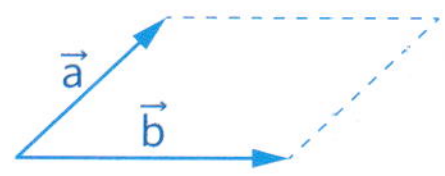

Pfeile des Summenvektors $\vec{a} + \vec{b}$ und des Differenzvektors $\vec{a} - \vec{b}$ kann man mithilfe der Diagonalen in diesem Parallelogramm konstruieren.

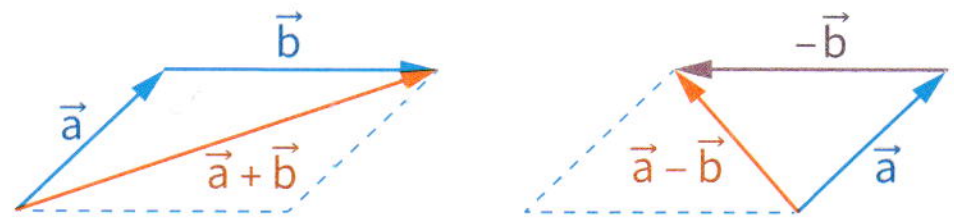

„Im Parallelogramm passende Pfeile finden, die aneinanderhängen"

Dreiecksregel

Für alle Punkte P, Q und R im Koordinatensystem gilt: $\overrightarrow{PQ} + \overrightarrow{QR} = \overrightarrow{PR}$

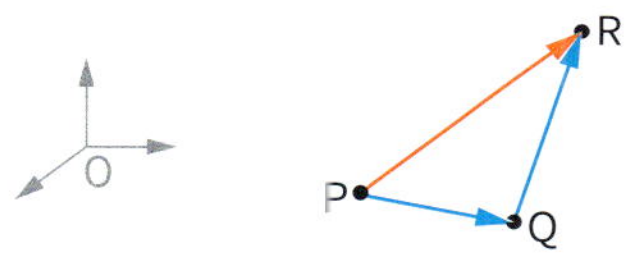

Für zwei Punkte A und B und ihre Ortsvektoren ist dann: $\overrightarrow{OA} + \overrightarrow{AB} = \overrightarrow{OB}$

Der Verbindungsvektor $\overrightarrow{AB}$ zweier Punkte $A(a_1 | a_2 | a_3)$ und $B(b_1 | b_2 | b_3)$ lässt sich also als Differenz von zwei Ortsvektoren schreiben:

$$\overrightarrow{AB} = \overrightarrow{OB} - \overrightarrow{OA} = \begin{pmatrix} b_1 - a_1 \\ b_2 - a_2 \\ b_3 - a_3 \end{pmatrix}$$

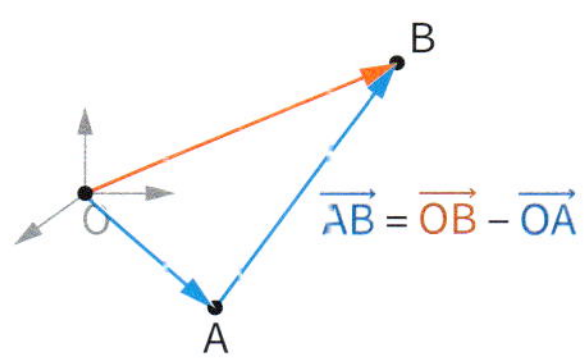

1 Vektoren addieren und subtrahieren

Berechnen Sie.

a) $\begin{pmatrix} 8 \\ -5 \\ 3 \end{pmatrix} + \begin{pmatrix} -6 \\ -1 \\ -3 \end{pmatrix}$ b) $\begin{pmatrix} -3 \\ 2 \\ -4 \end{pmatrix} + \begin{pmatrix} -1 \\ -4 \\ 6 \end{pmatrix}$ c) $\begin{pmatrix} 1 \\ 2 \\ 4 \end{pmatrix} - \begin{pmatrix} 3 \\ -1 \\ -1 \end{pmatrix}$ d) $\begin{pmatrix} 1 \\ -2 \\ 3 \end{pmatrix} - \begin{pmatrix} 5 \\ 4 \\ -2 \end{pmatrix}$

2 Vektoren grafisch addieren und subtrahieren

Zeichnen Sie einen Pfeil des Summen- bzw. Differenzvektors.

a) $\vec{a} + \vec{b}$ b) $\vec{a} + \vec{b} + \vec{c}$ c) $\vec{a} - \vec{c}$
d) $\vec{c} + \vec{d}$ e) $\vec{b} - \vec{a} + \vec{c}$ f) $\vec{a} - (\vec{b} + \vec{c}) + \vec{d}$
g) $\vec{a} - (\vec{b} + \vec{d})$ h) $\vec{c} + \vec{d} - \vec{a}$ i) $\vec{a} + \vec{b} - \vec{c}$

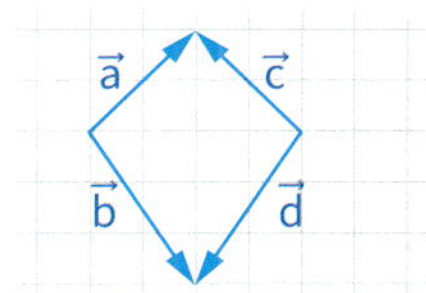

3 Rechengesetze für die Vektoraddition

Zeigen Sie an selbst gewählten Vektoren und begründen Sie dann allgemein, dass gilt:

Kommutativgesetz der Vektoraddition

$\vec{a} + \vec{b} = \vec{b} + \vec{a}$

Assoziativgesetz der Vektoraddition

$(\vec{a} + \vec{b}) + \vec{c} = \vec{a} + (\vec{b} + \vec{c})$

4 ≡ **Vektoren beschreiben**

Beschreiben Sie den Vektor mithilfe der Vektoren $\vec{r}, \vec{s}, \vec{t}$ und $\vec{u}$.

a) $\overrightarrow{AD}$ b) $\overrightarrow{AE}$ c) $\overrightarrow{BC}$
d) $\overrightarrow{BD}$ e) $\overrightarrow{CB}$ f) $\overrightarrow{CE}$
g) $\overrightarrow{DA}$ h) $\overrightarrow{DB}$ i) $\overrightarrow{DE}$

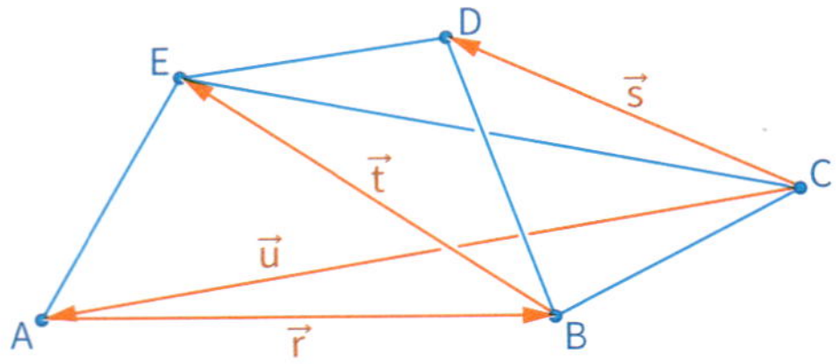

Prüfe dich!
Lösungen auf Seite 183

5 ≡ Berechnen Sie.

a) $\begin{pmatrix} 1 \\ 3 \\ -5 \end{pmatrix} + \begin{pmatrix} -2 \\ 1 \\ 3 \end{pmatrix}$ b) $\begin{pmatrix} -2 \\ 1 \\ 3 \end{pmatrix} - \begin{pmatrix} -2 \\ 2 \\ 7 \end{pmatrix}$ c) $\begin{pmatrix} 0 \\ -1 \\ 12 \end{pmatrix} + \begin{pmatrix} -2 \\ 3 \\ 1 \end{pmatrix}$ d) $\begin{pmatrix} -4 \\ 12 \\ 9 \end{pmatrix} - \begin{pmatrix} -3 \\ 7 \\ -1 \end{pmatrix}$

6 ≡ Beschreiben Sie den Vektor mithilfe der Vektoren $\vec{a}$, $\vec{b}$ und $\vec{c}$.

a) $\overrightarrow{AC}$ b) $\overrightarrow{BD}$
c) $\overrightarrow{EB}$ d) $\overrightarrow{EC}$
e) $\overrightarrow{GA}$ f) $\overrightarrow{FC}$
g) $\overrightarrow{GD}$ h) $\overrightarrow{HB}$

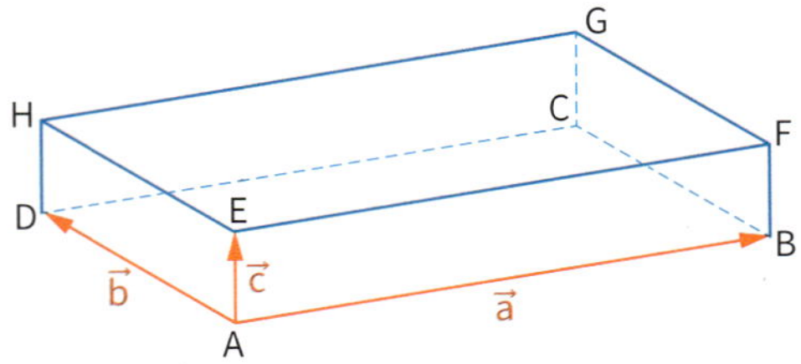

Tipp: $-\overrightarrow{AB} = \overrightarrow{BA}$

7 ≡ **Vektorsummen**

Vereinfachen Sie die Vektorsumme mithilfe der Dreiecksregel. Fertigen Sie dazu eine Skizze an.

a) $\overrightarrow{AB} + \overrightarrow{BC} + \overrightarrow{CD}$ b) $\overrightarrow{AB} - \overrightarrow{CB} + \overrightarrow{CA}$
c) $\overrightarrow{RS} + \overrightarrow{SR}$ d) $\overrightarrow{RP} - (\overrightarrow{RP} - \overrightarrow{PQ}) + \overrightarrow{QS}$
e) $\overrightarrow{FG} + \overrightarrow{GH} - \overrightarrow{FF}$ f) $\overrightarrow{PQ} - (\overrightarrow{SR} - \overrightarrow{QR}) + \overrightarrow{SP}$

Beispiel

$\overrightarrow{EF} - \overrightarrow{GF} + \overrightarrow{GH}$
$= \underbrace{\overrightarrow{EF} + \overrightarrow{FG}}_{} + \overrightarrow{GH}$
$= \overrightarrow{EG} + \overrightarrow{GH}$
$= \overrightarrow{EH}$

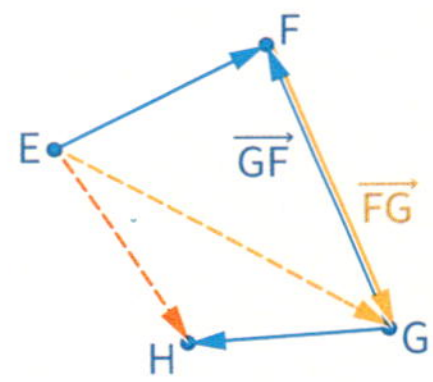

8 ≡ **Neuer Skilift**

Den Gipfel der Schneekoppe (tschechisch: Sněžka) kann man über einen Sessellift erreichen. Der Lift führt von einer Talstation T über eine Zwischenstation Z auf die Bergstation B.

In einem Koordinatensystem mit der Einheit Meter beschreibt der Vektor $\overrightarrow{TZ} = \begin{pmatrix} 563 \\ 676 \\ 682 \end{pmatrix}$ näherungsweise den Weg des Liftes von der Talstation zur Zwischenstation und der Vektor $\overrightarrow{ZB} = \begin{pmatrix} 1162 \\ 973 \\ 1434 \end{pmatrix}$ näherungsweise den Weg des Liftes von der Zwischenstation zur Bergstation.

a) Skizzieren Sie den Sachverhalt und bestimmen Sie den Vektor $\overrightarrow{TB}$.

b) Bei einer Erneuerung des Liftes wird die Zwischenstation verlegt.
Der Weg von der Tal- zur Zwischenstation wird nun beschrieben durch $\overrightarrow{TZ_{neu}} = \begin{pmatrix} 488 \\ 534 \\ 645 \end{pmatrix}$.
Bestimmen Sie den Vektor $\overrightarrow{Z_{neu}B}$.

c) Vergleichen Sie die Längen der Wege von der Tal- zur Bergstation vor und nach der Verlegung der Zwischenstation.

d) Wenn man auf den Bau einer Zwischenstation verzichten würde, würde die Strecke von der Talstation T zur Bergstation B kürzer. Berechnen Sie die prozentuale Ersparnis gegenüber der ursprünglichen Länge.

9 ≡ **Heißluftballon**

Ein Heißluftballon startet im Punkt S(225 | −349 | 114) eines Koordinatensystems mit der Einheit Meter. Er steigt in den ersten 5 Minuten bei nahezu konstanten Windverhältnissen um den Vektor $\vec{v} = \begin{pmatrix} 150 \\ 600 \\ 1\,200 \end{pmatrix}$.

a) Bestimmen Sie die Koordinaten des Punktes T, in dem sich der Heißluftballon nach 5 Minuten befindet.

b) Berechnen Sie die Durchschnittsgeschwindigkeit des Heißluftballons in dieser Zeit.

Besondere Eigenschaften bei Dreiecken

Untersuchen Sie, ob das Dreieck ABC mit A(1 | 2 | 1), B(3 | 4 | 2) und C(2 | 0 | 3) gleichschenklig oder rechtwinklig ist.

Lösung

Seitenlängen bestimmen:

$a = |\overrightarrow{BC}| = \left|\begin{pmatrix} -1 \\ -4 \\ 1 \end{pmatrix}\right| = \sqrt{18}$ $\quad b = |\overrightarrow{AC}| = \left|\begin{pmatrix} 1 \\ -2 \\ 2 \end{pmatrix}\right| = \sqrt{9} = 3$ $\quad c = |\overrightarrow{AB}| = \left|\begin{pmatrix} 2 \\ 2 \\ 1 \end{pmatrix}\right| = \sqrt{9} = 3$

Die Seiten b und c sind gleich lang, somit ist das Dreieck ABC gleichschenklig.

Auf Rechtwinkligkeit prüfen:

Falls das Dreieck rechtwinklig ist, muss der rechte Winkel gegenüber der längsten Seite, also a, liegen. Nach der Umkehrung des Satzes des Pythagoras ist in diesem Fall das Dreieck rechtwinklig, wenn $b^2 + c^2 = a^2$ gilt.

Da $3^2 + 3^2 = 18 = (\sqrt{18})^2$, gilt $b^2 + c^2 = a^2$. Das Dreieck ABC ist rechtwinklig.

10 ≡ **Dreiecke untersuchen**

Untersuchen Sie, ob das Dreieck ABC gleichschenklig oder rechtwinklig ist.

a) A(3 | 7 | 1); B(8 | 7 | −3); C(3 | 11 | 6)
b) A(2 | 1 | 0); B(10 | −1 | 0); C(11 | 3 | 0)
c) A(2 | −2 | 5); B(0 | 2 | 1); C(3 | −2 | 2)
d) A(−1 | 0 | 6); B(3 | −4 | 4); C(1 | 4 | 2)

11 ≡ **Besondere Dreiecke?**

Berechnen Sie die Seitenlängen des Dreiecks und geben Sie den Typ des Dreiecks an.

a) A(1 | 2 | 5); B(1 | 5 | 9); C(1 | −1 | 1)
b) A(0 | 2 | 6); B(4 | 2 | 5); C(−1 | 3 | 2)

12 ≡ **Vierecke untersuchen**

Untersuchen Sie, ob das Viereck ABCD ein Parallelogramm ist.

a) A(3 | −1 | 2); B(1 | 0 | −2); C(2 | 1 | 2); D(4 | 0 | 6)
b) A(5 | 0 | 2); B(0 | −4 | 1); C(−3 | 1 | 0); D(−8 | −3 | −1)
c) A(7 | 6 | 5); B(10 | 7 | 8); C(1 | 5 | 4); D(−2 | 4 | 1)

13 ≡ Untersuchen Sie das Dreieck ABC mit A(1 | −1 | 1); B(1 | 1 | 1) und C(1 | −1 | 3) auf besondere Eigenschaften.

Prüfe dich!
Lösungen auf Seite 183

14 ≡ Untersuchen Sie, ob das Viereck ABCD mit A(3 | 0 | 1); B(2 | −2 | 3); C(4 | −3 | 5) und D(5 | −1 | 3) ein besonderes Viereck ist.

15 ≡ **Parallelogramm**

Bestimmen Sie die Koordinaten des Punktes D so, dass das Viereck ABCD ein Parallelogramm ist. Berechnen Sie die Seitenlängen des Parallelogramms.

a) A(3 | −2 | 4); B(7 | 2 | 1); C(4 | 6 | 6)
b) A(8 | 4 | 9); B(4 | −1 | 3); C(5 | 2 | 8)

4.4 Vektoren vervielfachen

Ein Wetterballon besteht aus einem Ballon mit einer Radiosonde und dient in der Meteorologie beispielsweise zur Messung von Temperatur, Luftdruck und Luftfeuchtigkeit.
Die gesammelten Daten werden per Funk an eine Bodenstation gesendet. Per GPS kann die Position der Radiosonde festgestellt und die Windrichtung ermittelt werden.

Eine Radiosonde steigt in den ersten Minuten nach dem Start nahezu konstant pro Sekunde um den Vektor $\vec{v} = \begin{pmatrix} 0{,}5 \\ 2 \\ 4 \end{pmatrix}$. Die Koordinaten sind hierbei in Metern angegeben.

Zur Vereinfachung legt man das Koordinatensystem so fest, dass die Radiosonde im Koordinatenursprung $O(0|0|0)$ gestartet ist.

- An welchem Punkt P_1 befindet sich die Radiosonde nach einer Sekunde?
- Nach 3 Sekunden passiert die Radiosonde den Punkt P_3 und nach 7,5 Sekunden den Punkt $P_{7,5}$. Wie lauten die Koordinaten dieser Punkte?

Lösung

Nach einer Sekunde erreicht die Radiosonde den Punkt P_1 mit dem Ortsvektor $\overrightarrow{OP_1} = \begin{pmatrix} 0{,}5 \\ 2 \\ 4 \end{pmatrix}$.

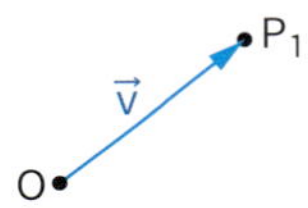

Der Punkt P_1 hat also die Koordinaten $P_1(0{,}5|2|4)$.

Nach 3 Sekunden hat die Radiosonde einen dreimal so langen Weg zurückgelegt wie nach einer Sekunde.

Für den Ortsvektor $\overrightarrow{OP_3}$ des Punktes P_3 gilt somit:

$$\overrightarrow{OP_3} = \vec{v} + \vec{v} + \vec{v} = \begin{pmatrix} 0{,}5 + 0{,}5 + 0{,}5 \\ 2 + 2 + 2 \\ 4 + 4 + 4 \end{pmatrix} = \begin{pmatrix} 1{,}5 \\ 6 \\ 12 \end{pmatrix}$$

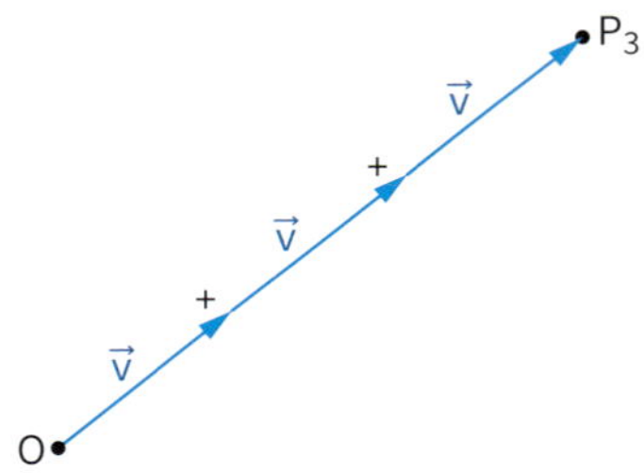

Die Radiosonde passiert nach 3 Sekunden den Punkt $P_3(1{,}5|6|12)$.

Den Ortsvektor $\overrightarrow{OP_3}$ des Punktes P_3 erhält man durch dreimaliges Addieren des Vektors $\vec{v}$.
In der Rechnung kann dies durch Multiplizieren jeder Koordinate von $\vec{v}$ mit dem Faktor 3 zusammengefasst werden:

$$\overrightarrow{OP_3} = \begin{pmatrix} 3 \cdot 0{,}5 \\ 3 \cdot 2 \\ 3 \cdot 4 \end{pmatrix} = \begin{pmatrix} 1{,}5 \\ 6 \\ 12 \end{pmatrix}$$

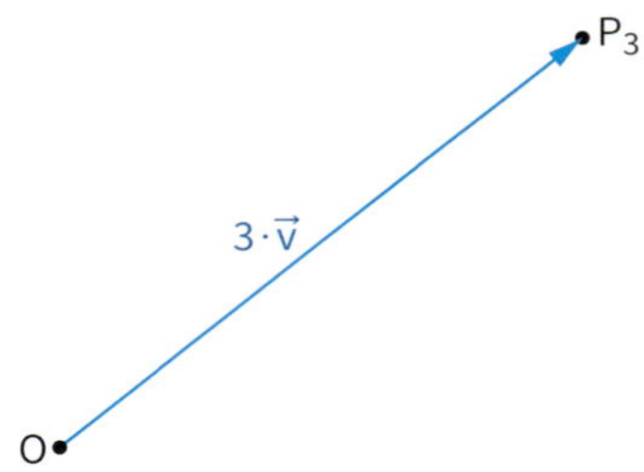

Man schreibt dafür: $\overrightarrow{OP_3} = \mathbf{3} \cdot \vec{\mathbf{v}}$

Entsprechend erhält man den Ortsvektor $\overrightarrow{OP_{7,5}}$ des Punktes $P_{7,5}$:

$$\overrightarrow{OP_{7,5}} = 7{,}5 \cdot \vec{v} = \begin{pmatrix} 7{,}5 \cdot 0{,}5 \\ 7{,}5 \cdot 2 \\ 7{,}5 \cdot 4 \end{pmatrix} = \begin{pmatrix} 3{,}75 \\ 15 \\ 30 \end{pmatrix}$$

Die Radiosonde passiert nach 7,5 Sekunden den Punkt $P_{7,5}(3{,}75|15|30)$.

Vektoren vervielfachen

Ein Vektor $\vec{v}$ wird koordinatenweise mit einer reellen Zahl k vervielfacht. Den Vektor $\mathbf{k \cdot \vec{v}}$ nennt man **das k-Fache** des Vektors $\vec{v}$.

$$\vec{v} = \begin{pmatrix} v_1 \\ v_2 \\ v_3 \end{pmatrix} \qquad k \cdot \vec{v} = k \cdot \begin{pmatrix} v_1 \\ v_2 \\ v_3 \end{pmatrix} = \begin{pmatrix} k \cdot v_1 \\ k \cdot v_2 \\ k \cdot v_3 \end{pmatrix}$$

WES-109451-405

Geometrische Deutung

Ist $\vec{v} \neq \vec{o}$ und $k \neq 0$, so sind die Pfeile der Vektoren $\vec{v}$ und $k \cdot \vec{v}$ parallel zueinander.

- Für $k > 0$ haben die Pfeile von $k \cdot \vec{v}$ dieselbe Richtung und die k-fache Länge wie die Pfeile von $\vec{v}$.

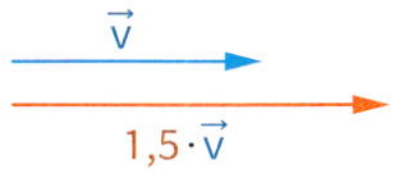

- Für $k < 0$ haben die Pfeile von $k \cdot \vec{v}$ die entgegengesetzte Richtung und die $|k|$-fache Länge wie die Pfeile von $\vec{v}$.

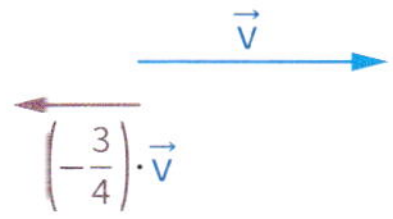

Parallele Vektoren

Zwei Vektoren $\vec{a} \neq \vec{o}$ und $\vec{b} \neq \vec{o}$ heißen **parallel zueinander** oder **kollinear**, falls sie Vielfache voneinander sind, also falls es ein $k \in \mathbb{R}$ mit $\vec{a} = k \cdot \vec{b}$ gibt.

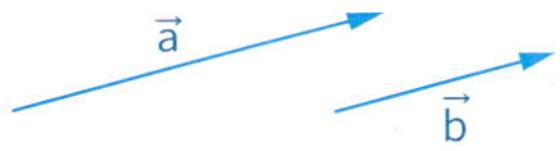

$\vec{a}$ und $\vec{b}$ sind parallel zueinander.

Schreibweise: $\vec{a} \parallel \vec{b}$

$\vec{a}$ und $\vec{b}$ sind nicht parallel zueinander.

Schreibweise: $\vec{a} \nparallel \vec{b}$

Vektoren auf Parallelität untersuchen

Untersuchen Sie die Vektoren $\vec{a} = \begin{pmatrix} 3 \\ -1 \\ 4 \end{pmatrix}$; $\vec{b} = \begin{pmatrix} 1{,}5 \\ -0{,}5 \\ 2 \end{pmatrix}$ und $\vec{c} = \begin{pmatrix} 6 \\ 5 \\ 4 \end{pmatrix}$ auf Parallelität.

Lösung

Falls $\vec{a} \parallel \vec{b}$, so gibt es ein $k \in \mathbb{R}$ mit

$\vec{a} = k \cdot \vec{b}$

Einsetzen

$$\begin{pmatrix} 3 \\ -1 \\ 4 \end{pmatrix} = k \cdot \begin{pmatrix} 1{,}5 \\ -0{,}5 \\ 2 \end{pmatrix} = \begin{pmatrix} 1{,}5k \\ -0{,}5k \\ 2k \end{pmatrix}$$

Als Gleichungssystem schreiben und Gleichungen lösen

$$\left| \begin{array}{l} 3 = 1{,}5k \\ -1 = -0{,}5k \\ 4 = 2k \end{array} \right|; \text{ also } \left| \begin{array}{l} k = 2 \\ k = 2 \\ k = 2 \end{array} \right|$$

Für $k = 2$ werden alle drei Gleichungen erfüllt. Somit sind $\vec{a}$ und $\vec{b}$ parallel zueinander.

Falls $\vec{a} \parallel \vec{c}$, so gibt es ein $k \in \mathbb{R}$ mit

$\vec{a} = k \cdot \vec{c}$

Einsetzen

$$\begin{pmatrix} 3 \\ -1 \\ 4 \end{pmatrix} = k \cdot \begin{pmatrix} 6 \\ 5 \\ 4 \end{pmatrix} = \begin{pmatrix} 6k \\ 5k \\ 4k \end{pmatrix}$$

Als Gleichungssystem schreiben und Gleichungen lösen

$$\left| \begin{array}{l} 3 = 6k \\ -1 = 5k \\ 4 = 4k \end{array} \right|; \text{ also } \left| \begin{array}{l} k = 0{,}5 \\ k = -0{,}2 \\ k = 1 \end{array} \right|$$

Es gibt kein k, das alle drei Gleichungen erfüllt. Somit sind $\vec{a}$ und $\vec{c}$ nicht parallel zueinander.

k muss **alle drei** Gleichungen erfüllen.

Aus $\vec{a} \parallel \vec{b}$ und $\vec{a} \nparallel \vec{c}$ folgt dann, dass auch $\vec{b}$ und $\vec{c}$ nicht parallel zueinander sind.

1 Vielfaches eines Vektors

Berechnen Sie.

a) $2 \cdot \begin{pmatrix} -1 \\ 5 \\ 7 \end{pmatrix}$ b) $1{,}5 \cdot \begin{pmatrix} 2 \\ -4 \\ 3 \end{pmatrix}$ c) $\left(-\frac{1}{2}\right) \cdot \begin{pmatrix} 4 \\ 0 \\ 5 \end{pmatrix}$ d) $(-3) \cdot \begin{pmatrix} 2 \\ 1 \\ -5 \end{pmatrix}$

2 Vektor als Vielfaches eines Vektors mit ganzzahligen Koordinaten

Schreiben Sie den Vektor $\vec{v}$ als ein Vielfaches eines Vektors mit ganzzahligen Koordinaten.

a) $\vec{v} = \begin{pmatrix} \frac{2}{3} \\ -1 \\ \frac{1}{3} \end{pmatrix}$ b) $\vec{v} = \begin{pmatrix} -4 \\ -\frac{3}{4} \\ \frac{1}{3} \end{pmatrix}$ c) $\vec{v} = \begin{pmatrix} 18 \\ -12 \\ 24 \end{pmatrix}$ d) $\vec{v} = \begin{pmatrix} -\frac{1}{2} \\ 20 \\ \frac{4}{6} \end{pmatrix}$

3 Parallele Vektoren

Untersuchen Sie, ob die Vektoren $\vec{a} = \begin{pmatrix} 2 \\ 4 \\ 1 \end{pmatrix}$ und $\vec{b}$ parallel zueinander sind.

a) $\vec{b} = \begin{pmatrix} -2 \\ -4 \\ 0 \end{pmatrix}$ b) $\vec{b} = \begin{pmatrix} -4 \\ -8 \\ -2 \end{pmatrix}$ c) $\vec{b} = \begin{pmatrix} t \\ -4 \\ 1 \end{pmatrix}$ d) $\vec{b} = \begin{pmatrix} t \\ 2t \\ 0{,}5t \end{pmatrix}$

Vektoren grafisch vervielfachen und addieren

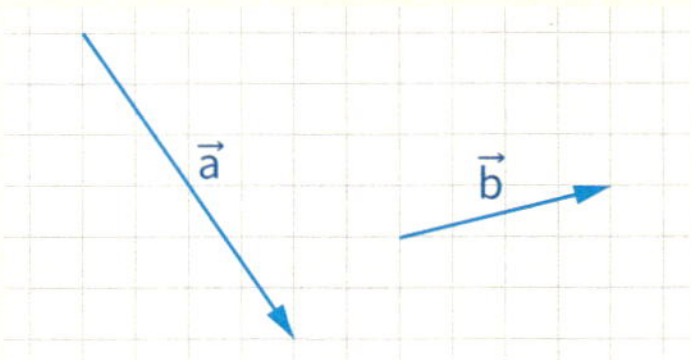

$\frac{1}{2}\vec{a} + 2\vec{b}$ zeichnen:

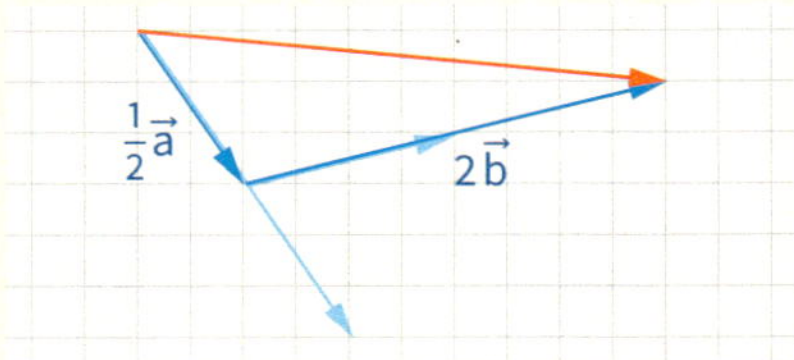

4 Vektoren zeichnen

Die Pfeile stellen die Vektoren $\vec{a}$, $\vec{b}$ und $\vec{c}$ dar. Zeichnen Sie einen Pfeil zum angegebenen Vektor.

a) $\vec{u} = \vec{a} + \frac{1}{2}\vec{b}$ b) $\vec{v} = 2\vec{c} + \frac{1}{2}\vec{b} - \frac{3}{4}\vec{a}$

c) $\vec{w} = 3\vec{c} - 4\vec{a}$ d) $\vec{z} = \vec{a} - \left(2\vec{b} + \frac{1}{2}\vec{c}\right)$

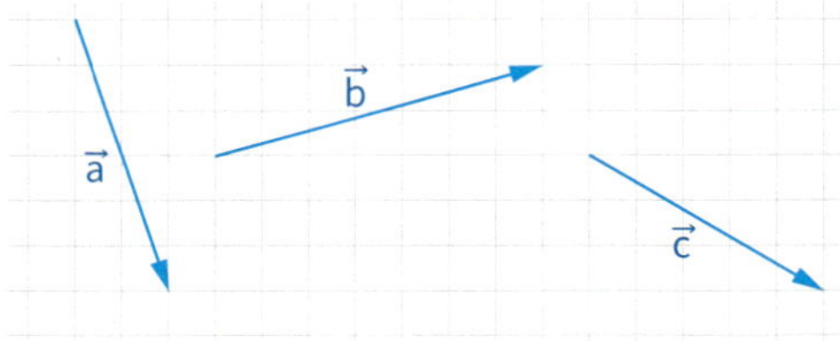

5 Weg suchen

Die Pyramide ABCDS ist eine gerade quadratische Pyramide.
Stellen Sie den angegebenen Vektor mithilfe der Vektoren $\vec{a}$, $\vec{b}$ und $\vec{c}$ dar.

a) $\overrightarrow{MS}$ b) $\overrightarrow{CS}$ c) $\overrightarrow{SB}$

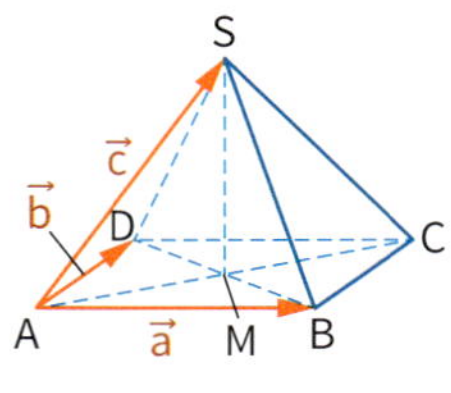

Tipp:
Finden Sie passende Pfeile, die aneinanderhängen.

Prüfe dich!
Lösungen auf Seite 183

6 Untersuchen Sie, welche der Vektoren parallel zueinander sind.

$\vec{a} = \begin{pmatrix} 2 \\ -5 \\ 4 \end{pmatrix}$ $\vec{b} = \begin{pmatrix} -4 \\ 10 \\ 8 \end{pmatrix}$ $\vec{c} = \begin{pmatrix} -2{,}4 \\ 6 \\ -4{,}8 \end{pmatrix}$ $\vec{d} = \begin{pmatrix} -2 \\ 5 \\ 4 \end{pmatrix}$ $\vec{e} = \begin{pmatrix} 300 \\ -750 \\ 600 \end{pmatrix}$

7 Stellen Sie den roten Vektor mithilfe der Vektoren $\vec{a}$ und $\vec{b}$ dar.

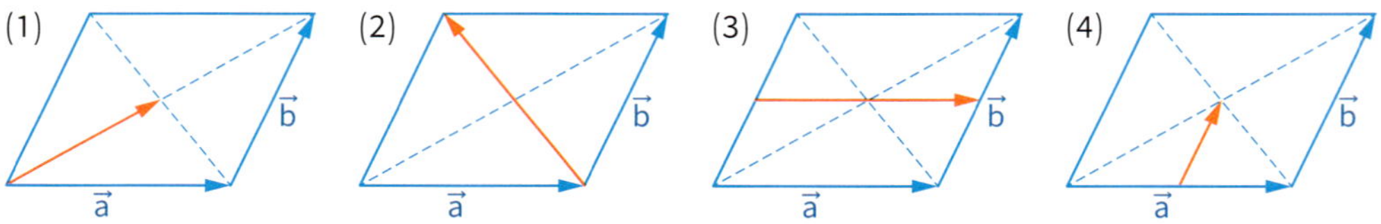

8 ≡ **Normierte Vektoren**

Bestimmen Sie einen Vektor, der dieselbe Richtung wie der Vektor $\vec{a}$, aber die Länge 1 hat. Wie viele Lösungen gibt es?

a) $\vec{a} = \begin{pmatrix} 2 \\ -1 \\ 2 \end{pmatrix}$ b) $\vec{a} = \begin{pmatrix} 5 \\ 3 \\ -4 \end{pmatrix}$

c) $\vec{a} = \begin{pmatrix} 9 \\ 0 \\ 5 \end{pmatrix}$ d) $\vec{a} = \begin{pmatrix} 1 \\ 0 \\ 1 \end{pmatrix}$

Einen Vektor normieren

$\vec{a} = \begin{pmatrix} 3 \\ -4 \\ 2 \end{pmatrix}$

$|\vec{a}| = \sqrt{3^2 + (-4)^2 + 2^2} = \sqrt{29}$

Also hat $\vec{b} = \frac{1}{\sqrt{29}} \cdot \vec{a}$ die Länge 1 und die gleiche Richtung wie $\vec{a}$.

9 ≡ **Tauchboot**

Ein Tauchboot bewegt sich in einer Stunde nahezu geradlinig vom Punkt $P_0(824\,|\,581\,|\,-18)$ zum Punkt $P_1(5840\,|\,3105\,|\,-30)$. Die Koordinaten sind hierbei in Metern angegeben.

a) Bestimmen Sie die Koordinaten des Vektors $\vec{v}$, der diese Bewegung beschreibt, sowie die durchschnittliche Geschwindigkeit des Tauchbootes in Knoten (kn).

b) Das Tauchboot setzt seine Fahrt in den nächsten Stunden in gleicher Richtung mit unveränderter Geschwindigkeit fort. Geben Sie die Koordinaten der Punkte P_2, P_3 und $P_{4,5}$ an, die das Tauchboot nach einer Fahrzeit von insgesamt 2 Stunden, 3 Stunden und 4,5 Stunden erreicht.

1 kn ≈ 1,852 $\frac{km}{h}$

10 ≡ **Distributivgesetz beim Vervielfachen**

Zeigen Sie an selbst gewählten Vektoren und begründen Sie dann allgemein, dass gilt:

(1) $k \cdot (\vec{a} + \vec{b}) = k \cdot \vec{a} + k \cdot \vec{b}$ für alle $k \in \mathbb{R}$ (2) $(r + s) \cdot \vec{a} = r \cdot \vec{a} + s \cdot \vec{a}$ für alle $r, s \in \mathbb{R}$

11 ≡ **Mittelpunkt einer Strecke**

a) Bestimmen Sie die Koordinaten des Mittelpunktes M der Strecke $\overline{AB}$ mit $A(3\,|\,-4\,|\,7)$ und $B(-9\,|\,8\,|\,3)$.

b) Beweisen Sie den angegebenen Satz.

Mittelpunkt einer Strecke

Satz

Für den Mittelpunkt M einer Strecke $\overline{AB}$ gilt:

$$\overrightarrow{OM} = \frac{1}{2} \cdot \left(\overrightarrow{OA} + \overrightarrow{OB}\right)$$

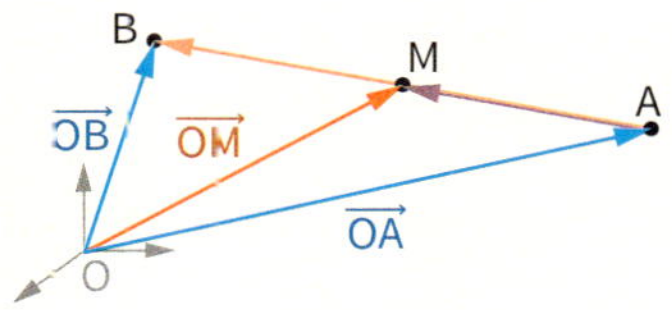

WES-109451-406

12 ≡ **Das Dreieck im Dreieck**

Gegeben ist ein Dreieck ABC mit den Eckpunkten $A(2\,|\,1\,|\,4)$, $B(-4\,|\,5\,|\,6)$ und $C(6\,|\,-5\,|\,2)$. Die Punkte M_a, M_b und M_c sind die Seitenmittelpunkte des Dreiecks.

a) Bestimmen Sie jeweils die Koordinaten des Vektors.

(1) $\overrightarrow{AB}$ (2) $\overrightarrow{AC}$ (3) $\overrightarrow{BC}$ (4) $\overrightarrow{M_aM_b}$ (5) $\overrightarrow{M_aM_c}$ (6) $\overrightarrow{M_bM_c}$

b) Welche Beziehung besteht zwischen den Dreiecken ABC und $M_aM_bM_c$?

c) Begründen Sie den in Teilaufgabe b) gefundenen Zusammenhang allgemein für ein Dreieck ABC.

13 ≡ **Satz von Varignon**

Nach einem Satz von Pierre Varignon (1654–1722) erhält man ein Parallelogramm, wenn man die Mittelpunkte der Seiten eines Vierecks verbindet.

Beweisen Sie diesen Satz mit Mitteln der Vektorrechnung.

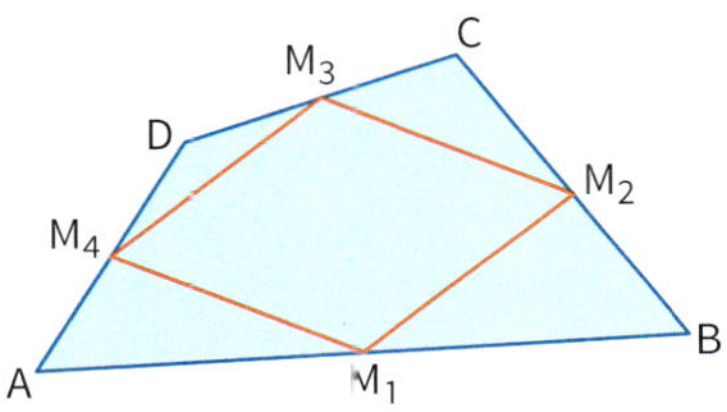

Bewegungen auf dem Wasser

Geradlinige Bewegungen auf dem Wasser lassen sich mit Vektoren beschreiben. Legt man die Wasseroberfläche in die x_1x_2-Ebene des verwendeten Koordinatensystems, so ist die x_3-Koordinate aller Vektoren, mit denen Bewegungen auf dem Wasser beschrieben werden, gleich 0.
Es genügt daher, zweidimensionale Vektoren zu betrachten.
Statt beispielsweise $\begin{pmatrix} 3 \\ 4 \\ 0 \end{pmatrix}$ kann man $\begin{pmatrix} 3 \\ 4 \end{pmatrix}$ verwenden.

Bewegungen und Geschwindigkeiten

Wird eine Bewegung durch einen Vektor beschrieben, so kann man damit die Richtung der Bewegung in einem gegebenen zweidimensionalen Koordinatensystem erkennen.
Ist zusätzlich eine Zeitangabe gegeben, kann man auch die Geschwindigkeit der Bewegung berechnen.

Geschwindigkeit eines Gegenstands

Bewegt sich ein Gegenstand in einer Sekunde um den Vektor $\vec{v} = \begin{pmatrix} 3 \\ 4 \end{pmatrix}$ in der Einheit Meter, so ist $|\vec{v}| = \sqrt{9 + 16} = 5$ die Geschwindigkeit des Gegenstands in Meter pro Sekunde.

Koordinaten des Vektors aus der Geschwindigkeit berechnen

Ein Schiff fährt mit einer Geschwindigkeit von 4 m/s auf einem Kurs Richtung Nord-Nord-West (NNW). Die Bewegung des Schiffes und seine Geschwindigkeit kann man wie folgt durch einen Pfeil im Koordinatensystem darstellen:

(1) Der Pfeil zeigt in Richtung NNW.
(2) Die Pfeillänge beträgt 4 Längeneinheiten.

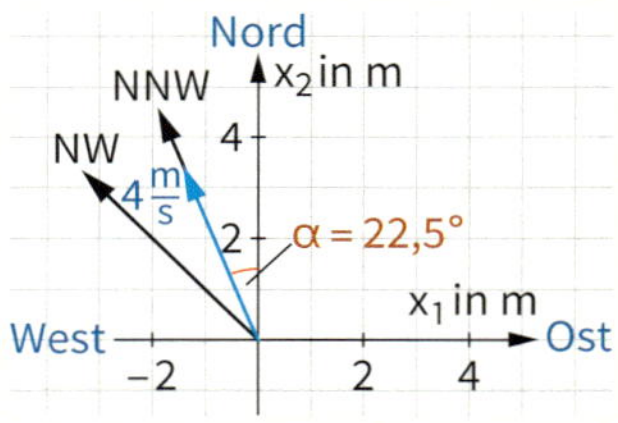

Ein Kurs Richtung NNW bedeutet, dass der Vektor mit der positiven x_2-Achse einen Winkel von 22,5° bildet. Ein Vektor mit dieser Richtung ist z. B.:

$\begin{pmatrix} -a \\ 1 \end{pmatrix} = \begin{pmatrix} -\tan(22{,}5°) \\ 1 \end{pmatrix} \approx \begin{pmatrix} -0{,}414 \\ 1 \end{pmatrix}$

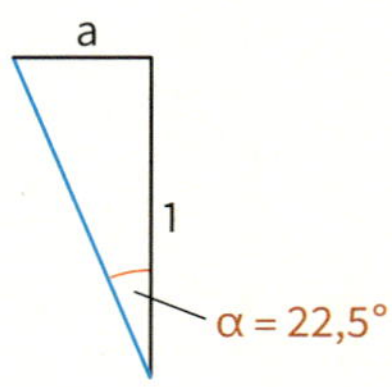

Die Länge dieses Vektors beträgt: $\sqrt{(-0{,}414)^2 + 1} \approx 1{,}082$

Der gesuchte Vektor der Länge 4 lautet also: $4 \cdot \frac{1}{1{,}082} \cdot \begin{pmatrix} -0{,}414 \\ 1 \end{pmatrix} \approx \begin{pmatrix} -1{,}53 \\ 3{,}7 \end{pmatrix}$

1 Geschwindigkeit berechnen

Ein Schiff bewegt sich geradlinig pro Sekunde um den Vektor $\vec{v} = \begin{pmatrix} 1{,}4 \\ -2{,}1 \end{pmatrix}$ in der Einheit Meter.
Berechnen Sie die Geschwindigkeit des Schiffes in m/s.
Geben Sie die Geschwindigkeit auch in km/h und in Knoten (kn) an.

$1\,kn \approx 1{,}852\,\frac{km}{h}$

2 Geschwindigkeit darstellen

Zwei Schiffe verlassen zur gleichen Zeit eine Hafenausfahrt. Schiff A steuert mit einer Geschwindigkeit von 6 Knoten einen Kurs Richtung SSO. Schiff B nimmt mit einer Geschwindigkeit von 10 Knoten einen Kurs Richtung ONO.

a) Geben Sie die Geschwindigkeiten der beiden Schiffe in m/s an.
b) Stellen Sie die Kurse unter Berücksichtigung der Geschwindigkeiten als Pfeile in einem Koordinatensystem dar. Beschreiben Sie die beiden Bewegungen durch Vektoren.

Überlagerung von Bewegungen

Aus dem Alltag kennt man viele Beispiele, in denen sich zwei oder mehr Bewegungen überlagern:
Im Flughafen bewegt man sich auf einem Laufband, ein großer Öltanker wird von mehreren Schleppern in den Hafen gezogen, ein Ruderboot wird durch die Strömung des Wassers abgetrieben ...

Erfährt ein Gegenstand mehrere Bewegungen gleichzeitig, so überlagern sich diese Teilbewegungen zu einer resultierenden Gesamtbewegung.

Ein Motorboot fährt auf einem Fluss. Es erfährt eine Bewegung mit dem Geschwindigkeitsvektor $\vec{v_1}$, die vom Motor des Bootes verursacht wird. Darüber hinaus wirkt die Strömung des Wassers mit dem Strömungsvektor $\vec{v_2}$ auf das Boot.
Diese beiden Teilbewegungen können die gleiche oder die entgegengesetzte Richtung haben oder einen beliebigen Winkel miteinander bilden.

Das Boot fährt mit der Strömung.	**Das Boot fährt gegen die Strömung.**	**Das Boot fährt in einem Winkel zur Strömung.**
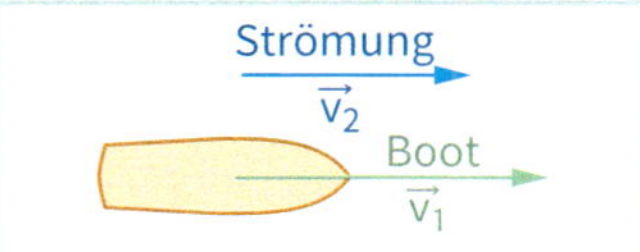	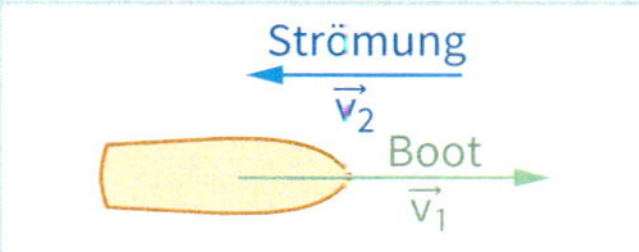	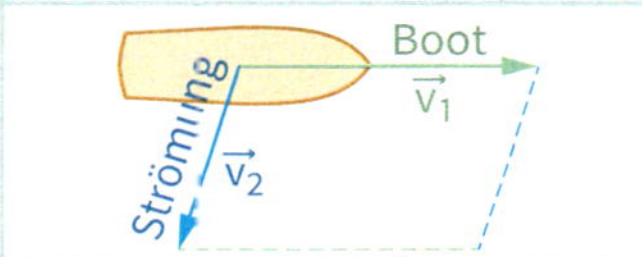
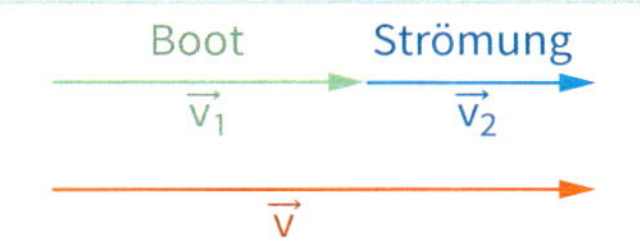	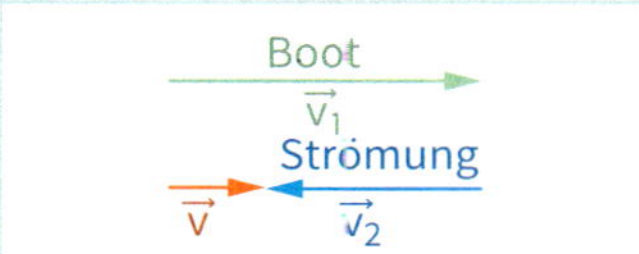	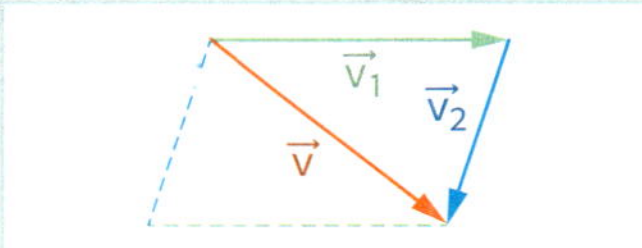
$\vec{v} = \vec{v_1} + \vec{v_2}$	$\vec{v} = \vec{v_1} + \vec{v_2}$	$\vec{v} = \vec{v_1} + \vec{v_2}$
$\lvert\vec{v}\rvert = \lvert\vec{v_1} + \vec{v_2}\rvert = \lvert\vec{v_1}\rvert + \lvert\vec{v_2}\rvert$	$\lvert\vec{v}\rvert = \lvert\vec{v_1} + \vec{v_2}\rvert = \lvert\vec{v_1}\rvert - \lvert\vec{v_2}\rvert$	$\lvert\vec{v}\rvert = \lvert\vec{v_1} + \vec{v_2}\rvert$

3 **Strömung berücksichtigen**

Der Antrieb eines Motorbootes verursacht eine Bewegung, die pro Sekunde durch den Vektor $\vec{v_1} = \begin{pmatrix} 2 \\ 5 \end{pmatrix}$ beschrieben werden kann. Durch die Strömung des Wassers erfährt das Boot eine zweite Bewegung, die pro Sekunde durch den Vektor $\vec{v_2} = \begin{pmatrix} 1 \\ -2 \end{pmatrix}$ beschrieben werden kann. Alle Koordinaten sind hierbei in Metern angegeben.
Fertigen Sie eine Zeichnung an, die die Bewegung und die Strömung durch Vektoren darstellt. Bestimmen Sie den Vektor, der die Gesamtbewegung des Bootes pro Sekunde angibt, und ergänzen Sie den Vektor in der Zeichnung. Wie groß ist die Geschwindigkeit dieser Bewegung?

4 **Verschiedene Geschwindigkeiten**

Ein Tanker wird von zwei Schleppern in den Hafen gezogen. Beide Abschleppketten sind am Bug befestigt, die beiden Zugrichtungen schließen einen Winkel von 75° ein.
Ein Schlepper fährt mit der Geschwindigkeit 4 Knoten, der andere mit 3 Knoten. Mit welcher Geschwindigkeit bewegt sich der Tanker?

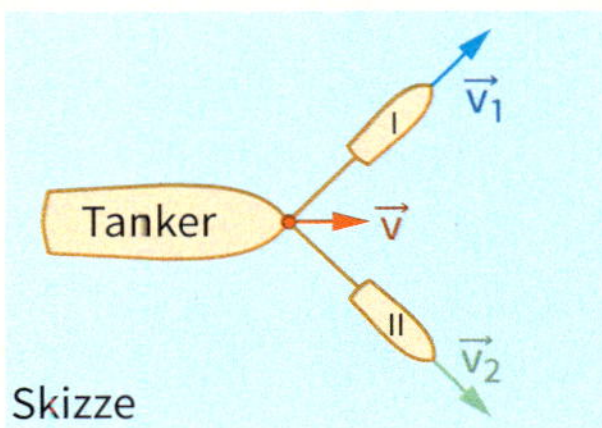

4.5 Geraden im Raum

Von einer Radarstation aus wird ein Flugzeug bezüglich eines Koordinatensystems mit der Einheit Kilometer im Punkt P(14 | –26 | 4) geortet. Eine Minute später befindet es sich im Punkt Q(–16 | 30 | 5). Dabei wird vorausgesetzt, dass das Flugzeug seine Richtung und Geschwindigkeit nicht ändert.

- Wo befindet sich das Flugzeug drei Minuten nach Beobachtungsbeginn, wo befand es sich eine halbe Minute vor Beobachtungsbeginn?
- Wie erhält man die Position des Flugzeugs nach t Minuten?

Lösung – Koordinaten bestimmen

Die Flugrichtung kann durch den Vektor $\vec{u} = \overrightarrow{PQ} = \begin{pmatrix} -16-14 \\ 30+26 \\ 5-4 \end{pmatrix} = \begin{pmatrix} -30 \\ 56 \\ 1 \end{pmatrix}$ beschrieben werden.

Drei Minuten nach Beobachtungsbeginn hat sich das Flugzeug 3-mal so weit von P entfernt und befindet sich im Punkt R.

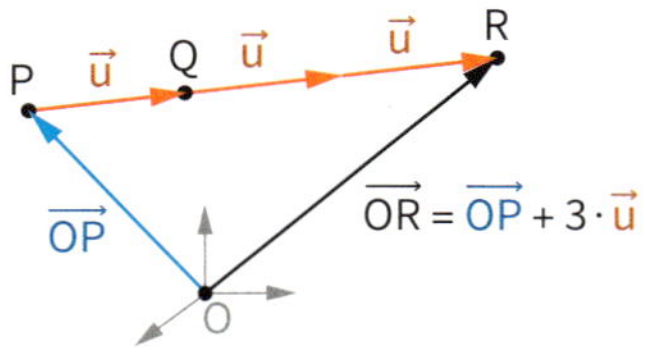

Den zurückgelegten Weg kann man durch den Vektor $3 \cdot \begin{pmatrix} -30 \\ 56 \\ 1 \end{pmatrix}$ beschreiben.

Für den Punkt R gilt also: $\overrightarrow{OR} = \overrightarrow{OP} + 3 \cdot \vec{u} = \begin{pmatrix} 14 \\ -26 \\ 4 \end{pmatrix} + 3 \cdot \begin{pmatrix} -30 \\ 56 \\ 1 \end{pmatrix} = \begin{pmatrix} 14 \\ -26 \\ 4 \end{pmatrix} + \begin{pmatrix} -90 \\ 168 \\ 3 \end{pmatrix} = \begin{pmatrix} -76 \\ 142 \\ 7 \end{pmatrix}$

Das Flugzeug befindet sich drei Minuten nach Beobachtungsbeginn in R(–76 | 142 | 7).

Entsprechend kann der in einer halben Minute zurückgelegte Weg durch den Vektor $\frac{1}{2} \cdot \vec{u} = \frac{1}{2} \cdot \begin{pmatrix} -30 \\ 56 \\ 1 \end{pmatrix}$ beschrieben werden.

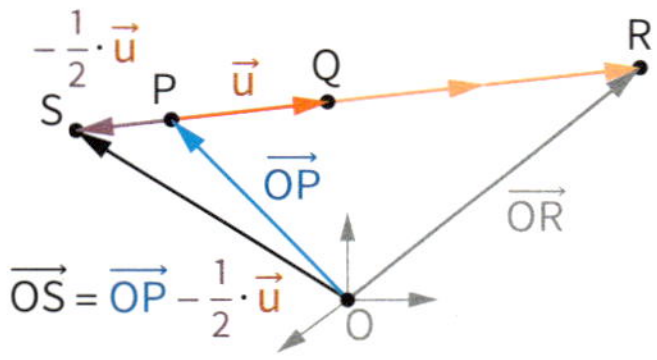

Um den Punkt S zu erreichen, in dem sich das Flugzeug eine halbe Minute vor Beobachtungsbeginn befand, muss man in die entgegengesetzte Richtung gehen.

Man erhält: $\overrightarrow{OS} = \overrightarrow{OP} - \frac{1}{2} \cdot \vec{u} = \begin{pmatrix} 14 \\ -26 \\ 4 \end{pmatrix} - \frac{1}{2} \cdot \begin{pmatrix} -30 \\ 56 \\ 1 \end{pmatrix} = \begin{pmatrix} 14 \\ -26 \\ 4 \end{pmatrix} - \begin{pmatrix} -15 \\ 28 \\ 0{,}5 \end{pmatrix} = \begin{pmatrix} 29 \\ -54 \\ 3{,}5 \end{pmatrix}$

Das Flugzeug befand sich eine halbe Minute vor Beobachtungsbeginn in S(29 | –54 | 3,5).

Lösung – Flugbahn beschreiben

Wenn das Flugzeug seine Richtung $\vec{u}$ beibehält, kann die Flugbahn durch eine Gerade g beschrieben werden.

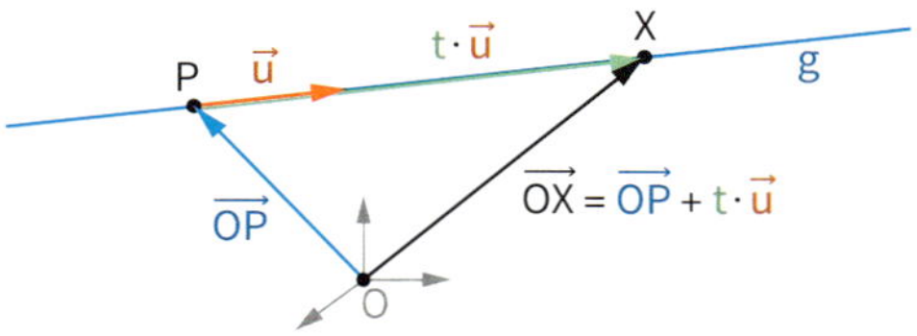

Die Position $X(x_1 | x_2 | x_3)$ des Flugzeugs nach t Minuten erhält man, indem man von P aus das t-Fache des Vektors $\vec{u}$ anträgt:

$\overrightarrow{OX} = \overrightarrow{OP} + t \cdot \vec{u} = \begin{pmatrix} 14 \\ -26 \\ 4 \end{pmatrix} + t \cdot \begin{pmatrix} -30 \\ 56 \\ 1 \end{pmatrix}$

Parameterdarstellung einer Geraden

Durch einen Punkt A und einen Vektor $\vec{u} \neq \vec{o}$ ist eine Gerade g bestimmt.

Für jeden Punkt X auf der Geraden g gibt es eine Zahl $t \in \mathbb{R}$, sodass gilt:

$$g: \vec{x} = \vec{a} + t \cdot \vec{u}$$

Für Punkte, die nicht auf der Geraden g liegen, gibt es eine solche Zahl t nicht.

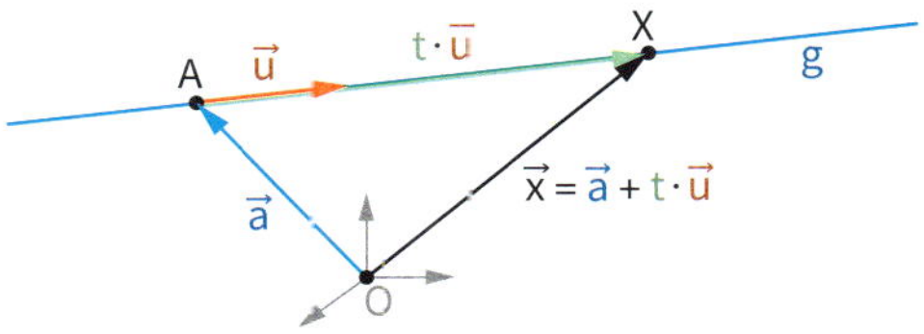

Diese Gleichung bezeichnet man als **Parameterdarstellung** der Geraden g mit dem **Parameter** t. Der Vektor $\vec{a}$ heißt **Stützvektor** von g, der Vektor $\vec{u}$ **Richtungsvektor** von g.

Durchläuft der Parameter t alle reellen Zahlen, so erhält man alle Punkte der Geraden.

WES-109451-407

Gerade durch zwei Punkte

Bestimmen Sie eine Parameterdarstellung der Geraden g, die durch die Punkte A(2|−3|5) und B(−1|4|−8) verläuft.

Lösung

Stützvektor wählen z. B. $\vec{a} = \overrightarrow{OA} = \begin{pmatrix} 2 \\ -3 \\ 5 \end{pmatrix}$

Richtungsvektor bestimmen z. B. $\vec{u} = \overrightarrow{AB} = \overrightarrow{OB} - \overrightarrow{OA} = \begin{pmatrix} -1 \\ 4 \\ -8 \end{pmatrix} - \begin{pmatrix} 2 \\ -3 \\ 5 \end{pmatrix} = \begin{pmatrix} -3 \\ 7 \\ -13 \end{pmatrix}$

Parameterdarstellung aufstellen $g: \vec{x} = \begin{pmatrix} 2 \\ -3 \\ 5 \end{pmatrix} + t \cdot \begin{pmatrix} -3 \\ 7 \\ -13 \end{pmatrix};\ t \in \mathbb{R}$

Man kann andere Stütz-/Richtungsvektoren wählen.

1 ☰ **Gerade durch zwei Punkte**

Bestimmen Sie eine Parameterdarstellung der Geraden durch die Punkte A und B.

a) A(4|0|−2); B(5|−7|6) b) A(−1|1|3); B(1|−1|−3) c) A(50|−23|45); B(0|0|0)

2 ☰ **Punkte auf einer Geraden**

Gegeben sind der Punkt P(1|−2|4) und der Vektor $\vec{v} = \begin{pmatrix} 4 \\ -5 \\ 3 \end{pmatrix}$.

Stellen Sie eine Gleichung der Geraden g auf, die durch den Punkt P in Richtung $\vec{v}$ verläuft. Berechnen Sie die Koordinaten der Punkte auf g, die man für $k = -2; -1; 0; 1; 2; 3$ erhält.

3 ☰ **Verschiedene Parameterdarstellungen einer Geraden**

Bestimmen Sie drei verschiedene Parameterdarstellungen der Geraden g, die durch die Punkte A und B verläuft.

a) A(−3|6|12); B(5|0|1) b) A(−5|7|4); B(1|−4|6) c) A(9|0|−5); B(0|0|0)

4 ☰ **Ursprungsgerade**

Eine Gerade durch den Koordinatenursprung heißt *Ursprungsgerade*.

a) Geben Sie drei verschiedene Parameterdarstellungen für die Ursprungsgerade durch den Punkt A(3|−2|4) an.

b) Zeigen Sie, dass auch die Parameterdarstellung $\vec{x} = \begin{pmatrix} -9 \\ 6 \\ -12 \end{pmatrix} + t \cdot \begin{pmatrix} 3 \\ -2 \\ 4 \end{pmatrix}$ diese Ursprungsgerade beschreibt.

c) Erläutern Sie, wie man an der Parameterdarstellung einer Geraden feststellen kann, ob es sich um eine Ursprungsgerade handelt.

Punktprobe

Untersuchen Sie, ob die Punkte C(−10 | 13 | −1) und D(−8 | 10 | 1) auf der Geraden g liegen.

$g\colon \vec{x} = \vec{a} + t\cdot\vec{u} = \begin{pmatrix} -2 \\ 1 \\ 3 \end{pmatrix} + t\cdot\begin{pmatrix} -2 \\ 3 \\ -1 \end{pmatrix};\ t \in \mathbb{R}$

Lösung

Falls C auf g liegt, so gibt es ein $t \in \mathbb{R}$ mit

$\vec{a} + t\cdot\vec{u} = \overrightarrow{OC}$

Einsetzen

$\begin{pmatrix} -2 \\ 1 \\ 3 \end{pmatrix} + t\cdot\begin{pmatrix} -2 \\ 3 \\ -1 \end{pmatrix} = \begin{pmatrix} -10 \\ 13 \\ -1 \end{pmatrix}$

Als Gleichungssystem schreiben und Gleichungen lösen

$\begin{vmatrix} -2-2t=-10 \\ 1+3t=13 \\ 3-t=-1 \end{vmatrix}$; also $\begin{vmatrix} -2t=-8 \\ 3t=12 \\ -t=-4 \end{vmatrix}$ bzw. $\begin{vmatrix} t=4 \\ t=4 \\ t=4 \end{vmatrix}$

Für $t = 4$ werden alle drei Gleichungen erfüllt. Somit liegt C auf g.

Falls D auf g liegt, so gibt es ein $t \in \mathbb{R}$ mit

$\vec{a} + t\cdot\vec{u} = \overrightarrow{OD}$

Einsetzen

$\begin{pmatrix} -2 \\ 1 \\ 3 \end{pmatrix} + t\cdot\begin{pmatrix} -2 \\ 3 \\ -1 \end{pmatrix} = \begin{pmatrix} -8 \\ 10 \\ 1 \end{pmatrix}$

Als Gleichungssystem schreiben und Gleichungen lösen

$\begin{vmatrix} -2-2t=-8 \\ 1+3t=10 \\ 3-t=1 \end{vmatrix}$; also $\begin{vmatrix} -2t=-6 \\ 3t=9 \\ -t=-2 \end{vmatrix}$ bzw. $\begin{vmatrix} t=3 \\ t=3 \\ t=2 \end{vmatrix}$

Es gibt kein t, das alle drei Gleichungen erfüllt. Somit liegt D nicht auf g.

*t muss **alle drei** Gleichungen erfüllen.*

5 Punktprobe

Prüfen Sie, ob die Punkte A, B und C auf der Geraden g liegen.

a) $g\colon \vec{x} = \begin{pmatrix} 0 \\ 3 \\ 1 \end{pmatrix} + t\cdot\begin{pmatrix} 2 \\ 1 \\ -2 \end{pmatrix};\ t \in \mathbb{R}$
A(−4 | 1 | 5); B(2 | 4 | 2); C(10 | 8 | −9)

b) $g\colon \vec{x} = \begin{pmatrix} 1 \\ -2 \\ 5 \end{pmatrix} + t\cdot\begin{pmatrix} -1 \\ 1 \\ -1 \end{pmatrix};\ t \in \mathbb{R}$
A(4 | −5 | 8); B(2 | −1 | 4); C(−4 | 1 | 2)

6 Kabelverlegung

Glasfaserkabel werden in der Regel durch unterirdische Bohrungen unter den Fußwegen zwischen Straße und Grundstücken verlegt, um aufwendige Tiefbauarbeiten zu vermeiden.
Bei einer Verlegung soll vom Punkt A(8 | 13 | 0) in die Richtung $\vec{v} = \begin{pmatrix} -0{,}16 \\ -0{,}2 \\ -0{,}32 \end{pmatrix}$ gebohrt werden.
Prüfen Sie, ob eine quer zur Bohrung verlaufende Trinkwasserleitung im Punkt T(7,4 | 12,25 | −1,4) gefährdet ist.

Prüfe dich!
Lösungen auf Seite 183

7 a) Bestimmen Sie eine Parameterdarstellung der Geraden g durch den Punkt P(2 | −1 | 1) in Richtung $\vec{v} = \begin{pmatrix} 3 \\ -2 \\ 4 \end{pmatrix}$ und berechnen Sie die Koordinaten dreier Punkte, die auf g liegen.
b) Untersuchen Sie, ob die Punkte auf g liegen: A(−1 | −5 | 3); B(−4 | 3 | −7); C(11 | 11 | 7)

8 a) Eine Gerade verläuft durch die Punkte A(−2 | 2 | 1) und B(6 | 3 | 0).
Geben Sie zwei verschiedene Parameterdarstellungen für diese Gerade an.
b) Geben Sie eine Ursprungsgerade an, die ebenfalls durch den Punkt A(−2 | 2 | 1) verläuft.

9 Beschreibung von Strecken

Prüfen Sie, ob der Punkt P auf der Strecke $\overline{AB}$ liegt.

a) A(−2 | 5 | 3); B(2 | −3 | 1); P(0 | 1 | 2)
b) A(5 | −3 | −1); B(2 | −1 | 2); P(−1 | 1 | 6)
c) A(3,5 | 3,5 | 2,5); B(−0,5 | 7,5 | −1,5); P(3 | 4 | 2)
d) $A\left(\frac{1}{3}\middle|\frac{1}{6}\middle|\frac{1}{2}\right)$; $B\left(-\frac{1}{3}\middle|-\frac{1}{6}\middle|-\frac{1}{2}\right)$; P(0 | 0 | 0)

$g\colon \vec{x} = \overrightarrow{OA} + t\cdot\overrightarrow{AB};\ t \in \mathbb{R}$

10 = **Tunnelbohrmaschine**

Bei einem Tunnelbau wird vom Tunnelanfang A(250 | 780 | 1 030) aus der Bohrkopf täglich um den Vektor $\vec{v} = \begin{pmatrix} 4 \\ 4 \\ -2 \end{pmatrix}$ vorangetrieben, in einem Koordinatensystem mit der Einheit Meter.

a) Wie viel Meter schafft die Bohrmaschine pro Tag?

b) Nach 10 Tagen ist die Bohrung beendet. Geben Sie die Koordinaten des Tunnelendes an.

c) Erläutern Sie, warum die Parameterdarstellung $\vec{x} = \begin{pmatrix} 250 \\ 780 \\ 1030 \end{pmatrix} + t \cdot \begin{pmatrix} 4 \\ 4 \\ -2 \end{pmatrix}$ mit $t \in \mathbb{R}$ und $0 \le t \le 10$ die Strecke beschreibt, die der Bohrkopf zurückgelegt hat. Geben Sie drei Punkte an, die auf dieser Strecke liegen.

11 = **Lage von Punkten**

Zeigen Sie, dass die Punkte P(−4 | 2 | −2), Q(−6 | −2 | 2) und R(−1 | 8 | −8) auf einer Geraden liegen. Welcher der drei Punkte liegt zwischen den beiden anderen? Begründen Sie.

12 = **Punkt mit drei gleichen Koordinaten**

Gegeben sind die Punkte A(9 | −1 | 4) und B(3 | −3 | 0).

a) Stellen Sie eine Gleichung der Geraden g auf, die durch die Punkte A und B verläuft. Geben Sie die Koordinaten zweier Punkte auf g an, die zwischen A und B liegen.

b) Untersuchen Sie, ob es einen Punkt mit drei gleichen Koordinaten auf g gibt.

---

13 = Prüfen Sie, ob die Punkte A und B auf der Geraden g liegen. Falls ja, beschreiben Sie die Strecke $\overline{AB}$ mithilfe der Parameterdarstellung von g.

$g: \vec{x} = \begin{pmatrix} -2 \\ 1 \\ 3 \end{pmatrix} + t \cdot \begin{pmatrix} -4 \\ -4 \\ 2 \end{pmatrix}$; A(−14 | −11 | 9); B(18 | 21 | −7)

Prüfe dich!
Lösungen auf Seite 183

14 = Erläutern Sie, welche Punkte durch die Parameterdarstellung beschrieben werden.

a) $\vec{x} = \begin{pmatrix} -2 \\ 0 \\ 3 \end{pmatrix} + t \cdot \begin{pmatrix} 1 \\ 3 \\ 0 \end{pmatrix}$; $t \in \mathbb{R}$ und $-2 \le t \le 3$

b) $\vec{x} = \begin{pmatrix} 0 \\ 2 \\ -5 \end{pmatrix} + t \cdot \begin{pmatrix} 4 \\ -2 \\ 1 \end{pmatrix}$; $t \in \mathbb{R}$ und $1 < t < 5$

---

15 ≡ **Bewegung eines Flugzeugs**

Ein Flugzeug bewegt sich geradlinig mit konstanter Geschwindigkeit. Zum Zeitpunkt $t = 0$ befindet es sich im Punkt A(−3 | 2 | 8) in einem Koordinatensystem mit der Einheit Kilometer, zwei Minuten später im Punkt B(7 | −16 | 6). Die Erdoberfläche liegt hierbei in der x_1x_2-Ebene und die x_3-Koordinate beschreibt die Höhe über dem Erdboden.

a) Geben Sie eine Parameterdarstellung an, die die Position des Flugzeugs nach t Minuten beschreibt. Begründen Sie, für welche Werte von t diese Parameterdarstellung für eine sinnvolle Modellierung verwendet werden kann.

b) Berechnen Sie die Geschwindigkeit des Flugzeugs in km/h.

c) Bestimmen Sie eine passende Parameterdarstellung für den Fall, dass das Flugzeug sich mit einer um 10 % höheren Geschwindigkeit bewegen würde.

d) Ein Beobachter befindet sich im Punkt P(9 | − 17 | 0). Berechnen Sie seinen Abstand zum Flugzeug zum Zeitpunkt $t = 1$.
Bestimmen Sie außerdem einen Term für den Abstand des Beobachters vom Flugzeug zum Zeitpunkt t und untersuchen Sie mit einem Rechner, wie sich dieser Abstand in Abhängigkeit von t entwickelt.

Einstieg

Lage einer Geraden im Raum

Die Gerade $g\colon \vec{x} = \begin{pmatrix} 2 \\ 2 \\ 1 \end{pmatrix} + t \cdot \begin{pmatrix} 1 \\ 2 \\ -1 \end{pmatrix};\ t \in \mathbb{R}$ ist im Koordinatensystem dargestellt. Ihre Lage im Raum ist aus dieser Abbildung allerdings nicht gut erkennbar.

- In welchen Punkten durchstößt g die drei Koordinatenebenen? Beschreiben Sie damit die Lage von g im Raum.

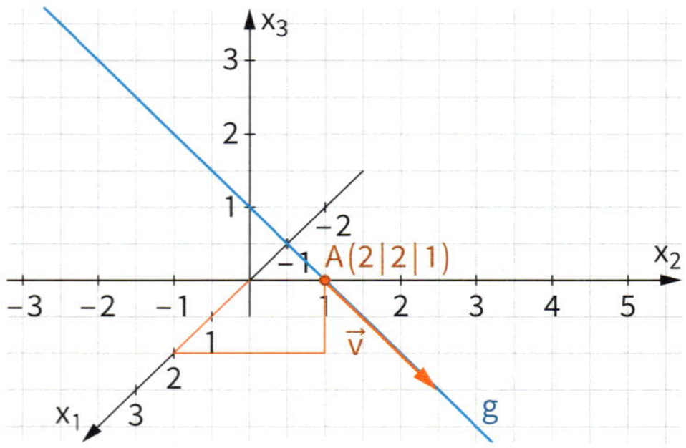

WES-109451-408

Spurpunkte einer Geraden

Die Schnittpunkte einer Geraden mit den Koordinatenebenen bezeichnet man als **Spurpunkte** der Geraden.

Schreibweise:
Schnittpunkt der Geraden mit der

- x_1x_2-Ebene: $\mathbf{S_{12}}(x_1 | x_2 | 0)$
- x_1x_3-Ebene: $\mathbf{S_{13}}(x_1 | 0 | x_3)$
- x_2x_3-Ebene: $\mathbf{S_{23}}(0 | x_2 | x_3)$

Mithilfe der Spurpunkte erhält man eine gute Vorstellung von der Lage der Geraden im Koordinatensystem.

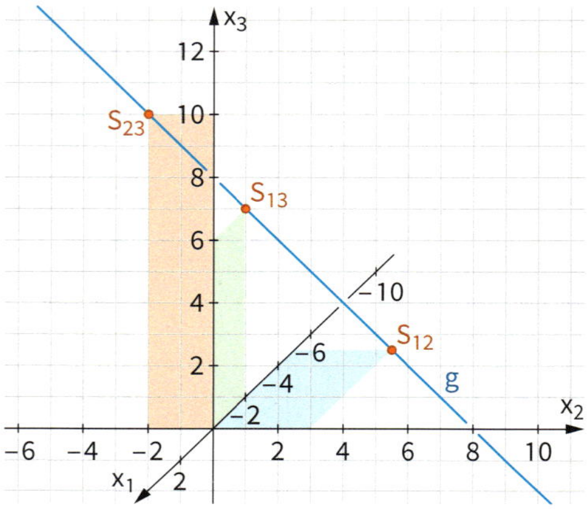

Spurpunkte bestimmen

Bestimmen Sie die Spurpunkte der Geraden g mit $g\colon \vec{x} = \begin{pmatrix} -3 \\ 1 \\ 4 \end{pmatrix} + t \cdot \begin{pmatrix} 1 \\ -1 \\ 2 \end{pmatrix};\ t \in \mathbb{R}$.

Lösung

Spurpunkt S_{12}

3. Koordinate 0 setzen und t bestimmen	$4 + 2t = 0$; also $t = -2$
1. und 2. Koordinate bestimmen	$x_1 = -3 + (-2) \cdot 1 = -3 + (-2) = -5$
	$x_2 = 1 + (-2) \cdot (-1) = 1 + 2 = 3$
	$S_{12}(-5 \mid 3 \mid 0)$

Entsprechend erhält man $S_{13}(-2 \mid 0 \mid 6)$ und $S_{23}(0 \mid -2 \mid 10)$.

16 Gerade mithilfe ihrer Spurpunkte zeichnen

Ermitteln Sie die Spurpunkte der Geraden g und zeichnen Sie damit die Gerade g in ein Koordinatensystem. Beschreiben Sie die Lage von g.

a) $g\colon \vec{x} = \begin{pmatrix} -4 \\ 8 \\ 9 \end{pmatrix} + t \cdot \begin{pmatrix} -2 \\ 3 \\ 3 \end{pmatrix}$
b) $g\colon \vec{x} = \begin{pmatrix} 10 \\ -4 \\ 9 \end{pmatrix} + t \cdot \begin{pmatrix} 0 \\ 2 \\ -3 \end{pmatrix}$
c) $g\colon \vec{x} = \begin{pmatrix} 5 \\ -2 \\ 4 \end{pmatrix} + t \cdot \begin{pmatrix} 1 \\ 0 \\ 0 \end{pmatrix}$

d) $g\colon \vec{x} = \begin{pmatrix} 2 \\ 2 \\ 2 \end{pmatrix} + k \cdot \begin{pmatrix} -1 \\ 1 \\ -1 \end{pmatrix}$
e) $g\colon \vec{x} = \begin{pmatrix} -3 \\ 0 \\ 5 \end{pmatrix} + k \cdot \begin{pmatrix} 6 \\ 4 \\ -5 \end{pmatrix}$
f) $g\colon \vec{x} = \begin{pmatrix} -18 \\ 8 \\ 20 \end{pmatrix} + k \cdot \begin{pmatrix} 6 \\ -2 \\ -5 \end{pmatrix}$

g) $g\colon \vec{x} = \begin{pmatrix} 4 \\ 1 \\ 3 \end{pmatrix} + r \cdot \begin{pmatrix} 2 \\ 0 \\ 1 \end{pmatrix}$
h) $g\colon \vec{x} = \begin{pmatrix} -2 \\ 2 \\ 1 \end{pmatrix} + r \cdot \begin{pmatrix} 1 \\ 2 \\ 0 \end{pmatrix}$
i) $g\colon \vec{x} = \begin{pmatrix} -8 \\ 4 \\ 6 \end{pmatrix} + r \cdot \begin{pmatrix} 0 \\ 2 \\ 0 \end{pmatrix}$

17 Bestimmen Sie die Spurpunkte der Geraden g und zeichnen Sie damit die Gerade g in ein Koordinatensystem.

a) $g: \vec{x} = \begin{pmatrix} 2 \\ 4 \\ -6 \end{pmatrix} + r \cdot \begin{pmatrix} -1 \\ 2 \\ 2 \end{pmatrix};\ r \in \mathbb{R}$ b) $g: \vec{x} = \begin{pmatrix} -4 \\ -1 \\ 10 \end{pmatrix} + k \cdot \begin{pmatrix} 0 \\ 2 \\ 4 \end{pmatrix};\ k \in \mathbb{R}$

Prüfe dich!
Lösungen auf Seite 184

18 **Geraden mit besonderer Lage**
Beschreiben Sie die Lage der Geraden g im Koordinatensystem. Geben Sie für g eine weitere Parameterdarstellung mit einem anderen Stützvektor an.

a) $g: \vec{x} = k \cdot \begin{pmatrix} 1 \\ 1 \\ 0 \end{pmatrix}$ b) $g: \vec{x} = r \cdot \begin{pmatrix} 0 \\ 1 \\ 0 \end{pmatrix}$ c) $g: \vec{x} = s \cdot \begin{pmatrix} 0 \\ 1 \\ -1 \end{pmatrix}$ d) $g: \vec{x} = \begin{pmatrix} 1 \\ 0 \\ 2 \end{pmatrix} + t \cdot \begin{pmatrix} 1 \\ 0 \\ 1 \end{pmatrix}$

19 **Raumdiagonalen im Würfel**
Zeichnen Sie ein Schrägbild eines Würfels der Kantenlänge 4, dessen unterer hinterer linker Eckpunkt im Koordinatenursprung liegt. Zeichnen Sie alle Raumdiagonalen ein und bestimmen Sie für diese die dazugehörigen Parameterdarstellungen.

20 **Tauchboot**

Ein Tauchboot startet im Punkt A(−6713 | 4378 | −236) eines Koordinatensystems mit der Einheit Meter. Es fährt auf einem Kurs in Richtung des Vektors $\vec{u} = \begin{pmatrix} 63 \\ -71 \\ -8 \end{pmatrix}$ und sucht nach einem Wrack in etwa 500 m Tiefe. Die x_1x_2-Ebene beschreibt die Meeresoberfläche.

a) In welchem Punkt P erreicht das Tauchboot diese Tiefe, wenn es seinen Kurs beibehält?
b) Der Suchscheinwerfer des Tauchbootes kann Objekte in ca. 100 m Entfernung gerade noch sichtbar machen. Kann die Crew des Tauchbootes im Punkt P das Wrack sehen, das sich bei Punkt W(−4565 | 2115 | −508) befindet? Begründen Sie durch eine Rechnung.

21 **Geraden mit vorgegebenen Eigenschaften**
Bestimmen Sie eine Parameterdarstellung der Geraden g mit den angegebenen Eigenschaften.

a) Die Gerade g liegt auf der x_2-Achse.
b) Die Gerade g verläuft parallel zur x_3-Achse durch den Punkt A(7 | 4 | 6).
c) Die Gerade g liegt in der x_2x_3-Ebene. Die 2. und 3. Koordinate aller Punkte auf g sind gleich.
d) Die Gerade g verläuft parallel im Abstand 3 zur x_1x_2-Ebene, schneidet die x_3-Achse und verläuft durch den Punkt P(3 | 3 | 3).
e) Die Gerade g schneidet die x_2x_3-Ebene im Punkt P(0 | 5 | −2) und verläuft parallel zur x_1-Achse.

22 **Schatten eines Windrads**

Große Windräder können eine Gesamthöhe von 200 m haben. Das Fundament eines solchen Windrads befindet sich bezüglich eines Koordinatensystems mit der Einheit Meter im Punkt P(2 | 5 | 0). Zur Mittagszeit fällt Sonnenlicht parallel mit der Richtung des Vektors $\vec{u} = \begin{pmatrix} 12 \\ 14 \\ -40 \end{pmatrix}$ auf das Windrad ein, kurz vor Sonnenuntergang hingegen treffen die parallelen Sonnenstrahlen aus der Richtung des Vektors $\vec{v} = \begin{pmatrix} 48 \\ 30 \\ -8 \end{pmatrix}$ auf das Windrad.
Vergleichen Sie die Länge des Schattens auf dem Erdboden zu beiden Tageszeiten.

4.6 Lagebeziehungen zwischen Geraden

Vorbereiten
Seite 161

Die Geraden g_1, g_2 und g_3 in der Abbildung liegen auf den Kanten eines quadratischen Pyramidenstumpfs.

- Wie können zwei Geraden im Raum zueinander liegen? Was ist anders als bei Geraden in einer Ebene?
- Wie kann man die Lage zweier Geraden im Raum rechnerisch an den Geradengleichungen untersuchen?

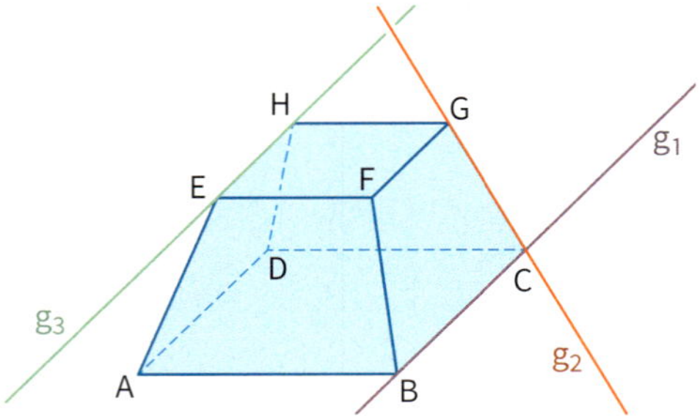

WES-109451-409

Zueinander windschiefe Geraden

Im Raum gibt es Geraden, die nicht parallel zueinander sind und dennoch keine gemeinsamen Punkte haben.
Zwei solche Geraden heißen **windschief** zueinander.

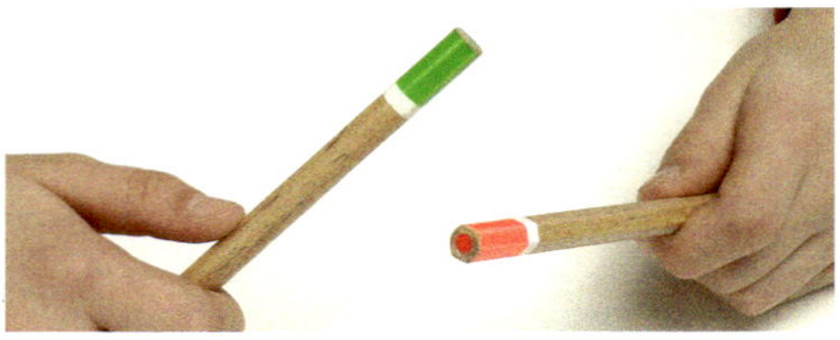

Lage zweier Geraden im Raum untersuchen

Gegeben sind die Geraden g und h mit $g: \vec{x} = \vec{a} + r \cdot \vec{u}$ und $h: \vec{x} = \vec{b} + s \cdot \vec{v}$; $r, s \in \mathbb{R}$.

Da die Untersuchung auf Parallelität zweier Geraden rechnerisch einfacher ist als eine Schnittpunktbestimmung, bietet sich folgende Strategie an:

Auf Parallelität prüfen:
Sind die Richtungsvektoren $\vec{u}$ und $\vec{v}$ Vielfache voneinander?
Gibt es $k \in \mathbb{R}$ mit $\vec{v} = k \cdot \vec{u}$?

ja → g und h sind parallel zueinander.

Punktprobe:
Liegt der Punkt A mit dem Ortsvektor $\vec{a}$ auf der Geraden h?
Gibt es $s \in \mathbb{R}$ mit $\vec{a} = \vec{b} + s \cdot \vec{v}$?

- ja → g und h sind parallel zueinander und **identisch**.

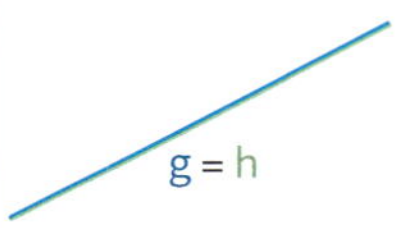

- nein → g und h sind **parallel** zueinander und verschieden.

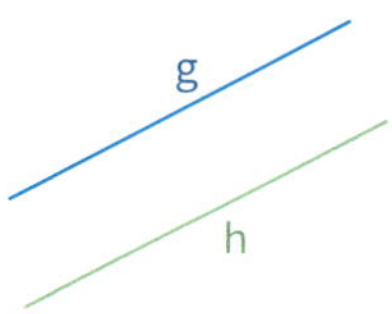

nein → g und h sind nicht parallel zueinander.

Auf Schnittpunkt prüfen:
Hat das System $\vec{a} + r \cdot \vec{u} = \vec{b} + s \cdot \vec{v}$ eine Lösung?
Gibt es $r, s \in \mathbb{R}$ mit $\vec{a} + r \cdot \vec{u} = \vec{b} + s \cdot \vec{v}$?

- ja → g und h **schneiden sich** in einem Punkt S.

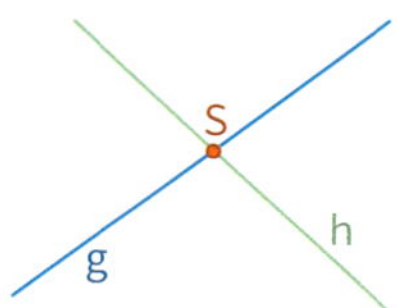

- nein → g und h sind **windschief** zueinander.

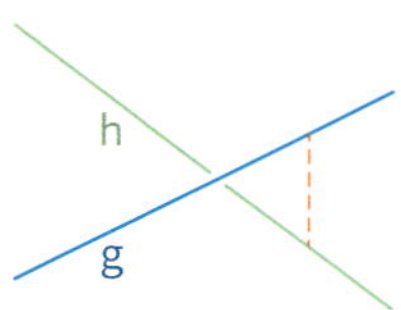

Lage zweier Geraden im Raum untersuchen

Bestimmen Sie die Lage der beiden Geraden g und h zueinander.

$g\colon \vec{x} = \begin{pmatrix} 2 \\ -1 \\ 1 \end{pmatrix} + s \cdot \begin{pmatrix} 1 \\ -1 \\ 2 \end{pmatrix}$ und $h\colon \vec{x} = \begin{pmatrix} 9 \\ -4 \\ 7 \end{pmatrix} + t \cdot \begin{pmatrix} 3 \\ 1 \\ -2 \end{pmatrix}$; $s, t \in \mathbb{R}$

Lösung

Auf Parallelität prüfen

$\begin{pmatrix} 1 \\ -1 \\ 2 \end{pmatrix}$ und $\begin{pmatrix} 3 \\ 1 \\ -2 \end{pmatrix}$ sind keine Vielfachen, also $g \nparallel h$.

Auf Schnittpunkt prüfen

Bedingung für Schnittpunkt S

Für einen Schnittpunkt S muss gelten:

$\overrightarrow{OS} = \begin{pmatrix} 2 \\ -1 \\ 1 \end{pmatrix} - s \cdot \begin{pmatrix} 1 \\ -1 \\ 2 \end{pmatrix}$ und $\overrightarrow{OS} = \begin{pmatrix} 9 \\ -4 \\ 7 \end{pmatrix} + t \cdot \begin{pmatrix} 3 \\ 1 \\ -2 \end{pmatrix}$

Gleichsetzen und als Gleichungssystem schreiben

$\left| \begin{array}{l} 2 + s = 9 + 3t \\ -1 - s = -4 + t \\ 1 + 2s = 7 - 2t \end{array} \right|$; also $\left| \begin{array}{l} s - 3t = 7 \\ s + t = 3 \\ 2s + 2t = 6 \end{array} \right|$

Zwei der Gleichungen betrachten

$\left| \begin{array}{l} s - 3t = 7 \\ s + t = 3 \end{array} \right|$ hat die Lösung: $s = 4$; $t = -1$

Übrige Gleichung prüfen

$2 \cdot 4 + 2 \cdot (-1) = 8 - 2 = 6$ ✓

Eine der Zahlen in die zugehörige Parametergleichung einsetzen

$\overrightarrow{OS} = \begin{pmatrix} 2 \\ -1 \\ 1 \end{pmatrix} + 4 \cdot \begin{pmatrix} 1 \\ -1 \\ 2 \end{pmatrix} = \begin{pmatrix} 6 \\ -5 \\ 9 \end{pmatrix}$

Die Geraden g und h schneiden sich im Punkt $S(6 \mid -5 \mid 9)$.

Die Lösung muss auch die übrige Gleichung erfüllen.

„keine Lösung = windschief"

1 **Alle vier Fälle**

Die Gerade g hat die Parameterdarstellung $g\colon \vec{x} = \begin{pmatrix} 2 \\ -1 \\ 3 \end{pmatrix} + s \cdot \begin{pmatrix} 1 \\ 4 \\ -2 \end{pmatrix}$.

Untersuchen Sie, wie die jeweilige Gerade zur Geraden g liegt.

$h_1\colon \vec{x} = \begin{pmatrix} 3 \\ 3 \\ 1 \end{pmatrix} + t \cdot \begin{pmatrix} -2 \\ -8 \\ 4 \end{pmatrix}$ $\quad h_2\colon \vec{x} = \begin{pmatrix} 5 \\ 1 \\ 3 \end{pmatrix} + t \cdot \begin{pmatrix} -2 \\ -8 \\ 4 \end{pmatrix}$ $\quad h_3\colon \vec{x} = \begin{pmatrix} 5 \\ 1 \\ 3 \end{pmatrix} + t \cdot \begin{pmatrix} 1 \\ -1 \\ 1 \end{pmatrix}$ $\quad h_4\colon \vec{x} = \begin{pmatrix} 5 \\ 1 \\ 3 \end{pmatrix} + t \cdot \begin{pmatrix} 1 \\ 1 \\ -1 \end{pmatrix}$

2 **Lage zweier Geraden im Raum**

Untersuchen Sie die Lage der Geraden g und h zueinander.

a) $g\colon \vec{x} = \begin{pmatrix} -1 \\ 3 \\ 2 \end{pmatrix} + r \cdot \begin{pmatrix} 2 \\ 1 \\ -1 \end{pmatrix}$; $h\colon \vec{x} = \begin{pmatrix} -2 \\ 1 \\ 7 \end{pmatrix} + s \cdot \begin{pmatrix} 1 \\ 0 \\ 1 \end{pmatrix}$

b) $g\colon \vec{x} = \begin{pmatrix} -5 \\ 1 \\ 2 \end{pmatrix} + r \cdot \begin{pmatrix} -2 \\ 3 \\ -1 \end{pmatrix}$; $h\colon \vec{x} = \begin{pmatrix} 2 \\ 5 \\ 3 \end{pmatrix} + s \cdot \begin{pmatrix} 4 \\ -6 \\ 2 \end{pmatrix}$

c) $g\colon \vec{x} = \begin{pmatrix} 4 \\ 1 \\ -2 \end{pmatrix} + r \cdot \begin{pmatrix} 1 \\ -3 \\ 2 \end{pmatrix}$; $h\colon \vec{x} = \begin{pmatrix} 17 \\ -38 \\ 24 \end{pmatrix} + s \cdot \begin{pmatrix} -5 \\ 15 \\ -10 \end{pmatrix}$

d) $g\colon \vec{x} = \begin{pmatrix} 5 \\ 0 \\ 3 \end{pmatrix} + r \cdot \begin{pmatrix} 1 \\ 2 \\ -1 \end{pmatrix}$; $h\colon \vec{x} = \begin{pmatrix} -1 \\ -2 \\ 6 \end{pmatrix} + s \cdot \begin{pmatrix} 4 \\ -2 \\ -1 \end{pmatrix}$

e) $g\colon \vec{x} = \begin{pmatrix} 3 \\ 6 \\ 4 \end{pmatrix} + r \cdot \begin{pmatrix} 2 \\ 4 \\ 1 \end{pmatrix}$; $h\colon \vec{x} = \begin{pmatrix} 1 \\ 0 \\ 3 \end{pmatrix} + s \cdot \begin{pmatrix} 2 \\ 3 \\ -1 \end{pmatrix}$

f) $g\colon \vec{x} = \begin{pmatrix} 1 \\ 0 \\ 2 \end{pmatrix} + r \cdot \begin{pmatrix} 1 \\ -1 \\ 1 \end{pmatrix}$; $h\colon \vec{x} = \begin{pmatrix} 3 \\ -2 \\ 4 \end{pmatrix} + s \cdot \begin{pmatrix} 4 \\ 6 \\ 0 \end{pmatrix}$

3 **Vorsicht, Fehler**

Lena hat den Schnittpunkt von g und h berechnet. Was hat sie dabei falsch gemacht?

$g\colon \vec{x} = \begin{pmatrix} 3 \\ 3 \\ 1 \end{pmatrix} + t \cdot \begin{pmatrix} 2 \\ 3 \\ 1 \end{pmatrix}$; $h\colon \vec{x} = \begin{pmatrix} 3 \\ 0 \\ 1 \end{pmatrix} + k \cdot \begin{pmatrix} 1 \\ 3 \\ 1 \end{pmatrix}$

Gleichsetzen liefert: $\left| \begin{array}{l} 3 + 2t = 3 + k \\ 3 + 3t = 3k \\ 1 + t = 1 + k \end{array} \right|$

Aus der ersten Gleichung folgt $k = 2t$. Dies setze ich in die zweite Gleichung ein. Dann löse ich die zweite Gleichung nach t auf und erhalte $t = 1$. Dies setze ich in die Parameterdarstellung von g ein und erhalte den Schnittpunkt $S(5 \mid 6 \mid 2)$.

4 **Auf die Parameter achten**

Fabian hat die Lage der Geraden g und h untersucht. Überprüfen Sie seine Lösung und korrigieren Sie seine Fehler.

$$g\colon \vec{x} = \begin{pmatrix} -2 \\ 6 \\ -3 \end{pmatrix} + k \cdot \begin{pmatrix} 3 \\ -2 \\ 2 \end{pmatrix};\quad h\colon \vec{x} = \begin{pmatrix} 7 \\ 4 \\ -4 \end{pmatrix} + k \cdot \begin{pmatrix} 1 \\ -2 \\ 3 \end{pmatrix}$$

(1) *Die Richtungsvektoren* $\begin{pmatrix} 3 \\ -2 \\ 2 \end{pmatrix}$ *und* $\begin{pmatrix} 1 \\ -2 \\ 3 \end{pmatrix}$ *sind keine Vielfachen.*

Also sind g und h nicht parallel zueinander.

(2) *Gleichsetzen liefert* $\left| \begin{matrix} -2+3k = 7+k \\ 6-2k = 4-2k \\ -3+2k = -4+3k \end{matrix} \right|$; *also* $\left| \begin{matrix} 2k = 9 \\ 0 = -2 \\ -k = -1 \end{matrix} \right|$.

g und h sind windschief zueinander.

5 **Gerade mit vorgegebener Lage bestimmen**

Die Gerade g hat die Parameterdarstellung $g\colon \vec{x} = \begin{pmatrix} 1 \\ 1 \\ 0 \end{pmatrix} + t \cdot \begin{pmatrix} 4 \\ 2 \\ 1 \end{pmatrix}$. Geben Sie eine Parameterdarstellung einer Geraden h an, die

a) zu g windschief ist; b) zu g parallel ist; c) identisch mit g ist; d) g schneidet.

Prüfe dich!
Lösungen auf Seite 184

6 Untersuchen Sie die Lage der Geraden zueinander.

a) $g\colon \vec{x} = \begin{pmatrix} 0 \\ 1 \\ 1 \end{pmatrix} + r \cdot \begin{pmatrix} 1 \\ 2 \\ 0 \end{pmatrix}$; $h\colon \vec{x} = \begin{pmatrix} -1 \\ -1 \\ 1 \end{pmatrix} + s \cdot \begin{pmatrix} 0 \\ 1 \\ 1 \end{pmatrix}$ b) $g\colon \vec{x} = \begin{pmatrix} 1 \\ 0 \\ 1 \end{pmatrix} + r \cdot \begin{pmatrix} 1 \\ -1 \\ 0 \end{pmatrix}$; $h\colon \vec{x} = \begin{pmatrix} 0 \\ 1 \\ 0 \end{pmatrix} + s \cdot \begin{pmatrix} 0 \\ 1 \\ 1 \end{pmatrix}$

7 Geben Sie eine Parameterdarstellung der Geraden h an, die parallel zur Geraden g durch den Punkt P verläuft.

a) $g\colon \vec{x} = \begin{pmatrix} 3 \\ 8 \\ 4 \end{pmatrix} + k \cdot \begin{pmatrix} -2 \\ -3 \\ 5 \end{pmatrix}$; $P(15|26|31)$ b) $g\colon \vec{x} = \begin{pmatrix} -2 \\ 3 \\ 1 \end{pmatrix} + k \cdot \begin{pmatrix} 1 \\ -4 \\ 0 \end{pmatrix}$; $P(8|16|5)$

---

8 **Windschiefe Geraden**

a) Bestimmen Sie die Spurpunkte der Geraden g und h und zeichnen Sie damit die beiden Geraden in ein Koordinatensystem.

$g\colon \vec{x} = \begin{pmatrix} 3 \\ 3 \\ 4 \end{pmatrix} + s \cdot \begin{pmatrix} 1 \\ 1 \\ 2 \end{pmatrix}$; $h\colon \vec{x} = \begin{pmatrix} 2 \\ 2 \\ 3 \end{pmatrix} + t \cdot \begin{pmatrix} 0 \\ 1 \\ -1 \end{pmatrix}$

b) Zeigen Sie, dass die Geraden g und h windschief zueinander sind, auch wenn dies in der Zeichnung nicht so aussieht.

9 **Flugbahnen zweier Flugzeuge**

Die Positionen von Flugzeugen im Luftraum kann man durch Punkte in einem räumlichen Koordinatensystem mit der Einheit km beschreiben, bei dem die als Ebene betrachtete Erdoberfläche in der x_1x_2-Ebene liegt.

Ein Passagierflugzeug bewegt sich auf einem als geradlinig angenommenen Kurs vom Punkt $P(8{,}5|-28|7{,}5)$ pro Sekunde um $\begin{pmatrix} -0{,}12 \\ 0{,}175 \\ 0 \end{pmatrix}$. Zum gleichen Zeitpunkt, in dem sich das Passagierflugzeug im Punkt P befindet, fliegt ein zweites Flugzeug vom Punkt $Q(22|15{,}5|7{,}3)$ aus geradlinig so weiter, dass es sich pro Sekunde um den Vektor $\begin{pmatrix} 0{,}1 \\ -0{,}05 \\ 0{,}001 \end{pmatrix}$ bewegt.

a) Untersuchen Sie, ob es auf den beiden Flugbahnen zu einer Kollision kommen kann.

b) Geben Sie die Geschwindigkeiten der beiden Flugzeuge an.

10 = Abstand eines Flugzeugs von einem Windrad

Bezogen auf ein Koordinatensystem mit der Einheit Meter kann die Flugroute eines Sportflugzeugs nach dem Start näherungsweise durch die Gerade g mit $g\colon \vec{x} = \begin{pmatrix} 420 \\ -630 \\ 120 \end{pmatrix} + r \cdot \begin{pmatrix} 40 \\ 50 \\ 11 \end{pmatrix}$ angegeben werden. In der Nähe des Flugplatzes steht ein Windrad. Der höchste Punkt des Windrads hat die Koordinaten P(1380 | 570 | 170).
Überprüfen Sie, ob das Sportflugzeug bei gleichbleibendem Kurs genau über das Windrad hinweg fliegt. Falls ja, in welchem Abstand überfliegt es das Windrad?

11 = Lagebeziehungen mit einem Rechner untersuchen

Henry untersucht die Lagebeziehungen der Geraden g und h mit seinem Rechner.
Dazu setzt er die beiden Parameterdarstellungen gleich und erhält ein lineares Gleichungssystem, das er direkt in seinen Rechner eingibt.

$g\colon \vec{x} = \begin{pmatrix} -1 \\ 0 \\ 2 \end{pmatrix} + s \cdot \begin{pmatrix} 3 \\ 2 \\ -4 \end{pmatrix}$

$h\colon \vec{x} = \begin{pmatrix} 3 \\ -5 \\ 4 \end{pmatrix} + t \cdot \begin{pmatrix} 1 \\ -2 \\ 3 \end{pmatrix}$

Gleichungssystem lösen
Anzahl der Gleichungen 3
Variablen: s, t
Geben Sie Variablennamen ein (durch Kommas getrennt)

$\text{solve}\left(\begin{cases} -1+3\cdot s=3\cdot t \\ 2\cdot s=-5-2\cdot t \\ 2-4\cdot s=4+3\cdot t \end{cases}, \{s, t\}\right)$ false

a) Entscheiden Sie selbst, wie die beiden Geraden g und h zueinander liegen, und begründen Sie Ihre Entscheidung.

b) Setzt man die Parameterdarstellungen zweier Geraden gleich, so erhält man daraus ein lineares Gleichungssystem aus drei Gleichungen mit zwei Variablen. Erläutern Sie, welche Lagebeziehungen zwischen zwei Geraden möglich sind, wenn dieses Gleichungssystem (1) genau eine Lösung; (2) keine Lösung oder (3) unendlich viele Lösungen hat.

12 = Seitenmittelpunkte eines Parallelogramms

Ein Parallelogramm ABCD hat die Eckpunkte A(3 | 1 | −2), B(5 | −3 | 4) und C(1 | −5 | 8).

a) Bestimmen Sie die Koordinaten des Eckpunktes D.

b) Der Punkt M_1 ist der Mittelpunkt der Seite $\overline{AB}$, der Punkt M_2 der Mittelpunkt der Seite $\overline{BC}$. Berechnen Sie die Koordinaten des Schnittpunktes der Geraden M_1C und M_2D.

13 = Schiefes Prisma

Ein *Spat* ist ein schiefes Prisma mit einem Parallelogramm als Grundfläche. Der abgebildete Spat ist gegeben durch die Punkte A(3 | 4 | 2), B(5 | 4 | 1), D(3 | 5 | 1) und E(4 | 5 | 2).

a) Bestimmen Sie die Koordinaten der restlichen Eckpunkte.

b) Untersuchen Sie, ob die Raumdiagonalen AG und EC des Spats windschief zueinander sind.

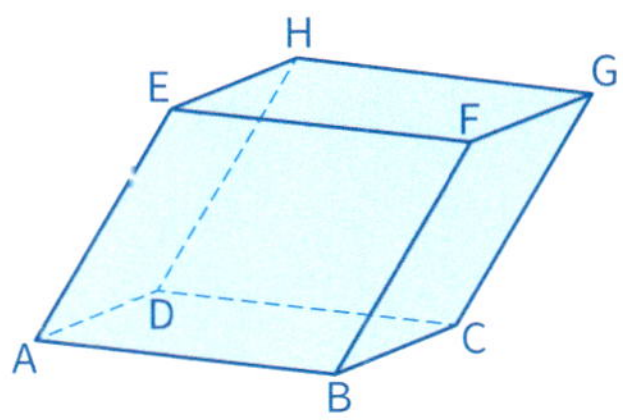

14 = Gerade und Parallelogramm

Gegeben sind die Punkte A(3 | 1 | 4) und B(−2 | 4 | 1).

a) Untersuchen Sie, wie die Gerade AB und die Gerade $g\colon \vec{x} = \begin{pmatrix} 2 \\ 1 \\ 3 \end{pmatrix} + r \cdot \begin{pmatrix} 2 \\ 0 \\ -1 \end{pmatrix}$ zueinander liegen. Zeichnen Sie die Geraden in ein Koordinatensystem.

b) Zeigen Sie, dass die vier Punkte A, B, C(−2 | 1 | 3) und D(3 | −2 | 6) Eckpunkte eines Parallelogramms sind.

c) In welchem Punkt schneiden sich die Diagonalen dieses Parallelogramms?

Mein Merkzettel

Seite 117

Punkte in räumlichem Koordinatensystem

$P(2\,|\,-3\,|\,2{,}5)$ einzeichnen

Gehe vom Ursprung aus
- 2 Einheiten in x_1-Richtung nach vorne
- 3 Einheiten in x_2-Richtung nach links
- 2,5 Einheiten in x_3-Richtung nach oben

Achtung: Die Koordinaten von Punkten in räumlichem Koordinatensystem können **nicht** eindeutig abgelesen werden.

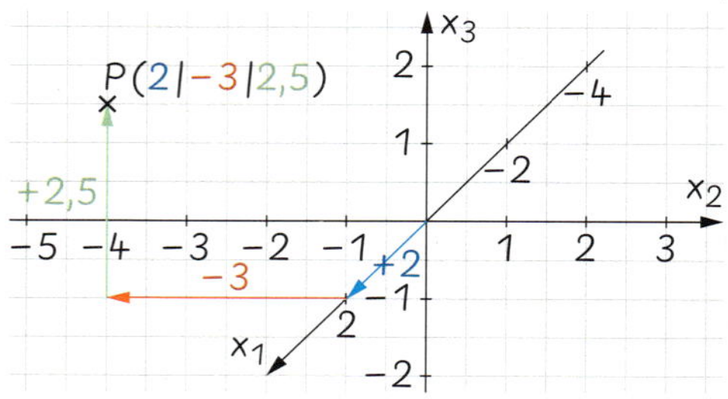

Seite 121

Vektoren

- Einen Vektor schreibt man als Spalte und veranschaulicht ihn durch einen Pfeil.
- Durch einen Vektor wird eine **Verschiebung** im Raum beschrieben.
  Verschiebung von $P(-1\,|\,4\,|\,5)$ in $Q(3\,|\,-2\,|\,6)$:
  $$\vec{v} = \overrightarrow{PQ} = \begin{pmatrix} 3-(-1) \\ -2-4 \\ 6-5 \end{pmatrix} = \begin{pmatrix} 4 \\ -6 \\ 1 \end{pmatrix}$$
- Alle Pfeile, die parallel zueinander, gleich gerichtet und gleich lang sind, veranschaulichen den gleichen Vektor.

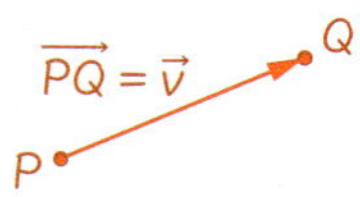

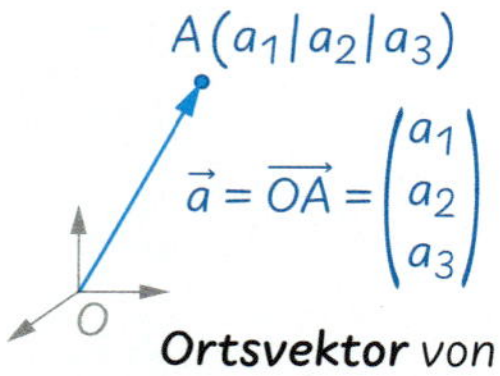

Ortsvektor von A

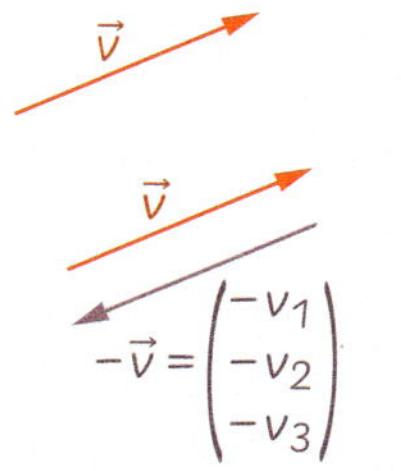

Gegenvektor von $\vec{v}$

Seite 125
Seite 129

Rechnen mit Vektoren

Addieren

$$\vec{a} + \vec{b} = \begin{pmatrix} a_1 + b_1 \\ a_2 + b_2 \\ a_3 + b_3 \end{pmatrix}$$

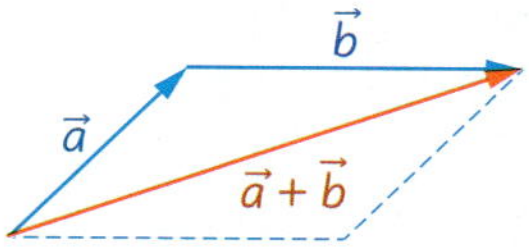

Subtrahieren

$$\vec{a} - \vec{b} = \begin{pmatrix} a_1 - b_1 \\ a_2 - b_2 \\ a_3 - b_3 \end{pmatrix}$$

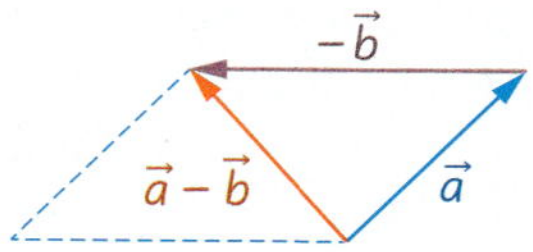

Vervielfachen

$$k \cdot \vec{v} = k \cdot \begin{pmatrix} v_1 \\ v_2 \\ v_3 \end{pmatrix} = \begin{pmatrix} k \cdot v_1 \\ k \cdot v_2 \\ k \cdot v_3 \end{pmatrix}$$

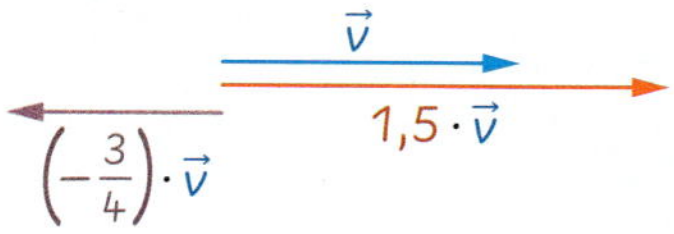

Seite 123

Länge eines Vektors

$$|\vec{v}| = \sqrt{v_1^2 + v_2^2 + v_3^2}$$

Abstand zweier Punkte

$$|AB| = |\overrightarrow{AB}| = \sqrt{(b_1 - a_1)^2 + (b_2 - a_2)^2 + (b_3 - a_3)^2}$$

Seite 129

Vektoren auf Parallelität prüfen

Sind $\vec{v}$ und $\vec{w}$ Vielfache voneinander?

- $\vec{v} = k \cdot \vec{w}$ lösen
- Wenn es ein k gibt, das **alle drei** Gleichungen erfüllt, so sind $\vec{v}$ und $\vec{w}$ parallel zueinander.
- Ansonsten sind $\vec{v}$ und $\vec{w}$ nicht parallel zueinander.

$\vec{v} = \begin{pmatrix} 3 \\ -1 \\ 4 \end{pmatrix}$; $\vec{w} = \begin{pmatrix} 6 \\ 5 \\ 4 \end{pmatrix}$

Als Gleichungssystem schreiben und Gleichungen lösen:

$\left| \begin{matrix} 3 = 6k \\ -1 = 5k \\ 4 = 4k \end{matrix} \right|$; also $\left| \begin{matrix} k = 0{,}5 \\ k = -0{,}2 \\ k = 1 \end{matrix} \right|$

Es gibt kein k, das alle drei Gleichungen erfüllt. Somit sind $\vec{v}$ und $\vec{w}$ nicht parallel zueinander.

Parameterdarstellung einer Geraden

Seite 135

Gerade g durch den Punkt A in Richtung $\vec{u} \neq \vec{o}$:

$g: \vec{x} = \vec{a} + t \cdot \vec{u}; \quad t \in \mathbb{R}$

Stützvektor ($\vec{a}$) **Richtungsvektor** ($\vec{u}$)

Achtung: Eine Gerade kann durch verschiedene Parameterdarstellungen beschrieben werden.

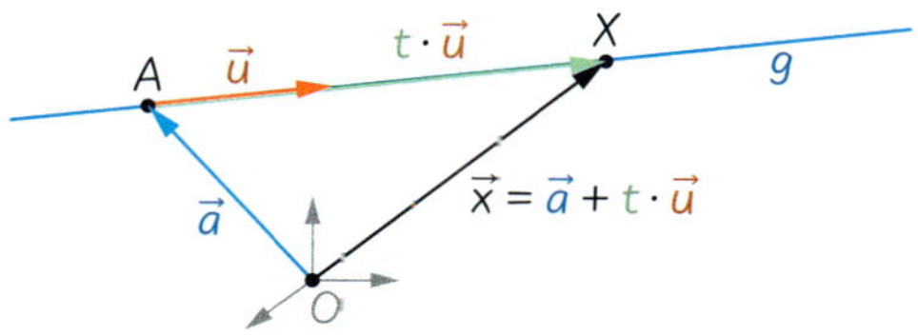

Gerade durch zwei Punkte A und B

Seite 135

Mögliche Parameterdarstellung:

- als Stützvektor $\overrightarrow{OA}$ wählen
- als Richtungsvektor $\overrightarrow{AB}$ wählen

A(2|−3|5); B(−1|4|−8)

$g: \vec{x} = \begin{pmatrix} 2 \\ -3 \\ 5 \end{pmatrix} + t \cdot \begin{pmatrix} -3 \\ 7 \\ -13 \end{pmatrix}; \quad t \in \mathbb{R}$

Punktprobe

Seite 136

$g: \vec{x} = \vec{a} + t \cdot \vec{u}$

Liegt ein Punkt P auf g?

- $\vec{a} + t \cdot \vec{u} = \overrightarrow{OP}$ lösen
- Wenn es ein t gibt, das **alle drei** Gleichungen erfüllt, so liegt P auf g.
- Ansonsten liegt P nicht auf g.

$g: \vec{x} = \begin{pmatrix} -2 \\ 1 \\ 3 \end{pmatrix} + t \cdot \begin{pmatrix} -2 \\ 3 \\ -1 \end{pmatrix}$; P(−8|10|1)

Als Gleichungssystem schreiben und Gleichungen lösen:

$\left| \begin{array}{l} -2 - 2t = -8 \\ 1 + 3t = 10 \\ 3 - t = 1 \end{array} \right|$; also $\left| \begin{array}{l} t = 3 \\ t = 3 \\ t = 2 \end{array} \right|$

Es gibt kein t, das alle drei Gleichungen erfüllt. Somit liegt P nicht auf g.

Lage von Geraden untersuchen

Seite 141

Gegeben: $g: \vec{x} = \vec{a} + r \cdot \vec{u}$ und $h: \vec{x} = \vec{b} + s \cdot \vec{v}$

Auf Parallelität prüfen:
Sind $\vec{u}$ und $\vec{v}$ Vielfache voneinander?

→ ja: g und h parallel

Punktprobe:
Liegt Punkt A mit Ortsvektor $\vec{a}$ auf h?

- ja: g und h **identisch**

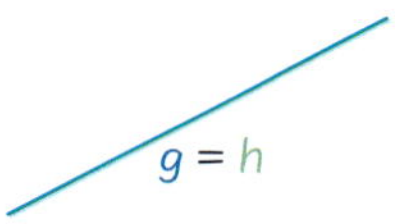

- nein: g und h echt **parallel**

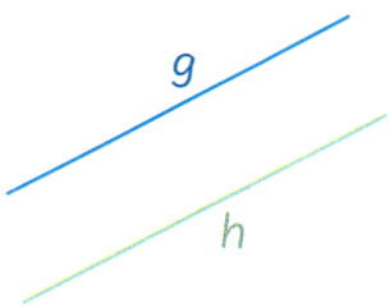

→ nein: g und h nicht parallel

Auf Schnittpunkt prüfen:
Hat $\vec{a} + r \cdot \vec{u} = \vec{b} + s \cdot \vec{v}$ eine Lösung?

- Zunächst zwei der Gleichungen betrachten, dann übrige Gleichung prüfen

- ja: g und h **schneiden sich**

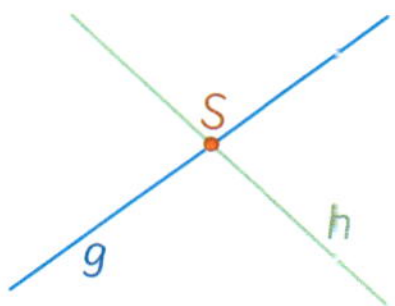

- nein: g und h **windschief**

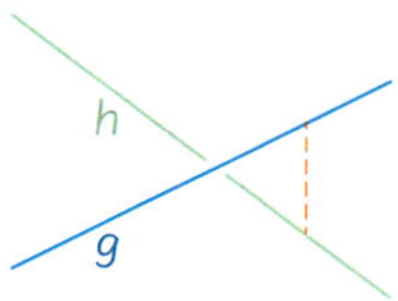

Wiederholen für die Klausur

Lösungen auf Seite 185

Teil A – Aufgaben ohne Hilfsmittel

1 Punkte angeben

Geben Sie die Koordinaten eines Punktes an, der nicht der Ursprung ist und der

a) in der x_1x_2-Ebene und in der x_2x_3-Ebene liegt;

b) in der x_1x_2-Ebene liegt und gleich weit von der x_1-Achse und der x_2-Achse entfernt ist;

c) gleich weit von der x_2-Achse und der x_3-Achse entfernt ist.

2 Pyramide

Die Punkte $A(3|-1|1)$, $B(2|2|1)$ und $C(0|0{,}5|1)$ bilden die Grundfläche einer Pyramide mit der Spitze $S(1|-0{,}5|5)$.

a) Zeigen Sie, dass die Grundfläche der Pyramide parallel zur x_1x_2-Ebene liegt.

b) Geben Sie die Höhe der Pyramide an.

3 Längen und Volumen

a) Geben Sie die Koordinaten der Eckpunkte des Hauses an.

b) Berechnen Sie die Längen der Dachkanten.

c) Berechnen Sie das Volumen des Hauses.

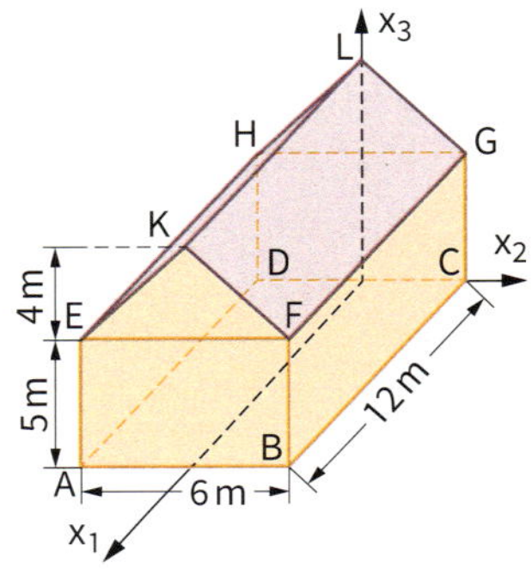

4 Mittelpunkt einer Strecke

a) Gegeben sind die Punkte $A(-3|4|7)$ und $B(5|-2|1)$. Berechnen Sie die Koordinaten des Mittelpunktes M der Strecke $\overline{AB}$.

b) Der Punkt $M(2|-3|-5)$ ist der Mittelpunkt der Strecke $\overline{PQ}$ mit $P(-3|1|4)$. Bestimmen Sie die Koordinaten von Q.

5 Berechnungen am Parallelogramm

Gegeben sind die Punkte $A(3|-1|4)$, $B(7|3|1)$, $C(5|4|2)$ und $D(1|0|5)$.

a) Zeigen Sie, dass die vier Punkte die Eckpunkte eines Parallelogramms sind.

b) Prüfen Sie, ob das Parallelogramm eine Raute ist.

c) Bestimmen Sie die Koordinaten des Schnittpunktes der Diagonalen des Parallelogramms.

6 Von Punkt zu Punkt

Die Punkte M_1, M_2 und M_3 sind die Mittelpunkte der Seitenflächen BCGF, CGHD bzw. ABFE des Quaders.

Stellen Sie den Vektor mithilfe der Vektoren $\vec{a}$, $\vec{b}$ und $\vec{c}$ dar.

a) $\overrightarrow{AM_1}$ b) $\overrightarrow{M_1M_2}$ c) $\overrightarrow{HM_3}$ d) $\overrightarrow{M_2A}$

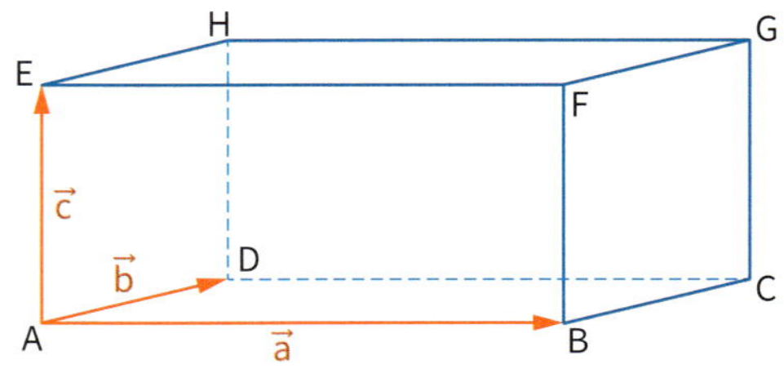

7 Abstandsproblem

Gegeben sind die Punkte $U(0|4|2)$, $V(0|0|0)$ und $W(0|4|0)$. Geben Sie die Koordinaten eines Punktes P an, der von U, V und W den gleichen Abstand hat.

8 Parameterdarstellung einer Geraden

Eine Gerade g ist gegeben durch die Parameterdarstellung $g: \vec{x} = \begin{pmatrix} 2 \\ -3 \\ 4 \end{pmatrix} + t \cdot \begin{pmatrix} 4 \\ 1 \\ -2 \end{pmatrix};\ t \in \mathbb{R}$.

a) Geben Sie eine zweite Parameterdarstellung von g an.

b) Zeigen Sie, dass durch $\vec{x} = \begin{pmatrix} 86 \\ 18 \\ -38 \end{pmatrix} + r \cdot \begin{pmatrix} -20 \\ -5 \\ 10 \end{pmatrix};\ r \in \mathbb{R}$; die Gerade g ebenfalls dargestellt wird.

9 **Lage von drei Punkten**

Lösungen auf Seite 186

Gegeben sind die Punkte A(2 | 3 | 1), B(5 | 1 | −2) und C(−4 | 7 | 7). Untersuchen Sie, ob die drei Punkte auf einer Geraden liegen.

10 **Punkte auf einer Geraden**

Gegeben sind die Punkte A(11 | 1 | 6) und B(5 | −1 | 2).

a) Stellen Sie eine Gleichung der Geraden g auf, die durch die Punkte A und B verläuft.

b) Geben Sie die Koordinaten zweier Punkte auf der Geraden g an, die zwischen den Punkten A und B liegen.

c) Untersuchen Sie, ob es einen Punkt mit drei gleichen Koordinaten auf der Geraden g gibt.

Teil B – Aufgaben mit Hilfsmitteln

11 **Längen von Dreiecksseiten**

Zeichnen Sie das Dreieck ABC mit A(6 | −2 | 1), B(2 | 2 | −1) und C(−4 | −1 | 3) in ein Koordinatensystem. Welche der Dreiecksseiten ist am längsten? Begründen Sie Ihre Antwort.

12 **Gleichschenkliges Dreieck**

Bestimmen Sie den Parameter t so, dass das Dreieck ABC mit den Eckpunkten A(3 | −2 | 4), B(5 | 0 | 5), C(1 | t | 2) gleichschenklig ist.

13 **Viereck untersuchen**

Untersuchen Sie, ob das Viereck ABCD mit A(3 | 1 | 6); B(4 | 3 | 9); C(5 | 1 | 12) und D(4 | −1 | 9) ein besonderes Viereck ist.

14 **Heißluftballon**

Ein Heißluftballon bewegt sich nach dem Start einige Minuten lang nahezu konstant pro Sekunde um den Vektor $\vec{v} = \begin{pmatrix} 1{,}2 \\ -1{,}8 \\ 0{,}5 \end{pmatrix}$ bezüglich eines Koordinatensystems mit der Einheit Meter.

a) Geben Sie die Geschwindigkeit des Ballons in km/h an.

b) Der Startpunkt des Ballons befand sich im Punkt P_1(232 | 98 | 159). Bestimmen Sie die Koordinaten des Punktes P_2, in dem sich der Ballon zwei Minuten nach dem Start befindet.

c) Überprüfen Sie, ob der Ballon auf dem Weg von P_1 nach P_2 den Punkt Q(340 | −80 | 204) passiert hat.

15 **Schnittpunkt zweier Geraden**

Gegeben sind die Geraden g und h mit $g: \vec{x} = \begin{pmatrix} 2 \\ -3 \\ 4 \end{pmatrix} + t \cdot \begin{pmatrix} 4 \\ 1 \\ -2 \end{pmatrix}$ und $h: \vec{x} = \begin{pmatrix} -6 \\ -5 \\ 8 \end{pmatrix} + s \cdot \begin{pmatrix} 3 \\ 2 \\ 1 \end{pmatrix}$; $t, s \in \mathbb{R}$.

a) Bestimmen Sie den Schnittpunkt der Geraden g mit der Geraden h.

b) Zeigen Sie, dass der Punkt P(3 | 1 | 11) auf der Geraden h liegt. Bestimmen Sie eine Gerade k durch den Punkt P, die parallel zur Geraden g verläuft.

16 **Prisma**

Gegeben sind die Punkte A(2 | 1 | −1), B(6 | 4 | −2), C(5 | 6 | 0), D(1 | 3 | 1), F(4 | 6 | 4) und H(−1 | 5 | 7).

Die Punkte A, B, C, D, E, F, G und H sind Eckpunkte eines schiefen Prismas mit der Grundfläche ABCD.

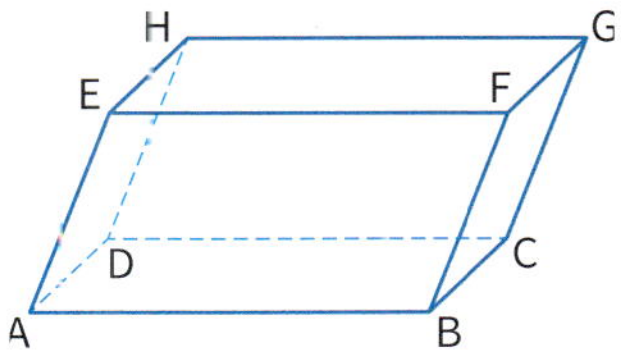

a) Geben Sie die Koordinaten der Punkte G und E an.

b) Weisen Sie nach, dass die Grundfläche des Prismas ein Rechteck ist.

c) Untersuchen Sie, ob sich alle Raumdiagonalen des Prismas in genau einem Punkt schneiden. Berechnen Sie gegebenenfalls die Koordinaten des Schnittpunktes dieser Raumdiagonalen.

Vorbereiten und Wiederholen

Viel neues Wissen ist dazugekommen.

Die 3-Minuten-Runden helfen dieses Wissen wachzuhalten.

Die Informationen zum Nachschlagen und die Aufgaben zum Wiederholen und Vorbereiten erleichtern den Einstieg in neue Themen.

Die Lösungen können zur selbstständigen Kontrolle der Rechnungen genutzt werden.

- **3-Minuten-Runden zum Wachhalten für den Unterricht**
- **Wissensspeicher: Informationen zum Nachschlagen**
- **Aufgaben zum Wiederholen und Vorbereiten auf ein neues Thema**
- **Symbole und Sprechweisen**
- **Lösungen zur Selbstkontrolle**

3-Minuten-Runden

1

2^3 $\quad$ $(-3)^4$

7^{-1} $\quad$ $\left(\frac{4}{5}\right)^3$

10^{-4} $\quad$ $0{,}2^{-1}$

2

Gleichung lösen

$0 = \frac{2}{3}x - 5$

$0 = x^2 - 9$

$0 = x^2 + 6x + 8$

3

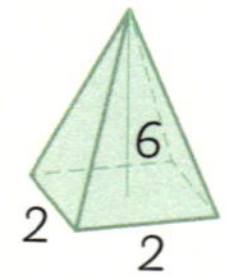

$V = ?$

4

$\frac{3}{4} + \frac{1}{2}$ $\quad$ $\frac{7}{8} - \frac{3}{5}$

$\frac{6}{5} + \frac{1}{4}$ $\quad$ $\frac{7}{3} - \frac{3}{7}$

5

Vereinfachen

$a + 3b - 6a + b$

$16xy - 4y + 3yx$

$u \cdot (3v + w) - 2vu$

6

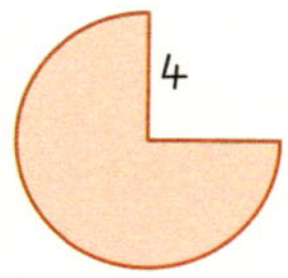

$A = ?$

7

Ausklammern
– so weit wie möglich

$ab + 3a$ $\quad$ $7xy^2 + 14y$

$9x^3 + 27x^2 + 45x^4$

8

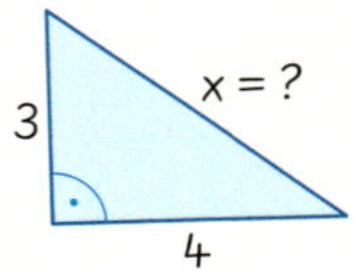

9

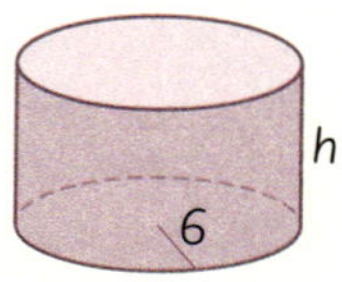

$V = ?$

$O = ?$

10

$\sqrt{49} + \sqrt{25}$

$\sqrt{169} - \sqrt{6{,}25}$

$\sqrt{2} \cdot \sqrt{18}$

11

Lösung des **Gleichungssystems**?

$2x + y = 14$

$x + 2y = 16$

12

Arithmetisches Mittel und **Median** bestimmen

7; 10; 5; 9; 14

13

Ausmultiplizieren

$(x + 3) \cdot (x^2 - 4)$

$(x + 2y) \cdot (4y - 3)$

$(2x + 1) \cdot (x + 1) \cdot (4 - x)$

14

Einmal Würfeln

P(Augenzahl < 3)

P(Augenzahl ungerade)

$P(\square) = \frac{2}{3}$

15

Gleichung lösen

$4x - 6 = 2x + 9$

$3x^2 - 21 = 6$

$6x^2 - 5x = 2 \cdot (3x^2 + 10)$

16

15 % von 120

40 % von 30

75 % von 60

$33{,}\overline{3}$ % von 210

17

Baumdiagramm

für 2-mal Ziehen ohne Zurücklegen

18

Ist das Dreieck **rechtwinklig?**

Seitenlängen: $a = 5$ cm; $b = 7$ cm; $c = 5$ cm

19

Wie viel **Prozent** sind grau markiert?

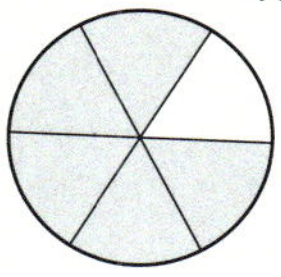

20

Vereinfachen

$\sqrt{2a \cdot 18a}$ $\quad \sqrt{xy^2} : \sqrt{x}$

$\sqrt{28a} \cdot \sqrt{7mn^2}$

21

60 % von 50 % von 40 €

20 % von 30 % von 50 kg

4 % von 50 % von 200 m^3

22

$\delta = ?$

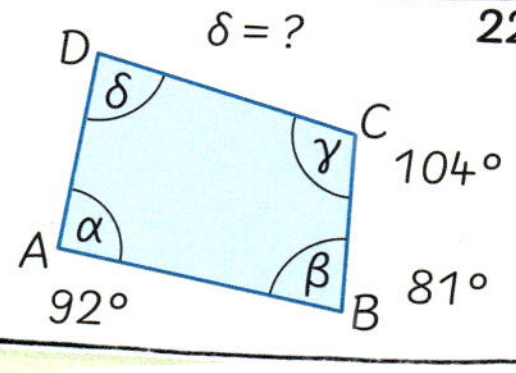

23

Gleichung der Geraden

durch die Punkte
A(1|3) und B(5|5)

24

Zahlen gesucht

Die Summe zweier Zahlen ist 200, ihre Differenz ist 6.

25

$\sqrt{121 \cdot 225}$

$\sqrt{108} : \sqrt{3}$

$\sqrt{0{,}08 \cdot 0{,}18}$

$\sqrt{4} + \sqrt{12}$

26

Abstand der Punkte

A(0|2) und B(4|5)

C(−3|1) und D(9|4)

27

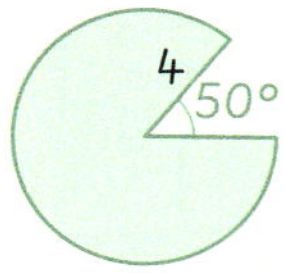

A = ?

28

Nullstellen gesucht

$f(x) = x^2 - 0{,}25$

$g(x) = x^2 + 3x - 10$

$h(x) = x^2 - 8x + 12$

29

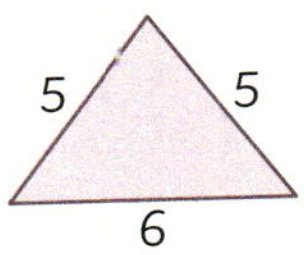

A = ?

30

$\frac{1}{4} + \frac{1}{8} - \frac{1}{6}$

$\frac{1}{2} + \frac{2}{3} - \frac{4}{5}$

$\frac{3}{2} - \frac{5}{4} - \frac{10}{7}$

31

Wahr oder falsch?

A(2|−1) und B(−2|1) liegen auf dem Graphen der Funktion f mit $f(x) = 0{,}5x^2 - 3$.

32

Wahrscheinlichkeit

für „Mindestens einmal Wappen" bei drei Münzwürfen

33

Schnittpunkt der Geraden

$y = 2x - 1$ und
$y = -x + 5$

34

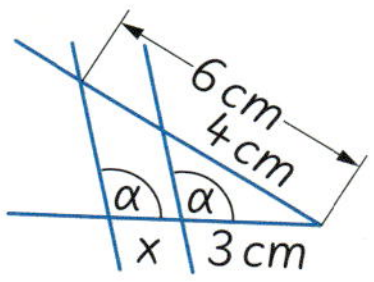

x = ?

35

Vereinfachen

$(a - b)^2 + 2ab$

$(a + b) \cdot (a - b) + b^2$

$(a + b)^2 - (a - b)^2$

36

Wahrscheinlichkeit

für „Augensumme größer als 8" beim Werfen zweier Würfeln

37 Funktionsgleichung gesucht

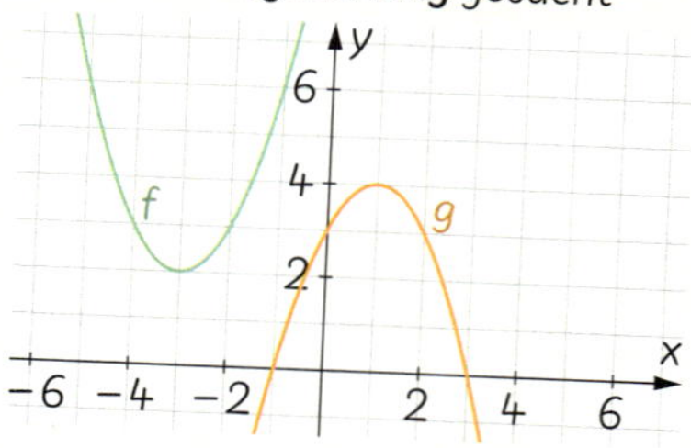

38 Koordinaten der Punkte?

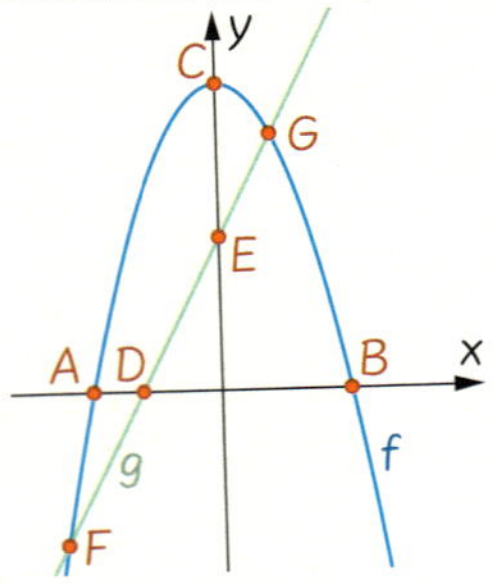

$f(x) = 6 - x^2$

$g(x) = 2x + 3$

39 Zuordnen

$\frac{f(b) - f(a)}{b - a}$ $\lim\limits_{b \to a} \frac{f(b) - f(a)}{b - a}$

lokale Änderungsrate

Differenzenquotient

Tangentensteigung

Ableitung an einer Stelle

Sekantensteigung

mittlere Änderungsrate

40 Wahr oder falsch?

- Eine Tangente hat immer genau einen Punkt mit einem Graphen gemeinsam.
- Tangente und Sekante sind Geraden.
- Eine Tangente an die Normalparabel hat immer eine positive Steigung.
- Die Sekantensteigung gibt die mittlere Änderungsrate an.

41

funktionaler Zusammenhang	lokale Änderungsrate
Zeit → Weg	Momentangeschwindigkeit
■	momentaner Benzinverbrauch
Zeit → Geschwindigkeit	■
■	Steigung in einem Punkt

42 Gleichung der Normalen?

Gegeben ist die Gleichung der Tangente durch den angegeben Punkt.

$y = 2x - 4$
P(3|2)

$y = -3x + 1$
Q(1|−2)

$y = x + 2$
R(0|2)

$y = -0{,}1x$
O(0|0)

43 Lokale / globale Extrempunkte?

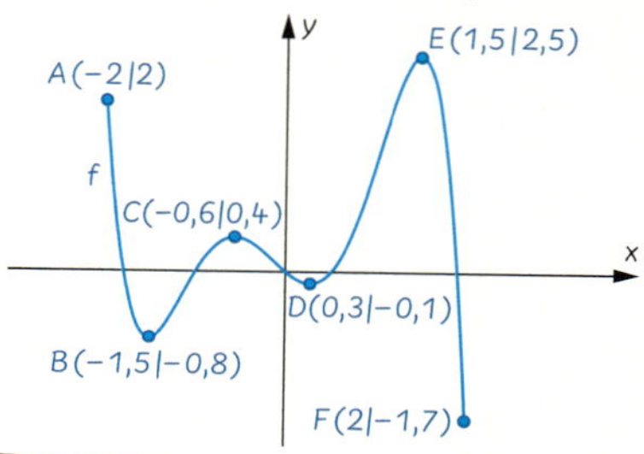

44 Hat der Graph von f **Hoch-, Tief- oder Sattelpunkte**? – Begründen

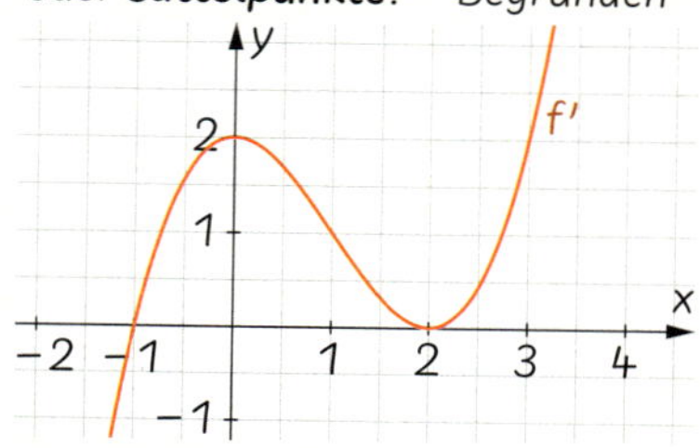

45

$f(x) = x^2$

- **Wert gesucht**

$f'(2)$ $f'(0)$ $f'(-3)$

- **x-Wert gesucht**

$f'(x) = 0{,}5$ $f'(x) = -3$ $f'(x) = 0$

46

Rechnung ergänzen

$f(x) = 3x^2$; $x_0 = 1$

$\frac{f(1+h) - f(1)}{h} = \frac{3 \cdot (1+h)^2 - 3 \cdot 1^2}{h} = \ldots$

$\lim\limits_{h \to 0} \frac{f(1+h) - f(1)}{h} = \ldots$

47

Grafisch differenzieren

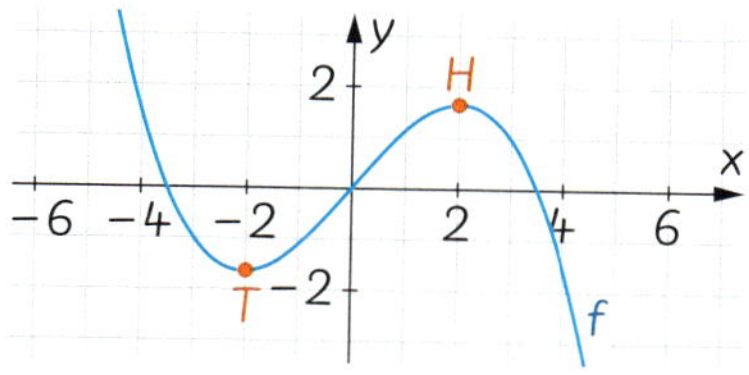

48

Gleichung der Tangente?

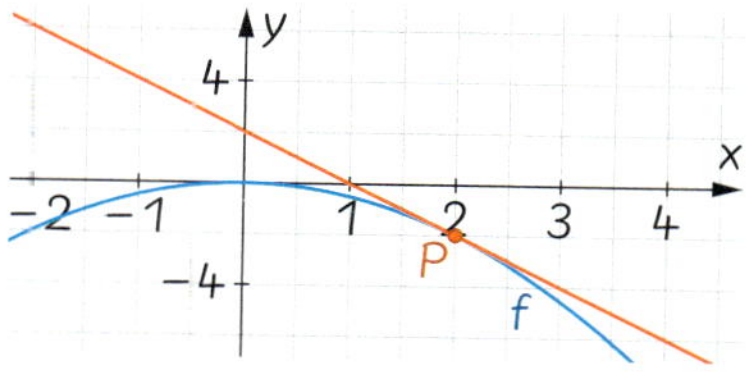

49

Entscheiden und begründen

Die Tangente an den Graphen von f mit $f(x) = -0{,}5x^2 - 2$ an der Stelle $x_0 = 4$ hat die Gleichung

$y = -4x - 6$ $y = -4x + 6$

$y = 4x + 6$ $y = 4x - 6$

50

Aussagen ergänzen

- Ist die Steigung eines Graphen in einem Intervall positiv, so verläuft der Graph der Ableitungsfunktion …
- Gilt $f'(x) < 0$ für alle x aus einem Intervall, so ist die Funktion f …

51

Monotonieverhalten untersuchen

- Funktion f mit $f(x) = x^3 + 2x$
- Funktion g mit $g(x) = -x^3 + 3x^2 - 3x$
- Funktion h mit $h'(x) = -x^2$

52

Nullstellen mit **Vielfachheit**

$f_1(x) = x^2 - 9$

$f_2(x) = (x^2 - 4) \cdot (x + 4)$

$f_3(x) = x^3 - 6x^2 + 9x$

$f_4(x) = 2x^4 - 4x^2$

53

$f(x) = \frac{1}{3}x^3 - x$

- Symmetrie?
- Nullstellen?
- Extrem- und Wendepunkte?

54

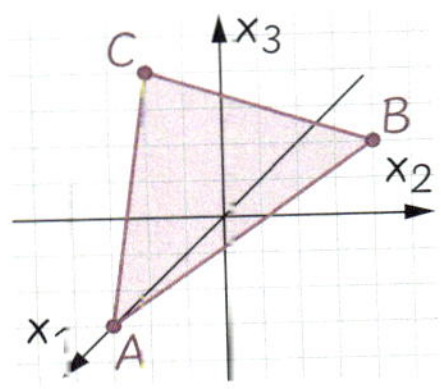

Punkte zuordnen

(3|0|0)

(2|0|3)

(−2|1|0)

WES-109451-501

Regeln und Rechengesetze

Zahlen runden

- *Ziffer nach Rundungsstelle 0, 1, 2, 3 oder 4:*
  abrunden: *Rundungsstelle bleibt gleich; Stellen rechts durch 0 ersetzen*
- *Ziffer nach Rundungsstelle 5, 6, 7, 8, oder 9:*
  aufrunden: *Rundungsstelle plus 1; Stellen rechts durch 0 ersetzen*

Vorrangregeln

- *Klammern zuerst*
  $47 - (22 + 15) = 47 - 37$
  $50 - [(20 - 5) + 15] = 50 - [15 + 15]$
- *Potenzrechnung vor Punktrechnung*
  $4 \cdot 7^2 = 4 \cdot 49$
- *Punktrechnung vor Strichrechnung*
  $72 - 8 \cdot 4 = 72 - 32$
  $23 + 16 : 2 = 23 + 8$
  $12 \cdot 3 - 35 : 7 = 36 - 5$

Kommutativgesetz

„Vertauschen ist erlaubt"

$a + b = b + a$ $\quad$ $a \cdot b = b \cdot a$

$59 + 27 = 27 + 59$ $\quad$ $37 \cdot 2 = 2 \cdot 37$

Assoziativgesetz

„Die Reihenfolge ist egal"

$a + b + c = a + (b + c)$ $\quad$ $a \cdot b \cdot c = a \cdot (b \cdot c)$

$5 + 2 + 8 = 5 + (2 + 8)$ $\quad$ $3 \cdot 4 \cdot 25 = 3 \cdot (4 \cdot 25)$

Distributivgesetz

$a \cdot (b + c) = a \cdot b + a \cdot c$

Ausmultiplizieren: $6 \cdot (12 + 9) = 6 \cdot 12 + 6 \cdot 9$

Jeden Summanden mit Vorfaktor multiplizieren

Ausklammern: $5 \cdot 7 + 5 \cdot 8 = 5 \cdot (7 + 8)$

Den Faktor, der in jedem Summanden vorkommt, als Vorfaktor vor die Klammer stellen

Rechnen mit der Null

- *Ist ein Faktor 0, so ist das Produkt 0.*
  $24 \cdot 0 = 0$ $\quad$ $0 \cdot 7 = 0$
- *Durch 0 darf man nicht dividieren.*
  24 : 0 ist verboten!
  Denn $0 \cdot \square = 24$ *geht nicht.*

1 Runden

a) Auf Zehner: 237 $\quad$ –678 $\quad$ 2343 $\quad$ 306
b) Auf Hunderter: 312 $\quad$ –785 $\quad$ 3721 $\quad$ 28912
c) Auf Tausender: 12388 $\quad$ 67811 $\quad$ –378622
d) Auf Millionen: 8426278 $\quad$ 12613413
e) Auf zwei Stellen nach dem Komma:
75,3468 $\quad$ 1,2479 $\quad$ 0,6975 $\quad$ –4,3314 $\quad$ 0,0278

2 Vorrangregeln beachten

Berechnen Sie ohne Rechner.

a) $(71 - 11) \cdot 4 - 5 \cdot 8$
b) $(95 - 50 - 35)^3 - 10 \cdot 2^2 \cdot 5^2$
c) $(17{,}5 - 0{,}5 \cdot 3 + 12 : 4 - 3^2) : 10$
d) $1234 - [234 - (34 - 4)] + 4 \cdot 51$
e) $(347 - 237) \cdot (34 - 62 + 26)$
f) $(17 + 93) : [246 - (31 + 204)]$

3 Vorteilhaft rechnen

Verwenden Sie die Rechengesetze.

a) $17 \cdot 63 + 17 \cdot 27$ $\quad$ b) $37 \cdot 420 - 37 \cdot 320$
c) $39 \cdot 28 - 39 \cdot 9 \cdot 2$ $\quad$ d) $79 - 5 \cdot 79 - 6 \cdot 79$
e) $18 : 5 + 12 : 5$ $\quad$ f) $65 : 7 - 62 : 7 + 4 : 7$
g) $5 : 13 + 21 : 13$ $\quad$ h) $333 : 3 - 222 : 2 + \pi$
i) $8{,}3 \cdot 19{,}2 - 19{,}2 \cdot 7{,}3$ $\quad$ j) $88 \cdot 90 - 80 \cdot 99$

4 Reihenfolge geschickt wählen

Rechnen Sie möglichst geschickt.

a) $323 - 30 + 7$ $\quad$ b) $25 - 7 + 27$
c) $55 - 6 + 66 - 5$ $\quad$ d) $1024 + 378 - 24 - 78$
e) $-534 + 99 + 434$ $\quad$ f) $145 + 22 + 355 + 778$
g) $-43 - 589 + 743 - 11$ $\quad$ h) $324 - 156 - 234 + 256$
i) $13{,}45 - 12{,}23 - 1{,}4 - 2{,}05 + 2{,}23$
j) $0{,}73 + 1{,}86 - 0{,}33 - 1{,}36 - 0{,}9$

5 Ausmultiplizieren

Multiplizieren Sie aus und berechnen Sie.

a) $6 \cdot \left(\frac{7}{3} - \frac{3}{2}\right)$ $\quad$ b) $15 \cdot \left(\frac{1}{3} + \frac{3}{5}\right)$ $\quad$ c) $\frac{6}{5} \cdot \left(\frac{5}{3} - \frac{5}{2}\right)$
d) $21 \cdot \left(\frac{5}{7} - \frac{2}{3}\right)$ $\quad$ e) $12 \cdot \left(\frac{5}{3} + \frac{3}{4}\right)$ $\quad$ f) $\frac{22}{21} \cdot \left(\frac{21}{11} + \frac{21}{2}\right)$

6 0 und 1

Berechnen Sie die Terme.

a) $(397{,}5 - 22{,}57 \cdot 13{,}08 + 0{,}24) \cdot (17{,}3 - 7{,}3 - 10)$
b) $(3 \cdot 11 + 11 \cdot 4 - 7 \cdot 11) \cdot (32^9 - 29^7 + \pi)$
c) $\frac{23 + 6^3 - 13}{10 + 6 \cdot 36} \cdot \sqrt{11}$
d) $1234 \cdot \frac{12^2 - 11}{133} + 4321 \cdot \frac{10}{3^2 + 1}$
e) $\frac{5^6 - \sqrt{3} + 7}{5\pi + 8\pi} \cdot \frac{32\pi - 19\pi}{7 - \sqrt{3} + 5^3 \cdot 5^3}$

Brüche

WES-109451-502

Bruchbegriffe

Brüche geben Anteile von Ganzen an.

7 — **Zähler:** Gibt an, wie viele Teile man nimmt
— **Bruchstrich**
12 — **Nenner:** Gibt an, wie man die Teile nennt

„sieben Zwölftel"

Bei einem **unechten Bruch** ist der Zähler größer als der Nenner. Unechte Brüche kann man in der **gemischten Schreibweise** angeben.

$\frac{14}{3} = 4 + \frac{2}{3} = 4\frac{2}{3}$

3 passt 4-mal in 14, übrig bleiben $\frac{2}{3}$

Erweitern und Kürzen

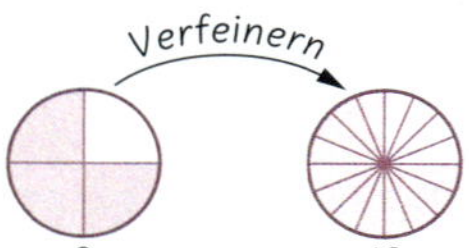

$\frac{3}{4}$ Erweitern → $\frac{12}{16}$

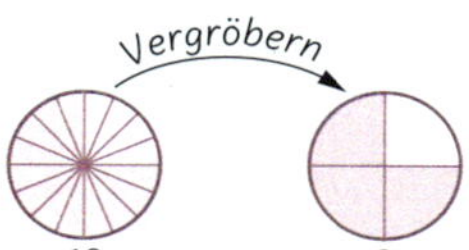

$\frac{12}{16}$ Kürzen → $\frac{3}{4}$

$\frac{3}{4} \overset{\cdot 4}{=} \frac{12}{16}$ $\qquad$ $\frac{12}{16} \overset{:4}{=} \frac{3}{4}$

Der Wert des Bruchs bleibt gleich.

Brüche addieren und subtrahieren

- Falls nötig, auf den gleichen Nenner bringen
- Zähler addieren/subtrahieren
- Nenner beibehalten

$\frac{1}{4} + \frac{2}{5} = \frac{5}{20} + \frac{8}{20} = \frac{5+8}{20} = \frac{13}{20}$

$\frac{5}{6} - \frac{3}{4} = \frac{10}{12} - \frac{9}{12} = \frac{10-9}{12} = \frac{1}{12}$

Brüche multiplizieren

„Zähler mal Zähler, Nenner mal Nenner"

Frühzeitig kürzen: $\frac{9}{14} \cdot \frac{8}{21} = \frac{\cancel{9}^{3} \cdot \cancel{8}^{4}}{\cancel{14}_{7} \cdot \cancel{21}_{7}} = \frac{12}{49}$

Durch einen Bruch dividieren

- Mit dem **Kehrbruch** multiplizieren

$\frac{2}{5} : \frac{3}{4} = \frac{2}{5} \cdot \frac{4}{3} = \frac{2 \cdot 4}{5 \cdot 3} = \frac{8}{15}$

Brüche und Prozente

Prozente sind Brüche mit dem Nenner 100.

$\frac{1}{100} = 1\,\%$ $\qquad$ $\frac{100}{100} = 1 = 100\,\%$

$\frac{4}{5} = \frac{80}{100} = 80\,\%$

1 Anteil angeben

a)  b) 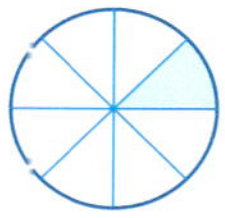 c) 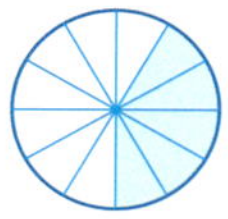

d) 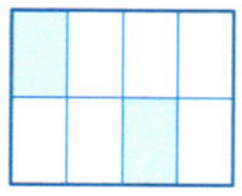 e)  f) 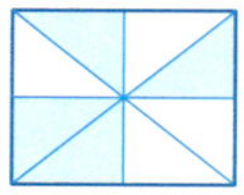

2 Gemischte Schreibweise

Schreiben Sie in der gemischten Schreibweise.

a) $\frac{8}{3}$ b) $\frac{9}{2}$ c) $\frac{7}{5}$ d) $\frac{25}{17}$

3 Unechter Bruch

Schreiben Sie als unechten Bruch.

a) $1\frac{5}{8}$ b) $3\frac{1}{4}$ c) $9\frac{7}{10}$ d) $4\frac{4}{8}$

4 Erweitern

a) $\frac{1}{2} = \frac{\square}{12}$ b) $\frac{4}{3} = \frac{\square}{33}$ c) $\frac{3}{5} = \frac{\square}{30}$

d) $\frac{11}{7} = \frac{44}{\square}$ e) $\frac{5}{9} = \frac{60}{\square}$ f) $\frac{3}{8} = \frac{36}{\square}$

5 Kürzen

Kürzen Sie den Bruch vollständig.

a) $\frac{4}{12}$ b) $\frac{8}{22}$ c) $\frac{15}{50}$ d) $\frac{54}{12}$

e) $\frac{25}{125}$ f) $\frac{96}{120}$ g) $\frac{56}{126}$ h) $\frac{108}{72}$

6 Brüche vergleichen

Untersuchen Sie, welcher Bruch größer ist.

a) $\frac{5}{6}$; $\frac{6}{5}$ b) $\frac{3}{8}$; $\frac{2}{3}$ c) $\frac{5}{12}$; $\frac{3}{6}$

d) $\frac{9}{6}$; $\frac{4}{5}$ e) $\frac{12}{100}$; $\frac{3}{25}$ f) $\frac{5}{18}$; $\frac{7}{24}$

7 Brüche addieren und subtrahieren

a) $\frac{1}{2} + \frac{3}{4}$ b) $\frac{7}{8} + \frac{5}{12}$ c) $\frac{5}{6} + \frac{5}{9}$

d) $\frac{8}{5} - \frac{3}{2}$ e) $\frac{15}{11} - \frac{4}{5}$ f) $\frac{5}{36} - \frac{10}{81}$

8 Brüche multiplizieren und dividieren

Kürzen Sie frühzeitig, falls möglich.

a) $\frac{1}{6} \cdot \frac{2}{5}$ b) $\frac{3}{16} \cdot \frac{12}{7}$ c) $\frac{7}{12} \cdot \frac{18}{21}$

d) $\frac{7}{3} : \frac{1}{2}$ e) $\frac{37}{10} : \frac{37}{4}$ f) $\frac{90}{11} : \frac{50}{33}$

9 Vom Bruch zur Prozentzahl

Schreiben Sie als Prozent.

a) $\frac{3}{4}$ b) $\frac{3}{5}$ c) $\frac{3}{25}$ d) $\frac{7}{50}$

10 Von der Prozentzahl zum Bruch

Schreiben Sie als vollständig gekürzten Bruch.

a) 50 % b) 20 % c) 70 % d) 45 %

WES-109451-503

Prozentrechnung

Prozentrechnung

*Der **Prozentsatz p %** gibt den Anteil des **Prozentwertes W** am **Grundwert G** an.*

Prozentsatz berechnen:

$$p\,\% = \frac{G}{W}$$

Wie viel Prozent sind 150 € von 750 €?

$$p\,\% = \frac{150\,€}{750\,€} = 0{,}2 = 20\,\%$$

Prozentwert berechnen:

$$W = G \cdot \frac{p}{100}$$

Berechnen Sie 40 % von 300 €.

$$W = 300\,€ \cdot \frac{40}{100} = 300\,€ \cdot 0{,}4 = 120\,€$$

Grundwert berechnen:

$$G = W \cdot \frac{100}{p}$$

Berechnen Sie den Grundwert, wenn 70 % des Grundwertes 980 € sind.

$$G = 980\,€ \cdot \frac{100}{70} = 980\,€ : 0{,}7 = 1400\,€$$

Prozentuale Zunahme und Abnahme

*Grundwert **um p % erhöhen**:*

*Prozentwert zu **(100 + p) %** berechnen*

$$W = G \cdot \left(1 + \frac{p}{100}\right)$$

*Grundwert **um p % vermindern**:*

*Prozentwert zu **(100 − p) %** berechnen*

$$W = G \cdot \left(1 - \frac{p}{100}\right)$$

1 Prozentsatz berechnen

a) 15 kg von 30 kg Getreide

b) 20 Liter von 80 Liter Öl

c) 17 Stunden von 48 Stunden

d) 11 m^3 von 1200 m^3 Sand

2 Prozentwert berechnen

a) 75 % von 160 Pkw
b) 30 % von 70 kg
c) 80 % von 3,4 kW
d) 67 % von 1800 kcal

3 Grundwert berechnen

a) 20 % sind 6 cm^2
b) 12,5 % sind 4 min
c) 40 % sind 370 km
d) 19 % sind 3515 €

4 Vermischte Aufgaben

Geben Sie zunächst an, welche der Größen G, W oder p % gesucht wird.

a) Benno möchte sich ein Smartphone für 570 € kaufen und hat bereits 80 % gespart.

b) Bei einer Qualitätskontrolle waren 34 Bauteile defekt, was 2,5 % der Tagesproduktion ausmacht.

c) Nach einer Veranstaltung wurden 210 Personen von den insgesamt 1400 Teilnehmerinnen und Teilnehmern befragt.

5 Zunahme und Abnahme

a) Eine Insektenpopulation bestand aus 600 Insekten. Nach einem Jahr lag die Anzahl um 12 % höher. Berechnen Sie die neue Anzahl der Insekten.

b) Familie Noormann konnte ihren jährlichen Stromverbrauch von 3200 kWh um 4 % senken. Berechnen Sie den neuen jährlichen Stromverbrauch.

WES-109451-504

Reelle Zahlen

Reelle Zahlen

*Die Menge der **reellen Zahlen** ℝ umfasst die Menge der natürlichen Zahlen ℕ, der ganzen Zahlen ℤ, der rationalen Zahlen ℚ und der irrationalen Zahlen.*

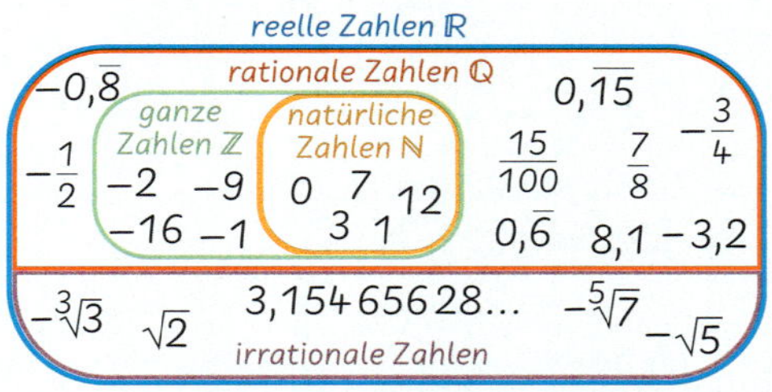

Jeder Punkt auf der Zahlengeraden entspricht einer reellen Zahl und umgekehrt.

1 Rational oder irrational?

a) 5,372
b) $\sqrt{36}$
c) $-\frac{9}{16}$
d) $-\sqrt{8}$
e) $2{,}\overline{3}$
f) 3,03003…
g) $\sqrt{0{,}01}$
h) $4 \cdot \pi$
i) 0

2 Zahlen auf der Zahlengeraden

a) Berechnen Sie die Länge der Diagonalen in einem Quadrat mit der Kantenlänge 1.

b) Zeichnen Sie eine Zahlengerade und tragen Sie auf der Zahlengeraden den Punkt ein, der der reellen Zahl $\sqrt{2}$ entspricht.
Nutzen Sie für die Konstruktion Ihr Ergebnis aus Teilaufgabe a).

Potenzen

Potenzen

Für reelle Zahlen a und natürliche Zahlen n definiert man:

$a^0 = 1 \quad a^1 = a$

$a^n = \underbrace{a \cdot a \cdot a \cdot \ldots \cdot a}_{n \text{ Faktoren } a}$

Exponent

a^n

Basis

Ist $a \neq 0$, so definiert man: $a^{-n} = \frac{1}{a^n}$

n-te Wurzel

Die ***n-te Wurzel*** *einer reellen Zahl $a > 0$ ist diejenige nichtnegative Zahl, die mit n potenziert die Zahl a ergibt.*

Schreibweise: $\sqrt[n]{a}$

Wurzelexponent

$\sqrt[n]{a}$

Radikand

n-te Wurzel ziehen: $a \rightarrow \sqrt[n]{a}$; hoch n: $\sqrt[n]{a} \rightarrow a$

hoch n: $a \rightarrow a^n$; n-te Wurzel ziehen: $a^n \rightarrow a$

Potenzen mit rationalen Exponenten

Für reelle Zahlen $a > 0$, natürliche Zahlen $n \geq 2$ und ganze Zahlen m definiert man:

$a^{\frac{1}{n}} = \sqrt[n]{a} \qquad 64^{\frac{1}{3}} = \sqrt[3]{64} = 4$

$a^{\frac{m}{n}} = \sqrt[n]{a^m} \qquad 4^{-\frac{2}{3}} = 4^{\frac{-2}{3}} = \sqrt[3]{4^{-2}} = \sqrt[3]{\frac{1}{4^2}}$

Potenzgesetze

Potenzen mit gleicher Basis

$a^m \cdot a^n = a^{m+n} \qquad \frac{a^m}{a^n} = a^{m-n}$ für $a \neq 0$

Potenzen mit gleichen Exponenten

$a^m \cdot b^m = (a \cdot b)^m \qquad \frac{a^m}{b^m} = \left(\frac{a}{b}\right)^m$ für $b \neq 0$

Potenzieren einer Potenz

$(a^m)^n = a^{m \cdot n}$

Schreibweise mit abgetrennter Zehnerpotenz

- *Große Zahlen schreibt man häufig als Produkt einer Zehnerpotenz und einer Zahl zwischen 1 und 10.*
  $31\,000\,000 = 3{,}1 \cdot 10\,000\,000 = 3{,}1 \cdot 10^7$
- *Kleine positive Zahlen schreibt man häufig als Produkt einer Zehnerpotenz mit negativem Exponenten und einer Zahl zwischen 1 und 10.*
  $0{,}0045 = 4{,}5 \cdot 0{,}001 = 4{,}5 \cdot 10^{-3}$

WES-109451-505

1 Potenzen berechnen

a) 2^5 $\quad 2^3$ $\quad 2^0$ $\quad 2^{-1}$ $\quad 2^{-4}$

b) 3^4 $\quad 3^3$ $\quad 3^1$ $\quad 3^{-1}$ $\quad 3^{-2}$

c) $\left(\frac{1}{2}\right)^3$ $\quad \left(\frac{1}{2}\right)^2$ $\quad \left(\frac{1}{2}\right)^0$ $\quad \left(\frac{1}{2}\right)^{-1}$ $\quad 0{,}5^{-3}$

d) $(-5)^3$ $\quad (-5)^2$ $\quad (-5)^{-1}$ $\quad (-5)^{-4}$

2 Vorzeichen bei Potenzen

Berechnen Sie die Potenzen und erklären Sie, worauf man bei den Vorzeichen achten muss.

$-2^4 \quad (-2)^4 \quad (-2)^3 \quad -2^3$

3 Potenzgesetze für die Multiplikation

Wenden Sie die Potenzgesetze für die Multiplikation an. Achten Sie auf einschränkende Bedingungen für die Basis.

a) $x^3 \cdot x^5$ b) $t^4 \cdot t^{-2}$ c) $z^{-8} \cdot z^6$

d) $x^2 \cdot y^3 \cdot x^5$ e) $w^4 \cdot w^{-2} \cdot w^3$ f) $x^{\frac{1}{2}} \cdot x^4$

g) $u^{\frac{1}{3}} \cdot u^{\frac{1}{4}}$ h) $r^{\frac{2}{5}} \cdot r^{\frac{5}{6}} \cdot r^{\frac{1}{10}}$ i) $x^{2k} \cdot x^3$

j) $t^{3a+2} \cdot t^{-a+3}$ k) $(3a)^6 \cdot \left(\frac{1}{3}b\right)^6$ l) $(y^2)^5$

m) $(2t)^3$ n) $(1^{-}\,xy)^2$ o) $(2rs^2t)^3$

p) $(u+v)^2 \cdot (u+v)^3$ q) $(x-2y)^{10} \cdot (x-2y)^{20}$

4 Potenzgesetze für die Division

Wenden Sie die Potenzgesetze für die Division an. Achten Sie auf einschränkende Bedingungen für die Basis.

a) $\frac{x^5}{x^2}$ b) $\frac{v^4}{v^{-1}}$ c) $\frac{a^3}{a^5}$

d) $\frac{x^4y^7z^3}{xy^2z^{-3}}$ e) $\frac{(2-p)^4}{(2-p)^2}$ f) $a^{\frac{3}{4}} : a^{\frac{1}{3}}$

5 Distributivgesetz

Vereinfachen Sie so weit wie möglich.

a) $p \cdot (p^3 + 2)$ b) $xy^6 \cdot \left(x^2y^{-\frac{1}{3}} + x^3\right)$

c) $\frac{3xy + 2x}{x}$ d) $(t^8u^2 - 6t^5u^7) : tu$

6 Potenzen und Wurzel

Vereinfachen Sie so weit wie möglich.

a) $\sqrt[3]{a^6}$ b) $t^{\frac{7}{8}} \cdot t^{-\frac{5}{8}}$ c) $\sqrt[3]{x^2} \cdot \sqrt[6]{x^5}$

d) $\sqrt[6]{y^5} : \sqrt[3]{y^2}$ e) $b^{\frac{2}{3}} : b^{\frac{1}{3}}$ f) $\sqrt[3]{x^2} : \sqrt[6]{x^4}$

7 Zehnerpotenzen abtrennen

a) 23 000 b) 567 000 000 c) 1 800 000

d) 0,000 74 e) 0,000 034 f) 0,000 000 56

8 Ohne Zehnerpotenzen schreiben

a) $2{,}9 \cdot 10^5$ b) $3{,}7 \cdot 10^{12}$ c) $1{,}356 \cdot 10^9$

d) $4{,}6 \cdot 10^{-5}$ e) $2{,}11 \cdot 10^{-9}$ f) $-1{,}67 \cdot 10^{-4}$

WES-109451-506

Terme mit Variablen

Terme addieren und subtrahieren

$7a + 2a + 4b = 9a + 4b$

$8x^2y + 3y - x^2y = 7x^2y + 3y$

Nur gleichartige Terme können beim Addieren bzw. Subtrahieren zusammengefasst werden.

Terme multiplizieren

$5a \cdot 2ab = 5 \cdot 2 \cdot a \cdot a \cdot b = 10a^2b$

$4y \cdot (-3xy) = 4 \cdot (-3) \cdot x \cdot y \cdot y = -12xy^2$

In Produkten darf man die Faktoren beliebig vertauschen, klammern und mit Potenzschreibweise vereinfachen.

Klammer auflösen bei Addition/Subtraktion

„Plusklammer": *Klammer weglassen*

$a + (b + c) = a + b + c \qquad a + (b - c) = a + b - c$

„Minusklammer": *Rechenzeichen in der Klammer umkehren und Klammer weglassen*

$a - (b + c) = a - b - c \qquad a - (b - c) = a - b + c$

Ausmultiplizieren

„Produkt in Summe umwandeln"

$-4x \cdot (2y + 3x) = -8xy - 12x^2$

Ausklammern/Faktorisieren

„Summe in Produkt umwandeln"

$8xy + 4x^2z = 4x \cdot 2y + 4x \cdot xz$

$= 4x \cdot (2y + xz)$

In jedem Summanden kommt der gleiche Faktor vor. Der Faktor kann dann ausgeklammert werden.

Produkt aus zwei Klammern

$(a + b) \cdot (c + d) = a \cdot c + a \cdot d + b \cdot c + b \cdot d$

Binomische Formeln

1. binom. Formel $(a + b)^2 = a^2 + 2ab + b^2$

2. binom. Formel $(a - b)^2 = a^2 - 2ab + b^2$

3. binom. Formel $(a + b) \cdot (a - b) = a^2 - b^2$

z. B.: $(2x + 3)^2 = (2x)^2 + 2 \cdot 2x \cdot 3 + 3^2$

$= 4x^2 + 12x + 9$

$(2x + 3y) \cdot (2x - 3y) = (2x)^2 - (3y)^2$

$= 4x^2 - 9y^2$

1 Terme vereinfachen

Fassen Sie so weit wie möglich zusammen.

a) $3ab - (2a - b \cdot a) + 2 \cdot 3a - 5a \cdot b$

b) $-(x^2 + x \cdot 5) - (x - 3x \cdot x) + 6x$

c) $(xy - z \cdot 3) + (3z \cdot 2 - x \cdot y) - 5y \cdot x$

d) $a - a \cdot x - bx + (x \cdot b - ax) - a$

2 Ausmultiplizieren

a) $4x \cdot (6 - y)$
b) $4y \cdot (2x + 4)$
c) $(-3y) \cdot (2x - 5y)$
d) $(-4x) \cdot (x^2 + 6y)$

3 Ausklammern

Klammern Sie so weit wie möglich aus.

a) $3x^3y - 2xy^2$
b) $abc + 2abc^2$
c) $-5xz + 4x^2yz$
d) $(ef)^2 - 3e^3f$

4 Produkt aus zwei Klammern

Multiplizieren Sie aus und fassen Sie so weit wie möglich zusammen.

a) $(a + 2) \cdot (a + 3)$
b) $(x - 3) \cdot (2x + 5)$
c) $(x^2 - 2x) \cdot (3x - 4)$
d) $(7 + a) \cdot (2a - 3)$

5 Binomische Formeln anwenden

a) $(x + 3)^2$
b) $(e - f)^2$
c) $(2a + 4)^2$
d) $(2x - 5y)^2$
e) $(2x^2 - 1)^2$
f) $(e^2 + f^3)^2$
g) $(x + 2) \cdot (x - 2)$
h) $(2a + b) \cdot (2a - b)$
i) $(x - 2y) \cdot (2y + x)$
j) $(a^2 - b) \cdot (a^2 + b)$

6 Als Produkt schreiben

Formen Sie den Term in ein Produkt um.

a) $x^2 + 12x + 36$
b) $x^2 - 24x + 144$
c) $a^2 - 6ab + 9b^2$
d) $4z^2 + 16z + 16$
e) $x^2 - y^2$
f) $4a^2 - 25$
g) $9a^2 - 16b^2$
h) $36x^6 - y^4$

7 Quotienten vereinfachen

Vereinfachen Sie den Quotienten mithilfe der binomischen Formeln.

a) $\frac{(a-1)^2 - 1}{a}$
b) $\frac{(a+b)^2 - a^2}{b}$
c) $\frac{(2x+h)^2 - (2x)^2}{h}$
d) $\frac{(x^2+h)^2 - x^4}{h}$

8 Vermischte Aufgaben

Vereinfachen Sie so weit wie möglich.

a) $(x - 3)^2 + (x - 1)^2 - 2x \cdot (x - 4)$

b) $(a - 3b)^2 - (b - a)^2 + 3a \cdot (6 - b)$

c) $6x \cdot (-4xy + 1) - 12x^2 \cdot (5y + 1) - 3 \cdot (-xy)$

d) $(-2) \cdot (x - 2) \cdot (x + 2) - (3x + 1) \cdot (3x - 1)$

e) $(2x - y) \cdot (2x + y) - 3 \cdot (x - 2y) \cdot (x + 2y)$

Gleichungen mit einer Variablen

WES-109451-507

Variable und Gleichung

Variablen *sind Platzhalter für unbekannte Zahlen. Mit ihnen stellt man* ***Gleichungen*** *auf.*

$3x = x + 4 \qquad -4a + 5 = -3 \cdot (a - 5)$

Lösung und Lösungsmenge

Eine Zahl heißt ***Lösung*** *einer Gleichung, wenn beim Einsetzen dieser Zahl eine wahre Aussage entsteht. Alle Lösungen einer Gleichung ergeben die* ***Lösungsmenge****.*

$2x = 8$	$L = \{4\}$
$x \cdot x = x + 6$	$L = \{-2; 3\}$
$x = x + 2$	$L = \{\ \}$ *leere Menge*
$2x = x + x$	$L = \mathbb{R}$

Äquivalenzumformungen

- *Auf beiden Seiten einer Gleichung denselben Term addieren oder subtrahieren*
- *Beide Seiten mit derselben Zahl (außer 0) multiplizieren oder durch dieselbe Zahl (außer 0) dividieren*

Strategie zum Lösen einer Gleichung

Zusammenfassen – Sortieren – Isolieren

Zusammenfassen

$2x + 5 + x - 4 = 7x + 9$

$3x + 1 = 7x + 9 \quad | -1$

$3x = 7x + 8 \quad | -7x$

$-4x = 8 \quad | :(-4)$

$x = -2$

Probe: $2 \cdot (-2) + 5 + (-2) - 4 \stackrel{?}{=} 7 \cdot (-2) + 9$

$-5 = -5$ *wahr*

$L = \{-2\}$

Strategie beim Modellieren

Eine 10 cm lange Holzleiste soll in vier gleich lange Stücke zersägt werden. Für die Schnittbreite nimmt man 2 mm an.

(1) *Sachsituation vereinfachen:*

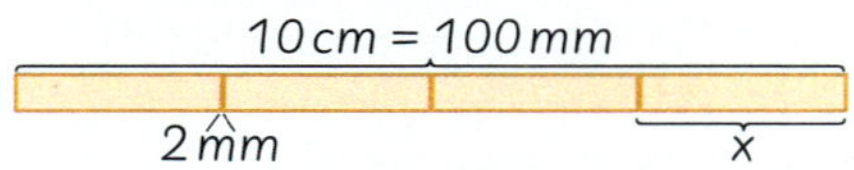

(2) *Länge eines Stückes in mm: x*

$4 \cdot x + 2 \cdot 3 = 100$

(3) $4x = 94$; *also* $x = 23{,}5 \qquad L = \{23{,}5\}$

(4) *Probe am Sachverhalt:*

$4 \cdot 23{,}5\,\text{mm} + 3 \cdot 2\,\text{mm} = 100\,\text{mm} = 10\,\text{cm}$

(5) *Die Stücke sind jeweils 23,5 mm lang.*

1 Gleichungen lösen

Lösen Sie die Gleichung und führen Sie die Probe durch.

a) $3x + 5 = 26$
b) $-12x - 15 = -2x$
c) $-8x + 12 = 3x - 21$
d) $-5x - 1 = 5x + 4$
e) $2x - 4 = 5 + 3x$
f) $\frac{1}{6}x + \frac{4}{5} = \frac{2}{3}x - \frac{1}{10}$

2 Gleichungen ohne Klammern

a) $20x + 9 - 4x = 31$
b) $15 - x = 3x - 5 + x$
c) $7 - 3x + 10x = 8x + 7$
d) $\frac{1}{3}x - \frac{4}{5} + \frac{1}{4}x = -\frac{9}{20}$

3 Gleichungen mit Klammern

a) $21 = 10 \cdot (x - 6)$
b) $3 \cdot (4x + 8) = 5 \cdot (2x - 1)$
c) $2x \cdot (x + 10) = x^2 + 5 \cdot (4x + 5)$
d) $(x + 6) \cdot (x - 8) = x \cdot (x + 2)$

4 Lösungsmenge bestimmen

a) $6x - 14 = 2 \cdot (5 + 3x)$
b) $x \cdot (x - 9) = -5x + 16 - 4x$
c) $7x \cdot (3 - 4x) = 14 \cdot (1{,}5x - 2x^2)$

5 Gleichungen angeben

Geben Sie zu jeder Teilaufgabe von Aufgabe 4 mindestens eine weitere Gleichung mit der gleichen Anzahl an Lösungen an. Erläutern Sie Ihr Vorgehen.

6 Zahlenrätsel

a) Das Vierfache einer Zahl vermindert um 5 ist dasselbe wie das Dreifache der Zahl.
b) Subtrahiert man 3 von einer Zahl und multipliziert das Ergebnis mit –7, so ergibt sich dasselbe, wie wenn man zum Dreizehnfachen dieser Zahl 11 addiert.
c) Das Quadrat einer Zahl vermindert um 3 ist gleich 6.

7 Kantenmodell

Aus einem 2 m langer Metalldraht soll das Kantenmodell eines Quaders gebaut werden. Die mittlere Kante soll dabei doppelt so lang wie kürzeste Kante und halb so lang wie die längste Kante sein. Berechnen Sie die Seitenlängen des Kantenmodells.

8 Seltsame Gleichungen

Geben Sie die Lösungsmenge an.

a) $x + x = x \cdot x$
b) $x - x = x + x$
c) $x : x = x \cdot x$
d) $x : 3 = 3 : x$
e) $x - 3 = 3 - x$
f) $x^x = x$

WES-109451-508

Lineare Funktionen

Lineare Funktion

Eine Funktion mit der Funktionsgleichung $y = m \cdot x + b$ *heißt lineare Funktion.*
Der Graph einer linearen Funktion ist eine ***Gerade***. *Sie hat die* ***Steigung*** *m und verläuft durch den Punkt P(0 | b).*

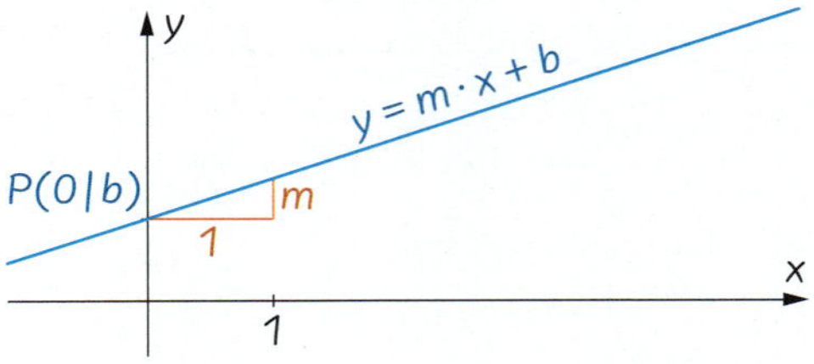

Graphen einer linearen Funktion zeichnen

m > 0

$f(x) = 2x - 1$

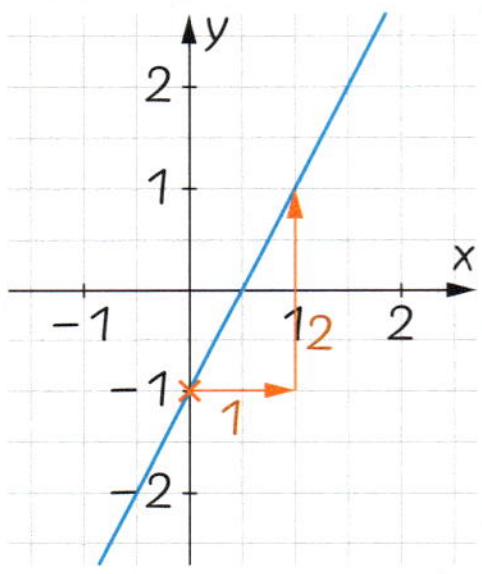

„Punkt (0 | −1) markieren, dann 1 nach rechts und 2 nach oben"

m < 0

$f(x) = -2x + 3$

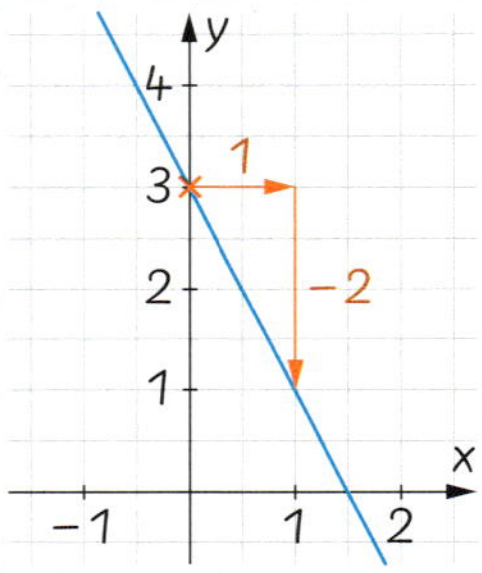

„Punkt (0 | 3) markieren, dann 1 nach rechts und 2 nach unten"

Lineare Funktionen bestimmen

Punkt und Steigung gegeben

Gerade durch P(3 | −4) mit Steigung −3:

(1) $y = (-3) \cdot x + b$

(2) *Koordinaten von P einsetzen:*
$-4 = (-3) \cdot 3 + b$; *also* $b = 5$

(3) $y = -3x + 5$

Zwei Punkte gegeben

Gerade durch P(3 | −4) und Q(−1 | 8):

(1) $m = \frac{8 - (-4)}{-1 - 3} = \frac{12}{-4} = -3$;
also $y = (-3) \cdot x + b$

(2) *Koordinaten von P oder Q einsetzen:*
$-4 = (-3) \cdot 3 + b$; *also* $b = 5$

(3) $y = -3x + 5$

1 Parameter ablesen

Lesen Sie aus der Abbildung m und b ab und geben Sie die Funktionsgleichung an.

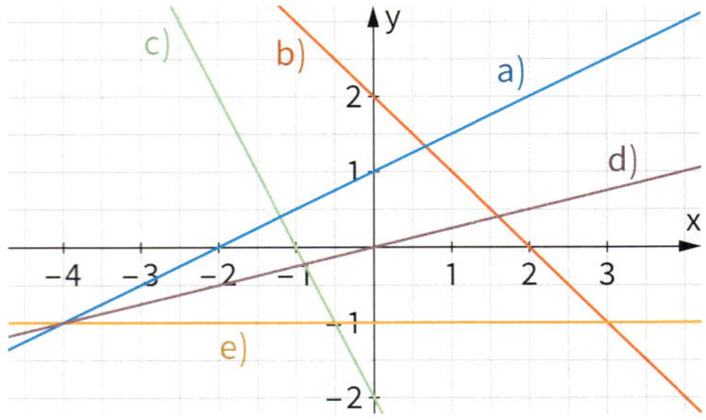

2 Gerade zeichnen

Zeichen Sie die Gerade durch den Punkt P mit der Steigung m.

a) P(4 | 5); $m = 2$ b) P(0 | 3); $m = -1$
c) P(−2 | −3); $m = \frac{1}{3}$ d) P(2 | 0); $m = 0{,}4$

3 Gerade durch Punkt P mit Steigung m

Die Gerade hat die Steigung m und verläuft durch den Punkt P. Bestimmen Sie rechnerisch die Gleichung der Geraden.

a) P(5 | 3); $m = 4$ b) P(−1 | 2); $m = 0{,}4$
c) P(10 | −9); $m = -2{,}5$ d) P(0 | 8); $m = -7$

4 Gerade durch zwei Punkte

Bestimmen Sie rechnerisch die Gleichung der Geraden durch die Punkte P und Q.

a) P(2 | 4); Q(5 | 8)
b) P(−2 | −4); Q(4 | −12)
c) P(0 | −5); Q(3 | −1)

5 Punkte auf einer Geraden

Prüfen Sie rechnerisch, ob die Punkte A, B und C auf einer Geraden liegen.

a) A(1 | −2); B(4 | 0); C(5 | 6)
b) A(−2 | 11); B(0 | 1); C(3 | −14)
c) A(6 | 5); B(−1 | −7); C(0 | −3)

6 Schnittpunkte mit den Koordinatenachsen

Eine Gerade verläuft durch den Punkt P(−3 | 6) und den Punkt Q(6 | 8).

a) Berechnen Sie die Steigung der Geraden.
b) Bestimmen Sie die Funktionsgleichung der zugehörigen linearen Funktion.
c) Berechnen Sie die Koordinaten der Schnittpunkte der Geraden mit den Koordinatenachsen.

Lineare Gleichungssysteme

WES-109451-509

Lineares Gleichungssystem

$$\left|\begin{array}{r} -x+2y=8 \\ 5x-4y=-22 \end{array}\right|$$

Eine Lösung eines Systems aus zwei linearen Gleichungen mit zwei Variablen ist ein ***Zahlenpaar (x | y)****, das beide Gleichungen erfüllt.*

Mit Einsetzungsverfahren lösen

(1) *Eine der beiden Gleichungen nach einer Variablen auflösen:*
$-x+2y=8$; *also* $x=2y-8$

(2) *Den Term in die andere Gleichung einsetzen und die Gleichung lösen:*
$5\cdot(2y-8)-4y=-22$; *also* $y=3$

(3) *Die Zahl in den Term aus (1) einsetzen:*
$x=2\cdot 3-8=-2$

(4) *Lösungsmenge angeben:* $L=\{(-2\,|\,3)\}$

Mit Additionsverfahren lösen

(1) *Gleichungen erzeugen, bei denen die Koeffizienten zu einer Variablen Gegenzahlen sind:*

$$\left|\begin{array}{r} -x+2y=8 \\ 5x-4y=-22 \end{array}\right| \cdot 5$$

$$\left|\begin{array}{r} -5x+10y=40 \\ 5x-4y=-22 \end{array}\right|$$

(2) *Beide Gleichungen addieren und die so erhaltene Gleichung lösen:*

$$\left|\begin{array}{r} -5x+10y=40 \\ 5x-4y=-22 \end{array}\right| \;\oplus$$

$$6y=18$$
$$y=3$$

(3) *Die Zahl in eine der beiden ursprünglichen Gleichungen einsetzen:*
$-x=2\cdot 3=8$; *also* $x=-2$

(4) *Lösungsmenge angeben:* $L=\{(-2\,|\,3)\}$

Sonderfälle bei der Lösungsmenge

Keine Lösung

$$\left|\begin{array}{r} -x+2y=8 \\ x-2y=5 \end{array}\right| \;\oplus$$

$0=13$ *falsche Aussage*

$L=\{\ \}$ *leere Menge*

Unendlich viele Lösungen

$$\left|\begin{array}{r} -x+2y=8 \\ x-2y=-8 \end{array}\right| \;\oplus$$

$0=0$ *wahre Aussage*

$L=\{(x\,|\,y)\,|\,x=2y-8\}$

---

1 Einsetzungsverfahren

a) $\left|\begin{array}{r} x+y=0 \\ 2x-y=9 \end{array}\right|$ b) $\left|\begin{array}{r} x+2y=0 \\ -4x-3y=5 \end{array}\right|$

c) $\left|\begin{array}{r} -2x+y=4 \\ 3x-4y=-6 \end{array}\right|$ d) $\left|\begin{array}{r} 0{,}5x-0{,}4y=1 \\ 0{,}1x+0{,}2y=3 \end{array}\right|$

2 Gleichsetzungsverfahren

Lösen Sie das lineare Gleichungssystem, indem Sie zunächst die beiden Terme auf der rechten Seite der Gleichungen gleichsetzen.

a) $\left|\begin{array}{l} y=3x+4 \\ y=x+2 \end{array}\right|$ b) $\left|\begin{array}{l} y=-5x+3 \\ y=3x-5 \end{array}\right|$

c) $\left|\begin{array}{l} y=-0{,}8x \\ y=-0{,}4x-40 \end{array}\right|$ d) $\left|\begin{array}{l} y=27x+28 \\ y=28x+27 \end{array}\right|$

3 Schnittpunkt zweier Geraden

Berechnen Sie den Schnittpunkt der Geraden mit den angegebenen Gleichungen.

a) $y=7x-3$ und $y=x+9$

b) $y=0{,}1x-0{,}5$ und $y=-0{,}3x+0{,}3$

c) $y=x$ und $y=-x$

4 Parallele Geraden

a) Begründen Sie ohne zu rechnen, dass die Geraden zu $y=0{,}6x-1{,}3$ und $y=0{,}6x+0{,}4$ keinen Schnittpunkt haben.

b) Geben Sie die Gleichungen zweier weiterer Geraden an, die sich nicht schneiden.

5 Additionsverfahren

a) $\left|\begin{array}{r} -2x+3y=5 \\ 2x-y=3 \end{array}\right|$ b) $\left|\begin{array}{r} x+4y=10 \\ -2x-3y=5 \end{array}\right|$

c) $\left|\begin{array}{r} -2x+y=4 \\ 3x-y=-6 \end{array}\right|$ d) $\left|\begin{array}{r} 6x-0{,}4y=1 \\ -3x+0{,}2y=3 \end{array}\right|$

6 Leere Menge

a) Begründen Sie ohne zu rechnen, dass die Gleichungssysteme keine Lösung haben.

(1) $\left|\begin{array}{r} 3x+2y=5 \\ 3x+2y=4 \end{array}\right|$ (2) $\left|\begin{array}{r} 3x+2y=5 \\ 6x+4y=9 \end{array}\right|$

b) Geben Sie zwei weitere lineare Gleichungssysteme an, deren Lösungsmenge leer ist.

7 Lösungsmenge angeben

a) $\left|\begin{array}{r} -4x+6y=8 \\ 2x-3y=-4 \end{array}\right|$ b) $\left|\begin{array}{r} 5x-12y=8 \\ 50x-120y=88 \end{array}\right|$

c) $\left|\begin{array}{r} 5x-5y=5 \\ 3x-2y=2 \end{array}\right|$ d) $\left|\begin{array}{r} 0{,}7x+0{,}7y=0{,}49 \\ x+y=0{,}7 \end{array}\right|$

8 Tierisches

Auf einer Wiese sind Hühner und Ziegen. Daniel zählt 20 Köpfe und 56 Beine. Wie viele Tiere jeder Sorte sind auf der Wiese?

WES-109451-510

Quadratische Funktionen

Quadratische Funktion

Eine Funktion f mit der Funktionsgleichung $f(x) = ax^2 + bx + c$ *und* $a \neq 0$ *heißt* ***quadratische Funktion****. Der Graph einer quadratischen Funktion heißt* ***Parabel****.*

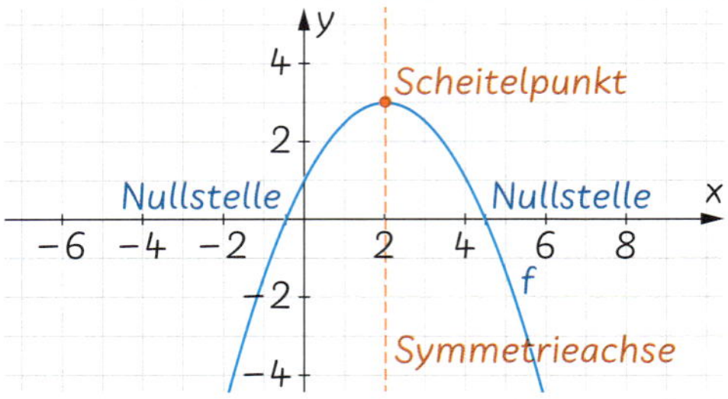

Die Darstellungsform $f(x) = ax^2 + bx + c$ *nennt man* ***allgemeine Form****.*

Weitere Darstellungsformen

Scheitelpunktform $f(x) = a \cdot (x - d)^2 + e$

Der Scheitelpunkt der Parabel ist $S(d\,|\,e)$*.*

$f(x) = 0{,}5 \cdot (x - 3)^2 - 2$

$= 0{,}5 \cdot (x - 3)^2 + (-2)$ $\quad S(3\,|\,-2)$

Der Graph entsteht aus der Normalparabel durch Strecken mit dem Faktor 0,5 in y-Richtung, dann Verschieben um 3 Einheiten nach rechts und um 2 Einheiten nach unten.

Faktorisierte Form/Linearfaktorform

$f(x) = a \cdot (x - x_1) \cdot (x - x_2)$

Die Nullstellen der Funktion sind x_1 *und* x_2*.*

$f(x) = -3 \cdot (x + 1) \cdot (x - 2)$

$= -3 \cdot (x - (-1)) \cdot (x - 2)$

Nullstellen von f: −1 und 2

Scheitelpunkt bestimmen

$f(x) = x^2 + 8x + 5$ $\quad \left(\frac{8}{2}\right)^2 = 16$

$= x^2 + 2 \cdot 4x + 16 - 16 + 5$

$= \underbrace{(x + 4)^2} - 16 + 5$

$= (x + 4)^2 - 11$

$S(-4\,|\,-11)$

Streckfaktor bestimmen

Parabel mit Scheitelpunkt $S(3\,|\,-2)$ *durch den Punkt* $P(4\,|\,-1{,}5)$*:*

(1) $f(x) = a \cdot (x - 3)^2 - 2$

(2) *Koordinaten von P einsetzen:*

$-1{,}5 = a \cdot (4 - 3)^2 - 2$; *also* $a = 0{,}5$

1 Parabel zeichnen

Zeichnen Sie die zugehörige Parabel.

a) $f(x) = 0{,}5x^2 - 2$ b) $f(x) = (x - 1)^2 + 1$

c) $f(x) = -(x - 3) \cdot (x + 2)$ d) $f(x) = x^2 - 4x + 5$

2 Lage der Parabel

Beschreiben Sie die Lage der zugehörigen Parabel im Koordinatensystem.

a) $f(x) = -(x - 2{,}5)^2 + 1$

b) $f(x) = 2x^2 - 3$

c) $f(x) = -1{,}5 \cdot (x - 6) \cdot (x + 8)$

3 Normalparabel verschieben und strecken

Geben Sie die Gleichung der quadratischen Funktion f an, deren Graph wie folgt aus der Normalparabel zu $y = x^2$ entsteht:

a) Strecken mit dem Faktor 3 in y-Richtung, Verschieben um 2 Einheiten in y-Richtung und um −5 Einheiten in x-Richtung

b) Stauchen mit dem Faktor 0,7 in y-Richtung, Spiegeln an der x-Achse, Verschieben um 8 Einheiten in negative y-Richtung und um 3,5 Einheiten in x-Richtung

4 Scheitelpunkt bestimmen

Bestimmen Sie den Scheitelpunkt der zugehörigen Parabel.

a) $f(x) = x^2 - 7$ b) $f(x) = x^2 - 5x + 2$

c) $f(x) = 3x^2 - 13$ d) $f(x) = (x - 5) \cdot (x - 9)$

5 Streckfaktor bestimmen

Berechnen Sie den Streckfaktor a der Parabel mit Scheitelpunkt $S(4\,|\,1)$, die durch den Punkt $P(8\,|\,9)$ verläuft.

6 Funktionsgleichung zur Parabel bestimmen

a) Die Parabel hat den Scheitelpunkt $S(8\,|\,-18)$ und verläuft durch den Punkt $N(5\,|\,0)$.

b)

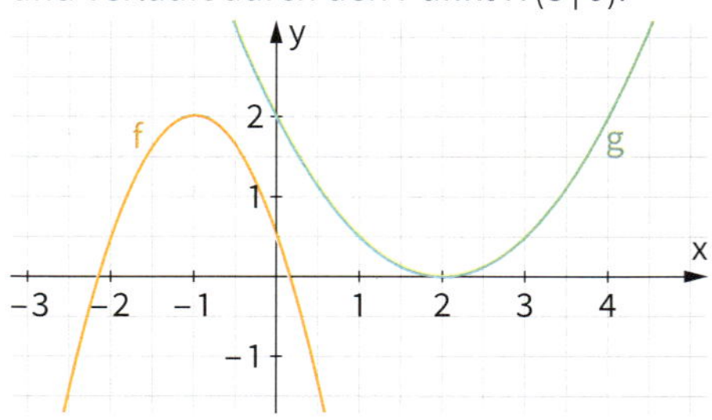

c) Die Parabel schneidet die x-Achse an den Stellen 1 und 3 und verläuft durch den Punkt $P(2\,|\,10)$.

Quadratische Gleichungen

WES-109451-511

Mit pq-Formel lösen

Die quadratische Gleichung $x^2 + px + q = 0$ *hat die Lösungen*

$$x_{1,2} = -\frac{p}{2} \pm \sqrt{\left(\frac{p}{2}\right)^2 - q},$$

sofern der Term unter der Wurzel positiv ist.

$$2x^2 - 12x - 32 = 0 \qquad |:2$$

$$x^2 - 6x - 16 = 0$$

$$x_{1,2} = -\left(\frac{-6}{2}\right) \pm \sqrt{\left(\frac{-6}{2}\right)^2 - (-16)}$$

$$= -(-3) \pm \sqrt{9 + 16}$$

$$x_1 = 3 + 5 = 8;\ x_2 = 3 - 5 = -2 \qquad L = \{-2; 8\}$$

Mit quadratischer Ergänzung lösen

$$x^2 - 6x - 16 = 0 \qquad |+16$$

$$x^2 - 6x = 16 \qquad \left|+\left(\frac{6}{2}\right)^2\right.$$

$$x^2 - 2\cdot 3x + 3^2 = 16 + 3^2 \qquad |\text{ binom. Formel}$$

$$(x-3)^2 = 25 \qquad |\sqrt{\ }$$

$$x - 3 = \pm 5$$

$$x_1 = 5 + 3 = 8;\ x_2 = -5 + 3 = -2 \qquad L = \{-2; 8\}$$

Spezialfall – durch Ausklammern lösen

$$4x^2 + 8x = 0 \qquad |\text{ Ausklammern}$$

$$4x\cdot(x+2) = 0 \qquad |\text{ Satz vom Nullprodukt}$$

$$x = 0 \text{ oder } x + 2 = 0$$

$$x_1 = 0;\ x_2 = -2 \qquad L = \{-2; 0\}$$

Satz von Vieta

Wenn x_1 *und* x_2 *Lösungen der quadratischen Gleichung* $x^2 + px + q = 0$ *sind, dann gilt:*

$$x_1 + x_2 = -p \text{ und } x_1 \cdot x_2 = q$$

Schnittpunktverfahren

$$-x^2 - 4x = 4 + x$$

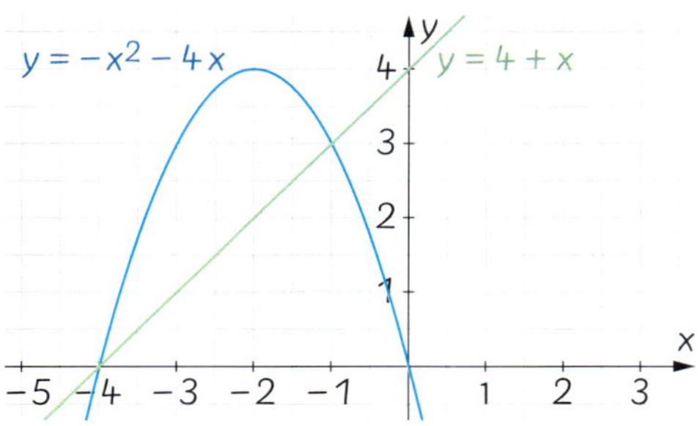

Die Lösungen entsprechen den x-Koordinaten der Schnittpunkte der beiden Graphen.

$L = \{-4; -1\}$

1 pq-Formel

Lösen Sie die Gleichung mit der pq-Formel.

a) $x^2 - x - 6 = 0$ b) $x^2 - 9x + 14 = 0$

c) $3x^2 - 6x + 6 = 0$ d) $2x^2 - 6x + 4 = 0$

2 Quadratische Ergänzung

Lösen Sie die Gleichung mit der quadratischen Ergänzung.

a) $x^2 - 2x - 3 = 0$ b) $x^2 + 5x - 50 = 0$

c) $x^2 + 4x - 87 = 0$ c) $x^2 + 12x + 46 = 0$

3 Nullstellen

Berechnen Sie die Nullstellen der Funktion f.

a) $f(x) = x^2 - 5x$ b) $f(x) = 12x^2 - 108$

c) $f(x) = (x-4)^2 + 9$ d) $f(x) = -(x+7)\cdot(x-1)$

e) $f(x) = x^2 - 8x + 15$ f) $f(x) = -x^2 - 6x - 12$

4 Wahl eines Lösungsverfahrens

Erläutern Sie, warum das Lösungsverfahren von der Form der gegebenen quadratischen Gleichung abhängig ist. Klassifizieren Sie.

5 Gleichungen lösen

Berechnen Sie die Lösung der Gleichung.

a) $7x^2 = -21x$ b) $288 = 2\cdot(x+6)^2$

c) $x^2 - x = 2x - 40$ d) $0{,}5\cdot(x-4)^2 = 0{,}5$

6 Satz von Vieta

Lösen Sie die Gleichung mithilfe des Satzes von Vieta.

a) $x^2 - 5x + 6 = 0$ b) $x^2 + 6x - 40 = 0$

c) $x^2 + 11x + 30 = 0$ d) $x^2 - 98x - 200 = 0$

7 Quadratische Gleichungen grafisch lösen

Lösen Sie die Gleichung grafisch.

a) $x^2 + 2x + 3 = x + 5$ b) $x^2 - 5 = -x - 3$

8 Basketball

Bei einem Korbwurf kann die Flugbahn des Basketballs durch den Graphen der Funktion f mit $f(x) = -0{,}25\cdot(x^2 - 4{,}5x - 5{,}5)$ beschrieben werden. Hierbei gibt x die horizontale Entfernung in Metern und f(x) die Höhe des Balls in Metern an.

a) Die Werferin steht im Ursprung. Berechnen Sie, in welcher Höhe der Ball die Hand der Werferin verlässt und nach wie vielen Metern er auf dem Boden auftrifft.

b) Bestimmen Sie, wie hoch der Ball am höchsten Punkt seiner Flugbahn ist.

WES-109451-512

Satz des Pythagoras

Begriffe am rechtwinkligen Dreieck

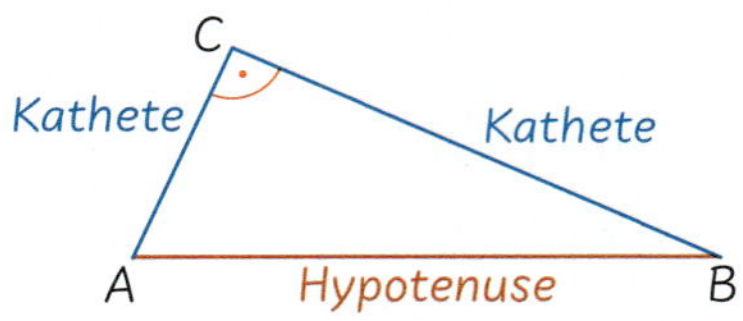

Satz des Pythagoras

Ist das Dreieck ABC rechtwinklig mit rechtem Winkel bei C, dann gilt: $a^2 + b^2 = c^2$

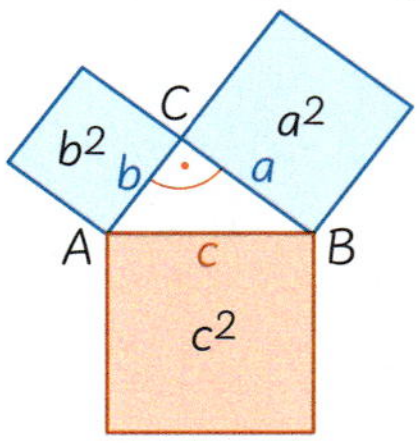

$a = 4\,\text{cm};\ b = 3\,\text{cm}$
$c = 5\,\text{cm}$
$c^2 = a^2 + b^2$
$= (4\,\text{cm})^2 + (3\,\text{cm})^2$
$= 16\,\text{cm}^2 + 9\,\text{cm}^2$
$= 25\,\text{cm}^2$

Umkehrung des Satzes des Pythagoras

Gilt $a^2 + b^2 = c^2$ *im Dreieck ABC, dann hat das Dreieck bei C einen rechten Winkel.*

Abstand zweier Punkte

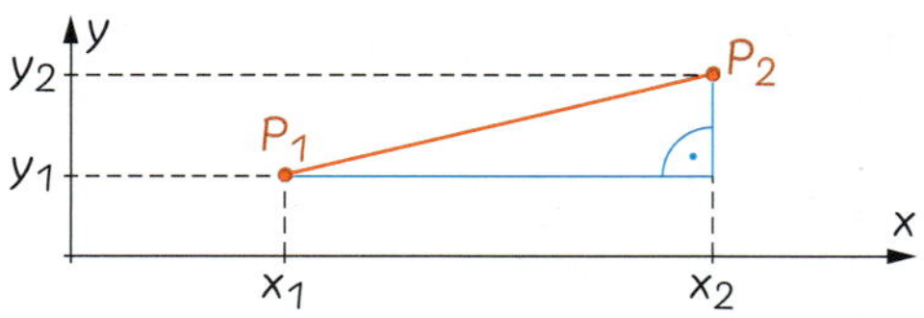

$|P_1P_2| = \sqrt{(x_2 - x_1)^2 + (y_2 - y_1)^2}$

1 Länge der Hypotenuse

Im rechtwinkligen Dreieck sind die Längen der beiden Katheten gegeben. Berechnen Sie die Länge der Hypotenuse.

a) 5 cm; 12 cm
b) 8 cm; 6 cm
c) 8 cm; 15 cm
d) 3 cm; 5 cm
e) 7 cm; 9 cm
f) 6 cm; 6 cm

2 Fehlende Seitenlänge berechnen

Berechnen Sie die Länge der fehlenden Seite im Dreieck ABC mit rechtem Winkel bei C.

a) $a = 80\,\text{dm};\ b = 19\,\text{dm}$
b) $a = 10\,\text{m};\ c = 26\,\text{m}$
c) $b = 99\,\text{mm};\ c = 101\,\text{mm}$
d) $a = 35\,\text{km};\ c = 37\,000\,\text{m}$

3 Auf Rechtwinkligkeit prüfen

Prüfen Sie rechnerisch, ob das Dreieck ABC rechtwinklig ist. Falls ja, geben Sie den Eckpunkt mit rechtem Winkel an.

a) $a = 9\,\text{cm};\ b = 10\,\text{cm};\ c = 11\,\text{cm}$
b) $a = 50\,\text{cm};\ b = 48\,\text{cm};\ c = 14\,\text{cm}$
c) $a = 5\,\text{cm};\ b = 12\,\text{cm};\ c = 9\,\text{cm}$
d) $a = 20\,\text{cm};\ b = 12\,\text{cm};\ c = 16\,\text{cm}$

4 Abstand zweier Punkte berechnen

a) $P_1(3|8);\ P_2(-4|10)$
b) $P_1(-5|6);\ P_2(-9|-2)$
c) $P_1(11|12);\ P_2(23|24)$

5 Raumdiagonalen

Bestimmen Sie eine Formel für die Länge der Raumdiagonalen in einem Würfel mit der Kantenlänge a.

WES-109451-513

Schrägbilder

Schrägbild zeichnen

Schrägbild eines Würfels zeichnen:

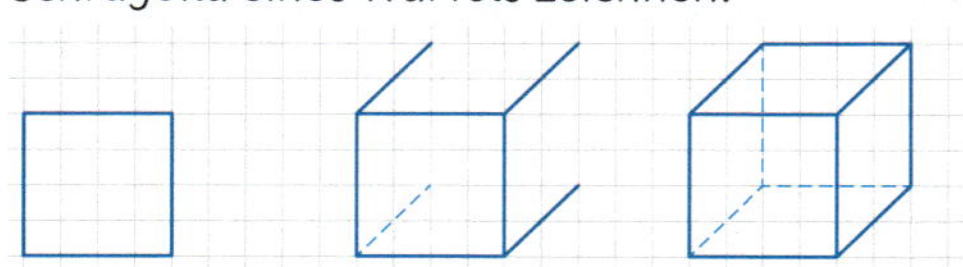

(1) *Vorderfläche zeichnen*
(2) *Nach hinten laufende Kanten verkürzt zeichnen, die verdeckte Kante gestrichelt zeichnen; für 1 cm jeweils eine Kästchendiagonale*
(3) *Restliche Kanten ergänzen, verdeckte Kanten gestrichelt zeichnen*

1 Schrägbilder zeichnen

a) Zeichnen Sie das Schrägbild eines Würfels mit der Kantenlänge 4 cm.
b) Zeichnen Sie das Schrägbild eines Quaders mit der Länge 7 cm, der Breite 4 cm und der Höhe 3 cm.

2 Schrägbild einer Pyramide

Zeichnen Sie das Schrägbild der angegebenen geraden Pyramide mit der Höhe 10 cm.

a) Die Grundfläche ist ein Quadrat mit der Kantenlänge 5 cm.
b) Die Grundfläche ist ein Rechteck mit der Länge 4 cm und der Breite 3 cm.

Mathematische Symbole und Sprechweisen

Zahlen

Symbol	Sprechweise
1000	*„tausend“*
1 000 000	*„eine Million“*
1 000 000 000	*„eine Billion“*
2,34	*„zwei Komma drei vier"*
$0,\overline{3}$	*„null Komma Periode drei“*
$0,1\overline{6}$	*„null Komma eins Periode sechs“*
$\frac{1}{2}$	*„ein Halb“*
$\frac{2}{3}$	*„zwei Drittel“*
$1\frac{2}{5}$	*„ein zwei Fünftel“*
–24	*„minus vierundzwanzig“*
π	*„pi“*

Mathematische Schreib- und Sprechweisen

Symbol	Beispiel	Sprechweise
+	$8 + 4$	*„8 plus 4“* oder *„Die **Summe** von 8 und 4“*
–	$7 - 2$	*„7 minus 2“* oder *„7 **vermindert um** 2“* oder *„Die **Differenz** von 7 und 2“*
·	$5 \cdot 6$	*„5 mal 6“* oder *„5 **multipliziert mit** 6“* oder *„Das **Produkt** von 5 und 6"*
:	$9 : 3$	*„9 geteilt durch 3“* oder *„9 **dividiert durch** 3“* oder *„Der **Quotient** von 9 und 3“*
<	$7 < 19$	*„7 ist **kleiner** als 19.“*
>	$2 > 1$	*„2 ist **größer** als 1.“*
=	$6 = 2 \cdot 3$	*„6 ist **gleich** 2 mal 3.“*
≈	$197 \approx 200$	*„197 ist **ungefähr** 200.“*
$\vert\;\vert$	$\vert -4 \vert = 4$	*„Der **Betrag** von –4 ist 4.“*
$\square^2$	$3^2 = 9$	*„3 zum **Quadrat** ist 9.“*
$\square^{\square}$	$2^5 = 32$	*„2 **hoch** 5 ist 32.“*
$\sqrt{\square}$	$\sqrt{9} = 3$	*„Die **Quadratwurzel** von 9 ist 3.“* oder *„Die Wurzel von 9 ist 3.“*
$\sqrt[3]{\square}$	$\sqrt[3]{8} = 2$	*„Die **Kubikwurzel** von 8 ist 2.“* oder *„Die **3-te Wurzel** von 8 ist 2.“*
$\sqrt[\square]{\square}$	$\sqrt[5]{32} = 2$	*„Die 5-**te Wurzel** von 32 ist 2.“*
$T_{\square}$	$T_6 = \{1, 2, 3, 6\}$	*„Die **Teilermenge** von 6 besteht aus 1, 2, 3 und 6.“*
ggT	$ggT(8, 12) = 4$	*„Der **größte gemeinsame Teiler** von 8 und 12 ist 4.“*
$(\square)_2$	$(101)_2$	*„eins null eins im **Zweiersystem**“*
%	10 %	*„10 **Prozent**“*
$\bar{x}$	$\bar{x} = 3$	*„Das **arithmetische Mittel** ist 3.“*
sin	$\sin(30°) = 0,5$	*„Der **Sinus** von 30 Grad ist 0,5.“*
cos	$\cos(\pi) = -1$	*„Der **Kosinus** von π ist –1.“*
tan	$\tan(45°) = 1$	*„Der **Tangens** von 45 Grad ist 1.“*
→	$x \to x_0$	*„x **gegen** x 0“*
lim	$\lim\limits_{x \to 0}(x + 2) = 2$	*„Der **Limes** für x gegen 0 von x plus 2 ist 2.“* oder *„Der **Grenzwert** für x gegen 0 von x plus 2 ist 2.“*

Griechisches Alphabet

α	β	γ	δ, Δ	ε	ζ
„Alpha“	*„Beta“*	*„Gamma“*	*„Delta“*	*„Epsilon“*	*„Zeta“*
η	θ, ϑ	ι	κ	λ	μ
„Eta“	*„Theta“*	*„Iota“*	*„Kappa“*	*„Lambda“*	*„Mü“*
ν	ξ	o	π	ρ	σ, Σ
„Nü“	*„Xi“*	*„Omikron“*	*„Pi“*	*„Rho“*	*„Sigma“*
τ	υ	φ, Φ	χ	ψ	ω, Ω
„Tau“	*„Ypsilon“*	*„Phi“*	*„Chi“*	*„Psi“*	*„Omega“*

Mengen

Symbol	Beispiel	Sprechweise
$\{\ldots\}$	$\{1, 2, 3, 4\}$	*„Die **Menge** besteht aus den Elementen 1, 2, 3 und 4.“*
$\in$	$3 \in M$	*„3 **gehört zur** Menge M.“* oder *„3 **ist Element** der Menge M.“*
$\{x \in M \mid \ldots\}$	$\{x \in M \mid x \text{ ungerade}\}$	*„Die Menge aller x aus M **mit der Eigenschaft** x ungerade“* oder *„Die Menge aller x aus M, **für die gilt**: x ist ungerade“*
$\{\ \}$		*„leere Menge“*
$\mathbb{N}$		*„Die Menge der **natürlichen Zahlen**“*
$\mathbb{Z}$		*„Die Menge der **ganzen Zahlen**“*
$\mathbb{Q}$		*„Die Menge der **rationalen Zahlen**“*
$\mathbb{R}$		*„Die Menge der **reellen Zahlen**“*
$\square_+$	$\mathbb{R}_+$	*„Die Menge der positiven reellen Zahlen einschließlich 0“*
$\setminus$	$\mathbb{R}\setminus\{0\}$	*„Die Menge der reellen Zahlen **ohne** 0“*
L	$L = \{\ \}$	*„Die **Lösungsmenge** ist die leere Menge.“* oder *„Die **Lösungsmenge** ist leer.“*
$[\ldots]$	$[-1; 3]$	*„Das **abgeschlossene Intervall** von –1 bis 3“*
$]\ldots[$	$]-1; 3[$	*„Das **offene Intervall** von –1 bis 3“*
$[\ldots[$	$[-1; 3[$	*„Das **rechtsoffene Intervall** von –1 bis 3“* oder *„Das bei –1 abgeschlossene und bei 3 offene Intervall“*
$]\ldots]$	$]-1; 3]$	*„Das **linksoffene Intervall** von –1 bis 3“* oder *„Das bei –1 offene und bei 3 abgeschlossene Intervall“*

Funktionen

Symbol	Beispiel	Sprechweise
$\mapsto$	$x \mapsto x^2$	*„Jeder Zahl x wird ihr Quadrat **zugeordnet**.“*
$y = \square$	$y = (x-2)^3$	*„Der **Funktionsterm** lautet x minus 2 in Klammern hoch 3.“*
f, g …	$f(x) = (x-2)^3$	*„Die **Funktionsgleichung** lautet f von x ist gleich x minus 2 in Klammern hoch 3.“*
$f(\square)$	$f(3) = 27$	*„Der **Funktionswert** von f **an der Stelle** 3 ist 27.“*
D	$D = \mathbb{R}\setminus\{0\}$	*„Der **Definitionsbereich** ist R ohne null.“*
W	$W = \mathbb{R}_+$	*„Der **Wertebereich** ist R plus.“*
f'		*„f Strich“* oder *„Die **Ableitung** von f“* oder *„Die **Ableitungsfunktion** von f“*
$f'(\square)$	$f'(2) = 6$	*„Die **Ableitung** von f **an der Stelle** 2 ist 6.“* oder *„Die **Steigung** des Graphen von f **an der Stelle** 2 ist 6.“*
f''		*„f zwei Strich“* oder *„Die **zweite Ableitung** von f“*

Geometrie

Symbol	Beispiel	Sprechweise
P	P(3|4)	*„Der* ***Punkt*** *P mit den Koordinaten 3 und 4"*
P	P(3|4|8)	*„Der* ***Punkt*** *P mit den Koordinaten 3, 4 und 8"*
AB	g = AB	*„****Gerade*** *g durch A und B"*
$\overline{AB}$	$a = \overline{AB}$	*„****Strecke*** *a von A nach B"*
|AB|	|AB| = 4 cm	*„Die Strecke A B ist 4 cm lang."*
∥	g ∥ h	*„g ist* ***parallel*** *zu h."* oder *„Die Geraden g und h sind parallel zueinander."*
⊥	g ⊥ h	*„g ist* ***orthogonal*** *zu h."* oder *„Die Geraden g und h sind orthogonal zueinander."* oder *„Die Geraden g und h stehen senkrecht aufeinander."*
ABC	Dreieck ABC	*„Das Dreieck mit den Eckpunkten A, B und C"*
ABCD	Viereck ABCD	*„Das Viereck mit den Eckpunkten A, B, C und D"*
a, b …	a = 5 cm	*„Die* ***Länge*** *von a ist 5 cm."* oder *„Die* ***Strecke*** *a ist 5 cm lang."*
U	U = 12 cm	*„Der* ***Umfang*** *ist 12 cm."*
A	$A = 2\,cm^2$	*„Der* ***Flächeninhalt*** *ist 2 cm².“*
O	$O = 24\,cm^2$	*„Der* ***Oberflächeninhalt*** *ist 24 cm².“*
V	$V = 8\,cm^3$	*„Das* ***Volumen*** *ist 8 cm³."* oder *„Der* ***Rauminhalt*** *ist 8 cm³."*
°	$\gamma = 105°$	*„Gamma gleich 105* ***Grad****"* oder *„Der Winkel Gamma ist 105 Grad groß."*
∢	∢(BAC)	*„****Winkel*** *B A C"*
∢	∢(g, h)	*„Winkel g h"*
⦜	⦜	*„rechter Winkel"*
$\vec{v}$	$\vec{v} = \begin{pmatrix} 2 \\ -1 \\ 3 \end{pmatrix}$	*„Der* ***Vektor*** *v mit den Koordinaten 2, –1 und 3"*
$-\vec{v}$	$-\vec{v} = \begin{pmatrix} -2 \\ 1 \\ -3 \end{pmatrix}$	*„Der* ***Gegenvektor*** *zu v mit den Koordinaten –2, 1 und –3"*
$\overrightarrow{PQ}$	$\overrightarrow{PQ} = \begin{pmatrix} 2 \\ -1 \\ 3 \end{pmatrix}$	*„Der* ***Vektor*** *von P nach Q mit den Koordinaten 2, –1 und 3"* oder *„Der* ***Verbindungsvektor*** *P Q mit den Koordinaten 2, –1 und 3"*
$\overrightarrow{OA}$	$\vec{a} = \overrightarrow{OA}$	*„****Ortsvektor*** *a des Punktes A"*
$\vec{o}$		*„Nullvektor"*
$\lvert\vec{v}\rvert$	$\lvert\vec{v}\rvert = 6\,cm$	*„Die* ***Länge*** *des Vektors v ist 6 cm."* oder *„Der* ***Betrag*** *des Vektors v ist 6 cm."*
+	$\vec{v} + \vec{w}$	*„Die* ***Summe*** *der Vektoren v und w"* oder *„Der* ***Summenvektor*** *v plus w"*
–	$\vec{v} - \vec{w}$	*„Die* ***Differenz*** *der Vektoren v und w"* oder *„Der* ***Differenzvektor*** *v minus w"*
·	$2 \cdot \vec{v}$	*„Das 2-****Fache*** *des Vektors v"*

1 Funktionen

Lösungen zu Seite 11

6 a)

x	−3	−2	−1	0	1	2	3
f(x)	15	8	3	0	−1	0	3

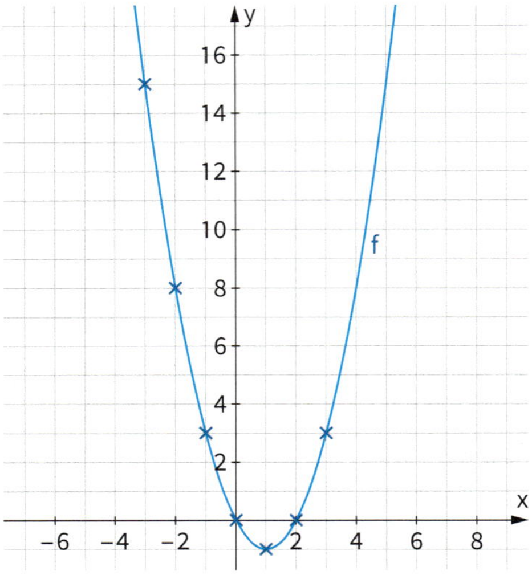

b) $D = \mathbb{R}$; $W = \{y \in \mathbb{R} \mid y \geq -1\}$

7 a) $f(x) = \frac{x}{10} \cdot 3$

b)

x in km/h	30	40	50	60	70
f(x) in m	9	12	15	18	21

x in km/h	80	90	100	110	120
f(x) in m	24	27	30	33	36

Lösungen zu Seite 13

13 $f(x) = \begin{cases} \frac{1}{2}x & \text{für } x \in [0; 4] \\ 3 & \text{für } x \in]4; 7] \end{cases}$

14 a) $D = \mathbb{R}$ b) $D = \mathbb{R} \setminus \{-2\}$ c) $D = [-2; \infty[$

Lösungen zu Seite 15

4

		Begründung
A	h	Der Graph ist achsensymmetrisch zur y-Achse und (0 | 0) gehört zum Graphen.
B	f	Der Graph ist punktsymmetrisch zum Koordinatenursprung.
C	g	Der Graph besteht aus zwei Teilen und ist achsensymmetrisch zur y-Achse.

5 Punkt A: $f(1) = 1$; also $A(1 \mid \mathbf{1})$

Punkt B: $-1 = x^{-3} = \frac{1}{x^3}$; also $x = -1$ und $B(\mathbf{-1} \mid -1)$

Punkt C: $f\left(\frac{1}{2}\right) = 2^3 = 8$; also $C\left(\frac{1}{2} \middle| \mathbf{8}\right)$

Punkt D: $\frac{1}{27} = \frac{1}{x^3}$; also $x = 3$ und $D\left(\mathbf{3} \middle| \frac{1}{27}\right)$

Punkt E: $f(-10) = -\frac{1}{1000}$; also $E\left(-10 \middle| \mathbf{-\frac{1}{1000}}\right)$

Lösungen zu Seite 18

8 a) $g(x) = f(-x) = (-x)^3$ b) $g(x) = -f(x) = -x^3$
c) $g(x) = -8 \cdot f(x) = -8 \cdot x^3$ d) $g(x) = f(x) + 4 = x^3 + 4$
e) $g(x) = f(x - (-3)) = f(x + 3) = (x + 3)^3$
f) $g(x) = f(2 \cdot x) = (2x)^3$

9

		Begründung
A	(4)	Der Graph zu $y = x^{-2}$ wurde um 1 nach rechts und um 3 nach oben verschoben; die Definitionslücke ist an der Stelle 1.
B	(5)	Der Graph zu $y = x^4$ wurde mit dem Faktor −2 in y-Richtung gestreckt und dann um 1 nach links und um 3 nach oben verschoben; (−1 | 3) gehört zum Graphen.
C	(7)	Der Graph zu $y = x^3$ wurde mit dem Faktor $\frac{1}{2}$ in y-Richtung gestreckt und dann um 1 nach rechts und um 2 nach oben verschoben; (1 | 2) gehört zum Graphen.

Lösungen zu Seite 21

3 a) Der Grad von f ist 2. Der Grad von g ist 4.

b) $h(x) = (x^2 - 1) \cdot (x^4 + x^2 + 1)$
$= x^6 + x^4 + x^2 - x^4 - x^2 - 1 = x^6 - 1$
Der Grad von h ist 6.

c) Jeder Summand des Polynoms von f wird mit jedem Summanden des Polynoms von g multipliziert. Insbesondere werden die Summanden mit den höchsten Exponenten multipliziert. Dabei werden die Exponenten addiert. Also gilt: Grad von $(f \cdot g)$ = (Grad von f) + (Grad von g)

Lösungen zu Seite 23

11 a) Grad $n = 5$ ungerade; $a_5 = -5 < 0$
Damit erhält man: Für $x \to \infty$ gilt $f(x) \to -\infty$; für $x \to -\infty$ gilt $f(x) \to \infty$.

b) Grad $n = 6$ gerade; $a_6 = 1 > 0$
Damit erhält man: Für $x \to \infty$ gilt $f(x) \to \infty$; für $x \to -\infty$ gilt $f(x) \to \infty$.

12

		Begründung
A	h	Grad $n=4$ gerade; $a_4=-1<0$ Für $x\to\infty$ gilt $h(x)\to-\infty$; für $x\to-\infty$ gilt $h(x)\to-\infty$.
B	f	Grad $n=3$ ungerade; $a_3=1>0$ Für $x\to\infty$ gilt $f(x)\to\infty$; für $x\to-\infty$ gilt $f(x)\to-\infty$.
C	g	Grad $n=6$ gerade; $a_6=1>0$ Für $x\to\infty$ gilt $g(x)\to\infty$; für $x\to-\infty$ gilt $g(x)\to\infty$.
D	i	Grad $n=5$ ungerade; $a_5=-1<0$ Für $x\to\infty$ gilt $i(x)\to-\infty$; für $x\to-\infty$ gilt $i(x)\to\infty$.

Lösungen zu Seite 26

7 a) Das Polynom von f enthält sowohl Potenzen von x mit geraden als auch mit ungeraden Exponenten. Also ist der Graph von f weder achsensymmetrisch zur y-Achse noch punktsymmetrisch zum Ursprung.

b) Das Polynom von f enthält nur Potenzen von x mit geraden Exponenten. Also ist der Graph von f achsensymmetrisch zur y-Achse.

c) Das Polynom von f enthält sowohl Potenzen von x mit geraden als auch mit ungeraden Exponenten. Also ist der Graph von f weder achsensymmetrisch zur y-Achse noch punktsymmetrisch zum Ursprung.

d) Das Polynom von f enthält nur Potenzen von x mit ungeraden Exponenten. Also ist der Graph von f punktsymmetrisch zum Ursprung.

8 a) $f(-x)=2\cdot(-x)^4-(-x)^2=2x^4-x^2=f(x)$

b) $g(-x)=-3\cdot(-x)^3+2\cdot(-x)$
$=3x^3-2x=-(-3x^3+2x)=-g(x)$

Lösungen zu Seite 29

4 a) Nullstellen von f: -5 und 2

b) $f(x)=x\cdot(x^2-7x+12)$
Nullstellen von f: 0; 3 und 4

c) $f(x)=x\cdot(x^2-1)$
Nullstellen von f: -1; 0 und 1

d) $f(x)=\frac{1}{2}x^2\cdot(x^2-6x+8)$
Nullstellen von f: 0; 2 und 4

e) Nullstellen von f: -4; -2 und 2

f) Nullstellen von f: -4; -3; 2 und 4

Lösungen zu Seite 31

14 dreifache Nullstelle an der Stelle -2;
doppelte Nullstelle an der Stelle 2

15 Der Graph hat in etwa folgenden Verlauf:

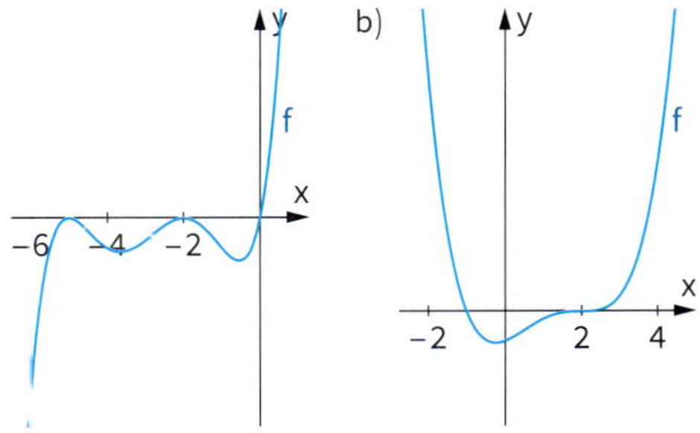

Wiederholen für die Klausur

Lösungen zu Seite 36

1 **Geradengleichungen**

a) $g(x)=2x$

b) $h(x)=g(x-3)+2=2\cdot(x-3)+2=2x-4$

c) (1) $y=-4\cdot(x-3)-5=-4x+7$
(2) $y=0{,}3\cdot(x+2)+6=0{,}3x+6{,}6$

2 **Graphen verschieben und strecken**

a) Verschieben um 3 Einheiten nach unten

b) Strecken mit dem Faktor $\frac{1}{2}$ in y-Richtung und Spiegeln an der y-Achse

c) Verschieben um 3 Einheiten nach links

d) Verschieben um eine Einheit nach rechts und um 2 Einheiten nach oben

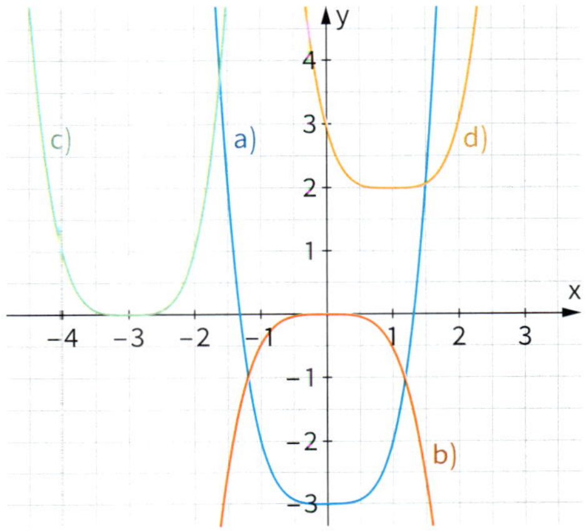

3 **Funktionsterm bestimmen**

a) $y=x^3+4$ b) $y=(-x)^3$ c) $y=(x+2)^3$

d) $y=5x^3$ e) $y=(3x)^3$ f) $y=2\cdot(x-1)^3$

4 Wertetabelle vervollständigen

a)

x	−4	−3	−2	−1	1	2	3	4
f(x)	**9**	6	**7**	10	**10**	7	**6**	9

b)

x	−40	−11	−8	−4	4	8	11	40
f(x)	32	**17**	**10**	15	**−15**	−10	−17	**−32**

5 Funktionsgraphen auf Symmetrie untersuchen

a) Das Polynom von f enthält nur Potenzen von x mit ungeraden Exponenten. Also ist der Graph von f punktsymmetrisch zum Ursprung.

b) Das Polynom von f enthält nur Potenzen von x mit geraden Exponenten. Also ist der Graph von f achsensymmetrisch zur y-Achse.

c) Das Polynom von f enthält sowohl Potenzen von x mit geraden als auch ungeraden Exponenten. Also ist der Graph von f weder achsensymmetrisch zur y-Achse noch punktsymmetrisch zum Ursprung.

6 Graphen zuordnen

		Begründung
A	(5)	−1 ist eine doppelte Nullstelle und 1 ist eine einfache Nullstelle.
B	(1)	0 ist eine dreifache Nullstelle.
C	(6)	0 ist eine einfache Nullstelle.
D	(3)	Der Graph ist eine Parabel mit der doppelten Nullstelle 1.

7 Graphen skizzieren

Der Graph hat in etwa folgenden Verlauf:

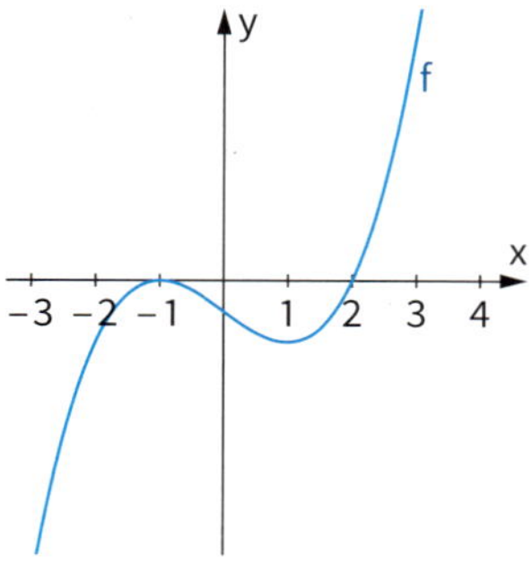

Lösungen zu Seite 37

8 Nullstellen berechnen

a) Nullstellen von f: −3; 0 und 4

b) Nullstellen von f: −3; −1 und $\frac{1}{3}$

c) $f(x) = x \cdot (x^2 + 5x + 6)$

Nullstellen von f: −3; −2 und 0

9 Volumen einer Schachtel

a) $V(x) = (40 - 2x) \cdot (30 - 2x) \cdot x$

x in cm; V(x) in cm^3

b) $V(x) = 4x^3 - 140x^2 + 1200x$; also ist V eine ganzrationale Funktion 3. Grades.

c) Nullstellen von V: 0; 15 und 20

Die Seitenlänge der ausgeschnittenen Quadrate muss kleiner sein als $30 : 2 = 15$ cm.

Damit ist $D =]0; 15[$.

d)

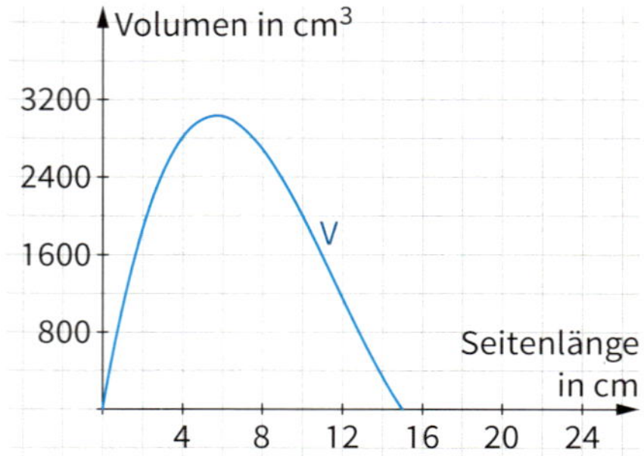

Mit wachsendem x nimmt das Volumen der Schachtel zu, bis es für $x \approx 5$ einen Höchstwert von etwa 3000 cm^3 annimmt. Danach nimmt das Volumen der Schachtel wieder ab.

10 Volumen eines Kegels

a) Volumen eines Kegels mit Radius r und Höhe x:

$V = \frac{\pi}{3} r^2 x$

Die Mantellinie hat Länge 1,5. Nach dem Satz des Pythagoras gilt also:

$x^2 + r^2 = 1{,}5^2 = 2{,}25$

Damit erhält man:

$V(x) = \frac{\pi}{3} \cdot (2{,}25 - x^2) \cdot x = -\frac{\pi}{3} x^3 + 0{,}75\,\pi x$

b) $-\frac{\pi}{3} x^3 + 0{,}75\,\pi x$ ist ein Polynom, also ist V eine ganzrationale Funktion 3. Grades.

c) Nullstellen von V: 0; −1,5 und 1,5

Die Höhe des Kegels muss kleiner sein als 1,5 m.

Damit ist $D =]0; 1{,}5[$.

d)

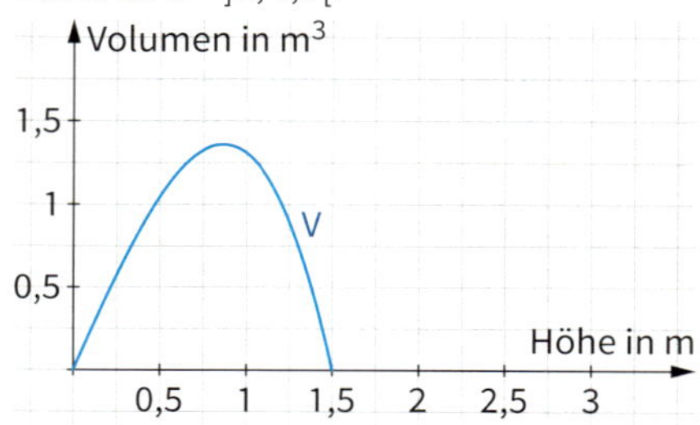

Mit wachsendem x nimmt das Volumen des Kegels zu, bis es für $x \approx 0{,}9$ einen Höchstwert von etwa 1,4 m^3 annimmt. Danach nimmt das Volumen des Kegels wieder ab.

e) $500\,l = 0{,}5\,m^3$
Die Gleichung $0{,}5 = -\frac{\pi}{3}x^3 + 0{,}75\,\pi x$ hat die Lösungen $x_1 \approx -1{,}60 \notin D$; $x_2 \approx 0{,}22$ und $x_3 \approx 1{,}38$.
Der Kegel muss mindestens 22 cm hoch sein, damit er 500 Liter Wasser beinhalten kann. Allerdings darf er nicht höher als 1,38 m sein.

11 **Müngstener Brücke**

a) Möglicher Ansatz für die Modellierung: nach unten geöffnete Parabel mit Scheitelpunkt S(0|69)

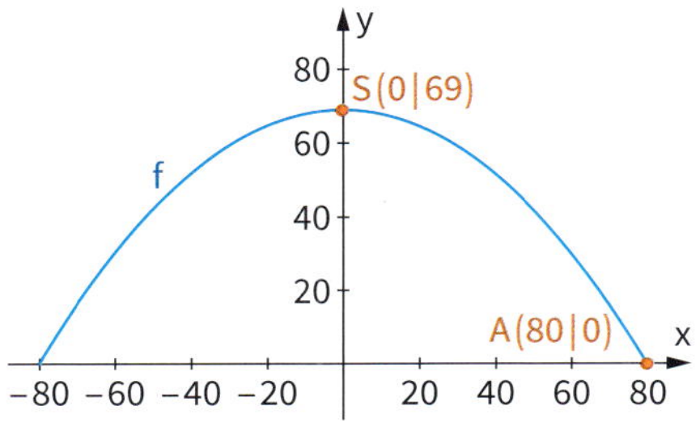

$f(x) = a \cdot x^2 + 69$ x und f(x) in m
$f(80) = 6400 \cdot a + 69 = 0$; also $a = -\frac{69}{6400}$
Der untere Brückenbogen wird durch die Parabel zu $f(x) = -\frac{69}{6400}x^2 + 69$ beschrieben.
$D = [-80; 80]$; $W = [0; 69]$

b) $f(40) = 51{,}75$
Die Sanierungsarbeiten finden in 51,75 m Höhe über dem Erdboden statt. Die Schienen befinden sich 10 m über dem Scheitelpunkt der Parabel, also in 79 m Höhe. Somit muss die Arbeitsbühne 27,25 m vom Punkt P aus abgeseilt werden.

c) Skizze:

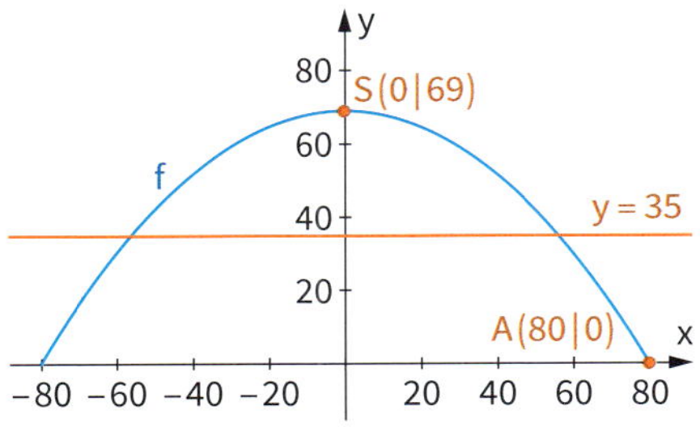

Die Gleichung $35 = -\frac{69}{6400}x^2 + 69$ hat die Lösungen $x_1 \approx -56{,}16$ und $x_2 \approx 56{,}16$.
Die Brücke in 35 m Höhe ist ca. 112,32 m breit.

2 Differenzialrechnung

Lösungen zu Seite 43

8 a) f: *Zeit in h → Wasserstand in m*

Zeitintervall	mittlere Änderungsrate in m/h
[6 Uhr; 8 Uhr]	$\frac{2{,}2-2{,}0}{8-6} = \frac{0{,}2}{2} = 0{,}1$
[8 Uhr; 9 Uhr]	$\frac{2{,}4-2{,}2}{9-8} = \frac{0{,}2}{1} = 0{,}2$
[9 Uhr; 12 Uhr]	$\frac{3{,}3-2{,}4}{12-9} = \frac{0{,}9}{3} = 0{,}3$
[12 Uhr; 16 Uhr]	$\frac{4{,}1-3{,}3}{16-12} = \frac{0{,}8}{4} = 0{,}2$
[16 Uhr; 20 Uhr]	$\frac{3{,}8-4{,}1}{20-16} = \frac{-0{,}3}{4} = -0{,}075$

Die mittlere Änderungsrate von f über dem Intervall [9 Uhr; 12 Uhr] ist am größten. Somit ist der Wasserstand in diesem Zeitintervall am stärksten gestiegen.

b) Die mittlere Änderungsrate von f über dem Intervall [16 Uhr; 20 Uhr] ist negativ. In diesem Zeitintervall ist der Wasserstand zurückgegangen

c)

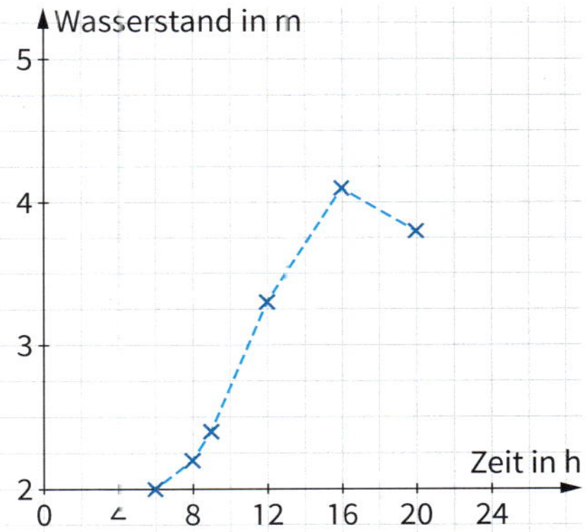

Am Graphen erkennt man, dass die Steigung nach 12 Uhr abnimmt und ab 16 Uhr sogar negativ wird. Das bedeutet, dass der Wasserstand nach 12 Uhr langsamer ansteigt und ab 16 Uhr sogar sinkt.

9 a) Gesucht ist die mittlere Änderungsrate von f über dem Intervall [20; 50].
Ablesen der Funktionswerte ergibt:
$\frac{f(50)-f(20)}{50-20} \approx \frac{155-35}{30} = \frac{120}{30} = 4$
Die Durchschnittsgeschwindigkeit des Radfahrers im Zeitintervall [20; 50] beträgt ca. 4 m/s.

b)

Zeitintervall	mittlere Änderungsrate in m/s
[20; 30]	$\frac{f(30)-f(20)}{30-20} \approx \frac{60-35}{10} = \frac{25}{10} = 2{,}5$
[30; 40]	$\frac{f(40)-f(30)}{40-30} \approx \frac{105-60}{10} = \frac{45}{10} = 4{,}5$
[40; 50]	$\frac{f(50)-f(40)}{50-40} \approx \frac{155-105}{10} = \frac{50}{10} = 5$

Im Zeitintervall [40; 50] hat der Radfahrer die höchste Durchschnittsgeschwindigkeit.

c) $\frac{g(50)-g(20)}{50-20} = \frac{0{,}05\cdot 50^2 - 0{,}05\cdot 20^2}{30} = \frac{105}{30} = 3{,}5$

Die mittlere Änderungsrate von g über [20; 50] ist kleiner als die mittlere Änderungsrate von f über [20; 50]. Der zweite Radfahrer fährt in diesem Zeitintervall im Durchschnitt also etwas langsamer als der erste.

Lösungen zu Seite 44

13 a) • Scheitelpunkt der Parabel: $S(2|3)$

• Steigung der Sekante durch S und $P(0|-1)$:

$\frac{-1-3}{0-2} = \frac{-4}{-2} = 2$

Gleichung der Sekante durch S und P:

$y = 2\cdot(x-0) + (-1) = 2x - 1$

• Steigung der Sekante durch S und $Q(4|-1)$:

$\frac{-1-3}{4-2} = \frac{-4}{2} = -2$

Gleichung der Sekante durch S und Q:

$y = (-2)\cdot(x-4) + (-1) = -2x + 7$

b) Die Schnittstellen der Sekanten mit der x-Achse sind 0,5 und 3,5. Also hat die Dreiecksseite auf der x-Achse die Länge 3. Die zugehörige Höhe ist auch 3.

Damit gilt: $A = \frac{3\cdot 3}{2} = 4{,}5$

Lösungen zu Seite 48

4 a) (1) Luftdruckänderung von 700 m bis 1130 m

(2) durchschnittliche Luftdruckänderung pro Meter von 700 m bis 1130 m

(3) momentane Luftdruckänderung bei 1130 m

b) (1) $p(1000) - p(800)$

(2) $\frac{p(1000)-p(800)}{1000-800}$

(3) $\lim_{x\to 900} \frac{p(x)-p(900)}{x-900}$ oder $p'(900)$

5 a) $w(x) = 15x^2 + 150x;\ x_0 = 10$

Differenzenquotienten berechnen für

• x links von 10: z. B. $x = 9{,}999$

$\frac{w(x)-w(10)}{x-10} = \frac{15\cdot 9{,}999^2 + 150\cdot 9{,}999 - 3000}{9{,}999-10}$

$= \frac{-0{,}449985}{-0{,}001} = 449{,}985$

• x rechts von 10: z. B. $x = 10{,}001$

$\frac{w(x)-w(10)}{x-10} = \frac{15\cdot 10{,}001^2 + 150\cdot 10{,}001 - 3000}{10{,}001-10}$

$= \frac{0{,}450015}{0{,}001} = 450{,}015$

Daraus erhält man die Näherung: $w'(10) \approx 450$

Die momentane Durchflussgeschwindigkeit 10 min nach dem Deichbruch beträgt somit ungefähr 450 m^3/s.

b) $w(x) = 15x^2 + 150x;\ x_0 = 30$

Differenzenquotienten berechnen für

• x links von 30: z. B. $x = 29{,}999$

$\frac{w(x)-w(30)}{x-30} = \frac{15\cdot 29{,}999^2 + 150\cdot 29{,}999 - 18\,000}{29{,}999-30}$

$= \frac{-1{,}049985}{-0{,}001} = 1049{,}985$

• x rechts von 30: z. B. $x = 30{,}001$

$\frac{w(x)-w(30)}{x-30} = \frac{15\cdot 30{,}001^2 + 150\cdot 30{,}001 - 18\,000}{30{,}001-30}$

$= \frac{1{,}050015}{0{,}001} = 1050{,}015$

Daraus erhält man die Näherung: $w'(30) \approx 1050$

Der Wert ist also richtig.

Lösungen zu Seite 50

10

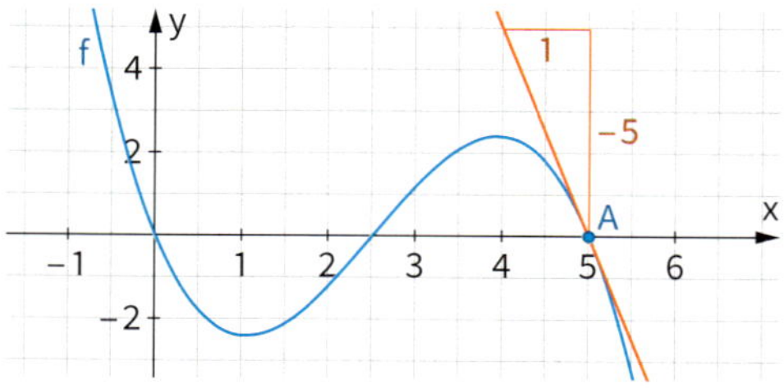

Die Steigung der Tangente beträgt −5.

11

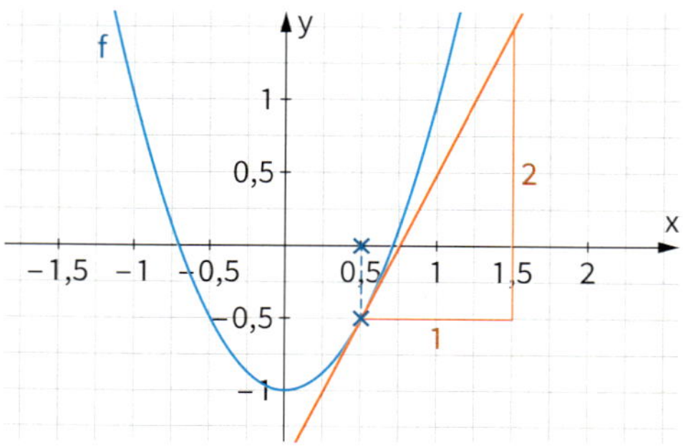

$f'(0{,}5) \approx \frac{2}{1} = 2$

Lösungen zu Seite 53

4 a) (1) $f'(3) = 2 \cdot 3 = 6$ (2) $f'(-4) = -8$

(3) $f'\left(\frac{1}{3}\right) = \frac{2}{3}$ (4) $f'(\sqrt{5}) = 2\sqrt{5}$

b) (1) $1 = 2 \cdot x_0$; also $x_0 = \frac{1}{2}$

(2) $x_0 = \frac{1}{18}$ (3) $x_0 = -2{,}5$

5 a) Der Graph von g entsteht aus der Normalparabel durch Spiegelung an der x-Achse.

b) Die Spiegelung an der x-Achse bewirkt, dass sich die Steigungen des Graphen von g und der Normalparabel nur durch das Vorzeichen unterscheiden. Es gilt also $g'(x_0) = -2 \cdot x_0$ für alle Stellen x_0 und damit $g'(2) = -2 \cdot 2 = -4$.

Lösungen zu Seite 55

10 $f(x) = x^2 + 1$; $x_0 = -1$

Für $h \neq 0$ gilt:

$$\frac{f(-1+h) - f(-1)}{h} = \frac{(-1+h)^2 + 1 - ((-1)^2 + 1)}{h}$$
$$= \frac{(1 - 2h + h^2) + 1 - 2}{h} = \frac{-2h + h^2}{h}$$
$$= \frac{h \cdot (-2 + h)}{h} = -2 + 2h$$

$$f'(-1) = \lim_{h \to 0} \frac{f(-1+h) - f(-1)}{h} = \lim_{h \to 0} (-2 + 2h) = -2$$

Lösungen zu Seite 62

11 a) Der Graph von f hat die Steigung 0 an den Stellen $x_1 = 1$; $x_2 = 3$; $x_3 = 5$ und $x_4 = 7$.

Die Ableitung ist positiv für $x < 1$; $x \in]3; 5[$ und $x \in]5; 7[$. Die Ableitung ist negativ für $x \in]1; 3[$ und $x > 7$.

b)

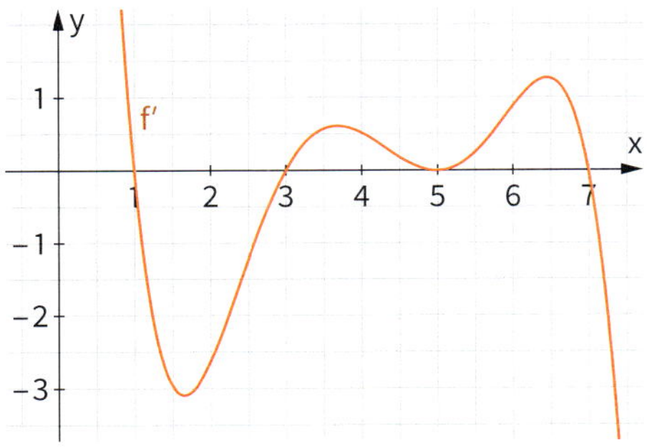

12 Die Nullstellen von g liegen an den Stellen $x_1 = 0$; $x_2 = 2$; $x_3 = 4$ und $x_4 = 6$. Sie entsprechen genau den Stellen, an denen der Graph von h die Steigung 0 hat. Umgekehrt trifft dies nicht zu. Also ist g die Ableitungsfunktion von h.

Lösungen zu Seite 63

15 a) Um 0 Uhr beträgt die Temperatur 4 °C. Bis 5 Uhr fällt sie auf etwa 1 °C. Zu diesem Zeitpunkt erreicht sie einen Tiefpunkt T_1. Danach steigt die Temperatur bis 9 Uhr auf 6 °C. Zu diesem Zeitpunkt erreicht sie einen Hochpunkt H_1. Der stärkste Anstieg erfolgt dabei um 7 Uhr im Wendepunkt W_1. Bis 11 Uhr fällt die Temperatur auf 4 °C und erreicht zu diesem Zeitpunkt einen zweiten Tiefpunkt T_2. Am stärksten fällt sie dabei um 10 Uhr im Wendepunkt W_2. Danach steigt die Temperatur bis 13 Uhr auf 10 °C. Zu diesem Zeitpunkt erreicht sie einen zweiten Hochpunkt H_2. Der stärkste Anstieg erfolgt dabei um 12 Uhr im Wendepunkt W_3. Ab 13 Uhr nimmt die Temperatur ständig ab, bis sie um 24 Uhr wieder etwa 4 °C erreicht.

b)

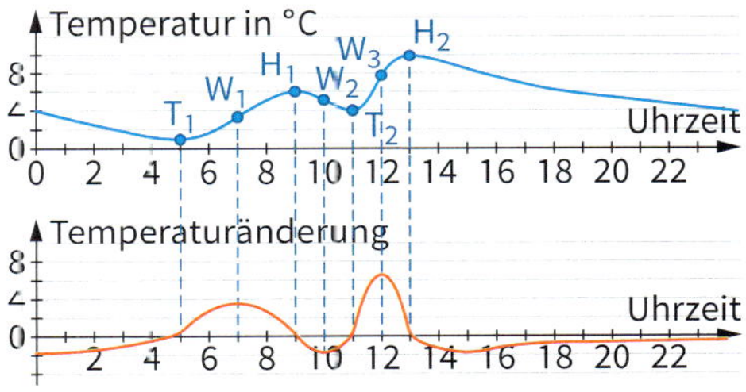

16 Individuelle Lösungen, z. B.:

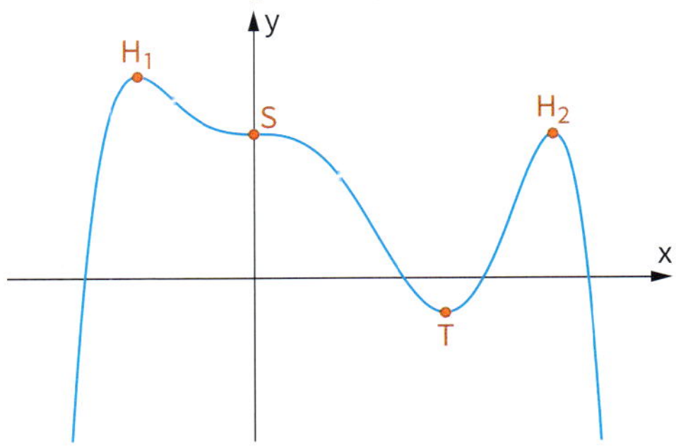

Lösungen zu Seite 65

4 a) $f'(x) = 4x^3$ $f'(4) = 4 \cdot 4^3 = 256$

b) $g'(t) = 19t^{18}$ $g'(-1) = 19 \cdot (-1)^{18} = 19$

c) $h'(s) = (k+2) \cdot s^{k+1}$ $h'(0) = 0$

Lösungen zu Seite 67

7 a) $f'(x) = 4x^3 + 15x^2$ b) $f'(x) = -24x^2 + 3x$

c) $f'(x) = 45x^4 - 7{,}5x^2$ d) $f'(x) = -8x + 8{,}3$

e) $f'(t) = 4\sqrt{2} \cdot t^3 - 12t + 1$ f) $f'(t) = 3k \cdot t^2 - 10k^2 \cdot t$

8 a) Paul hat jeden Faktor einzeln abgeleitet. Er muss erst ausmultiplizieren.
$f(x) = 6x^3 + 3x^2$
Richtig ist: $f'(x) = 18x^2 + 6x$
b) Paul hat die Konstante 3 nicht abgeleitet.
Richtig ist: $g'(x) = 6x - 2$
c) Paul hat beim zweiten Summanden nach k statt nach x abgeleitet.
Richtig ist: $h'(x) = 6k \cdot x + 2k^2$

Lösungen zu Seite 71

5 $f'(x) = -10x \qquad f'(1) = -10$
$f(1) = -3$
Gleichung der Tangente an der Stelle 1:
$y = -10 \cdot (x-1) - 3 = -10x + 7$
Gleichung der Normalen an der Stelle 1:
$y = \frac{1}{10} \cdot (x-1) - 3 = \frac{1}{10}x - \frac{31}{10} = 0{,}1x - 3{,}1$

Lösungen zu Seite 73

11 a) $f'(x) = \frac{1}{2}x^3 \qquad f'(2) = 4$
$f(2) = 2$
Gleichung der Tangente in $P(2|2)$:
$y = 4 \cdot (x-2) + 2 = 4x - 6$
Gleichung der Normalen in $P(2|2)$:
$y = -\frac{1}{4} \cdot (x-2) + 2 = -\frac{1}{4}x + \frac{5}{2}$
b) Aus $-\frac{1}{f'(x_0)} = 16$ folgt $f'(x_0) = -\frac{1}{16}$.
Damit erhält man $-\frac{1}{16} = \frac{1}{2}x_0^3$; also $x_0 = -\frac{1}{2}$.
$f\left(-\frac{1}{2}\right) = \frac{1}{128}$
Im Punkt $Q\left(-\frac{1}{2}\middle|\frac{1}{128}\right)$ hat die Normale an den Graphen von f die Steigung 16.

12 Auf Schnittstelle prüfen:
$f(2) = \frac{1}{5} \cdot 2^2 - \frac{2}{5} \cdot 2 + 1 = \frac{4}{5} - \frac{4}{5} + 1 = 1$
$g(2) = -2^2 + 2 + 3 = 1$
Somit schneiden sich die Graphen von f und g an der Stelle $x = 2$.
Auf Orthogonalität prüfen:
$f'(x) = \frac{2}{5}x - \frac{2}{5} \qquad f'(2) = \frac{2}{5}$
$g'(x) = -2x + 1 \qquad g'(2) = -3$
$f'(2) \cdot g'(2) \neq -1$
Die Graphen von f und g schneiden sich nicht orthogonal an der Stelle $x = 2$.

Lösungen zu Seite 74

17 $f'(x) = 12x^3 - \frac{3}{2}x^2$
$f'(-2) = 12 \cdot (-2)^3 - \frac{3}{2} \cdot (-2)^2 = -96 + 6 = -90$
$\tan(\alpha) = -90$; also $\alpha \approx -89{,}4°$

Wiederholen für die Klausur

Lösungen zu Seite 80

1 **Mittlere Änderungsrate und Sekante**
a) $\frac{f(8) - f(3)}{8-3} = \frac{8^2 - 8 - (3^2 - 3)}{5} = \frac{56 - 6}{5} = \frac{50}{5} = 10$
Gleichung der Sekante:
$y = 10 \cdot (x-3) + 6 = 10x - 24$
b) $\frac{f(2) - f(-4)}{2-(-4)} = \frac{0{,}5 \cdot 2^3 - 1{,}5 \cdot 2^2 - (0{,}5 \cdot (-4)^3 - 1{,}5 \cdot (-4)^2)}{6}$
$= \frac{4 - 6 - (-32 - 24)}{6} = \frac{-2 - (-56)}{6} = \frac{54}{6} = 9$
Gleichung der Sekante:
$y = 9 \cdot (x-2) - 2 = 9x - 20$

2 **Ausdrücke im Sachzusammenhang**
a) (1) Leistung der Solaranlage in Watt um 10 Uhr
(2) mittlere Änderungrate der Leistung in Watt pro Stunde zwischen 9 Uhr und 13 Uhr
(3) Änderung der Leistung in Watt zwischen 13 Uhr und 15 Uhr
(4) momentane Änderungrate der Leistung in Watt pro Stunde um 19 Uhr
(5) Zeitpunkte in Stunden nach 5 Uhr, in denen die Solaranlage keine Leistung mehr liefert
b) (1) $\frac{f(7) - f(1)}{7-1}$
(2) $f(12) - f(6)$
(3) $\lim\limits_{x \to 11{,}5} \frac{f(x) - f(11{,}5)}{x - 11{,}5}$ oder $\lim\limits_{h \to 0} \frac{f(11{,}5 + h) - f(11{,}5)}{h}$
oder $f'(11{,}5)$

3 **Steigung in einem Punkt**
a) $P(1{,}5|1)$; $Q(0{,}5|0{,}5) \qquad m = \frac{1 - 0{,}5}{1{,}5 - 0{,}5} = 0{,}5$
b) $P(2{,}5|15)$; $Q(0{,}5|25) \qquad m = \frac{15 - 25}{2{,}5 - 0{,}5} = -5$

4 **Ableitung bestimmen – h-Schreibweise**
Für $h \neq 0$ gilt: $\frac{f(x+h) - f(x)}{h} = \frac{2 \cdot (x+h)^2 - 3 - (2x^2 - 3)}{h}$
$= \frac{2 \cdot (x^2 + 2xh + h^2) - 2x^2}{h}$
$= \frac{4xh + 2h^2}{h} = \frac{h \cdot (4x + 2h)}{h}$
$= 4x + 2h$
$f'(x) = \lim\limits_{h \to 0} \frac{f(x+h) - f(x)}{h} = \lim\limits_{h \to 0} (4x + 2h) = 4x$

5 Ableitungsgraphen skizzieren

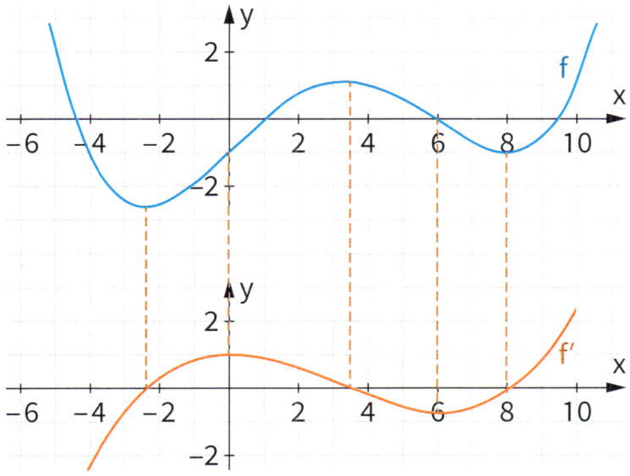

6 Ableitung an einer Stelle

a) $f'(x) = 8x^3 - 6x - \frac{1}{2}$

$f'(-2) = 8 \cdot (-8) - 6 \cdot (-2) - \frac{1}{2}$

$= -64 - (-12) - \frac{1}{2} = -52 - \frac{1}{2} = -52{,}5$

b) $f'(x) = -6x^3 + 4$

$f'\left(\frac{1}{2}\right) = -6 \cdot \frac{1}{8} + 4 = -\frac{3}{4} + 4 = \frac{13}{4}$

c) $f'(x) = 3 \cdot \sqrt{3}x^2 - 3$

$f'(1) = 3 \cdot \sqrt{3} \cdot 1 - 3 = 3\sqrt{3} - 3$

d) $f(x) = \frac{x^{12} - 4x^9 + 6}{3}$

$f'(x) = \frac{12x^{11} - 36x^8}{3} = 4x^{11} - 12x^8 = 4x^8 \cdot (x^3 - 3)$

$f'(-1) = 4 \cdot 1 \cdot ((-1) - 3) = -16$

7 Tangente und Normale

a) $f'(x) = x$ $\quad f'(4) = 4$

Gleichung der Tangente in $P(4|8)$:

$y = 4 \cdot (x - 4) + 8 = 4x - 8$

Gleichung der Normalen in $P(4|8)$:

$y = -\frac{1}{4} \cdot (x - 4) + 8 = -\frac{1}{4}x + 9$

b) $f'(x) = 3x^2 - 2$ $\quad f'(2) = 10$

$f(2) = 4$

Gleichung der Tangente in $P(2|4)$:

$y = 10 \cdot (x - 2) + 4 = 10x - 16$

Gleichung der Normalen in $P(2|4)$:

$y = -\frac{1}{10} \cdot (x - 2) + 4 = -\frac{1}{10}x + \frac{21}{5}$

Lösungen zu Seite 81

8 Pegelstände

a)

Zeitspanne	mittlere Änderungsrate in cm/h
06.06. – 07.06.	$\frac{931 - 836}{24} \approx 3{,}96$
07.06. – 08.06.	$\frac{959 - 931}{24} \approx 1{,}17$
08.06. – 09.06.	$\frac{981 - 959}{24} \approx 0{,}92$
09.06. – 10.06.	$\frac{964 - 981}{24} \approx -0{,}71$
10.06. – 11.06.	$\frac{936 - 964}{24} \approx -1{,}17$

Die größte mittlere Änderungsrate war von 6. bis 7. Juni, die kleinste von 10. bis 11. Juni.

b)

Zeitspanne	mittlere Änderungsrate in cm/h
06.06. – 09.06.	$\frac{981 - 836}{3 \cdot 24} \approx 2{,}01$
09.06. – 11.06.	$\frac{936 - 981}{2 \cdot 24} \approx -0{,}94$

Von 6. bis 9. Juni war die mittlere Änderungsrate positiv. Sie lag zwischen den mittleren Änderungsraten von 6. bis 7. Juni und von 8. bis 9. Juni.

Von 9. bis 11. Juni war die mittlere Änderungsrate negativ. Sie lag zwischen den mittleren Änderungsraten von 9. bis 10. Juni und von 10. bis 11. Juni.

9 Bergbahn

a) $h(0) = 500$ $\quad h(10) = 1600$

Die Talstation liegt in 500 m Höhe und die Bergstation liegt in 1600 m Höhe.

b)

Zeitspanne	mittlere Änderungsrate in m/min
2. – 4. Minute	$\frac{h(4) - h(2)}{4 - 2} = 148{,}4$
6. – 8. Minute	$\frac{h(8) - h(6)}{8 - 6} = 88{,}4$

Die mittlere Änderungsrate zwischen der 2. und 4. Minute ist größer als die zwischen der 6. und 8. Minute.

c) $h'(t) = -2{,}1t^2 + 6t + 150$ $\quad h'(5) = 127{,}5$

Dieser Wert gibt die momentane Änderungsrate der Höhe in Meter pro Minute in der 5. Minute an.

d) Der Graph von h′ ist eine nach unten geöffnete Parabel. Der Scheitelpunkt der Parabel liegt ungefähr an der Stelle $t \approx 1{,}43$. Dies erhält man z. B. mit einem Rechner:

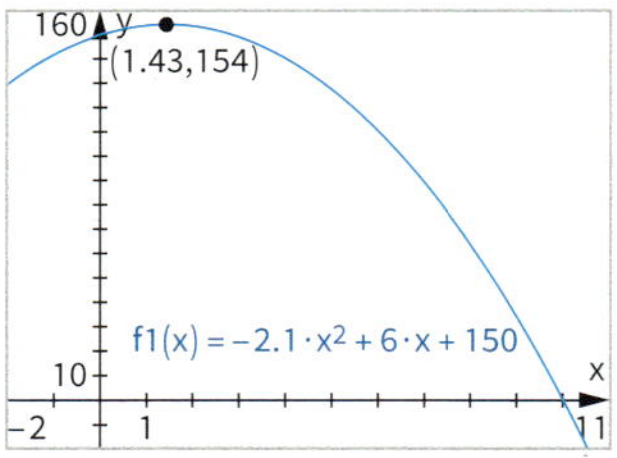

Die momentane Änderungsrate von h etwa 1,43 min, also etwa 1 min 26 s nach dem Start ist am größten.

e) Mittlere Änderungrate von h über [0; 10]:

$\frac{h(10) - h(0)}{10 - 0} = \frac{1600 - 500}{10} = 110$

Gesucht ist also der Zeitpunkt t, sodass gilt:

$h'(t) = -2{,}1\,t^2 + 6\,t + 150 = 110$

Diese Gleichung hat die Lösungen $t_1 \approx -3{,}16$ und $t_2 \approx 6{,}02$. Da t_1 nicht im Definitionsbereich von h liegt, ist t_2 die einzig zulässige Lösung. Die momentane Änderungsrate von h etwa 6 Minuten nach dem Start entspricht der mittleren Änderungsrate von h über [0; 10].

10 Tangente an den Graphen?

a) $f(3) = 3^3 - 3 \cdot 3^2 + 3 \cdot 3 + 18 = 27$

$g(3) = 9 \cdot 3 = 27$

Somit liegt der Punkt P (3 | 27) auf der Geraden g und auf dem Graphen von f.

b) $f'(x) = 3\,x^2 - 6\,x + 3$ $\quad f'(3) = 12$

Gleichung der Tangente in P (3 | 27):

$y = 12 \cdot (x - 3) + 27 = 12\,x - 9$

Die Gerade g ist also keine Tangente an den Graphen von f in P (3 | 27).

11 Kinderrutsche

a)

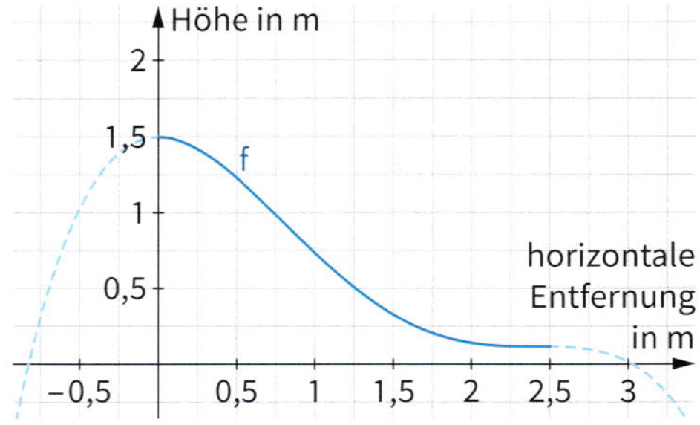

Nach dem Start verläuft die Rutsche immer steiler nach unten, bis etwa einen Meter in horizontaler Richtung. Danach verläuft die Rutsche nicht mehr so steil nach unten. Am Ende verläuft die Rutsche etwa waagerecht.

b) $f'(x) = -\frac{1}{2}x^3 + \frac{12}{5}x^2 - \frac{72}{25}x$

$f'(0) = 0$

$f'(2{,}5) = -0{,}0125$

Zu Beginn verläuft die Rutsche waagerecht.
Am Ende hat die Rutsche eine kleine Neigung.

c)
- Steigungswinkel bei 10 cm:
  $f'(0{,}1) = -0{,}2645$
  $\tan(\alpha) = -0{,}2645$; also $\alpha \approx -14{,}8°$
- Steigungswinkel bei 1 m:
  $f'(1) = -0{,}98$
  $\tan(\alpha) = -0{,}98$; also $\alpha \approx -44{,}4°$
- Steigungswinkel bei 2 m:
  $f'(2) = -0{,}16$
  $\tan(\alpha) = -0{,}16$; also $\alpha \approx -9{,}1°$

d) Man zeichnet den Graphen der Ableitungsfunktion f′ mit einem Rechner.
Die Stelle, an der die Rutsche am steilsten abwärts verläuft, ist die Stelle, an der der Tiefpunkt des Graphen von f′ liegt.
Man berechnet dann den Funktionswert von f für diese Stelle und hat beide Koordinaten des gesuchten Punktes.

3 Funktionsuntersuchung

Lösungen zu Seite 86

7 a) $f'(x) = 3x^2 - 12x + 9$

Aus $f'(x) = 0$ folgt: $x_1 = 1$; $x_2 = 3$

Intervall für x	$x < 1$	$1 < x < 3$	$x > 3$
Bsp. für f′(x)	$f'(0) = 9$	$f'(2) = -3$	$f'(4) = 9$
Vorzeichen f′(x)	+	−	+

In $]-\infty; 1[$ und $]3; \infty[$ ist f streng monoton wachsend. In $]1; 3[$ ist f streng monoton fallend.

b) $f'(x) = -3x^3 + 6x^2 = -3x^2 \cdot (x - 2)$

Aus $f'(x) = 0$ folgt: $x_1 = 0$ (doppelt); $x_2 = 2$

Intervall für x	$x < 0$	$0 < x < 2$	$x > 2$
Bsp. für f′(x)	$f'(-1) = 9$	$f'(1) = 3$	$f'(3) = -27$
Vorzeichen f′(x)	+	+	−

In $]-\infty; 2[$ ist f streng monoton wachsend.
In $]2; \infty[$ ist f streng monoton fallend.

8 (1) f′ ist negativ für $x < -4$. Nach dem Monotoniesatz folgt somit die Aussage.

(2) f′ ist positiv für $-2 \le x \le 2$. Nach dem Monotoniesatz folgt somit die Aussage.

(3) Es gilt $f'(-4) = 0$. Außerdem ist f′ links von −4 negativ und rechts von −4 positiv, also ist f links von −4 streng monoton fallend und rechts von −4 streng monoton wachsend.
Daraus folgt, dass der Graph von f an der Stelle −4 einen Tiefpunkt hat.

(4) Es gilt $f'(8) = 0$. Außerdem ist f′ sowohl links von 8 als auch rechts von 8 positiv, also ist f sowohl links von 8 als auch rechts von 8 streng monoton wachsend.
Daraus folgt, dass der Graph von f an der Stelle 8 einen Sattelpunkt hat.

Lösungen zu Seite 90

5 a) $f'(x) = x^2 + x - 6$

Aus $f'(x) = 0$ folgt: $x_1 = -3$; $x_2 = 2$

Intervall für x	$x < -3$	$-3 < x < 2$	$x > 2$
Bsp. für f′(x)	$f'(-4) = 6$	$f'(0) = -6$	$f'(3) = 6$
Vorzeichen f′(x)	+	−	+

Der Graph von f hat an der Stelle $x_1 = -3$ einen Hochpunkt und an der Stelle $x_2 = 2$ einen Tiefpunkt.

b) $f'(x) = \frac{1}{2}x^3 + \frac{3}{2}x^2 = \frac{1}{2}x^2 \cdot (x + 3)$

Aus $f'(x) = 0$ folgt: $x_1 = -3$; $x_2 = 0$

Intervall für x	$x < -3$	$-3 < x < 0$	$x > 0$
Bsp. für f′(x)	$f'(-4) = -8$	$f'(-1) = 1$	$f'(1) = 2$
Vorzeichen f′(x)	−	+	+

Der Graph von f hat an der Stelle $x_1 = -3$ einen Tiefpunkt und an der Stelle $x_2 = 0$ einen Sattelpunkt.

6 An der Stelle $x_1 = 0$ hat f′ eine Nullstelle ohne Vorzeichenwechsel. Der Graph von f hat dort also einen Sattelpunkt.
An der Stelle $x_2 = 3$ hat f′ eine Nullstelle mit Vorzeichenwechsel von − nach +. Der Graph von f hat dort also einen Tiefpunkt.

Lösungen zu Seite 93

13 Mögliche Extremstellen von f sind die Nullstellen von f′ im Intervall $[-2; 3]$ sowie die Intervallgrenzen −2 und 3.

$f'(x) = x^3 - x^2 - 2x = x \cdot (x^2 - x - 2)$

Aus $f'(x) = 0$ folgt: $x_1 = -1$; $x_2 = 0$; $x_3 = 2$

Vergleich der Funktionswerte:

x	−2	−1	0	2	3
f(x)	$\frac{8}{3}$	$-\frac{5}{12}$	0	$-\frac{8}{3}$	$\frac{9}{4}$

Der größte Funktionswert von f im Intervall $[-2; 3]$ liegt an der Stelle $x = -2$ und beträgt $\frac{8}{3} = 2,\overline{6}$.
Der kleinste Funktionswert von f im Intervall $[-2; 3]$ liegt an der Stelle $x = 2$ und beträgt $-\frac{8}{3} = -2,\overline{6}$.

14 (1) Die Aussage ist falsch: f hat an der Stelle x_1 nur eine Nullstelle.

(2) Die Aussage ist wahr: Der Graph von f hat an der Stelle x_4 einen Tiefpunkt.

(3) Die Aussage ist falsch: Für z. B. $x > x_4$ gibt es größere Funktionswerte als $f(x_2)$.
Es handelt sich um ein *lokales* Maximum, da an der Stelle x_2 ein Hochpunkt liegt.

(4) Die Aussage trifft für den dargestellten Ausschnitt des Graphen zu.

(5) Die Aussage ist wahr: An der Stelle x_3 hat der Graph von f eine waagerechte Tangente. Rechts und links von x_3 ist f streng monoton fallend. Also hat f′ an der Stelle x_3 eine Nullstelle ohne Vorzeichenwechsel und nimmt rechts und links von x_3 negative Werte an.

Lösungen zu Seite 97

7 a) $f'(x) = 12x^2 - 24x + 7$ $f''(x) = 24x - 24$

b) $f'(t) = -4t^7 - 8t^5 + 21t^2$ $f''(t) = -28t^6 - 40t^4 + 42t$

8 a) $f'(x) = -3x^2 - 6x + 9 = -3\cdot(x^2 + 2x - 3)$

Aus $f'(x) = 0$ folgt: $x_1 = -3$; $x_2 = 1$

$f''(x) = -6x - 6$

$f''(-3) = 12 > 0$

Also: Tiefpunkt des Graphen an der Stelle $x_1 = -3$

$f''(1) = -12 < 0$

Also: Hochpunkt des Graphen an der Stelle $x_2 = 1$

b) $f'(x) = 3x^3 - 6x^2 + 3x = 3x\cdot(x^2 - 2x + 1)$

Aus $f'(x) = 0$ folgt: $x_1 = 0$; $x_2 = 1$ (doppelt)

$f''(x) = 9x^2 - 12x + 3$

$f''(0) = 3 > 0$

Also: Tiefpunkt des Graphen an der Stelle $x_1 = 0$

$f''(1) = 0$

Hier ist keine Aussage mit dem f''-Kriterium möglich. Das Vorzeichenwechsel-Kriterium zeigt, dass die Stelle $x_2 = 1$ keine Extremstelle ist.

9 (1) $]4; 6[$ (2) $]-2; 0[$ (3) $]2; 4[$ (4) $]0; 2[$

Lösungen zu Seite 101

9 a) $f'(x) = 3x^2 - 6x - 2$ $f''(x) = 6x - 6 = 6\cdot(x - 1)$

Aus $f''(x) = 0$ folgt: $x = 1$

Intervall für x	$x < 1$	$x > 1$
Bsp. für f''(x)	$f''(0) = -6$	$f''(2) = 6$
Vorzeichen f''(x)	−	+

Der Graph von f hat an der Stelle $x = 1$ einen Wendepunkt W.

Koordinaten: $W(1\,|\,-4)$

$f'(1) = -5$

Die Steigung von f dort ist minimal.

b) $f'(x) = \frac{2}{3}x^3 - 2x$ $f''(x) = 2x^2 - 2 = 2\cdot(x^2 - 1)$

Aus $f''(x) = 0$ folgt: $x_1 = -1$; $x_2 = 1$

Intervall für x	$x < -1$	$-1 < x < 1$	$x > 1$
Bsp. für f'' (x)	$f''(-2) = 6$	$f''(0) = -2$	$f''(2) = 6$
Vorzeichen f''(x)	+	−	+

Der Graph von f hat an den Stellen $x_1 = -1$ und $x_2 = 1$ Wendepunkte W_1 und W_2.

Koordinaten: $W_1\left(-1\,\middle|\,-\frac{5}{6}\right)$; $W_2\left(1\,\middle|\,-\frac{5}{6}\right)$

$f'(-1) = \frac{4}{3}$; $f'(1) = -\frac{4}{3}$

Die Steigung von f ist an der Stelle $x_1 = -1$ maximal und an der Stelle $x_2 = 1$ minimal.

c) $f'(x) = \frac{1}{3}x^3 - \frac{1}{2}x^2 - 6x + 2$ $f''(x) = x^2 - x - 6$

Aus $f''(x) = 0$ folgt: $x_1 = -2$; $x_2 = 3$

Intervall für x	$x < -2$	$-2 < x < 3$	$x > 3$
Bsp. für f'' (x)	$f''(-3) = 6$	$f''(0) = -6$	$f''(4) = 6$
Vorzeichen f''(x)	+	−	+

Der Graph von f hat an den Stellen $x_1 = -2$ und $x_2 = 3$ Wendepunkte W_1 und W_2.

Koordinaten: $W_1\left(-2\,\middle|\,-\frac{49}{3}\right)$; $W_2\left(3\,\middle|\,-\frac{87}{4}\right)$

$f'(-2) = \frac{28}{3}$; $f'(3) = -\frac{23}{2}$

Die Steigung von f ist an der Stelle $x_1 = -2$ maximal und an der Stelle $x_2 = 3$ minimal.

10 a)
- Am Graphen von z erkennt man, dass gilt:
  $z(x) > 0$ für $0 < x \le 12$
  Also nimmt die Wassermenge in den ersten 12 Stunden ständig zu.
- Gesucht ist das Maximum von z. Mit einem Rechner erhält man, dass der Graph von z einen Hochpunkt H an der Stelle $x \approx 3{,}8$ hat.
  Koordinaten gerundet: $H(3{,}8\,|\,250{,}3)$
  Randwert prüfen: $z(12) = 25{,}68$
  Die maximale momentane Zuflussrate beträgt ca. 250 Liter pro Stunde.

b)
- Die Gleichung $z(x) = 150$ hat die Lösungen $x_1 \approx 1{,}29$; $x_2 \approx 7{,}15$ und $x_3 \approx 14{,}06$.
  Wegen $0 < x \le 12$ ist die momentane Zuflussrate also im Zeitraum $[1{,}29; 7{,}15]$ größer als 150 Liter pro Stunde.
- Gesucht ist die Wendestelle von z.
  $z'(x) = 3{,}48x^2 - 52{,}2x + 148{,}3$
  Mit einem Rechner erhält man, dass der Graph von z' einen Tiefpunkt an der Stelle $x \approx 7{,}5$ hat. Daher ist $x \approx 7{,}5$ Wendestelle von z.
  Nach etwa 7,5 Stunden nimmt die momentane Änderungsrate am stärksten ab.

Lösungen zu Seite 108

8 a) **Globalverlauf**

Für $x \to \infty$ gilt $f(x) \to \infty$; für $x \to -\infty$ gilt $f(x) \to -\infty$.

Symmetrie

Das Polynom von f enthält nur Potenzen von x mit ungeraden Exponenten. Also ist der Graph von f punktsymmetrisch zum Ursprung.

Nullstellen

$f(x) = \frac{1}{3}x\cdot(x^2 - 9)$

Aus $f(x) = 0$ folgt: $x_1 = -3$; $x_2 = 0$; $x_3 = 3$

Extrempunkte

$f'(x) = x^2 - 3$

Aus $f'(x) = 0$ folgt: $x_1 = -\sqrt{3}$; $x_2 = \sqrt{3}$

Nach dem Vorzeichenwechsel-Kriterium hat der Graph von f an der Stelle $x_1 = -\sqrt{3}$ einen Hochpunkt H und an der Stelle $x_2 = \sqrt{3}$ einen Tiefpunkt T.

Koordinaten gerundet:

$H(-1{,}73 \mid 3{,}46)$; $T(1{,}73 \mid -3{,}46)$

Wendepunkte

$f''(x) = 2x$

Aus $f''(x) = 0$ folgt: $x = 0$

Nach dem Vorzeichenwechsel-Kriterium hat der Graph von f an der Stelle $x = 0$ einen Wendepunkt W.

Koordinaten: $W(0 \mid 0)$

b) **Globalverlauf**

Für $x \to \infty$ gilt $f(x) \to \infty$; für $x \to -\infty$ gilt $f(x) \to \infty$.

Symmetrie

Das Polynom von f enthält sowohl Potenzen von x mit geraden als auch mit ungeraden Exponenten. Also ist der Graph von f weder achsensymmetrisch zur y-Achse noch punktsymmetrisch zum Ursprung.

Nullstellen

$f(x) = x^3 \cdot (x - 3)$

Aus $f(x) = 0$ folgt: $x_1 = 0$ (dreifach); $x_2 = 3$

Extrempunkte

$f'(x) = 4x^3 - 9x^2 = x^2 \cdot (4x - 9)$

Aus $f'(x) = 0$ folgt: $x_1 = 0$ (doppelt); $x_2 = \frac{9}{4}$

Nach dem Vorzeichenwechsel-Kriterium hat der Graph von f an der Stelle $x_2 = \frac{9}{4}$ einen Tiefpunkt T.

Koordinaten: $T\left(\frac{9}{4} \middle| -\frac{2187}{256}\right)$

Wendepunkte

$f''(x) = 12x^2 - 18x = 6x \cdot (2x - 3)$

Aus $f''(x) = 0$ folgt: $x_1 = 0$; $x_2 = \frac{3}{2}$

Nach dem Vorzeichenwechsel-Kriterium hat der Graph von f an der Stelle $x_1 = 0$ einen Sattelpunkt S und an der Stelle $x_2 = \frac{3}{2}$ einen Wendepunkt W.

Koordinaten: $S(0 \mid 0)$; $W\left(\frac{3}{2} \middle| -\frac{81}{16}\right)$

9 a) Der Wall reicht von der ersten bis zur zweiten Nullstelle von f, der Graben von der zweiten bis zur dritten.

Aus $f(x) = 0$ folgt: $x_1 = 0$; $x_2 = 6$; $x_3 = 7$

Der Wall ist 6 m breit, der Graben 1 m.

Für die Höhe des Walls und die Tiefe des Grabens berechnet man die Extrema von f.

$f'(x) = 0{,}3x^2 - 2{,}6x + 4{,}2$

Aus $f'(x) = 0$ folgt: $x_1 \approx 2{,}15$; $x_2 \approx 6{,}52$

Nach dem Vorzeichenwechsel-Kriterium hat der Graph von f an der Stelle $x_1 \approx 2{,}15$ einen Hochpunkt und an der Stelle $x_2 \approx 6{,}52$ einen Tiefpunkt.

$f(x_1) \approx 4{,}01$; $f(x_2) \approx -0{,}16$

Der Wall ist ca. 4,01 m hoch und der Graben ca. 16 cm tief.

b)

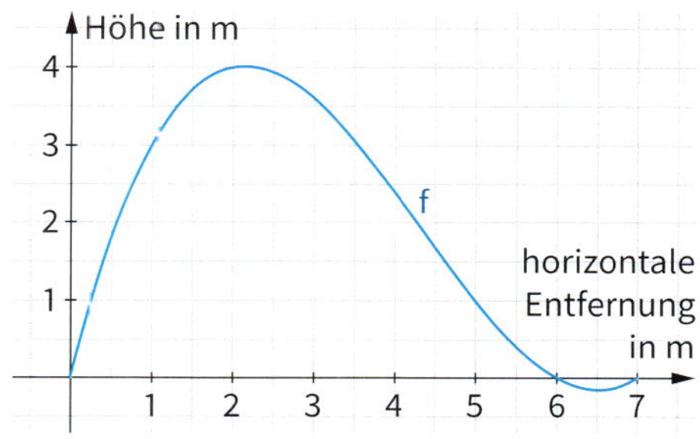

c) Gesucht ist das globale Maximum von f′ im Intervall [0; 6].

Der Graph von f′ ist eine nach oben geöffnete Parabel. Nach Teilaufgabe a) hat f′ die Nullstellen $x_1 \approx 2{,}15$ und $x_2 \approx 6{,}52$. Also muss der größte Funktionswert von f′ am Rand an der Stelle 0 liegen. Die Steigung an der steilsten Stelle des Walls ist somit $f'(0) = 4{,}2$.

10 $f'(x) = 0{,}06x^2 - 0{,}18x + 0{,}12$

Aus $f'(x) = 0$ folgt: $x_1 = 1$; $x_2 = 2$

Nach dem Vorzeichenwechsel-Kriterium hat der Graph von f an der Stelle $x_1 = 1$ einen Hochpunkt und an der Stelle $x_2 = 2$ einen Tiefpunkt.

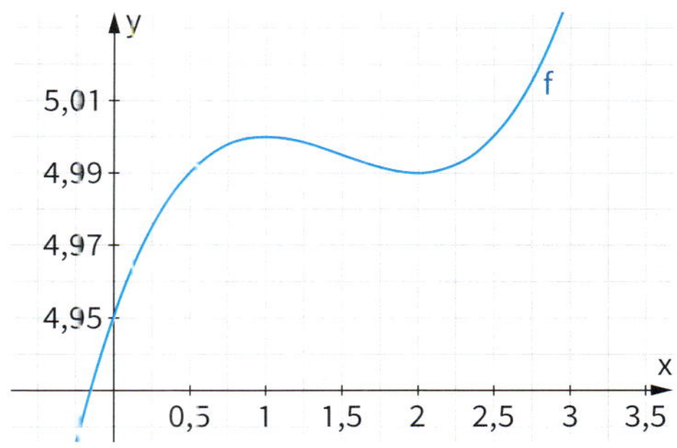

Wiederholen für die Klausur

Lösungen zu Seite 112

1 Graphen skizzieren

Der Graph hat in etwa folgenden Verlauf:

a)

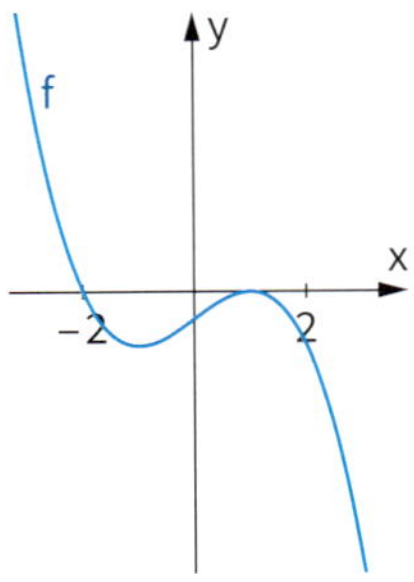

b)

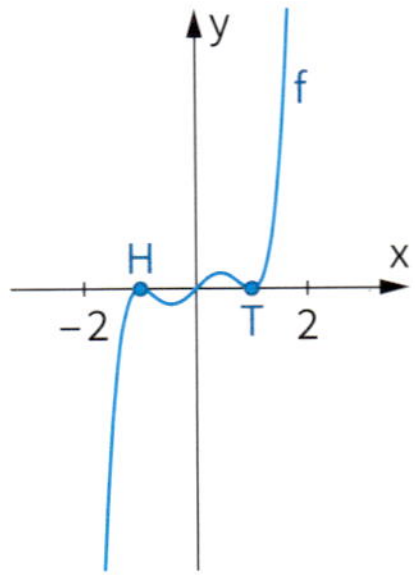

2 Abstand zwischen Hoch- und Tiefpunkt

$f'(x) = -12x^2 + 12x = -12x \cdot (x - 1)$

$f''(x) = -24x + 12 = -12 \cdot (2x - 1)$

Extrempunkte bestimmen:

Aus $f'(x) = 0$ folgt: $x_1 = 0$; $x_2 = 1$

$f''(0) = 12 > 0$ $\quad f(0) = -1$ $\quad$ Also: Tiefpunkt $T(0|-1)$

$f''(1) = -12 < 0$ $\quad f(1) = 1$ $\quad$ Also: Hochpunkt $H(1|1)$

Der Abstand zwischen den beiden Extrempunkten ist die Länge der Strecke $\overline{TH}$.

$|TH| = \sqrt{(1-0)^2 + (1-(-1))^2} = \sqrt{1+4} = \sqrt{5}$

3 Funktionsgleichung aufstellen

a) Der Graph hat mindestens einen Hoch- und einen Tiefpunkt. Die zugehörige Ableitung hat somit mindestens zwei einfache Nullstellen und ist deshalb mindestens vom Grad 2.
Der minimale Grad der Funktion ist also 3.

b) Die Funktion f hat an der Stelle $x = -1$ eine doppelte Nullstelle und an der Stelle $x = 3$ eine einfache Nullstelle.
Ansatz: $f(x) = a \cdot (x+1)^2 \cdot (x-3)$
Mit $f(0) = -1{,}5$ folgt: $f(x) = \frac{1}{2}(x+1)^2 \cdot (x-3)$

4 Ableitungsgraph und Funktionsgraph

a) An der Stelle $x_1 = -4$ hat f′ eine Nullstelle mit Vorzeichenwechsel von + nach –. Also hat der Graph von f dort einen Hochpunkt.
An der Stelle $x_2 = 2$ hat f′ eine Nullstelle mit Vorzeichenwechsel von – nach +. Also hat der Graph von f dort einen Tiefpunkt.
Weitere Extrempunkte gibt es in $[-5; 3]$ nicht.
An der Stelle $x_3 = -1$ hat der Graph von f′ einen Hochpunkt auf der x-Achse. Somit hat der Graph von f dort einen Sattelpunkt.

b) Der Graph hat in etwa folgenden Verlauf:

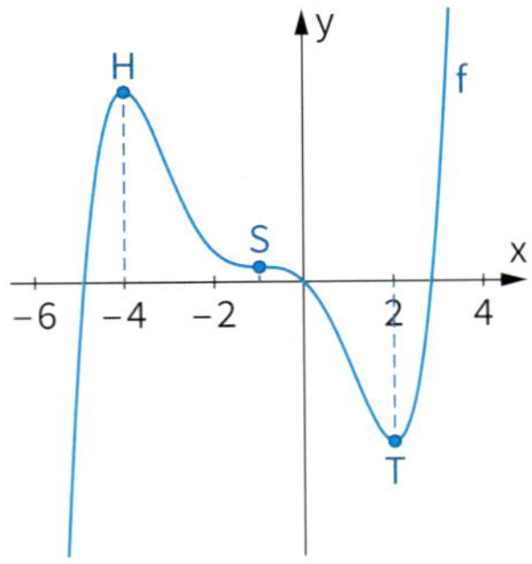

5 Aussagen beurteilen

(1) Die Aussage ist wahr: Für $-4 \le x \le 4$ gilt $f'(x) > 0$.

(2) Die Aussage ist falsch, da $f'(0) = 2{,}5 \ne 0$.

(3) Die Aussage ist falsch, da f für $-4 \le x \le 4$ streng monoton steigend ist.

(4) Die Aussage ist wahr: Im Intervall $[-4; 4]$ gibt es zwei Stellen mit $f'(x) = 1$, also zwei Stellen, an denen die Tangente die Steigung 1 besitzt.

(5) Die Aussage ist wahr: Im Intervall $[-4; 4]$ hat der Graph von f′ an dieser Stelle einen Hochpunkt.

6 Funktion mit zusätzlichem Parameter

a) Im Polynom von f dürfen nur ungerade Exponenten von x auftreten. Somit folgt $t = 0$.

b) $f(x) = \frac{1}{2}x \cdot (x^2 + 2t \cdot x + 12)$
Nullstellen von f:
$x_1 = 0$; $x_2 = -t - \sqrt{t^2 - 12}$; $x_3 = -t + \sqrt{t^2 - 12}$
f hat genau zwei Nullstellen, falls $t^2 - 12 = 0$, also $t^2 = 12$ gilt.
Daraus folgt: Für $t = -\sqrt{12}$ oder $t = \sqrt{12}$ hat f genau zwei Nullstellen.
In diesem Fall liegt an der Stelle $x_2 = -\sqrt{12}$ bzw. $x_2 = \sqrt{12}$ eine doppelte Nullstelle. Also handelt es sich dabei um eine Extremstelle.

c) $f'(x) = \frac{3}{2}x^2 + 2t \cdot x + 6 = \frac{3}{2} \cdot \left(x^2 + \frac{4}{3}t \cdot x + 4\right)$
Aus $f'(x) = 0$ folgt:
$x_1 = -\frac{2}{3}t - \sqrt{\frac{4}{9}t^2 - 4}$; $x_2 = -\frac{2}{3}t + \sqrt{\frac{4}{9}t^2 - 4}$
Der Graph von f hat keine Extrempunkte, falls $\frac{4}{9}t^2 - 4 \le 0$, also $t^2 \le 9$ gilt.
Somit hat der Graph von f für $-3 \le t \le 3$ keine Extrempunkte.
Für $t = -3$ oder $t = 3$ liegt an der Stelle x_1 eine doppelte Nullstelle von f′. In diesem Fall hat der Graph von f dort einen Sattelpunkt.

Lösungen zu Seite 113

7 Funktion untersuchen

Nullstellen

Die Funktion f hat die Nullstellen $x_1 \approx -3{,}259$; $x_2 \approx 1{,}347$ und $x_3 \approx 3{,}049$.

Extrempunkte

Aus $f'(x) = 0$ folgt: $x_1 = -\sqrt{6}$; $x_2 = 0$; $x_3 = \sqrt{6}$

$f''(x_1) < 0 \qquad f''(x_2) = 0 \qquad f''(x_3) > 0$

Der Graph von f hat an der Stelle $x_1 = -\sqrt{6}$ einen Hochpunkt H und an der Stelle $x_3 = \sqrt{6}$ einen Tiefpunkt T.

Koordinaten gerundet: $H(-\sqrt{6}\,|\,7{,}88)$; $T(\sqrt{6}\,|\,-3{,}88)$

Wendepunkte

Aus $f''(x) = 0$ folgt: $x_1 = -\sqrt{3}$; $x_2 = 0$; $x_3 = \sqrt{3}$

$f'''(x_1) > 0 \qquad f'''(x_2) < 0 \qquad f'''(x_3) > 0$

Der Graph von f hat an den Stellen $x_1 = -\sqrt{3}$ und $x_3 = \sqrt{3}$ Wendepunkte W_1 und W_2 und an der Stelle $x_2 = 0$ einen Sattelpunkt S.

Koordinaten gerundet:

$W_1(-\sqrt{3}\,|\,5{,}64)$; $W_2(\sqrt{3}\,|\,-1{,}64)$; $S(0\,|\,2)$

8 Pegelstand des Rheins

a)

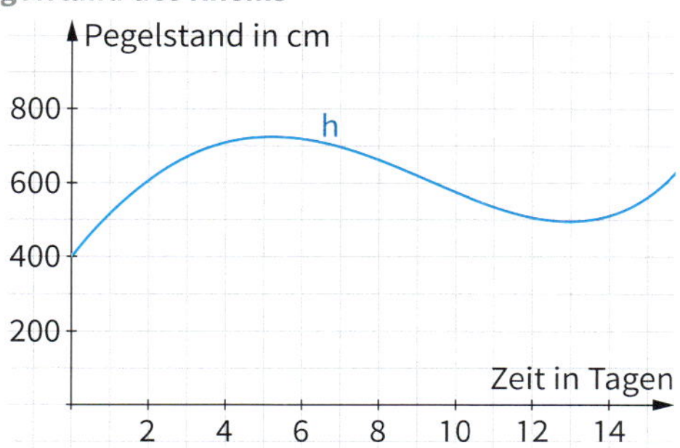

Definitionsbereich von h: $D = [0; 14]$

Der Pegelstand stieg bis etwa zum 6. Juni an. Danach nahm er bis etwa zum 13. Juni ab und stiegt dann wieder an.

b) Aus $h'(t) = 0$ folgt:

$t_1 \approx -17{,}43 \notin D$; $t_2 \approx 5{,}20$; $t_3 \approx 12{,}95$

$h''(t_2) < 0$; $h''(t_3) > 0$

Also hat der Graph von h an der Stelle t_2 einen Hochpunkt und an der Stelle t_3 einen Tiefpunkt.

Funktionswerte: $h(t_2) \approx 724{,}54$; $h(t_3) \approx 494{,}99$

Randwerte: $h(0) = 401$; $h(14) = 511{,}32$

Der höchste Pegelstand lag bei ca. 7,25 m; der tiefste Pegelstand bei 4,01 m.

c) Die Gleichung $h(t) = 650$ hat die Lösungen $t_1 \approx 2{,}61$; $t_2 \approx 8{,}29$; $t_3 \approx 15{,}91 \notin D$.

Der Pegelstand war höher als 6,50 m im Zeitintervall [2,61; 8,29], also etwa zwischen dem 3. Juni und dem 9. Juni.

d) Nach diesem Modell gilt:

$h(20) = 1719$

Das entspricht nicht dem tatsächlichen Pegelstand von 409 cm.

In diesem Modell steigen die Pegelstände ab $t \approx 12{,}9$ wieder. Damit ist das Modell ab diesem Zeitpunkt nicht zur Beschreibung der Pegelstände geeignet.

9 Wasser in einem Staubecken

Definitionsbereich von g: $D = [0; 12]$

a) Gesucht ist das Minimum von g.

$g'(t) = \frac{3}{4}t^2 - \frac{11}{2}t - 4$

Aus $g'(t) = 0$ folgt: $t_1 = -\frac{2}{3} \notin D$; $t_2 = 8$

$g''(t) = \frac{3}{2}t - \frac{11}{2}$; $g''(8) = \frac{13}{2} > 0$

Also: Tiefpunkt an der Stelle $t_2 = 8$

Die momentane Änderungsrate erreicht ihren tiefsten Wert nach 8 Monaten. Zu diesem Zeitpunkt sinkt die Wassermenge am schnellsten.

b) Die Wassermenge nimmt zu, solange die momentane Änderungsrate positiv ist.

Aus $g(t) = 0$ folgt: $t_1 = -4 \notin D$; $t_2 = 4$; $t_3 = 11$

Die Wassermenge nimmt zwischen 0 und 4 Monaten und nach 11 Monaten zu.

Im Definitionsbereich von g gibt es keine weiteren Extremstellen.

Randwerte: $g(0) = 44$; $g(12) = 32$

Die Wassermenge nimmt am stärksten beim Beobachtungsbeginn zu.

10 Achterbahn

a) Die zweite Nullstelle von f liegt an der Stelle $x \approx 12$. Ab 21 Uhr gilt also $f(x) \leq 0$ und die Modellierung der Warteschlange mit der Funktion ist nicht mehr möglich.

b) $f(4) \approx 31{,}75$

Um 13 Uhr standen 32 Personen in der Warteschlange.

c) Gesucht ist das Maximum von f.
Aus $f'(x) = 0$ folgt: $x_1 \approx 1{,}8$; $x_2 \approx 5{,}3$; $x_3 \approx 9{,}9$
$f''(x_1) < 0$; $f''(x_3) < 0$
Also hat der Graph von f an diesen Stellen Hochpunkte.
Funktionswerte: $f(x_1) \approx 55{,}4$; $f(x_3) \approx 95{,}2$
Etwa um 19 Uhr war die Warteschlange mit 95 Personen am längsten.

Abbau der Warteschlange bis zu Adrians Position: $\frac{95}{30} \approx 3{,}17$ Fahrten
Bei der vierten Fahrt kann Adrian mit einsteigen, d. h., er muss $3 \cdot 15 = 45$ Minuten warten.

d) Die Gleichung $f(x) = 30$ hat die Lösungen $x_1 \approx 0{,}52$; $x_2 \approx 4{,}15$; $x_3 \approx 6{,}30$ und $x_4 \approx 11{,}67$.
Die Gleichung $f(x) = 60$ hat die Lösungen $x_1 \approx 7{,}83$ und $x_2 \approx 11{,}25$.
Ab 9 Uhr zeigt die Ampel für ca. eine halbe Stunde Grün, danach bis 13:09 Uhr Gelb. Zwischen 13:09 Uhr und 15:18 Uhr zeigt die Ampel wieder Grün. Um 15:18 Uhr schaltet sie auf Gelb und um 16:50 Uhr auf Rot. Um 20:15 Uhr zeigt sie wieder Gelb und um 20:40 Uhr Grün.

e) Die Gleichung $f'(x) = 10$ hat die Lösungen $x_1 \approx 1{,}43$; $x_2 \approx 6{,}07$ und $x_3 \approx 9{,}47$.
Um 10:26 Uhr, 15:04 Uhr und 18:28 Uhr verändert sich die Länge der Warteschlange um 10 Personen pro Stunde.

f) Gesucht ist zunächst die Wendestelle von f mit positiver Steigung.
Aus $f''(x) = 0$ folgt: $x_1 \approx 3{,}33$; $x_2 \approx 7{,}99$
Dem Graphen von f′ entnimmt man, dass nur an der Stelle x_2 eine positive Steigung vorliegt.
$f'(x_2) \approx 24{,}18$
Nun muss man noch prüfen, ob die erste Ableitung f′ ein Randmaximum hat. Hierfür kommt nur die Stelle $x = 0$ infrage.
$f'(0) = 72{,}5 > f'(x_2)$
Die Länge der Warteschlange nimmt also bei der Öffnungszeit um 9 Uhr am stärksten zu.

4 Vektoren und Geraden im Raum

Lösungen zu Seite 118

7

A(4|0|0)	B(4|4|0)	C(0|4|0)
D(0|0|0)	E(4|0|6)	F(4|4|6)
G(0|4|6)	H(0|0|6)	S(2|2|9)

8

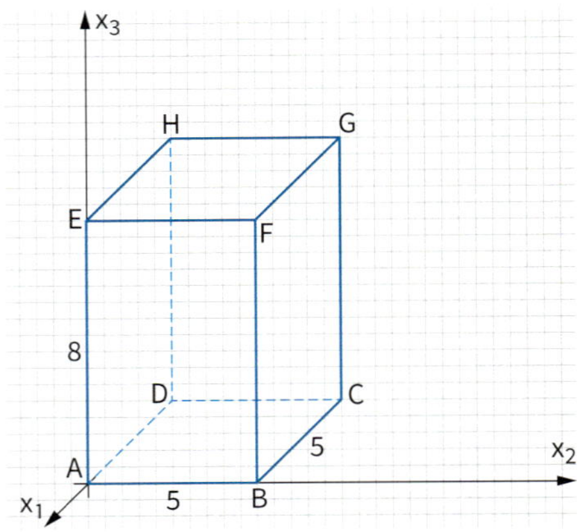

Lösungen zu Seite 122

7 A(3 | 5 | 2) → -4, -3, $+3$ → A′(-1 | 2 | 5)
B(-4 | 20 | -26) → -4, -3, $+3$ → B′(-8 | 17 | -23)

8

A(3|0|0)	B(3|3|0)	C(0|3|0)	D(0|0|0)
E(3|0|6)	F(3|3|6)	G(0|3|6)	H(0|0|6)

a) $\overrightarrow{AB} = \begin{pmatrix} 0 \\ 3 \\ 0 \end{pmatrix}$ $\quad \overrightarrow{AD} = \begin{pmatrix} -3 \\ 0 \\ 0 \end{pmatrix}$ $\quad \overrightarrow{AE} = \begin{pmatrix} 0 \\ 0 \\ 6 \end{pmatrix}$

b) $\overrightarrow{BE} = \begin{pmatrix} 0 \\ -3 \\ 6 \end{pmatrix}$ $\quad \overrightarrow{BG} = \begin{pmatrix} -3 \\ 0 \\ 6 \end{pmatrix}$ $\quad \overrightarrow{FH} = \begin{pmatrix} -3 \\ -3 \\ 0 \end{pmatrix}$

$\overrightarrow{BE} = \overrightarrow{CH}$ $\quad \overrightarrow{BG} = \overrightarrow{AH}$ $\quad \overrightarrow{FH} = \overrightarrow{BD}$

c) $\overrightarrow{AG} = \begin{pmatrix} -3 \\ 3 \\ 6 \end{pmatrix}$

Lösungen zu Seite 123

13 $a = |\overrightarrow{BC}| = \left|\begin{pmatrix} 7 \\ 6 \\ -14 \end{pmatrix}\right| = \sqrt{7^2 + 6^2 + (-14)^2} = \sqrt{281} \approx 16{,}76$

$b = |\overrightarrow{AC}| = \left|\begin{pmatrix} 3 \\ 10 \\ -16 \end{pmatrix}\right| = \sqrt{3^2 + 10^2 + (-16)^2} = \sqrt{365} \approx 19{,}10$

$c = |\overrightarrow{AB}| = \left|\begin{pmatrix} -4 \\ 4 \\ -2 \end{pmatrix}\right| = \sqrt{(-4)^2 + 4^2 + (-2)^2} = \sqrt{36} = 6$

$U = a + b + c \approx 41{,}86$

Lösungen zu Seite 126

5 a) $\begin{pmatrix}-1\\4\\-2\end{pmatrix}$ b) $\begin{pmatrix}0\\-1\\-4\end{pmatrix}$ c) $\begin{pmatrix}-2\\2\\13\end{pmatrix}$ d) $\begin{pmatrix}-1\\5\\10\end{pmatrix}$

6 a) $\overrightarrow{AC} = \vec{a} + \vec{b}$ b) $\overrightarrow{BD} = \vec{b} - \vec{a}$
c) $\overrightarrow{EB} = \vec{a} - \vec{c}$ d) $\overrightarrow{EC} = \vec{a} + \vec{b} - \vec{c}$
e) $\overrightarrow{GA} = -\vec{a} - \vec{b} - \vec{c}$ f) $\overrightarrow{FC} = \vec{b} - \vec{c}$
g) $\overrightarrow{GD} = -\vec{a} - \vec{c}$ h) $\overrightarrow{HB} = -\vec{b} - \vec{c} + \vec{a}$

Lösungen zu Seite 127

13 Seitenlängen bestimmen:

$a = |\overrightarrow{BC}| = \left|\begin{pmatrix}0\\-2\\2\end{pmatrix}\right| = \sqrt{8}$ $b = |\overrightarrow{AC}| = \left|\begin{pmatrix}0\\0\\2\end{pmatrix}\right| = \sqrt{4} = 2$

$c = |\overrightarrow{AB}| = \left|\begin{pmatrix}0\\2\\0\end{pmatrix}\right| = \sqrt{4} = 2$

Das Dreieck ist gleichschenklig.

Auf Rechtwinkligkeit prüfen:

$2^2 + 2^2 = 8 = (\sqrt{8})^2$, also gilt $b^2 + c^2 = a^2$.

Nach der Umkehrung des Satzes des Pythagoras ist das Dreieck rechtwinklig.

14 Seitenlängen bestimmen:

$|\overrightarrow{AB}| = \left|\begin{pmatrix}-1\\-2\\2\end{pmatrix}\right| = \sqrt{9} = 3$ $|\overrightarrow{BC}| = \left|\begin{pmatrix}2\\-1\\2\end{pmatrix}\right| = \sqrt{9} = 3$

$|\overrightarrow{CD}| = \left|\begin{pmatrix}1\\2\\-2\end{pmatrix}\right| = \sqrt{9} = 3$ $|\overrightarrow{AD}| = \left|\begin{pmatrix}2\\-1\\2\end{pmatrix}\right| = \sqrt{9} = 3$

Das Viereck ist eine Raute.

Prüfen, ob die Raute auch ein Quadrat ist:

$|\overrightarrow{BD}| = \left|\begin{pmatrix}3\\1\\0\end{pmatrix}\right| = \sqrt{10}$ $3^2 + 3^2 = 18 \neq 10$

Nach der Umkehrung des Satzes des Pythagoras liegt kein rechter Winkel bei A (bzw. C). Die Raute ist also kein Quadrat.

Lösungen zu Seite 130

6
- $\vec{a} \parallel \vec{c}$, da $\vec{c} = (-1{,}2)\cdot\vec{a}$
- $\vec{a} \parallel \vec{e}$, da $\vec{e} = 150\cdot\vec{a}$
- $\vec{b}$ und $\vec{d}$ sind nicht parallel zu $\vec{a}$ wegen der Vorzeichen der Koordinaten.
- $\vec{b} \parallel \vec{d}$, da $\vec{b} = 2\cdot\vec{d}$

7 (1) $\frac{1}{2}\vec{a} + \frac{1}{2}\vec{b}$ (2) $-\vec{a} + \vec{b}$ (3) $\vec{a}$ (4) $\frac{1}{2}\vec{b}$

Lösungen zu Seite 136

7 a) Mögliche Parameterdarstellung:

$g: \vec{x} = \vec{p} + t\cdot\vec{v} = \begin{pmatrix}2\\-1\\1\end{pmatrix} + t\cdot\begin{pmatrix}3\\-2\\4\end{pmatrix};\ t \in \mathbb{R}$

Mögliche Punkte auf der Geraden g:

$t = 1$: $\begin{pmatrix}2\\-1\\1\end{pmatrix} + 1\cdot\begin{pmatrix}3\\-2\\4\end{pmatrix} = \begin{pmatrix}5\\-3\\5\end{pmatrix}$ $Q_1(5|-3|5)$

$t = -1$: $\begin{pmatrix}2\\-1\\1\end{pmatrix} + (-1)\cdot\begin{pmatrix}3\\-2\\4\end{pmatrix} = \begin{pmatrix}-1\\1\\-3\end{pmatrix}$ $Q_2(-1|1|-3)$

$t = 2$: $\begin{pmatrix}2\\-1\\1\end{pmatrix} + 2\cdot\begin{pmatrix}3\\-2\\4\end{pmatrix} = \begin{pmatrix}8\\-5\\9\end{pmatrix}$ $Q_3(8|-5|9)$

b) Aus $\begin{pmatrix}2\\-1\\1\end{pmatrix} + t\cdot\begin{pmatrix}3\\-2\\4\end{pmatrix} = \begin{pmatrix}-1\\-5\\3\end{pmatrix}$ folgt: $\left|\begin{matrix}t = -1\\t = 2\\t = 0{,}5\end{matrix}\right|$

A(−1|−5|3) liegt nicht auf g.

Aus $\begin{pmatrix}2\\-1\\1\end{pmatrix} + t\cdot\begin{pmatrix}3\\-2\\4\end{pmatrix} = \begin{pmatrix}-4\\3\\-7\end{pmatrix}$ folgt: $\left|\begin{matrix}t = -2\\t = -2\\t = -2\end{matrix}\right|$

B(−4|3|−7) liegt auf g.

Aus $\begin{pmatrix}2\\-1\\1\end{pmatrix} + t\cdot\begin{pmatrix}3\\-2\\4\end{pmatrix} = \begin{pmatrix}11\\11\\7\end{pmatrix}$ folgt: $\left|\begin{matrix}t = 3\\t = -6\\t = 1{,}5\end{matrix}\right|$

C(11|11|7) liegt nicht auf g.

8 a) Mögliche Parameterdarstellungen:

$g: \vec{x} = \overrightarrow{OA} + t\cdot\overrightarrow{AB} = \begin{pmatrix}-2\\2\\1\end{pmatrix} + t\cdot\begin{pmatrix}8\\1\\-1\end{pmatrix};\ t \in \mathbb{R}$

$g: \vec{x} = \overrightarrow{OB} - t\cdot\overrightarrow{BA} = \begin{pmatrix}6\\3\\0\end{pmatrix} + t\cdot\begin{pmatrix}-8\\-1\\1\end{pmatrix};\ t \in \mathbb{R}$

b) Mögliche Parameterdarstellung:

$h: \vec{x} = t\cdot\overrightarrow{OA} = t\cdot\begin{pmatrix}-2\\2\\1\end{pmatrix};\ t \in \mathbb{R}$

Lösungen zu Seite 137

13 Aus $\begin{pmatrix}-2\\1\\3\end{pmatrix} + t\cdot\begin{pmatrix}-4\\-4\\2\end{pmatrix} = \begin{pmatrix}-14\\-11\\9\end{pmatrix}$ folgt: $\left|\begin{matrix}t = 3\\t = 3\\t = 3\end{matrix}\right|$

A(−14|−11|9) liegt auf g.

Aus $\begin{pmatrix}-2\\1\\3\end{pmatrix} + t\cdot\begin{pmatrix}-4\\-4\\2\end{pmatrix} = \begin{pmatrix}18\\21\\-7\end{pmatrix}$ folgt: $\left|\begin{matrix}t = -5\\t = -5\\t = -5\end{matrix}\right|$

B(18|21|−7) liegt auf g.

Für einen Punkt P auf der Strecke $\overline{AB}$ gilt:

$\overrightarrow{OP} = \begin{pmatrix}-2\\1\\3\end{pmatrix} + t\cdot\begin{pmatrix}-4\\-4\\2\end{pmatrix};\ -5 \le t \le 3$

14 a) Es werden alle Punkte der Strecke $\overline{AB}$ mit A(−4|−6|3) und B(1|9|3) inklusive der Punkte A und B beschrieben.

b) Es werden alle Punkte der Strecke $\overline{AB}$ mit A(4|0|−4) und B(20|−8|0) ohne die Punkte A und B beschrieben.

Lösungen zu Seite 139

17 a) **Spurpunkt S_{12}**

$-6+2r=0$; also $r=3$ $\quad S_{12}(-1\,|\,10\,|\,0)$

Spurpunkt S_{13}

$4+2r=0$; also $r=-2$ $\quad S_{13}(4\,|\,0\,|\,-10)$

Spurpunkt S_{23}

$2-r=0$; also $r=2$ $\quad S_{23}(0\,|\,8\,|\,-2)$

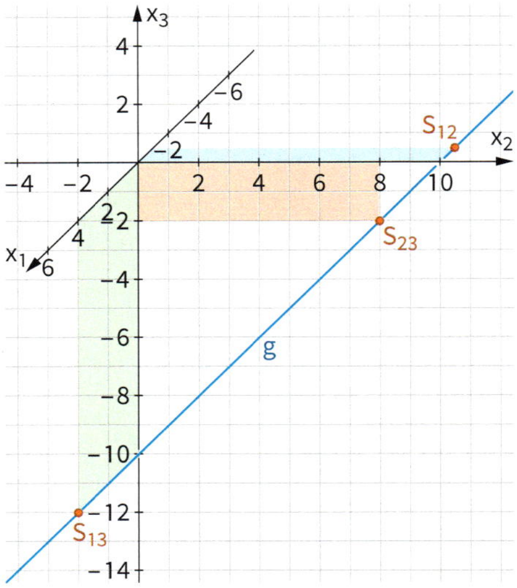

b) **Spurpunkt S_{12}**

$10+4k=0$; also $k=-\frac{5}{2}$ $\quad S_{12}(-4\,|\,-6\,|\,0)$

Spurpunkt S_{13}

$-1+2k=0$; also $k=\frac{1}{2}$ $\quad S_{13}(-4\,|\,0\,|\,12)$

Spurpunkt S_{23}

$-4=0$ ist eine falsche Aussage.

S_{23} existiert also nicht.

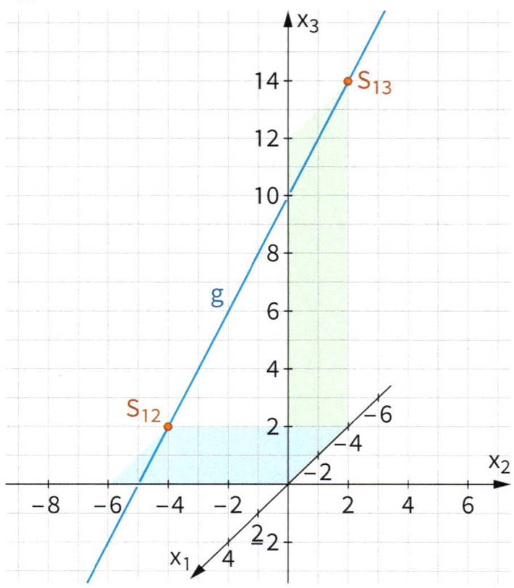

Lösungen zu Seite 142

6 a) **Auf Parallelität prüfen**

Aus $\begin{pmatrix}1\\2\\0\end{pmatrix}=k\cdot\begin{pmatrix}0\\1\\1\end{pmatrix}$ folgt: $\left|\begin{matrix}1=0\\k=2\\k=0\end{matrix}\right|$

Die beiden Richtungsvektoren sind keine Vielfachen voneinander, somit sind g und h nicht parallel zueinander.

Auf Schnittpunkt prüfen

Ansatz:

$$\begin{pmatrix}0\\1\\1\end{pmatrix}+r\cdot\begin{pmatrix}1\\2\\0\end{pmatrix}=\begin{pmatrix}-1\\-1\\1\end{pmatrix}+s\cdot\begin{pmatrix}0\\1\\1\end{pmatrix}$$

Als Gleichungssystem schreiben:

$$\left|\begin{matrix}r=-1\\2r-s=-2\\s=0\end{matrix}\right|$$

Lösung: $r=-1$; $s=0$

Die Geraden g und h schneiden sich im Punkt $S(-1\,|\,-1\,|\,1)$.

b) **Auf Parallelität prüfen**

Aus $\begin{pmatrix}1\\-1\\0\end{pmatrix}=k\cdot\begin{pmatrix}0\\1\\1\end{pmatrix}$ folgt: $\left|\begin{matrix}1=0\\k=-1\\k=0\end{matrix}\right|$

Die beiden Richtungsvektoren sind keine Vielfachen voneinander, somit sind g und h nicht parallel zueinander.

Auf Schnittpunkt prüfen

Ansatz:

$$\begin{pmatrix}1\\0\\1\end{pmatrix}+r\cdot\begin{pmatrix}1\\-1\\0\end{pmatrix}=\begin{pmatrix}0\\1\\0\end{pmatrix}+s\cdot\begin{pmatrix}0\\1\\1\end{pmatrix}$$

Als Gleichungssystem schreiben:

$$\left|\begin{matrix}r=-1\\-r-s=1\\s=1\end{matrix}\right|$$

Dieses Gleichungssystem hat keine Lösung. Also sind die Geraden g und h windschief zueinander.

7 Beispiellösung:

a) P liegt nicht auf g.

Man kann also $\overrightarrow{OP}$ als Stützvektor von h wählen und denselben Richtungsvektor verwenden.

$h\colon \vec{x}=\begin{pmatrix}15\\26\\31\end{pmatrix}+t\cdot\begin{pmatrix}-2\\-3\\5\end{pmatrix};\ t\in\mathbb{R}$

b) P liegt nicht auf g.

Man kann also $\overrightarrow{OP}$ als Stützvektor von h wählen und denselben Richtungsvektor verwenden.

$h\colon \vec{x}=\begin{pmatrix}8\\16\\5\end{pmatrix}+t\cdot\begin{pmatrix}1\\-4\\0\end{pmatrix};\ t\in\mathbb{R}$

Wiederholen für die Klausur

Lösungen zu Seite 146

1 Punkte angeben

a) Infrage kommen alle Punkte auf der x_2-Achse, z. B. $A(0|5|0)$ oder $B(0|-3|0)$.

b) Infrage kommen alle Punkte, die auf der 1. Winkelhalbierenden der x_1x_2-Ebene liegen, z. B. $P(3|3|0)$ oder $Q(-7|-7|0)$.

c) Infrage kommen alle Punkte, die auf der 1. Winkelhalbierenden der x_2x_3-Ebene liegen, z. B. $R(0|2|2)$ oder $S(0|-4|-4)$.

2 Pyramide

a) Die 3. Koordinate aller drei Punkte A, B und C ist $x_3 = 1$. Also liegt die Grundfläche der Pyramide in einer Ebene, die parallel zur x_1x_2-Ebene ist.

b) Alle Punkte P der Grundfläche der Pyramide haben als 3. Koordinate $x_3 = 1$. Für die Spitze S ist $x_3 = 5$.
Die Höhe der Pyramide beträgt also $5 - 1 = 4$ Längeneinheiten.

3 Längen und Volumen

a) $A(12|-3|0)$ $B(12|3|0)$ $C(0|3|0)$ $D(0|-3|0)$ $E(12|-3|5)$ $F(12|3|5)$ $G(0|3|5)$ $H(0|-3|5)$ $K(12|0|9)$ $L(0|0|9)$

b) $|\overline{EK}| = |\overrightarrow{EK}| = \left|\begin{pmatrix} 0 \\ 3 \\ 4 \end{pmatrix}\right| = \sqrt{25} = 5$

Die Dachkanten $\overline{EK}$, $\overline{FK}$, $\overline{GL}$ und $\overline{HL}$ sind gleich lang, also alle 5 m lang. Die Dachkante $\overline{KL}$ hat die Länge 12 m.

c) $V_{Haus} = V_{Quader} + V_{Prisma}$
$= 6 \cdot 5 \cdot 12 + \frac{1}{2} \cdot 6 \cdot 4 \cdot 12 = 504$
Das Volumen des Hauses beträgt 504 m³.

4 Mittelpunkt einer Strecke

a) Für den Mittelpunkt der Strecke $\overline{AB}$ gilt:

$$\overrightarrow{OM} = \frac{1}{2} \cdot (\overrightarrow{OA} + \overrightarrow{OB}) = \frac{1}{2} \cdot \left(\begin{pmatrix} -3 \\ 4 \\ 7 \end{pmatrix} + \begin{pmatrix} 5 \\ -2 \\ 1 \end{pmatrix}\right) = \begin{pmatrix} 1 \\ 1 \\ 4 \end{pmatrix}$$

Der Mittelpunkt hat die Koordinaten $M(1|1|4)$.

b) $\overrightarrow{OQ} = \overrightarrow{OP} + 2 \cdot \overrightarrow{PM} = \begin{pmatrix} -3 \\ 1 \\ 4 \end{pmatrix} + 2 \cdot \begin{pmatrix} 5 \\ -4 \\ -9 \end{pmatrix} = \begin{pmatrix} 7 \\ -7 \\ -14 \end{pmatrix}$

Der Punkt Q hat die Koordinaten $Q(7|-7|-14)$.

5 Berechnungen am Parallelogramm

a) $\overrightarrow{AB} = \begin{pmatrix} 4 \\ 4 \\ -3 \end{pmatrix}$ $\overrightarrow{DC} = \begin{pmatrix} 4 \\ 4 \\ -3 \end{pmatrix}$ $\overrightarrow{AD} = \begin{pmatrix} -2 \\ 1 \\ 1 \end{pmatrix}$ $\overrightarrow{BC} = \begin{pmatrix} -2 \\ 1 \\ 1 \end{pmatrix}$

Die gegenüberliegenden Seiten sind parallel und gleich lang. Das Viereck ABCD ist also ein Parallelogramm.

b) Sind zwei der nicht zueinander parallelen Seiten, z. B. $\overline{AB}$ und $\overline{AD}$, ebenfalls gleich lang, dann ist das Parallelogramm eine Raute.

$|\overrightarrow{AB}| = \left|\begin{pmatrix} 4 \\ 4 \\ -3 \end{pmatrix}\right| = \sqrt{41}$ $\quad |\overrightarrow{AD}| = \left|\begin{pmatrix} -2 \\ 1 \\ 1 \end{pmatrix}\right| = \sqrt{6}$

Das Parallelogramm ist keine Raute.

c) Der Schnittpunkt S der beiden Diagonalen $\overline{AC}$ und $\overline{BD}$ ist der Mittelpunkt der beiden Strecken.

$$\overrightarrow{CS} = \frac{1}{2} \cdot (\overrightarrow{OA} + \overrightarrow{OC}) = \frac{1}{2} \cdot \left(\begin{pmatrix} 3 \\ -1 \\ 4 \end{pmatrix} + \begin{pmatrix} 5 \\ 4 \\ 2 \end{pmatrix}\right) = \begin{pmatrix} 4 \\ 1{,}5 \\ 3 \end{pmatrix}$$

Der Schnittpunkt S hat die Koordinaten $S(4|1{,}5|3)$.

6 Von Punkt zu Punkt

a) $\overrightarrow{AM_1} = \vec{a} + \frac{1}{2}\vec{b} + \frac{1}{2}\vec{c}$

b) $\overrightarrow{M_1M_2} = \frac{1}{2}\vec{b} - \frac{1}{2}\vec{a}$

c) $\overrightarrow{HM_3} = \frac{1}{2}\vec{a} - \vec{b} - \frac{1}{2}\vec{c}$

d) $\overrightarrow{M_2A} = -\frac{1}{2}\vec{c} - \frac{1}{2}\vec{a} - \vec{b}$

7 Abstandsproblem

Eine Lösung ist $M(0|2|1)$.
Die Punkte U, V und W liegen alle in der x_2x_3-Ebene. Also erhält man die Lösung z. B., wenn man das (projizierte) Dreieck U'V'W' in der x_2x_3-Ebene mit $U'(4|2)$, $V'(0|0)$, $W'(4|0)$ und $M'(a|b)$ betrachtet.
Aus $|M'U'| = |M'W'|$ folgt
$(4 - a)^2 + (2 - b)^2 = (4 - a)^2 + (-b)^2$ und damit $b = 1$.
Aus $|M'V'| = |M'W'|$ folgt
$(-a)^2 + (-b)^2 = (4 - a)^2 + (-b)^2$ und damit $a = 2$.
Also erhält man $M'(2|1)$. Daraus ergibt sich dann $M(0|2|1)$.

Hinweis: Jeder Punkt $M(x_1|2|1)$ mit beliebiger x_1-Koordinate hat zu den Punkten U, V und W den gleichen Abstand. Diese Punkte liegen alle auf der Geraden g: $\vec{x} = \begin{pmatrix} 0 \\ 2 \\ 1 \end{pmatrix} + t \cdot \begin{pmatrix} 1 \\ 0 \\ 0 \end{pmatrix}$; $t \in \mathbb{R}$.

8 Parameterdarstellung einer Geraden

a) Für einen beliebigen Wert von t erhält man einen weiteren Punkt auf g, z. B. für $t = 3$ den Punkt $P(14|0|-2)$.
Mögliche Parameterdarstellung:
$g: \vec{x} = \overrightarrow{OP} + t \cdot 2 \cdot \overrightarrow{AB} = \begin{pmatrix} 14 \\ 0 \\ -2 \end{pmatrix} + t \cdot \begin{pmatrix} -8 \\ -2 \\ 4 \end{pmatrix};\ t \in \mathbb{R}$

b) $\begin{pmatrix} -20 \\ -5 \\ 10 \end{pmatrix} = -5 \cdot \begin{pmatrix} 4 \\ 1 \\ -2 \end{pmatrix}$
Die beiden Richtungsvektoren sind Vielfache voneinander.
Punktprobe:
Aus $\begin{pmatrix} 86 \\ 18 \\ -38 \end{pmatrix} = \begin{pmatrix} 2 \\ -3 \\ 4 \end{pmatrix} + t \cdot \begin{pmatrix} 4 \\ 1 \\ -2 \end{pmatrix}$ folgt: $\begin{vmatrix} t = 21 \\ t = 21 \\ t = 21 \end{vmatrix}$
Der Punkt $(86|18|-38)$ liegt auf g.
Also ist $\vec{x} = \begin{pmatrix} 86 \\ 18 \\ -38 \end{pmatrix} + r \cdot \begin{pmatrix} -20 \\ -5 \\ 10 \end{pmatrix};\ r \in \mathbb{R}$; ebenfalls eine Parameterdarstellung von g.

Lösungen zu Seite 147

9 Lage von drei Punkten

Die drei Punkte liegen auf einer Geraden, falls die Vektoren $\overrightarrow{AB}$ und $\overrightarrow{AC}$ Vielfache voneinander sind.

$\overrightarrow{AB} = \begin{pmatrix} 3 \\ -2 \\ -3 \end{pmatrix}$ $\quad \overrightarrow{AC} = \begin{pmatrix} -6 \\ 4 \\ 6 \end{pmatrix} = (-2) \cdot \overrightarrow{AB}$

Somit liegen die drei Punkte A, B und C auf einer Geraden.

10 Punkte auf einer Geraden

a) Mögliche Parameterdarstellung:
$g: \vec{x} = \begin{pmatrix} 11 \\ 1 \\ 6 \end{pmatrix} + t \cdot \begin{pmatrix} -6 \\ -2 \\ -4 \end{pmatrix};\ t \in \mathbb{R}$

b) Man erhält einen Punkt auf g, der zwischen A und B liegt, wenn man für t einen Wert zwischen 0 und 1 einsetzt, z. B.

$t = \frac{1}{4}$: $\begin{pmatrix} 11 \\ 1 \\ 6 \end{pmatrix} + \frac{1}{4} \cdot \begin{pmatrix} -6 \\ -2 \\ -4 \end{pmatrix} = \begin{pmatrix} \frac{19}{2} \\ \frac{1}{2} \\ 5 \end{pmatrix}$ $\quad P_1\left(\frac{19}{2} \middle| \frac{1}{2} \middle| 5\right)$

$t = \frac{1}{2}$: $\begin{pmatrix} 11 \\ 1 \\ 6 \end{pmatrix} + \frac{1}{2} \cdot \begin{pmatrix} -6 \\ -2 \\ -4 \end{pmatrix} = \begin{pmatrix} 8 \\ 0 \\ 4 \end{pmatrix}$ $\quad P_2(8|0|4)$

c) Für einen Punkt auf g mit drei gleichen Koordinaten muss z. B. $11 - 6t = 1 - 2t$ und $11 - 6t = 6 - 4t$ gelten.
Dies ist der Fall für $t = \frac{5}{2}$. Für diesen Wert erhält man den Punkt $P(-4|-4|-4)$.

11 Längen von Dreiecksseiten

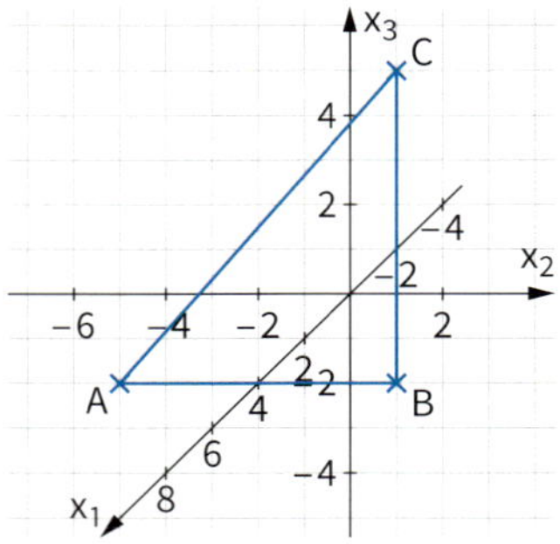

Seitenlängen:

$a = |\overrightarrow{BC}| = \left|\begin{pmatrix} -6 \\ -3 \\ 4 \end{pmatrix}\right| = \sqrt{61}$ $\quad b = |\overrightarrow{AC}| = \left|\begin{pmatrix} -10 \\ 1 \\ 2 \end{pmatrix}\right| = \sqrt{105}$

$c = |\overrightarrow{AB}| = \left|\begin{pmatrix} -4 \\ 4 \\ -2 \end{pmatrix}\right| = \sqrt{36} = 6$

Die Seite b ist am längsten.

12 Gleichschenkliges Dreieck

Seitenlängen bestimmen:

$a = |\overrightarrow{BC}| = \left|\begin{pmatrix} -4 \\ t \\ -3 \end{pmatrix}\right| = \sqrt{t^2 + 25}$

$b = |\overrightarrow{AC}| = \left|\begin{pmatrix} -2 \\ t+2 \\ -2 \end{pmatrix}\right| = \sqrt{t^2 + 4t + 12}$

$c = |\overrightarrow{AB}| = \left|\begin{pmatrix} 2 \\ 2 \\ 1 \end{pmatrix}\right| = \sqrt{9} = 3$

1. Möglichkeit: $a = c$
$\sqrt{t^2 + 25} = 3$ hat keine Lösung, somit können die Seiten $\overline{BC}$ und $\overline{AB}$ nicht gleich lang sein.

2. Möglichkeit: $b = c$
$\sqrt{t^2 + 4t + 12} = 3$ führt auf die quadratische Gleichung $t^2 + 4t + 3 = 0$ mit den Lösungen $t_1 = -3$ und $t_2 = -1$.
Probe: Für $t_1 = -3$ gilt $b = |\overrightarrow{AC}| = \left|\begin{pmatrix} -2 \\ -1 \\ -2 \end{pmatrix}\right| = 3$
Für $t_2 = -1$ gilt $b = |\overrightarrow{AC}| = \left|\begin{pmatrix} -2 \\ 1 \\ -2 \end{pmatrix}\right| = 3$

3. Möglichkeit: $a = b$
$\sqrt{t^2 + 25} = \sqrt{t^2 + 4t + 12}$ führt auf $4t = 13$, also $t = \frac{13}{4}$.
Probe: $a = |\overrightarrow{BC}| = \left|\begin{pmatrix} -4 \\ \frac{13}{4} \\ -3 \end{pmatrix}\right| = \sqrt{\frac{569}{16}}$
$b = |\overrightarrow{AC}| = \left|\begin{pmatrix} -2 \\ \frac{21}{4} \\ -2 \end{pmatrix}\right| = \sqrt{\frac{569}{16}}$

Das Dreieck ABC ist gleichschenklig, falls man für t die Werte -3, -1 oder $\frac{13}{4}$ einsetzt.

13 Viereck untersuchen

$\overrightarrow{AD} = \begin{pmatrix} 1 \\ -2 \\ 3 \end{pmatrix}$ $\overrightarrow{BC} = \begin{pmatrix} 1 \\ -2 \\ 3 \end{pmatrix}$ $\overrightarrow{AB} = \begin{pmatrix} 1 \\ 2 \\ 3 \end{pmatrix}$ $\overrightarrow{DC} = \begin{pmatrix} -1 \\ -2 \\ -3 \end{pmatrix}$

Die gegenüberliegenden Seiten sind parallel, und alle vier Seiten sind gleich lang. Das Viereck ABCD ist also eine Raute.

Prüfen, ob die Raute auch ein Quadrat ist:

$|\overrightarrow{AD}| = \left|\begin{pmatrix} 1 \\ -2 \\ 3 \end{pmatrix}\right| = \sqrt{14}$ $|\overrightarrow{BD}| = \left|\begin{pmatrix} 0 \\ -4 \\ 0 \end{pmatrix}\right| = \sqrt{16} = 4$

$14 + 14 = 28 \neq 16$

Nach der Umkehrung des Satzes des Pythagoras liegt kein rechter Winkel bei A (bzw. C). Die Raute ist also kein Quadrat.

14 Heißluftballon

a) $|\vec{v}| = \sqrt{1{,}2^2 + (-1{,}8)^2 + 0{,}5^2} \approx 2{,}2$

Der Ballon bewegt sich pro Sekunde um 2,2 m.

$2{,}2\,\frac{m}{s} = 2{,}2 \cdot \frac{3600}{1000}\,\frac{km}{h} \approx 7{,}9\,\frac{km}{h}$

Die Geschwindigkeit des Ballons beträgt 7,9 km/h.

b) $\overrightarrow{OP_2} = \overrightarrow{OP_1} + 120 \cdot \vec{v} = \begin{pmatrix} 232 \\ 98 \\ 159 \end{pmatrix} + \begin{pmatrix} 144 \\ -216 \\ 601 \end{pmatrix} = \begin{pmatrix} 376 \\ -118 \\ 219 \end{pmatrix}$

Zwei Minuten nach dem Start befindet sich der Ballon im Punkt $P_2(376\,|\,-118\,|\,219)$.

c) Der Ballon hat den Punkt Q passiert, falls es ein t gibt, sodass $\overrightarrow{OQ} = \overrightarrow{OP_1} + t \cdot \vec{v}$ erfüllt ist.

Aus $\begin{pmatrix} 340 \\ -80 \\ 204 \end{pmatrix} = \begin{pmatrix} 232 \\ 98 \\ 159 \end{pmatrix} + t \cdot \begin{pmatrix} 1{,}2 \\ -1{,}8 \\ 0{,}5 \end{pmatrix}$ folgt: $\left|\begin{array}{l} t = 90 \\ t \approx 98{,}89 \\ t = 90 \end{array}\right|$

Es gibt kein t, das alle drei Gleichungen erfüllt. Der Ballon hat den Punkt Q also nicht passiert.

15 Schnittpunkt zweier Geraden

a) Ansatz:

$\begin{pmatrix} 2 \\ -3 \\ 4 \end{pmatrix} + t \cdot \begin{pmatrix} 4 \\ 1 \\ -2 \end{pmatrix} = \begin{pmatrix} -6 \\ -5 \\ 8 \end{pmatrix} + s \cdot \begin{pmatrix} 3 \\ 2 \\ 1 \end{pmatrix}$

Als Gleichungssystem schreiben:

$\left|\begin{array}{r} 4t - 3s = -8 \\ t - 2s = -2 \\ -2t - s = 4 \end{array}\right|$

Lösung: $t = -2;\ s = 0$

Die Geraden g und h schneiden sich im Punkt $S(-6\,|\,-5\,|\,8)$.

b) Für $t = 3$ ergibt sich $P(3\,|\,1\,|\,11)$ als Punkt auf h.

Da P auf k liegt, wählt man z. B. $\overrightarrow{OP}$ als Stützvektor von k. Außerdem soll k parallel zu g sein, also wählt man z. B. den Richtungsvektor von g als Richtungsvektor von k.

Mögliche Parameterdarstellung von k:

$k: \vec{x} = \begin{pmatrix} 3 \\ 1 \\ 11 \end{pmatrix} + r \cdot \begin{pmatrix} 4 \\ 1 \\ -2 \end{pmatrix};\ r \in \mathbb{R}$

16 Prisma

a) $\overrightarrow{OE} = \overrightarrow{OA} + \overrightarrow{BF} = \begin{pmatrix} 2 \\ 1 \\ -1 \end{pmatrix} + \begin{pmatrix} -2 \\ 2 \\ 6 \end{pmatrix} = \begin{pmatrix} 0 \\ 3 \\ 5 \end{pmatrix}$ $E(0\,|\,3\,|\,5)$

$\overrightarrow{OG} = \overrightarrow{OC} - \overrightarrow{BF} = \begin{pmatrix} 5 \\ 6 \\ 0 \end{pmatrix} + \begin{pmatrix} -2 \\ 2 \\ 6 \end{pmatrix} = \begin{pmatrix} 3 \\ 8 \\ 6 \end{pmatrix}$ $G(3\,|\,8\,|\,6)$

b) $\overrightarrow{AD} = \begin{pmatrix} -1 \\ 2 \\ 2 \end{pmatrix}$ $\overrightarrow{BC} = \begin{pmatrix} -1 \\ 2 \\ 2 \end{pmatrix}$ $\overrightarrow{AB} = \begin{pmatrix} 4 \\ 3 \\ -1 \end{pmatrix}$ $\overrightarrow{DC} = \begin{pmatrix} 4 \\ 3 \\ -1 \end{pmatrix}$

Die gegenüberliegenden Seiten sind parallel und gleich lang. Das Viereck ABCD ist also ein Parallelogramm.

Seiten- und Diagonallängen:

$|\overrightarrow{AB}| = \left|\begin{pmatrix} 4 \\ 3 \\ -1 \end{pmatrix}\right| = \sqrt{26}$ $|\overrightarrow{BC}| = \left|\begin{pmatrix} -1 \\ 2 \\ 2 \end{pmatrix}\right| = \sqrt{9} = 3$

$|\overrightarrow{AC}| = \left|\begin{pmatrix} 3 \\ 5 \\ 1 \end{pmatrix}\right| = \sqrt{35}$ $26 + 9 = 35$

Nach der Umkehrung des Satzes des Pythagoras liegt ein rechter Winkel bei A (bzw. C).

Ein Parallelogramm mit einem rechten Winkel ist ein Rechteck.

c) Mögliche Parameterdarstellungen:

AG: $\vec{x} = \begin{pmatrix} 2 \\ 1 \\ -1 \end{pmatrix} + t \cdot \begin{pmatrix} 1 \\ 7 \\ 7 \end{pmatrix}$ BH: $\vec{x} = \begin{pmatrix} 6 \\ 4 \\ -2 \end{pmatrix} + s \cdot \begin{pmatrix} -7 \\ 1 \\ 9 \end{pmatrix}$

EC: $\vec{x} = \begin{pmatrix} 0 \\ 3 \\ 5 \end{pmatrix} + k \cdot \begin{pmatrix} 5 \\ 3 \\ -5 \end{pmatrix}$ DF: $\vec{x} = \begin{pmatrix} 1 \\ 3 \\ 1 \end{pmatrix} + l \cdot \begin{pmatrix} 3 \\ 3 \\ 3 \end{pmatrix}$

Untersuchen, ob sich AG und BH schneiden:

$\begin{pmatrix} 2 \\ 1 \\ -1 \end{pmatrix} + r \cdot \begin{pmatrix} 1 \\ 7 \\ 7 \end{pmatrix} = \begin{pmatrix} 6 \\ 4 \\ -2 \end{pmatrix} + s \cdot \begin{pmatrix} -7 \\ 1 \\ 9 \end{pmatrix}$

hat die Lösung $r = \frac{1}{2}$ und $s = \frac{1}{2}$. Somit schneiden sich AG und BH im Punkt $S\left(\frac{5}{2}\,\middle|\,\frac{9}{2}\,\middle|\,\frac{5}{2}\right)$.

Prüfen, ob S auf EC bzw. DF liegt:

$\begin{pmatrix} \frac{5}{2} \\ \frac{9}{2} \\ \frac{5}{2} \end{pmatrix} = \begin{pmatrix} 0 \\ 3 \\ 5 \end{pmatrix} + k \cdot \begin{pmatrix} 5 \\ 3 \\ -5 \end{pmatrix}$ ist erfüllt für $k = \frac{1}{2}$.

$\begin{pmatrix} \frac{5}{2} \\ \frac{9}{2} \\ \frac{5}{2} \end{pmatrix} = \begin{pmatrix} 1 \\ 3 \\ 1 \end{pmatrix} + l \cdot \begin{pmatrix} 3 \\ 3 \\ 3 \end{pmatrix}$ ist erfüllt für $l = \frac{1}{2}$.

Alle Raumdiagonalen des Prismas schneiden sich im Punkt $S\left(\frac{5}{2}\,\middle|\,\frac{9}{2}\,\middle|\,\frac{5}{2}\right)$.

Stichwortverzeichnis

Bildquellenverzeichnis

|Alamy Stock Photo, Abingdon/Oxfordshire: Colport 33.3; Old Images 33.4; Science History Images/Photo Researchers 33.1, 33.2. |Alamy Stock Photo (RMB), Abingdon/Oxfordshire: Fernández, Antonio Guillem 40.1; GL Archive 76.6; imageBROKER 13.3; Kiyoshi Takahase Segundo 122.1; Zoonar GmbH 139.2. |Bridgeman Images, Berlin: 76.5. |Druwe & Polastri, Cremlingen/Weddel: 117.10, 140.2. |Imago, Berlin: biky 75.2; Hoch Zwei Stock 133.1. |imprint, Zusmarshausen: 10.1, 10.3, 11.2, 11.3, 11.4, 11.5, 12.3, 12.4, 12.5, 12.6, 13.1, 13.2, 14.2, 14.3, 14.4, 14.5, 14.6, 15.1, 15.2, 15.3, 15.4, 15.6, 16.3, 16.4, 16.5, 16.6, 17.1, 17.2, 17.3, 17.4, 17.5, 17.6, 17.7, 17.8, 18.1, 18.2, 18.3, 18.4, 18.6, 19.1, 20.1, 21.1, 22.1, 22.2, 22.3, 22.5, 22.6, 22.7, 22.8, 23.3, 23.4, 23.5, 23.6, 23.7, 23.8, 23.9, 23.10, 24.2, 24.3, 24.4, 25.1, 25.2, 26.2, 26.3, 26.4, 26.5, 27.1, 27.2, 27.3, 30.3, 30.4, 30.5, 30.6, 30.7, 30.8, 31.1, 31.2, 31.3, 31.4, 31.6, 31.7, 31.8, 31.9, 31.10, 34.1, 34.2, 34.3, 34.4, 34.5, 34.6, 35.1, 35.2, 35.3, 35.4, 35.5, 35.6, 35.7, 36.1, 36.2, 37.1, 37.2, 37.4, 40.2, 40.3, 41.1, 42.1, 42.2, 43.1, 44.1, 45.5, 45.6, 45.7, 45.8, 45.11, 46.3, 47.2, 47.3, 47.4, 48.2, 49.1, 49.2, 49.3, 49.4, 49.7, 50.1, 50.3, 50.4, 50.5, 50.6, 50.7, 50.8, 50.9, 50.10, 50.11, 50.12, 50.14, 51.1, 51.3, 51.4, 51.5, 52.1, 52.3, 52.4, 53.1, 55.1, 55.2, 56.1, 56.2, 56.3, 56.5, 57.1, 57.2, 57.3, 57.4, 57.5, 57.6, 58.1, 58.2, 58.3, 58.4, 58.5, 59.1, 59.3, 59.4, 60.6, 60.7, 60.8, 60.9, 60.10, 61.1, 61.2, 61.3, 61.4, 61.5, 61.6, 61.7, 61.8, 61.9, 61.10, 61.11, 61.12, 62.1, 62.2, 62.3, 62.4, 62.5, 62.6, 62.7, 63.1, 63.2, 63.3, 63.4, 64.3, 65.2, 68.2, 68.4, 68.6, 69.1, 70.2, 70.3, 70.4, 70.5, 73.1, 73.2, 73.3, 74.2, 75.1, 75.3, 75.4, 76.2, 76.3, 76.4, 77.4, 77.5, 78.1, 78.2, 79.1, 79.2, 79.3, 79.4, 80.1, 80.2, 80.3, 81.1, 84.2, 84.4, 84.5, 84.6, 85.1, 86.2, 86.3, 86.4, 86.5, 87.2, 87.3, 87.4, 87.5, 87.6, 88.2, 88.3, 88.4, 88.5, 88.6, 88.7, 89.1, 89.2, 89.3, 89.5, 90.1, 90.2, 90.4, 91.3, 92.2, 92.3, 93.1, 93.2, 93.4, 94.1, 94.2, 94.3, 95.1, 96.2, 96.3, 96.5, 96.6, 96.8, 96.9, 97.2, 98.2, 98.3, 99.1, 99.2, 100.2, 101.1, 101.2, 101.3, 102.2, 102.3, 103.1, 103.3, 103.4, 104.2, 104.3, 104.4, 104.5, 104.6, 104.7, 105.1, 105.2, 105.3, 105.4, 105.5, 105.6, 106.1, 107.4, 108.1, 108.3, 108.4, 110.1, 110.2, 111.1, 112.1, 112.2, 112.3, 117.1, 117.5, 117.6, 117.7, 117.8, 118.2, 118.3, 118.4, 118.5, 118.6, 119.1, 119.3, 119.4, 119.5, 120.1, 120.2, 120.4, 120.5, 121.1, 121.2, 121.4, 122.2, 122.3, 122.4, 122.5, 122.6, 124.2, 125.1, 125.2, 125.3, 125.4, 125.5, 125.6, 126.1, 126.2, 126.3, 128.2, 128.3, 128.4, 129.1, 129.2, 129.3, 129.4, 130.1, 130.2, 130.3, 130.4, 130.5, 130.6, 130.7, 130.8, 131.2, 131.3, 132.2, 132.6, 133.2, 133.3, 133.4, 133.5, 133.6, 133.7, 133.8, 134.2, 134.3, 134.4, 135.1, 136.2, 138.1, 138.2, 140.1, 140.3, 140.4, 140.5, 140.6, 143.1, 143.3, 144.1, 144.2, 144.3, 144.4, 144.5, 145.1, 145.2, 145.3, 145.4, 145.5, 146.1, 146.2, 147.1, 150.4, 150.8, 150.12, 150.13, 150.23, 151.4, 151.8, 151.12, 151.16, 151.23, 152.3, 152.4, 152.11, 152.12, 153.5, 153.6, 153.13, 155.1, 155.2, 155.3, 155.4, 156.1, 159.1, 160.1, 160.2, 160.3, 160.4, 162.1, 162.2, 163.1, 164.1, 164.2, 164.3, 164.4, 168.1, 169.1, 169.2, 169.3, 170.1, 170.2, 170.3, 171.1, 171.2, 171.3, 172.1, 172.2, 173.1, 173.2, 173.3, 175.1, 176.1, 176.2, 179.1, 179.2, 180.1, 180.2, 180.3, 181.1, 182.1, 184.1, 184.2, 186.1. |iStockphoto.com, Calgary: Pakornc 107.2; Rhoberazzi 132.1; xxmmxx Titel. |mauritius images GmbH, Mittenwald: fact 98.1; Spöttel, Bernhard 107.3. |OKAPIA KG - Michael Grzimek & Co., Frankfurt/M.: Uselmann, Manfred 55.3. |PantherMedia GmbH (panthermedia.net), München: benq44444 42.3. |Shutterstock.com, New York: Abu hasim.A 46.1; EB Adventure Photography 97.1; Everett Historica 44.4; Haylan, Edward 128.1; juliannedev 139.1; Koptyaev, Igor 96.4; Lande, Alexandra 4.1, 114.1; MilanB 45.10; Prostock-studio 4.2, 148.1; Richter, Jan 29.2; Roman, Lysogor 69.2; Skycolors 137.1; travelpeter 84.1; Wongsaita, Soonthorn 134.1. |stock.adobe.com, Dublin: Amarinj 124.1; Cabigas, Estan 3.1, 8.1; Cloud, Eddie 3.3, 82.1; Dennis Pikarek 37.3; foto_J.PE Titel; Fukume 69.6; Kneschke, Robert 70.1; Llewellyn (L), Peter 3.2, 38.1; MAXSHOT_PL 87.1; pyty 126.5; Schultes, Jeff 29.1; Schwarz; Nailia 93.3; steuccio79 108.2; Swadzba, Marek R. 44.2; travelview 92.1. |Valentinelli, Mario, Rostock: 6.1, 6.2, 6.3, 6.4, 6.5, 6.6, 6.7, 6.8, 6.9, 6.10, 6.11, 6.12, 6.13, 6.14, 6.15, 6.16, 7.1, 7.2, 7.3, 7.4, 7.5, 10.2, 11.1, 12.1, 12.2, 12.7, 14.1, 15.5, 16.1, 16.2, 18.5, 19.2, 20.2, 20.3, 21.2, 21.3, 22.4, 22.9, 23.1, 23.2, 24.1, 25.3, 26.1, 26.6, 28.1, 28.2, 30.1, 30.2, 31.5, 32.1, 41.2, 41.3, 44.3, 45.1, 45.2, 45.3, 45.4, 45.9, 46.2, 47.1, 47.5, 48.1, 49.5, 49.6, 49.8, 50.2, 50.13, 51.2, 52.2, 56.4, 59.2, 60.1, 60.2, 60.3, 60.4, 60.5, 64.1, 64.2, 64.4, 64.5, 65.1, 66.1, 67.1, 67.2, 68.1, 68.3, 68.5, 69.3, 69.4, 69.5, 69.7, 71.1, 74.1, 76.1, 77.1, 77.2, 77.3, 84.3, 86.1, 87.7, 88.1, 89.4, 89.6, 90.3, 91.1, 91.2, 94.4, 94.5, 95.2, 96.1, 96.7, 97.3, 97.4, 100.1, 102.1, 103.2, 104.1, 105.7, 106.2, 106.3, 106.4, 107.1, 109.1, 109.2, 116.1, 116.2, 116.3, 116.4, 116.5, 116.6, 117.2, 117.3, 117.4, 117.9, 117.11, 118.1, 119.2, 120.3, 121.3, 123.1, 126.4, 129.5, 131.1, 132.3, 132.4, 132.5, 132.7, 135.2, 136.1, 141.1, 141.2, 141.3,

142.1, 143.2, 150.1, 150.2, 150.3, 150.5, 150.6, 150.7, 150.9, 150.10, 150.11, 150.14, 150.15, 150.16, 150.17, 150.18, 150.19, 150.20, 150.21, 150.22, 151.1, 151.2, 151.3, 151.5, 151.6, 151.7, 151.9, 151.10, 151.11, 151.13, 151.14, 151.15, 151.17, 151.18, 151.19, 151.20, 151.21, 151.22, 152.1, 152.2, 152.5, 152.6, 152.7, 152.8, 152.9, 152.10, 153.1, 153.2, 153.3, 153.4, 153.7, 153.8, 153.9, 153.10, 153.11, 153.12.